南の島の自然破壊と現代環境訴訟

開発とアマミノクロウサギ・沖縄ジュゴン・ヤンバルクイナの未来

関根孝道

関西学院大学研究叢書第122編

関西学院大学出版会

南の島の自然破壊と現代環境訴訟

開発とアマミノクロウサギ・沖縄ジュゴン・ヤンバルクイナの未来

序論

　今は昔、モアイの巨大な石像で知られるイースター島。この南太平洋に浮かぶ孤島の文明は、森林伐採による環境破壊などが原因となって滅びたという。海にむかい立ちすくむモアイの巨像はわれわれに語りかけているようである。この島の悲劇から学ぶべき教訓はなにか。イースター島の悲劇が日本の南の島々でくり返されなければよいのだが……。

　南の島の開発

　南西諸島、とくに奄美大島や沖縄諸島の自然保護にコミットするようになって、十数年以上にもなる。固有種にも満ちあふれる亜熱帯の島嶼の自然環境にすっかり魅せられてしまった。東洋のガラパゴスと讃えられる理由もよく理解できる。世界遺産として残すべき責務すらも感じる。が、日本では、離島振興政策として、公共事業による地域開発がさかんに行われてきた。具体的には、国庫補助事業をやりやすくするために、補助要件である事業規模の裾下げと補助率の引き上げはなされているが、島嶼であることを考慮した開発規模の引き下げはなされていない。その自然環境の脆弱さに配慮することもない。そのために、島嶼のキャパシティを超えた大規模な公共事業が、島の発展という大義名分のもとで実施されてきたし、今後も、この傾向は変わりそうもない。持続可能な開発なのだろうか。実施される公共事業の必要性・合理性それ自体にも疑問符がつく。とすると、地域振興のための開発といっても自然を破壊するだけではないか。あぶく銭をかせぐためのムダな公共事業の代償として、世界に誇るべき南の亜熱帯の島の自然環境が無惨にも破壊されているとすれば、将来世代や世界の人々にどう説明すればいいのだろうか。

　環境訴訟の試み

　このような疑問を糾す手段としての環境訴訟にとりくんできた。例を挙げると、奄美「自然の権利」訴訟、沖縄ジュゴンNHPA（National Historic Preservation Act, "NHPA"）訴訟、沖縄やんばる訴訟などである。これらの環境訴訟は、テストケースであったがゆえに乗り越えるべきハードルは多く、高いものであった。たとえば、訴訟の入り口で原告適格の問題に直面する。この要件がクリアーできたとしても、国の政策のありかたを問う政策的訴訟においては、行政裁量の壁にぶつかる。前者は行政訴訟法に関係し、後者は行政実体法――ここでは開発の根拠となる開発法――に関係する。さらに自然保護法の実効性いかんも問われることになる。日本の法律に希望を託せないとすれば、当面は、外国の法律による自然保護の可能性も検討課題となるし、そのための国際的な試みも必要となってくる。このような環境訴訟に限界があるとすれば、その点を明らかにして、立法的・制度的な手当・戦術を考える長期的な作業も重要である。環境訴訟は一つの手段でしかない。

　本書のねらいと構成

　本書は、上記三つの訴訟――奄美「自然の権利」訴訟、沖縄ジュゴンNHPA訴訟、沖縄やんばる訴訟――に関係した論稿をあつめ、そこで直面したいくつかの論点について検討したものである。第1・

2章は奄美「自然の権利」訴訟、第3・4章は沖縄ジュゴンNHPA訴訟、第5ないし第7章は沖縄やんばる訴訟に、それぞれ焦点を当てて論じたものである。各章の概略は以下のとおりである。

第1章は、自然保護の環境訴訟が最初に当面する原告適格——環境原告適格——の問題をとりあげ、米国判例の考えかたを紹介しつつ、日本の判例が採用するという法律上保護された利益説を批判したものである。環境的な利益の侵害があれば原告適格を認めるべきことを説いている。環境原告適格が確立されない限り、環境行政訴訟の発展もありえない。

第2章は奄美「自然の権利」訴訟第一審判決を解説したものである。事案を紹介し、当事者の主張と裁判所の判断を明らかにし、日本初の自然の権利訴訟として注目されたこの判決の意義が詳述されている。この訴訟の真のねらいは環境原告適格の確立をめざす点にあった。

第3章は、いわゆるSACO合意にともなう普天間代替施設の移転問題をとりあげ、移転先とされた辺野古に生息するジュゴンの法的保護策について分析したものである。日本法による保護に超えがたい——耐えがたい？——限界があるとすれば、外国法によるジュゴン保護に託さざるをえない。ここでは米軍基地の建設が問題となったことから、米国法——とくに、国家歴史保存法（NHPA）、絶滅のおそれのある種の保存法（Endangered Species Act, "ESA"）、国家環境政策法（National Environmental Policy Act, "NEPA"）——が沖縄ジュゴン保護のために日本へ域外適用されるか、その一般的な域外適用の考えかたとともに、検討されている。

第4章は米国で提訴されたNHPA訴訟中間決定の翻訳と解説を試みたものである。この訴訟の争点は、日本の天然記念物指定されたジュゴンについてNHPAが域外適用されるかであったが、裁判所は積極的に解した。国際環境訴訟が自然保護のために機能した一例といえるし、よき先例を樹立することもできた。米軍といえどもNHPAに服するとされた点で法の支配の勝利でもあった。世界展開する米軍にたいし法の支配による縛りをかけた点でも国際的な意義のある訴訟であったといえよう。

第5章は、亜熱帯の森・沖縄やんばる——東洋のガラパゴスと讃えられ、生物多様性の宝庫でもある——で建設された広域基幹林道奥与那線を素材としたものである。環境訴訟で公共事業を争うにはその違法性を主張しなければならない。この事業の違法評価との関係で各種の自然保護法や森林法などの実効性も検証されている。行政裁量が違法評価されるのはその濫用・逸脱のある場合とされるが、実際、環境訴訟において行政裁量の濫用・逸脱をいうには具体的な事実主張をどうするか、この点も詳述されている。

第6章は沖縄やんばる訴訟控訴審判決の損害論を批判したものである。同訴訟では、住民訴訟が選択されてその1号請求による公金支出の差止めが求められたが、訴訟係属中に事業が完成されてしまったので、損害の賠償をもとめる4号請求に訴の変更がなされた。一審判決は原告勝訴であったが、控訴審判決は、事業が完成し支出に見合うものができた以上、4号請求の要件である損害の発生がないとして、一審判決を破棄した。控訴審判決によると、公共事業は、完成させれば住民訴訟による一切の責任追及を免れる結果となる。米国では、このような戦術により勝訴する——すなわち、行政が訴訟で争われた事業を完成させて訴訟本来の目的を台なしにする——ことは、「コントローラー作戦」といわれ禁止されているし、責任問題にも発展する。控訴審判決の論理では行政による違法が奨励されるだけである。違法な事業を途中でやめれば敗訴し、最後までやり遂げれば勝訴となるからである。刑法的にえば、障害未遂——中止未遂をふくめて——は有罪だが、既遂は無罪となる。今後は、住民訴訟が提起された場合、違法な事業の完成が一刻を競われるのだろうか。

第7章は、現在、やんばるで予定されている林道事業に焦点を当て、その必要性・合理性について検証したものである。地域森林計画において計画決定された林道事業の全体を対象として、その必要性・相当性・合理性につき、やんばるにおける「林業」の実態、そこでの林道事業・造林事業がムダな公共事業であり、自然生態系に壊滅的な打撃を与えて固有種の絶滅を加速させていることなどを論

じ、裁量の逸脱・濫用論によっても違法評価すべきことが説かれている。全体で膨大な事業量に達する林道建設にさいし、環境影響評価がなされていないカラクリも解明されている。環境アセスメントの脱法対策といわゆる計画アセスの必要性などの法政策論も展開されている。

　本書の最後には資料編をもうけ、宝森（玉城）長正さんの「やんばるの過去・現在・未来」の写真シナリオ解説、同氏と私と藤岡慎吾くんの三名による「謝敷林道の現地調査レポート」、日本自然保護協会が十数年前に発表したやんばる保護問題の「中間発表レポート」を収録した。これには、本書が単なる条文解釈書や判例評釈書などではなく、環境法社会学とでもいうべき現場実践書であり、総合政策的な法政策論稿でありたいという願いが込められている。どこまで成功したかは読者のみなさんの批判をまつほかない。

　最後に、本書の出版にさいし多くの人のお世話になった。お礼を申し上げたい。私の奉職する関西学院大学からは出版助成していただいた。この助成がなければ本書が世に出ることもなかった。同大学出版会の田中直哉氏には、諸種のアドバイスをいただき、ご協力を賜った。同出版会の編集スタッフのみなさんにも多大な貢献をしていただいた。同大学総合政策学部の卒業生である藤岡慎吾くん、金崎正行くん、小林由佳さん、中野大くんには、本書に収録した論文が大学紀要として発表されたときの校正をしてもらった。本書が少しでも読みやすくなり、内容的にも誤りがないとすれば、かれらの功績によるものである。同学部の教務補佐の方々にもお世話になった。本書で紹介した三つの訴訟事件の弁護団のみなさんからも多くの教示をいただいたし、沖縄で、環境問題に生涯をかけてとりくむ宝森（玉城）長正さん、真喜志好一さん、吉嶺繁子さんの方々にも、いつか奄美や沖縄の自然が保護され世界遺産になることを信じて、心からお礼を申し上げたい。

2006年11月20日

神戸三田キャンパスにて
関　根　孝　道

目 次

序　論 3

第1章　だれが法廷に立てるのか 9
　　　　——環境原告適格の比較法的な一考察
　　第1　はじめに——奄美自然の権利訴訟の問うもの
　　第2　原告適格論の比較法的考察
　　第3　まとめ

第2章　法廷に立てなかったアマミノクロウサギ 25
　　　　——世にも不思議な奄美「自然の権利」訴訟が問いかけたもの
　　第1　はじめに
　　第2　奄美「自然の権利」訴訟をめぐる事実関係
　　第3　なにが争われたか
　　第4　いかなる判断がなされたか
　　第5　検証「奄美『自然の権利』訴訟」
　　第6　本判決が問いかけたもの——結びにかえて

第3章　沖縄ジュゴンと環境正義 61
　　　　——辺野古海上ヘリ基地問題と米国環境法の域外適用について
　　第1　はじめに
　　第2　米国環境法と域外適用
　　第3　日米地位協定と国内法令遵守
　　第4　沖縄ジュゴンと米国環境法の域外適用
　　第5　結びにかえて

第4章　沖縄ジュゴンと法の支配 99
　　　　——沖縄ジュゴン対ラムズフェルド事件の米国連邦地裁決定訳と解説
　　第1　はじめに——沖縄ジュゴン対ラムズフェルド事件とは、なにか
　　第2　カリフォルニア北部地区地方裁判所決定——同決定訳と注釈
　　第3　あとがき——外国判例研究と辺野古海上ヘリ基地問題の今後の展望

第5章　広域基幹林道奥与那線と法的諸問題について 129
　　　　──世界的遺産が壊されるしくみと沖縄やんばるへのレクイエム
　　第1　はじめに──問題提起をかねて
　　第2　広域基幹林道奥与那線
　　第3　奥与那線と自然環境
　　第4　林業の地域経済上の位置づけ
　　第5　林業構造改善事業と森林組合
　　第6　既存林道の構造と奥与那線の必要性
　　第7　奥与那線の計画決定と行政裁量の逸脱・濫用
　　第8　結びにかえて──日本のバーミヤン遺跡問題として

第6章　沖縄やんばる訴訟控訴審判決と住民訴訟における損害について 169
　　　　──いわゆる4号請求における損益相殺で違法な行為による利得を控除できるか
　　第1　はじめに
　　第2　控訴審判決について
　　第3　憲法的評価
　　第4　4号請求における損害と損益相殺
　　第5　いくつかの問題点

第7章　地域森林計画策定と林道事業をめぐる諸問題 185
　　　　──沖縄北部地域森林計画事例から見たやんばる破壊と今後の課題について
　　第1　はじめに──今、なお、やんばるの危機
　　第2　沖縄の森林と林業
　　第3　やんばるにおける林道事業計画
　　第4　結びにかえて

資料編 209
　　Ⅰ　やんばるの過去、現在、未来
　　　　　宝森(玉城)長正
　　Ⅱ　やんばる現地調査レポート
　　　　　宝森(玉城)長正・関根孝道・藤岡慎吾
　　Ⅲ　沖縄本島北部・やんばる地域の自然保護に関する現況報告（中間報告）
　　　　　（財）日本自然保護協会

索　引 243

第1章 だれが法廷に立てるのか
環境原告適格の比較法的な一考察

第1 はじめに
奄美自然の権利訴訟の問うもの

　クリストファー・ストーンの記念碑的な論文、「樹木は法廷に立てるか――自然物のための法的権利にむけて」が発表されたのは、1972年のことであった。ストーンは、自然保護のために、だれが原告となって、いかなる形態において、訴訟追行すべきか、問題提起した。ストーンは、「自然物の名において（Toward Having Standing in its Own Right）」、「自然物への侵害にたいし（Toward Recognition of its Own Injuries）」、「自然物の利益のために（Toward Being a Beneficiary in its Own Right）」提起される、新たな訴訟形態――いわゆる自然の権利訴訟――を唱道した[1]。

　それから、およそ30年を経た2001年1月、奄美自然の権利訴訟の第一審判決が言い渡された。この事件は、民間業者によるゴルフ場開発のために、森林法上の林地開発の許可処分をした鹿児島県知事を被告として、その許可の取消を求めた行政訴訟であった。第一審の鹿児島地裁は、結局、すべての原告について、原告適格を否定した[2]。原判決は、その理由10条の2第2項3号が、個々人の個別的利益を保護する趣旨と解することはできないから、同号により原告らの原告適格を根拠づけることはできないといい、さらに、「林地開発許可制度（森林法10条の2第2項1号、1号の2関係）当該周辺地域又は当該機能に依存する地域に対して、自然観察活動等に訪れるという関係にあるのみの個人についてまで、その個々人の生命、身体等の個別的利益を保護する趣旨と解することはできない」と判示した。提訴から判決まで、およそ6年という膨大な時間と労力が費やされたが、結果は、却下という門前払いであった。結局、知事の許可処分の違法性いかんは、闇の中に葬り去られてしまった。

　原判決には、以下の問題点を指摘できる。
　第一に、法治主義の原理が貫徹されていない。
　原判決のように、原告適格の範囲をせまく解釈すると、裁判所は、結果として、行政処分の法規適合性の判断を行えなくなる。原告適格が否定されると、行政処分の違法性判断には入れないのだから、原告適格の問題は法治主義の妥当範囲に直結する。行政サイドから見れば、原告適格の篩（ふる）いにより実体審理が否定される処分、とくに自然環境に関係する処分は、結局、司法的チェックを受けないのだから、その法規適合性を意識する必要もないし、法解釈の終局的な権限をもつことになる。これは司法の役割放棄にひとしい。

　第二に、訴訟経済の観点からすれば、原告適格はあくまで訴訟要件なのだから、この問題にエネルギーを集中させるのは、望ましくない。
　原判決は、本案審理に匹敵するほどの時間と労力を、原告適格の問題に費やしているが、かかる

---

[1] Christopher D. Stone, Should Trees Have Standing? Toward Legal Rights For Natural Objects, 45 S. Cal. L. Rev. 450（1972）同 William Kaufman, Inc.（1974）. 実際、著名なシーラ・クラブ対モートン事件、405 U.S.727, 92 S.Ct.1361 において、ダグラス判事は、少数意見において、自然の権利論を展開した。

[2] 鹿児島地方裁判所平成7年（行ウ）第1号事件判決（以下「原判決」という）。原告グループは多岐にわたるが、①特別天然記念物アマミノクロウサギを含む4種の動物、②開発予定地を自然活動のフィールドとする奄美在住の住民、③奄美の自然保護に関心をもつ県外の支援者、④主に、上記②③の人々を構成会員とする自然保護団体、の4つに分類できる。上記①の原告表示部分は、早々に訴状却下された。訴訟は、少なくとも③の原告について、原告適格を確立させるテストケースであった。なお、同事件は、現在、福岡高等裁判所宮崎支部に控訴中である（同支部平成13年（行コ）第3号）。

審理を強いる原告適格理論には、見直しが迫られよう。行政訴訟制度の目的は、裁判所が行政処分の適法性をチェックすること、つまり、法律による行政の原理を保障することだから、原告適格の要件は緩やかに解釈し、行政判断の法規適合性にピントを合わせる必要があろう[3]。

第三に、以上のような原告適格理論は、一連の最高裁判決を踏まえたものだが[4]、次のような批判が可能である。

日本の原告適格理論は、原告適格判断のフレームワークについて、次のような思考回路をたどる。すなわち、ある行政処分がなされた場合に、その処分の取り消しを求める法的資格——原告適格——があるかどうかは、その処分要件を定めた規定を中心に形成される関連法規の全体系が、その資格を主張する原告の利益をその個人的利益として保護する趣旨かどうかで決する、というものである。その前提として、保護法益——法律が保護する利益——には、一般公益と個人利益の二つの場合があること、前者の追及は行政の専権事項で行政に任せておけばよく、後者についてのみ、私人に司法フォーラムを利用させればよいと考えられている。しかし、そもそも、保護法益について、公益と私益の割りきり方をする二分論には、問題がある[5]。さらに、私益性を判断する基準となる「関連法規の全体系」をどこまで広げるべきか、これを憲法などの国内基本法や国際法規までに拡大すると、かなりの価値判断が介入してしまう。そうすると、本来、訴訟の入口の問題として、形式的、機械的になされるべき原告適格の判断にふさわしくない。のみならず、公益の追及を行政の専権とすることにも、再考が迫られている。

以上のような、日本の原告適格理論は、米国のそれと明らかに異なる。

米国では、自然保護のための環境行政訴訟において、開発予定地を利用——それはハイキング、自然観察、釣りなどのレクリエーション目的であってもよい——する個人や、そのような個人を会員とする自然保護団体にも、緩やかに原告適格をみとめる。以下では、米国の原告適格理論を紹介し、日本の原告適格理論への批判としたい[6]。

第2　原告適格論の比較法的考察

一般に、原告適格の解釈は、その国の「司法」概念に左右されると共に、対行政との関係において、裁判所の役割がいかにあるべきかにも、関係する。日本法は、憲法の制定過程からも明らかなように、法の支配の貫徹という観点から、その司法概念（憲法第6章「司法」第76条以下）のみならず、裁判所の役割についても、米国法の影響を強く受けている。以下、米国法の原告適格理論を検討し、日本法の問題点を明らかにしていく[7]。

米国最高裁判所は、1970年の同じ日に下された二つの判決、データ・プロセシング判決[8]とバーロー判決[9]において、行政事件における原告適格理論を確立させた。この二つの判決を受けて、

3　行政訴訟の権利救済機能、すなわち主観訴訟性を強調する立場からは、原告適格要件をゆるやかに解釈——救済の主観的範囲を拡大——することは、より一層支持されよう。

4　最判昭 53.3.14 民集 32.2.211（ジュース不当表示事件）、同昭 57.9.9 民集 36.9.1679（長沼ナイキ事件）、同平元 .2.17 民集 43.2.56（新潟空港事件）、同平 4.9.22 民集 46.6.571（もんじゅ事件）など参照。なお、林地開発許可に関する最近のものとして、最判平 13.3.13 民集 55.2.283 参照。

5　根本には、「公益」とはなにかという検討が必要である。これまで「公益」とされていたものが、実は、特定集団の既得権益（を隠す神秘のヴェール）にすぎないのではないか、個人に究極的な価値をみとめる個人主義のもとでは、公益というのは私益の総和とイコールではないのか、問題となろう。たとえば、公益の守護神と自認する特殊法人が追及する利益を考えてみるとよい。

6　原告適格理論には多くの文献がある。ここでは、とくに注目すべき、奄美事件の控訴審（前注 2 参照）において交告尚史教授の意見書に引用された、次の文献を紹介するに止める。渡辺吉隆「行政訴訟の現代的課題」法曹時報 23 巻 7 号（1971）所収、同「伊達・豊前火電訴訟　最高裁二判決の意味と問題点」ジュリスト 856 号（1986）所収、原田尚彦『訴えの利益』弘文堂（1973）、山村恒年「第 8 章　訴えの利益の諸問題」『行政過程と行政訴訟』信山社（1995）所収、小早川光郎「抗告訴訟と法律上の利益　覚え書き」『成田頼明先生古稀記念　政策実現と行政法』信山社（1998）所収、芝池義一「取消訴訟の原告適格判断の理論的枠組」（京都大学法学部創立百周年記念論文集第二巻）有斐閣（1999）所収。

7　米国の原告適格論についても、膨大な文献がある。ここでは、一般的な次の教科書を引用するに止める。詳しくは、同書の脚注において紹介された文献を参照されたい。William H. Rodgers, Jr., 'Environmental Law' West Publishing Co. (1977) 23-30, John E. Bonine & Thomas O. Mcgarity, 'The Law of Environmental Protection' West Publishing Co. (1984) 856-865, William F. Fox, Jr., 'Understanding Administrative Law' Matthew Bender (1986) 226-235, Walter Gellhorn et al. 'Administrative Law' Foundation Press (1987) 1036-1081.

8　Association of Data Processing Service Organizations v. Camp, 397 U.S. 150. 以下、「データ・プロセシング判決」として引用。

9　Barlow v. Collins, 397 U.S. 159. 以下、「バーロー判決」として引用。

1972年に言い渡された歴史的判決、モートン判決[10]は、環境行政事件における原告適格理論をうち立てたものとして、重要である。

結論からいえば、米国法の下では、日本法と異なる法解釈が示され、自然観察等のために開発予定地を利用する個人、かかる個人を会員とする環境団体にも、原告適格が認められる。

以下、順次検討する[11]。

1 データ・プロセシング判決

この事件は、情報処理を業とする会社とその業界団体が、会計検査院長官の決定[12]（ruling）、すなわち、銀行に対し、銀行業務に付随して、他の銀行や銀行顧客のために、情報処理サービスを行ってよいとした決定を争ったものである。争点は、情報処理を業とする会社とその業界団体に、原告適格が認められるかであった。

ダグラス判事による法廷意見は、次のようなものであった。

(1) 憲法的制約と原告適格要件

最初に、原告適格の問題は、合衆国憲法3条の「cases and controversies」（事件性ないし争訟性）要件の制約下にあることが指摘される。

「連邦裁判所における原告適格の問題は、司法権を争訟事件（cases and controversies）に限定する憲法3条のフレームワークの下で、検討されなくてはならない。連邦裁判所の管轄権に対する憲法3条の制約という観点からいえば、原告適格の問題は、審理を求める紛争（dispute）が、対審的な状況下（context）で、司法的な解決が可能なものとして歴史的に認められる形式（form）において、提起されるかどうかにのみ関係する」[13]。

このような憲法的な制約下において、原告適格が認められるためには、次の二つの要件が必要とされる。

第一は、原告が、事実上の利益侵害（injury in fact）を主張することである（以下、「事実上の利益侵害要件」という）。この事実上の利益侵害は、経済的（economic）なものでも、それ以外（otherwise）のものでもよいとされる。

原文を引用すると、「最初の（原告適格の）問題は、原告において、その争う（行政上の）行為が原告に事実上の利益侵害を生ぜしめたと、主張しているかどうかである」と、説明されている[14]。

第二は、原告において保護を求める利益が、当該の法規または憲法上の保障によって、保護または規制される射程内の利益として、論じうるものであるかどうかである（以下、「当該法規の保護射程内の要件」という）。

原文は次のとおりである。

「原告適格の問題は、事件性（争訟性）の要件（case or controversy test）を別として、原告によって保護を求められる利益が、当該の法規または憲法上の保障によって、保護または規制される射程内のものとして（within the zone of interests）、論じうるものであるかどうか（arguably）である」[15]。

(2) 行政手続法と原告適格

この当該法規の保護射程内の要件との関連で、行政手続法702条（5 U.S.C.s.702）の解釈が示される。同条は、行政事件の一般的な原告適格要件を定めたもので、日本の行政事件訴訟法9条など

10　Sierra Club v. Morton, 405 U.S. 727. 以下、「モートン判決」として引用。

11　以下、判決文の翻訳をふくめ、原文訳は著者によるものである。

12　この決定は、連邦機関の行為について、米国行政手続法（Administrative Procedure Act, 5 U.S.C.A., Chapters 5 and 7）の規則制定的行為（rulemaking）と行政処分的行為（adjudication）の二分類によると、前者に当たる。日本法では、一般的な効力をもつにすぎない規則制定的行為については、いわゆる処分性なしという理由で実体審理が否定される。行政訴訟の客観的要件——行政訴訟の対象行為はなにかの問題——についても、日米両法のスタンスは異なり、米国法では緩やかに解釈されている。

13　データ・プロセシング判決151、152頁。なお、同判決は、この判示部分について、Flast v. Cohen, 392 U.S. 83, 101を引用している。

14　同上152頁。

15　同上153頁。

の解釈の参考となるものである。

同条は次のように規定する。

「A person suffering legal wrong because of agency action, or adversely affected or aggrieved by agency action within the meaning of a relevant statute, is entitled to judicial review thereof.」（行政庁の行為により法的侵害を受け、または、行政庁の行為により、当該法律の趣旨の範囲内において、不利益を受ける者は、当該行為について、司法審査を求めることができる）

そして、同条により保護される利益、すなわち当該法律の範囲内の利益とされ、その侵害に対し、同条によって司法審査を求めうる利益は、経済的価値あるものと同様に、審美的、（環境）保全的、レクリエーション的なものでもよいとされる。原文は次の通りである。

「（行政手続法702条による）その利益は、経済的価値と同様に、審美的、（環境）保全的、レクリエーション的なものを反映したものでもよい」[16]。

このように、同条によって、経済的利益の侵害と同じく、一般的に、審美的、（環境）保全的、レクリエーション的利益の侵害が、原告適格を基礎づけるとされている点は、注目に値する。

大統領府に直属する環境の質に関する委員会（CEQ）庁舎内に掲げられたエンブレム（ワシントンD.C.）

(3) 行政法規と個人的利益の保護

問題は、同条適用の前提となる個別の行政法規（同条にいわゆる「当該法律」）、すなわち、原告が違法事由として主張するところの、原告の利益を侵害したと主張される連邦行政機関の行為（以下、「連邦行為」という）の根拠法（連邦行為の適法性要件を定めた規定。以下、「当該個別行政法規」という）が、原告の利益をその個人的利益として保護する趣旨を含むかどうかである。この判断基準の問題は、日本法の下でも、「ジュース不当表示事件」「長沼ナイキ事件」「新潟空港事件」などでも議論されているが、日米両法で正反対の解釈が示されている。

米国法では、個別の行政法規が保護しようとする利益は、当然に、個人的利益であるという解釈が前提となっている。その理由として、（行政）法規の一般的な傾向として、連邦行為を争いうる（原告）適格者の範囲が、拡大されている点が指摘される[17]。上記行政手続法702条にいわゆる「不利益を受ける者（aggrieved persons）」の範囲を拡大する原動力となっているのも、そのような傾向のあらわれとされる。このように、個別の行政法規が個人的利益を保護することを当然の前提としつつ、原告の主張する個人的利益が、当該個別行政法規により保護される利益の射程内に入るかどうかを検討し、当該個別行政法規の解釈として、その射程内の利益に含まれると論じうる場合に、原告適格を肯定する。

注目すべきは、一般的に、個別の行政法規は個人的利益の保護を目的にしている、と解釈されている点である。この点は日本法の解釈と根本的に異なる。日本法では、個別の行政法規が個人的利益を保護する趣旨かどうか最初に検討されるが、米国法では、そのような解釈は不問に付される。なぜなら、米国法の下では、行政法規の目的も、原則として、一般的公益ではなく、個人的利益の保護と解釈されるからである。日本法のアプロー

---

16 同上154頁。

17 同頁。

チは、最初に、裁判官にたいし、個別の行政法規が個人的利益を保護する趣旨かどうかの検討を要求するが、その判断は恣意的で、裁判官の胸三寸（価値判断）しだいである[18]。日本法では、公益と私益の区別が前提となっているが、そもそも両者を区別しうるか問題とされてよい。米国法では、公益は、究極において個々の私益の集合したもので、私益を越えたものではない以上、日本法で原則的に公益規定とされる行政法規も、個人的利益の保護が目的と解釈される[19]。その結果、個々の行政法規が、個人的利益の保護を目的とするかどうかの詮索——日本法の下で原告適格の決め手とされる——は、判決文には見だされない。

CEQのある庁舎の入口

(4) 銀行サービス会社法の解釈

以上のような原告適格に関する一般理論をふまえ、データ・プロセシング判決は、そこで問題とされた当該個別行政法規、すなわち銀行サービス会社法4条[20]の解釈として、同条は、上記原告適格が認められるための第二要件、すなわち当該法規の保護射程内の要件をみたすと判示した。同条は次のように定める。

「銀行サービス会社は、銀行のために銀行サービスを行うことを除いて、いかなる業務にも従事してはならない（No bank service corporation may engage in any activity other than the perfomance of bank services for banks）」。

つまり、同条は、銀行サービス会社との競争者について、同条により保護される利益の範囲内に、その競争者の利益を含める趣旨のものと論じうる以上、かれらに原告適格を認めうるとした。換言すれば、同条は、銀行サービス会社と競争関係にある者について、同条による銀行サービス会社への規制の結果として、その競争者の受ける利益、すなわち、銀行サービス会社との競争に曝されない利益を、その個人的利益として保護する趣旨であることを当然の前提としつつ、その競争に曝されない利益は、同条による保護射程内の利益と解釈された[21]。

同条の内容は一般的かつ抽象的であるが、判決は同条から原告適格を基礎づけた。日本的な解釈では、単なる一般公益の保護規定と片づけられることを考えると、注目に値しよう。

18　前記のように、個別行政法規が個人的利益を保護するかどうかの判断は、法体系全体——新潟空港事件の最高裁判決にいわゆる「当該処分を定めた行政法規、およびそれと目的を共通にする関連法規の関連規定によって形成される法体系」——の解釈によりなされる。そのためには、実体法の解釈論をめぐる「攻防」が不可欠であるが、訴訟要件にすぎない原告適格を判断するために実体法解釈に深入りすることは、原告適格要件の「本案化」をまねく。

19　英米法の特徴として、公共的役割と私人的役割の概念的な峻別がそれほど重視されず、公益追求のための訴訟追行を私人にもゆるす伝統があり、私人による訴訟追行をより広くみとめるためにも、行政法規が個人的利益を保護する趣旨とされやすいのであろう。私的法務官（Private Attorney General）やパブリック・ニューサンス（public nuisance）の法理などは、そのような伝統の現れである。原告適格の極端な拡大は、「何人にも（any person）」にも訴訟追行をゆるす市民訴訟条項（citizen suit provision）であるが、この市民訴訟条項のルーツとの関係で、上記のような英米法の伝統を紹介するものとして、Michael D. Axline, 'Environmental Citizen Suits' Michie (1995) §1.02 参照。

20　The Bank Service Corporation Act of 1962, 76 Stat.1132, 12 U.S.C.s.1864.

21　データ・プロセシング判決155、156頁。原文は次のとおり。「We do think, however, that s 4 arguably brings a competitor within the zone of interests protected by it.」

(5) 原告適格と本案審理

　注意すべきは、原告適格の問題としては、当該訴訟において原告の追求する利益——原告が侵害されたと主張する被侵害利益——が、およそ、当該個別行政法規の保護射程内の利益に含まれると論じうるかどうか、そのことだけが検討される。したがって、実際に、①当該個別行政法規の保護射程内の利益に、原告の利益が含まれるかどうかの実体法的な法律解釈、さらには、②原告の利益が侵害されたかどうかの事実認定の各問題は、いずれも本案審理 (on the merits) の問題とされる。原告適格レベルでは、①については、一つの法律解釈として、保護射程内の利益として論じうるか（論じられているか）、②については、原告利益の侵害が主張されているかどうかにより、判断すべきものとされる[22]。このように区別しないと、訴訟要件と本案審理の要件が、混同されてしまうからである。

　訴訟経済の観点からも、訴訟要件にすぎない原告適格の問題で、多くの時間と労力を費やすことは、本末転倒である。のみならず、行政作用への司法的チェック、すなわち本案審理の促進という観点からは、原告適格要件の敷居は、低ければ低いほど望ましい。日本法では、①②のいずれも、原告適格の問題とされており、行政事件訴訟で本案審理に入れないネックとなっている。この点でも、日本法の原告適格理論は、再考を迫られている[23]。

(6) 司法審査の排除

　以上のように、米国法では、個別の行政法規が個人的利益を保護する趣旨とされ、原告の主張する利益が、当該個別行政法規の射程内の利益に含まれうると論じうる場合に、原告適格が肯定される。しかし、そのような場合であっても、行政手続法は、司法審査の対象外とされる例外について定めている。同法701条 (a) によると、連邦行為について司法審査が排除されるのは、次の二つの場合である[24]。

　「①法律が司法審査の対象外としている (statutes preclude judicial review) ②連邦行為が法により行政機関の裁量に委ねられている (agency action is committed to agency discretion by law)」。

　この二つの例外規定の適用範囲は、判決により極端なまでに限定された。

　換言すれば、判決は、解釈をつうじて、同条項の規定を骨抜きにした。判決によると、上記例外規定が適用されるのは、当該個別行政法規において、司法審査を排除する趣旨が「明確」である場合 (fairly discernible) に限られる[25]。

　このような同条項の一般的解釈を示した後、判決は、本事件において問題とされた二つの法律、すなわち、前記銀行サービス会社法やナショナル銀行法 (the National Bank Act) を検討し、議会は、それらの法律にもとづき、ナショナル銀行の行いうる合法的な業務範囲に関し、会計検査院長が行った行政決定について、司法審査を排除しよう

22　厳密にいうと、本文で述べたことは、被告の原告適格の争いかた如何により、多少のコメントが必要である。すなわち、被告において原告適格を争う方法——訴訟上、原告適格の欠如を主張するしかた——は、二つある。一つは、原告適格の欠如を理由に、連邦民事訴訟規則 (FRCP) 12 (b) により却下申立 (motion to dismiss) をする場合、いま一つは、同じく原告適格欠如を根拠に、同規則56 (e) により略式決定申立 (motion for summary judgment) をする場合である。原告は、被告サイドから、前者の申し立てがなされた場合には、原告の主張——原告適格を基礎づける事実の主張——を記載した訴状などの訴訟書面を援用するだけでよいが、後者の申し立てがなされた場合には、なんらかの証拠の提出が必要とされる。しかし、その証拠は、宣誓供述書 (affidavit) ——日本法的には陳述書のようなもの——でよいとされているので、実質的には、前者の場合とほとんど変わらない。前注19掲載書§6.07参照。

23　奄美訴訟では、訴訟要件上の問題として、①について、原被告間で森林法10条の2の膨大な実体法的解釈論が要求され、②について、現場検証と本人尋問までなされた結果、却下判決に6年も要した。明らかに異常である。

24　原文は次のとおり。

　　「(a) This chapter applies, according to the provisions thereof, except to the extent that (1) statutes preclude judicial review; or (2) agency action is committed to agency discretion by law.」

　　上に「This chapter」というのは、司法審査 (judicial review) について定めた「第7章」のことである。

25　この明確性の要件はバーロー判決で敷衍されている。同判決165-167頁参照。

としたと解釈すべき証拠はないと判示して、行政手続法701条（a）の適用を否定した[26]。

（7）原告らの原告適格の有無

判決は、当該原告につき、次のように判示して、データ処理業に従事するナショナル銀行の競争者として、原告適格を認めた。

「銀行サービス会社法やナショナル銀行法の二つの法律が、行政手続法702条の適用上、同条にいう『関連（relevant）』法規に該ることは、明らかである。その二つの法律は、文言上、特定の集団（specified group）を保護するものではない。しかし、その一般的なポリシーは明らかであり、両法を広く解釈するか狭く解釈するかによって、直接的に影響される利益をもつ者は、容易に特定しうる。原告らは、データ処理業に従事するナショナル銀行の競争者として、行政手続法702条にもとづき、『連邦行為』の司法審査をもとめる適格を有するところの、『不利益を受けた』者（aggrieved people）の集団（class）内に入ることは、明らかである」[27]。

この点も日本法と反対の解釈ルールが示されている。上記のように、日本的な解釈のもとでは、銀行サービス法やナショナル銀行法などは、一般的な公益保護規定と解釈される結果、原告適格を基礎づけることはありえない。

2　バーロー判決

この判決の法廷意見も、データ・プロセシング判決と同じく、ダグラス判事による。

争点は、1965年食料及び農業法[28]の一部として立法化されたアップランド・コットン・プログラム（upland cotton program 以下、「本プログラム」という）にもとづく支払金の受給資格がある賃借農民（tenant farmers）について、1966年、農務長官（the Secretary of Agriculture）により発布された改正規則につき、その有効性を争う原告適格が認められるかどうかであった[29]。

判決は、データ・プロセシング判決において示された原告適格要件のフレームワークに従い、以下のように判示した。

（1）事案の概要

最初に、本プログラムの立法経緯が明らかにされる。

すなわち、本プログラムは、土壌保全及び国内譲渡法[30]や食料及び農業法[31]（以下、両法を併せて「本法」という）において具体化されたものだが、本プログラムから支給される交付金の譲渡は、プログラム参加者に対し、穀物生産（making a crop）のための融資資金の担保としてのみ、許可するものとされていた。被告農務長官による行政規則（regulation）は、1966年まで有効であったものだが、穀物生産用の融資資金の担保としてのみ譲渡許可されるところの、上記「穀物生産のため」の意義について、農地の地代（rent）の支払い担保のためになされる譲渡は、「穀物生産のため」の譲渡から除外される旨、定義していた。しかし、1965年の同法改正に伴い、農務長官は、その除外規定を削除すると共に、上記「穀物生産のため」の意義について、明示的に、土地利用のための地代支払い担保のためになされる譲渡をも含むように、規則改正を行った（以下、「本規則改正」という）。これに対し、賃借農民は、本規

26　データ・プロセシング判決156、157頁。

27　同上157頁。

28　The Food and Agriculture Act of 1965, 79 Stat.1194, 7 U.S.C.sec.1444 (d).

29　日本法では、行政規則改正については、一般的効力をもつにすぎないとして処分性が否定され、実体審理は拒否——法的にいえば、訴訟要件の欠如を理由に、却下——される。米国法の下では、行政訴訟の対象行為がひろく捉えられる結果、農務長官による規則改正についても、行政訴訟が可能であることにつき、前注11参照。

30　The Soil Conservation and Domestic Allotment Act.

31　The Food and Agriculture Act.

則改正によって、賃貸人である地主から、地代の支払い担保のために、本プログラムからの上記支払金の譲渡を強制される結果になるとして、規則改正の無効確認を求めると共に、改正規則にもとづき、地代担保のための譲渡が許可されることの差し止めを求めて、提訴した[32]。

最高裁は、結論として、賃借農民の原告適格を認めた。

判決によると、本プログラムについて定めた本法は、賃借農民の利益を保護する趣旨のものだから、本規則改正により利益を侵害されると主張する賃借農民には、その有効性を争う原告適格があるとした。判決は、同法が保護する賃借農民の利益が、その個人的利益として保護されていることを、当然の前提としている。前記のように、日本法であれば、最初に、同法によって保護される利益が、一般公益であるか個人利益であるか詮索されるが、そのような解釈論は、データ・プロセシング判決の場合と同じく、どこにも見当たらない。米国法の下では、公益というのは個々の私益の集合体でしかないから、行政法規が公益保護を目的としていても、個々人の個別的利益を保護するものとされる。そして、前記行政手続法701条(a)によって、司法審査が排除される場合に該当するかどうか検討し（いわゆる司法審査可能性（reviewability）の問題）、司法審査を排除する趣旨が明らかでない以上、司法審査に服すると判示した[33]。

(2) 憲法3条と原告適格

判決は、最初に、賃借農民により提起された本訴訟において、賃借農民が憲法3条の「cases and controversies」の要件、すなわち事件性（争訟性）の要件を充足するか、検討した。賃借農民は、訴訟結果につき個人的な利害関係をもつので、同条の要求する当事者間の具体的な対立性（concrete adverseness）の要件は、充足されるとした[34]。

すなわち、同条による事件性（争訟性）の要件は、客観的要件と主観的要件に分けて考えることができる。客観的要件は、事件が司法審査になじむかどうかの問題で、裁判所の勧告的意見（advisory opinion）を求めるものか、政治的ないし外交的解決が図られるべき性質のものか、などがチェックされる。主観的要件は、法の真摯な発展を確保するために、訴訟結果について、個人的な利害関係をもつ者により訴訟提起されたかどうか、チェックするものである。逆にいえば、そのような利害関係をもつ者は、自己利益のために一途に訴訟追行するはずで、その結果として、法廷での激しいやりとりを通じて、法の発展に貢献することが期待される。個人的な利害関係をもつ者に、原告適が格が付与されるのも、そのためである。かかる利害関係をもたない者による訴訟は、いわゆる馴れ合い訴訟であり、いい加減な訴訟追行しかなされず法の発展に寄与しないから、司法の門が閉ざされる。

この点は、後述するように、環境保護のための行政事件において、だれが原告適格をもつべきかを考える際に、重要なヒントを与える。

(3) 個別行政法規と原告適格

前記のように、本事件においても、個別行政法規のレベルにおける原告適格の要件としては、①当該個別行政法規が特定集団の利益保護を目的としているか（本法の保護法益はなにかの問題。以下、「第一の問題」という）、②原告の保護を求める利益が本法の保護法益の射程内と論じうるか（原告の利益が本法の射程内かの問題。以下、「第二の問題」という）、の二つが問題となる。

判決は、第一の問題について、本法は賃借農民の利益を保護するとした。

すなわち、食料及び農業法1444条(d)(10)は、「農務長官は、賃借農民の利益を保護するに

---

[32] 以上の経緯につき、バーロー判決160-163頁。
[33] 同上164、165頁。
[34] 同上164頁。原文は次のとおり。「First, there is no doubt that in the context of this litigation the tenant farmers, petitioners here, have the personal stake and interest that impart the concrete adverseness required by Article Ⅲ」

適当なセーフ・ガードについて定める」とし、土壌保全及び国内譲渡法8条（b）も、「農務長官は、実行可能な限度において、賃借農民の利益を保護する」と定め、さらに、「穀物生産のために」の文言をめぐる立法経緯も、賃借農民に利益を与えようとする議会の意図を示しており、これらは賃借農民の利益を図るものだとした[35]。

第二の問題についても、原告である賃借農民の主張する利益、すなわち、本プログラムからの支給金につき、地主への譲渡を強制されない利益が、本法の保護法益の射程内と論じうることは、当然の前提とされた[36]。

続いて、判決は、前記行政手続法702条に基づき、賃借農民が農務長官の規則改正を争いうるか検討し、賃借農民は、同条にいわゆる「当該法律の趣旨の範囲内において不利益を受ける」者に該る以上、同条に基づき原告適格が肯定されるとした。すなわち、個別の行政法規において、原告適格要件を定めた特別規定がない場合には、同条に基づき原告適格の有無が検討されるが、賃借農民は同条の定める原告適格要件を充たすとされた[37]。

（4）司法審査可能性

前記のように、行政手続法701条（a）は、例外的に、司法審査が排除される二つの場合を定めている。一つは、法律が司法審査を除外している場合、いま一つは、連邦行為が法により行政機関の裁量とされている場合である。

判決は、規則改正の根拠となった土壌保全及び国内譲渡法の第590d（3）の規定が、司法審査を除外する趣旨かどうか検討し、結論として、司法審査を排除しないと判示した。同条項は、農務長官に対し、「本章の規定を実施するために、農務長官の適当と認める規則を制定」する権限を授与しているが、同条項はもちろんその他の本法の諸規定も、司法審査を排除する趣旨ではないとされた[38]。すなわち、同条項の「農務長官の適当と認める規則を制定」する権限に基づき、農務長官が前記「穀物生産（making a crop）のために」の定義規定を制定したとしても、行政部の裁量的判断を最終のものとし、司法の介入を許さない趣旨ではない、と判示された。

注目すべきは、同条項の文言上、「農務長官が適当と認める（as he may deem proper）」とあり、農務長官の広範な裁量を前提とするように規定されているのに、裁判所は、その裁量権行使についても、司法審査をなしうると判示したことである。日本法の下では、法律が広範な行政裁量を付与している場合、その司法審査は不可能にちかい。行政裁量の司法的チェックという観点からも、参考となろう。

さらに、そもそも、行政機関の行為が司法審査――違法かどうかの適法性審査――に服するかどうかの判断基準も、問題となる。この問題は、日本法の下では、前記のように、当該法規が原告の個人的利益を保護する趣旨かという、原告適格の問題のなかに吸収され、しかも、その判断は、関連法規をふくむ全法体系の解釈として、裁判官の主観的判断でなされる。その意味で、恣意性を免れないという批判が可能であった。米国法では、行政法規であっても、個人的利益の保護が目的とされるので、原告適格とは一応区別された司法審査可能性（reviewability）の問題として、論じられる。その判断は、立法者意思の探求として、裁判官によりなされるという意味では主観的であるが、日本法に比較して、はるかに客観的な基準で判断されている。次のとおりである。

すなわち、判決によると、連邦行為は、司法審査に服するのが原則で、服しないのがその例外である以上、司法審査に服しないこと（nonreviewability）の論証が必要であるが、その

35　同上 164、165 頁。
36　同上 164、165 頁。
37　同上 165 頁。原文は次のとおり。「They are persons 'aggrieved by agency action within the meaning of a relevant statute' as those words are used in 5 U.S.C. 702.」引用文中の「They」というのは、原告の賃借農民（tenant farmers）を指している。
38　同上 165 頁。原文は次のとおり。「The amended regulation here under challenge was promulgated under 16 U.S.C. s.590d（3）which authorizes the Secretary to 'prescribe such regulations, as he may deem proper to carry out the provisinos of this chapter.' Plainly this section does not expressly preclude judicial review, nor does any other provision in either the 1938 or 1965 Act.」

論証は、この原則に対し例外を設ける立法府の意図、すなわち、司法審査へのアクセスを制限すべきものとする立法府の意図が、「明確かつ十分な証拠（clear and convincing evidence）」により示された場合にのみ、果たされるとされた。さらに、判決は、議会がある集団（class）の利益保護を意図し、原告がその集団に属する場合には、通常（ordinarily）、その裁判を受ける権利が推定されるとした。そのような場合、保護された集団の構成員が司法審査を受けうるのでなければ、法律の目的が達成されないとされた[39]。

日本法でも、同じようなアプローチが望ましい。

3　モートン判決

原告は、サンフランシスコに本拠をもつ会員制の団体であるが、合衆国の国立公園、猟鳥獣保護区や森林の保全に特別の利害関係をもつとして、本事件のリゾート開発が、国立公園、森林、猟鳥獣保護区を規制する連邦法令に違反していることの確認と、連邦政府職員に対し、セコイア国有林内のミネラルキング峡谷における広大なスキー場の開発許可の差し止めを求めて、提訴した。原告は、「行政機関の行為により法的侵害を受け、または、行政機関の行為により、当該法律の意味の範囲内において、不利益を受ける者」に原告適格を認める前記行政手続法10条を援用して、本事件の原告適格を主張した。

しかし、その原告適格要件との関係で、原告は、本事件が自然資源の利用に係わる「公的訴訟（public action）」であるとの理論にもとづき、当該開発が原告団体やその会員の活動に影響を与えることや、かれらがミネラルキング峡谷を利用することは、あえて主張しない戦術を貫いた。すなわち、本事件は、個人的な利益保護が目的ではなく、一般的な自然保護を目的とするのだから、団体自身やその会員の個人化された利益を主張する

必要はなく、原告が自然保護団体である以上、原告適格要件をクリアーするためには、当該開発が地域一帯の審美性や生態系に悪影響を与えるとだけ主張すれば十分だとした。

最高裁は、上記行政手続法上、原告適格を有する者は、その者自身において、経済的利益であれそれ以外の環境的利益であれ、その侵害を受けまたは受けるおそれのあることを主張しなければならないが、原告団体は、団体自身または会員個人に対する個人化された利益の侵害を主張しなかった以上、原告適格を欠くと判示した。換言すれば、原告適格要件を充たすためには、自然保護を目的とする環境団体であっても、一般的に、開発による自然破壊を主張するだけでは不十分で、団体自身か会員個人に対する個人的利益の侵害、すなわち、開発行為がかれらの利用する地域に影響を与える旨の主張が必要とされた。

データ・プロセシング判決やバーロー判決は、経済的利益の侵害が問題となったケースであるが、モートン判決においては、環境的利益の侵害が問題となり、その場合の原告適格要件について判示したものとして、重要である。法廷の多数意見はスチュアート判事によるものである。データ・プロセシング判決とバーロー判決を書いたダグラス判事は、モートン事件では少数意見を書き、自然物それ自身——ここではミネラルキング峡谷そのもの——に原告適格を付与すべきことを説き、その後の自然の権利訴訟に多大な影響をおよぼした[40]。

(1) 事案の概要

判決は、開発か保全か争われたミネラルキング峡谷の価値について、次のように紹介している[41]。
「ミネラルキング峡谷は、セコイア国立公園に隣接し、カリフォルニア州チューレア郡のシーラネバダ山脈にある自然美にすぐれた地域である。1926年以来、セコイア国有林の一部分とされ、

39　同上166、167頁。
40　詳しくは、関根孝道『法はどこまで自然を守れるか——自然の権利』信山社（1996）138頁以下参照。
41　モートン判決728頁。

連邦議会の特別法によって国立猟鳥獣保護区に指定されている。かつて広範囲に亘って鉱物採掘されたこともあったが、現在はほとんどレクリエーションのためだけに利用されている。他と比較してアクセスが困難であり、開発もされていなかったことから、毎年の訪問者数もかぎられていたし、同時に、峡谷としての質も原生自然的であり、人間文明による攪乱からも免れてきた」。

判決によると、問題の開発経緯は、以下の通りであった[42]。

「国有林の維持・管理を任されている森林局は、1940年代後半、ミネラルキング峡谷をレクリエーション開発の候補地として考えるようになった。森林局は、スキー場施設の需要の急激な高まりに促されて、1965年に入札要領を発表し、夏のレクリエーション地域にも利用できるスキーリゾートの建設と運営のために、民間の開発業者からの入札をもとめた。6入札業者の提案の中から、ウォルトディズニーエンタープライズ社のものが選ばれ、ディズニーは、リゾート建設のための完全なマスタープランの準備ために、ミネラルキング峡谷を調査探索する3年間の許可をえた。

最終のディズニープランは、1969年1月に森林局に認可されたが、35億ドルにもおよぶモーテル施設、レストラン、スイミングプール、駐車場その他の諸施設からなっており、1日当り1万4000人もの訪問者を収容するものであった。この複合施設群は、森林局からの30年間の使用許可にもとづき、ミネラルキング峡谷の80エーカーの谷底部の土地のうえに建設されることになっていた。スキーリフト、スキートレイル、軌道、ユティリティ設備などをふくむその他の諸施設は、撤回可能な特別使用許可にもとづき、ミネラルキング峡谷の他の部分にあたる山の斜面上に建設されうることになっていた。

本リゾートへの交通の便を確保するために、カリフォルニア州は、20マイルにおよぶハイウェイの建設を提案していた。この道路のある部分は、本リゾートに電力を供給する高圧電線とともに、セコイア国立公園を縦走する。このハイウェイと送電線は国立公園の保全と維持を担当する内務省の認可が要件とされている」。

原告団体は、1969年6月、このような開発行為が国立公園、森林、猟鳥獣保護区を規制している連邦法令に違反していることの確認判決と、当該連邦政府職員に対し、本プロジェクトに関連した許認可を禁ずる予備的かつ終局的な差止命令をもとめて、提訴した。

以上が本事件の概要である。

(2) 行政手続法10条と原告適格

原告団体は、その原告適格の根拠として、前記行政手続法10条を援用した。

そこで、判決は、同条により原告適格が肯定されるためには、いかなる主張がなされるべきか、検討した。前記のように、同条（5.U.S.C.s.702）は、次のように定める。

「行政機関の行為により法的侵害を受け、または、行政機関の行為により当該法律の意味の範囲内において、不利益を受ける者は、当該行為の司法審査を求めることができる」。

判決は、同条の解釈について、前記データ・プロセシング判決とバーロー判決を引用しつつ、同条にもとづき連邦行為につき司法審査をもとめる原告適格を有する者は、当該行為によって「事実上の侵害（injury in fact）」を被ったと主張し、かつ、その主張された侵害は、当該行政機関が違反したと主張される当該法律によって「保護または規制された利益の範囲内のものと論じうる（arguably within the zone of interests to be protected or regulated）」利益に対し、加えられた侵害でなければならない、と判示した。つまり、原告適格が認められるためには、①なんらかの事実上の利益侵害（injury in fact）が主張され、②その侵害されたと主張される利益（被侵害利益）が当該法律の保護法益の範囲内のものであること、の二つが必要とされた[43]。

---

42 同上729-731頁。
43 同上731-733頁。

前記のように、①の要件は、憲法3条の事件性（争訟性）の要件から導かれる憲法上の要件であるが、馴れ合い訴訟を防いで法の真摯な発展を保障するために、訴訟の結果に利害関係をもつ者に限って、司法の利用を許す——原告適格をみとめる——趣旨である。

これに対し、②の要件は、いわば法律上の要件であり、一般的な原告適格要件を定めた行政手続法10条にもとづき訴訟提起する場合に、問題となるものである。従って、個別の行政法規において、別に、原告適格要件が定められている場合には、問題とならない。この場合には、当該原告がその要件を充足するか、検討される。

判決は、本事件と上記二つの事件の違いを、次のように説明する[44]。

「データ・プロセシング事件で、原告により主張された侵害は、コンピューターサービス市場における競争上の地位に対するものであったが、そこでの会計検査院長の決定、すなわち、銀行が顧客のために情報処理業務を行ってもよいとする決定は、その競争上の地位を侵害すると主張された。

バーロウ事件の原告は賃借農民であったが、農務省長官による規則改正により、対地主との関係において、経済的な不利益をうける、と主張した。

これらの明らかな経済的利益の侵害は、司法審査について定める個別法規定の有無にかかわらず、原告適格を基礎づけるに十分なものと、これまで長く認められてきた。従って、両事件とも、近年、連邦裁判所で頻繁に提起される問題、すなわち、広く共有されている利益であって、非経済的な性質のものに対する侵害を主張する者は、いかなる主張をなすべきかについては、言及していない。この問題は本事件で提起されている」。

すなわち、モートン判決は、非経済的利益である環境的利益の侵害を主張して提訴する場合の原告適格要件について、正面から判示したリーディング・ケースである。すでに、データ・プロセシング判決およびバーロー判決において、原告適格を基礎づける利益の侵害は、経済的なものでもそれ以外のものでもよいとされていたが、環境的利益の侵害を理由に提訴する場合、その具体的な原告適格要件については判示されていなかった。この点はモートン判決が明らかにした。

(3) 環境事件と原告適格

判決は、自然保護のための環境事件において、前記「事実上の侵害（injury in fact）」という原告適格要件につき、次のように判示した[45]。

「原告団体によって主張された侵害は、ミネラルキング峡谷が今後おかれるであろう利用形態の変化と、これに随伴する当該地域の審美的かつ生態的な変化によって、全面的に引き起こされるであろう。かくして、訴状は、セコイア国立公園をつらぬいて建設予定の道路に言及して、当該開発は、『公園の景観、自然的・歴史的な事物、野生生物を破壊するか影響を与えるであろうし、将来世代は公園を楽しめなくなるであろう』と主張した。われわれは、このようなタイプの侵害が、行政手続法10条の適用上、原告適格を基礎づけるに十分な『事実上の侵害（injury in fact）』の要件を充足することについて、疑問をさしはさまない。審美的かつ環境的な福利が経済的な福利とおなじく、われわれ社会の生活の質にかかわる重要な構成要素であり、当該の環境的利益が少数でなく多数の人に共有されている事実から、その環境的利益に対する司法手続による法的保護が弱められることにはならない」。

後述するように、環境的利益が多数者に共有される性質のものだとしても、そのことは法的保護を否定する論拠にはならないとされた点は、特筆に値する。奄美自然の権利訴訟の原判決は、「当該開発行為の対象となる森林及びその周辺の地域の自然環境又は野生動植物を対象とする自然観察、学術調査研究、レクリエーション、自然保護活動等を通じて人間が森林と特別の関係をもつ利益について、森林法10条の2第2項3号が保護していると解することができるとしても、この不

---

[44] 同上733-735頁。

[45] 同上734-735頁。

特定多数者の利益をこれが帰属する個々人の個別的利益として保護する趣旨まで含むと解することは困難」であるとして、正反対の解釈をした。この点は後述する。

モートン判決は、他方で、原告適格が認められるためには、さらに、環境的利益の侵害の主張も必要だとした。以下の通りである[46]。

「しかし、『事実上の侵害（injury in fact）』というテストは、単なる審理可能な利益（cognizable interest）に対する侵害という以上のものを要求する。それは、審理を求める当事者自身が、侵害された者の中に含まれる（the party seeking review be himself among the injured）ことが必要である。

ミネラルキング峡谷の環境は、提案された改変行為により影響されるが、その影響は、すべての市民に無差別的に襲いかかるものではない。原告の主張する侵害は、ミネラルキング峡谷やセコイア国立公園を利用する者についてのみ、直接的に感得されるであろうし、当該ハイウェイやスキーリゾートによって、当該地域の審美的かつレクリエーション的な価値が減少することになろう。原告団体は、団体自身ないしその会員について、本件ディズニーの開発によって、かれらの何らかの活動や娯楽が影響されることを主張しなかった。原告団体は、訴訟上の主張書面（pleadings）や宣誓供述書（affidavits）において、被告（連邦機関）の提案行為により著しく（significantly）影響されるような方法で、その会員がミネラルキング峡谷を利用していることまで主張する必要はないが、その会員が何らかの目的のために、ミネラルキング峡谷を利用することの主張すらしなかった」。

つまり、判決は、原告団体において、団体自身ないし会員個人が当該開発により影響される地域を利用している事実を主張しなかったので、原告適格を否定した。逆にいえば、環境行政事件において、上記「事実上の侵害（injury in fact）」の原告適格要件は、環境保護団体についていえば、

奄美大島の自然（金作原原生林）

団体自身ないしその会員個人が、何らかの目的において、開発予定地を利用している事実を主張するだけでよい。もちろん、個人原告の場合には、何らかの目的のために、その個人が利用している事実を主張すればよい。

ここで注意すべきは、実際、原告が開発予定地を利用しているかどうかは、本案の問題とされていることである。原告適格の問題としては、そのような利用の事実が主張されていればよい。原告適格の審理方法としては、原告の主張する利用の事実と、それを裏づける宣誓供述書（日本法的にいえば陳述書）の記載を真実とみなして、原告適格要件の充足が判断されることになる。日本法では、実際に利益が侵害されたかどうか、つまり、侵害事実の有無も、原告適格要件の問題とされるために、この点で無用の時間が費やされる。奄美の事件では、この争点について、実に6年もの歳月を要した。この点も、日本の原告適格要件論の再考を迫るものとして、重要である。

モートン判決は、以上のような侵害の事実主張を必要とする根拠について、次のように説明する[47]。

「審理を求める当事者は、自分自身が不利益を受ける事実を主張しなければならないという要件は、行政府の行為を司法審査から遮断するものではないし、司法手続を通じて公共の利益が保護されることを妨げるものでもない。それは、最低限、審理の結果につき直接の利害関係をもつ者の手によって、訴

---

[46] 同上。
[47] 同上740頁。

訟が追行されることを確保しようと試みるだけである。この目標は、司法手続を通じて、自分たちの価値嗜好を明らかにすることを目的とするだけの団体や個人について、行政手続法が司法審を許していると解釈すると、損なわれてしまう」。

判決は、ここでも、原告適格の問題の本質が、訴訟結果について利害関係をもつかどうか、つまり、真摯な訴訟追行を期待できるかどうかの問題——訴訟追行の真摯性——であることを確認している。この判示部分も、日本法の解釈論として、参考となる。日本法では、原告適格の本質的議論——なんのために原告適格が要求されるのか——が十分でないきらいがある。

(4) 個別行政法規と環境利益保護

なお、モートン事件においても、当該の個別行政法規が原告主張の環境利益を保護する趣旨かどうか問題となるはずだが、当然の前提とされている。この点は、当事者間で、争いにもなっていない。すなわち、前記データ・プロセシング判決とバーロー判決のフレームワークに従えば、原告適格要件は、①憲法3条の争訟性（事件性）からの「事実上の侵害（injury in fact）」、法律上の要件として、②当該個別行政法規が特定集団の利益を保護法益としていること、および、③原告の主張する利益が当該個別行政法規の射程内と論じうること、の3つが必要である。②および③の要件は、前記行政手続法702条を援用する場合に問題となる。従って、当該個別行政法規に原告適格要件が定められている場合には、②および③の要件は、その原告適格要件規定の解釈問題となる。

ちなみに、モートン事件において、当事者間で、②および③の要件を充たすことが当然の前提とされた主要な個別行政法規の規定は、以下のようなものであった[48]。

すなわち、第一のものは、国立公園の保全に関する「16U.S.C.s.1」で、一部、次のように規定されている[49]。

「国立公園局（National Park Service）は、陸軍長官の管轄に属するものを除き、法の定めに従い、当該公園のそもそもの目的に適合する手段により、国立公園、モニュメント及びリザベーションとして知られた連邦の地域の利用を促進し、及び規制するものとする。それらの目的とは、当該の景観、自然的・歴史的な事物及び野生生物を保全すること、将来世代の享受（enjoyment）のために、手づかずのままの状態にしておくような方法と手段により、それらの恵沢の享受（enjoyment）について規定することである」。

第二のものは、国有林に関する「16U.S.C.s.497」で、一部、次のように規定されている[50]。

「農務長官は、自ら適当と考える条件に基づき、自ら制定する規則の下において、次の権限を授与される。

(a) レクリエーション、一般公衆の利便または安全のために必要または望ましいホテル、リゾート及びその他の構造物または施設の建設または維持管理のために、80エーカーを越えず、かつ、30年を越えない期間において、国有林（national forest）内における土地の適当な地域の使用と占有を許可すること。

本条により付与された権限は、一般公衆（general public）に対し、当該国有林の自然的、景観的、レクリエーション的及びその他の側面（aspects）を十全に享受（full enjoyment）することを阻害（preclude）してはならない」。

さらに、開発予定地がセコイヤ国立公園内であったことから、同公園に関する「16 U.S.C.ss.41 and 43」などが問題となったが、一部、それぞれ次のように規定されている[51]。

「（セコイヤ国立公園内の一定範囲の）土地区画

48　同上730頁の脚注2参照。

49　同条は、合衆国法典編纂コード（United States Code Annotated）の「第16編（Title 16）保全（Conservation）」、「第2章（Chapter 2）国有林（National Forests）」、「第1節（Subchapter ㊑）設定および管理（Establishment and Administration）」中に収められている。

50　同条は、上記第16編の「第1章　国立公園、ミリタリー公園、モニュメント、および、海岸（National Parks, Military Parks, Monuments, and Seashores）」、「第1節　国立公園サービス（National Park Service）」中に収められている。

51　同条は、上記第16編、第1章、「第6節　セコイアおよびヨセミテ国立公園（Sequoia and Yosemite National Parks）」中に収められている。

は、合衆国法上、保存されるものとし、定住、占有もしくは販売を免れるものとし、人々の利益と享楽のために、一般公園または娯楽地として分離かつ専用されるものとする。当該地域またはその一部に滞在、定住若しくは占有する者は、本章第43条において規定する場合を除き、不法侵入者とみなされ、当該地から排除されるものとする」。

「（内務長官がセコイヤ国立公園のための発する）諸規則は、当該公園内の林業、鉱物採掘、自然散策による侵害からの保存 および、その原生状態における維持について定めるものとする」。

以上の他にも、提案されたプロジェクトに関する適当な公聴会の開催について定めた森林局および内務省の行政規則、国立公園内における送電線の建設許可につき、議会の特別授権を要求する国立公園の保全に関する「16 U.S.C.s.45c」などが、問題となった[52]。

判決は、これらの法令が上記②③の要件を充たすことを前提としつつ、さらに、環境訴訟において、原告適格が認められるためには、プラスαの要件として、原告は開発予定地の利用の事実を主張しなければならない、と判示した。注目すべきは、日本法の下では、上記のような諸規定は、単なる一般的な公益規定と一蹴されてしまうのに、米国法の下では、原告適格を基礎づける個別的利益の保護規定とされる点である。奄美事件の原判決は、前記のように、森林法10条の2第1項3号の自然環境保護規定を、公益保護規定で原告適格を基礎づけないとしたが、米国法の下では、正反対の解釈がなされる。この点でも、日本の自然保護規定の解釈のしかたは、反省を迫られよう。

第3 まとめ

以上の比較法的な考察から、日本における原告適格論の問題点として、以下の諸点を指摘できる。

第一に、自然保護の行政分野において、法律による行政の原理が空洞化されている。

前記のように、自然保護のために環境訴訟を提起しようとしても、自然環境の保護規定が公益規定とされる結果、原告適格が否定されてしまう。そのために、自然保護の行政分野において処分がなされても、何人も自然保護の立場からは訴訟提起できない以上、その行政処分の違法性いかんは、闇の中に葬り去られてしまう。つまり、違法性の司法的チェックは、永久に閉ざされてしまう。このような結果は、裁判所による原告適格要件規定――たとえば、行政事件訴訟法9条――の解釈に由来するのだから、司法による法治主義の放棄といえる。

一方、米国法の下では、法の支配を貫徹するために、日本法と正反対の解釈がなされている。戦後、日本国憲法は、英米法の影響を受け、形式的な法治主義から、実質的な法治主義、すなわち法の支配の原理へとパラダイムシフトを図ったが、日本の裁判所は、旧態依然たる原告適格論に固執し、形式的法治主義のレベルで満足している。

奄美自然の権利訴訟は、自然保護のために「だれが法廷に立てるか」を問うテスト・ケースあった。その狙いは、腐れ儒者の論理に堕した日本の原告適格論を、米国で30年前に言い渡されたモートン判決のレベルにまで、押し上げようとするものであった。結局、同事件の原判決は、そのような問題提起に対し、「だれも法廷に立てない」と答えるものでしかなかった。換言すれば、ゴルフ場開発のための林地開発許可処分の違法性を問うことは、何人もできないのである。

第二に、日本の原告適格論は、訴訟要件の問題と本案審理の要件を混同している。

原告適格は、およそ、訴訟追行させるに相応し

---

[52] 前注45参照。

くない者を、訴訟の入口でふるいにかけて、チェックするだけのものである。訴訟結果について利害関係をもたない者は、真摯な訴訟追行を期待できず、法の発展に寄与することもない。だから、そのような者に訴訟追考を許さない、つまり、原告適格が否定されるのである。これが原告適格論の本質である。

このような観点から、米国法では、前記のように、原告適格要件として、①憲法３条の争訟性（事件性）からの「事実上の侵害（injury in fact）」、法律上の要件として、②当該個別行政法規が特定集団の利益を保護法益としていること、③原告の主張する利益が当該個別行政法規の射程内と論じうること、の３つが要件とされる。

さらに、環境事件においては、環境上の利益が広く一般に共有されるという性質から、①の要件の解釈上、開発予定地を何らかの目的で利用する者のみが、訴訟結果について利害関係をもつとされ、その利用の事実の主張が必要とされる。

そして、以上の訴訟要件は、原告がその旨の主張をすればよく、実際、その要件が充足されるかどうか、とくに、侵害の事実の有無は、本案審理の問題とされる。しかるに、日本法では、侵害の事実の有無も、訴訟要件の問題とされる結果、本事件のように、却下判決に６年もの歳月を要した。迅速な裁判を受ける権利という観点からも、問題である。

結局、日本における原告適格論は、行政府の決定を不可侵とする役割を果たしている。裁判所は国民の批判から行政府を隔離すること懸命である。あたかも、判で押したような却下判決を書くことが、司法の使命と錯覚しているが如くである。米国裁判所とのスタンスの違いは明らかである。今、日本において、行政改革の一環として、原告適格の範囲を拡大する法改正が議論されているが、裁判所の偏狭な原告適格論は、法改正によらなければ変わらないと批判されるほど、裁判所の行政事件感覚は麻痺している。

最後に、原判決は、環境的利益の非排他性、すなわち環境上の利益が不特定多数によって享受されることから、「この不特定多数者の利益をこれが帰属する個々人の個別的利益として保護する趣旨まで含むと解することは困難」だとしたが[53]、失当である。

この点は、いみじくもモートン判決が指摘したように、環境上の利益が一般に共有されるという事実は、原告適格を否定する論拠にはなりえない。むしろ、一般に共有された利益だからこそ、「当該開発行為の対象となる森林及びその周辺の地域の自然環境又は野生動植物を対象とする自然観察、学術調査研究、レクリエーション、自然保護活動等を通じて特別の関係をもつ」者[54]、すなわちモートン判決にいわゆる「開発予定地を利用する者」に、原告適格を認めるべきなのである。

種の保存法などを管轄する
内務省の庁舎（ワシントン D.C.）

53　前記奄美自然の権利訴訟第一審判決 65 頁。

54　同条 64 頁。

第2章 法廷に立てなかったアマミノクロウサギ
世にも不思議な奄美「自然の権利」訴訟が問いかけたもの

第1　はじめに

いわゆる奄美「自然の権利」訴訟は、1995年、鹿児島地方裁判所に提起された[1]。

この事件は日本における自然の権利訴訟の第1号として注目された。世間の関心を引いた最大の理由は、アマミノクロウサギ外3名（羽？）の動物たちが、原告として名を連ねていたことによる[2]。この支離滅裂ともいえる訴訟戦術は、メディアワークとしても、非常に成功したものであった[3]。この事件が笑い話で終わらなかったのは、訴訟において自然の権利の考えかたが主張され、徹底した法廷論争が真摯に展開されたからであろう[4]。この訴訟が投げかけた波紋は大きかった。その後、いくつもの自然の権利訴訟が雨後の竹の子のごとく現れたが、奄美「自然の権利」訴訟はその理論的な拠り所とされた。その意味で日本の自然の権利訴訟の原点ともいえる。

この訴訟自体は原告適格の欠如を理由に却下

---

1 鹿児島地方裁判所平成7年（行ウ）第1号行政処分無効確認及び取消請求事件（以下、適宜、「本訴訟」「奄美『自然の権利』訴訟」「本判決」「第一審判決」などという）。同事件は、公式判例集未登載であるが、判決文の「主文」と「理由」の部分は久留米大学法学第42号に、判決文の「事実」のうち、「第一　請求（原告ら）」「第二　事案の概要」「第三　本案前の申立て（被告）」の部分も同第42号に、「第四　本案前の当事者の主張及び原告の本案主張」の部分の一部は同第43号および第44号に収録されている。

2 アマミノクロウサギ以外の動物原告は、オオトラツグミ、アマミヤマシギ、ルリカケスの3羽の鳥たちであった。これらの動物たちの詳細は、その法的保護の状況をふくめ、後述する。

3 本事件はマスコミによって大々的にとりあげられた。事件報道は提訴から終結まで途切れることがなかったし、各種の新聞や雑誌は特集記事を組んだりもした。その結果、本事件はひろく世間にアピールされたし、奄美の自然の価値は全国的に知れわたった。おそらく、自然保護関係の訴訟としてはメディアワークがもっとも奏功した事例の一つといえよう。おもに地方紙を中心とした本事件関連の新聞記事については、自然の権利セミナー報告書作成委員会編『報告　日本における〔自然の権利〕第1集』山洋社（1997。以下「自然の権利第1集」という）288-292頁に、詳細な一覧表がある。特集記事を一つだけ紹介すれば、佐久間淳子「原告となったアマミノクロウサギ　奄美大島のゴルフ場開発をめぐる『自然の権利』訴訟」科学朝日1995年9月号（自然の権利第1集51頁以下に所収）が、有益である。本事件を素材に、その理論的側面を中心に論じたものとして、山村恒年・関根孝道編『自然の権利』（以下「自然の権利」という）信山社（1996）、山田隆夫「奄美自然の権利訴訟の提起するもの——環境法の今日的課題」自由と正義1998年10月号。

4 この点は訴訟の機能とも関係する。「訴訟」とは何かについては、各国の司法制度のちがいを反映して、その内容は一義的ではない。大きな括りとしては、各人の支配に属する個人的利益——とくに財産的利益——の救済に主眼をおいた主観訴訟と、客観的な法秩序の維持を重視する客観訴訟とが区別される。日本の制度は、米国の司法概念を前提に、主観訴訟を原則的な訴訟形態とし、客観訴訟は、法がとくにみとめる場合にその限度において、例外的に許容されるだけである（行政事件訴訟法42条）。このような仕組みのもとでは、たとえば、自然の権利のように、個人化された財産的利益とは構成しにくい環境的利益が問題となる場合には、訴訟——ここでは、原則的な訴訟形態である主観訴訟——による自然保護は困難をきわめる。自然保護は、その性質上、客観的訴訟になじむものであるが、現行法は自然保護のためにそのような訴訟をみとめていない。それゆえ、自然保護訴訟も、自然からの利益が個人に帰属するとみて、その帰属主体である個人が自己に帰属する利益の保護をもとめて提訴するというように、主観訴訟的に構成することになる。このような法律構成によらざるをえないのは、人間＝権利の主体、自然＝権利の客体とみる近代市民法の二分論が前提としてあって、これに縛られているからである。このような二分論は、宗教的にはキリスト教、哲学的にはデカルト的な自然観との関係性が指摘できるであろう。このような考えかたに論争を挑んだのが奄美「自然の権利」訴訟であった。原告の思いとしては、自然それ自体の権利主体性——訴訟法的には当事者適格性——や、自然との関わりをもつ者の環境原告適格を確立することが目ざされた。一方、法廷は、自然保護を考えるフォーラムであり、真摯な討論の場として位置づけられ、要件事実的な審理から踏みだすことが求められた。そこでは、対立当事者間の私的な利益の帰属や調整が問われたのではなく、奄美の貴重な自然をいかに次世代に伝えていくかという問題意識がつねにあった。このようなことは、本来、開発が実施される以前の段階で解決されるべき問題だが、日本の開発法制の欠陥はそのような仕組みを欠落していることである。いまだに、日本の開発法制は開発優先主義、行政独善主義などの不合理な意思決定の温床となっていて、旧態依然たる思考パターンから脱却できないでいる。奄美「自然の権利」訴訟は、法廷というフォーラムにおいて、法律的には、林地開発許可の違法性いかんという枠組によって掣肘されながらも、関係者が今いちど開発の原点にたち返り、奄美の将来を真剣に考える討論の場にしようとするものであった。奄美「自然の権利」訴訟では、このような文脈のなかで、自然の権利論が展開されたのであった。

されたが、争点となった二つのゴルフ場開発は阻止できたので[5]、訴訟本来の目的を達成することができた。上記のように、自然の権利訴訟の火付け役ともなって、同じような訴訟は燎原の火のように全国に広がっていった[6]。いまでは、自然の権利ということばも社会的に認知されるなったし[7]、基本的人権や適正手続といった法概念がはたす機能と同じく、自然保護上も、重要な機能を営むようになったと思われる。まさしく、クリストファー・ストーンのいうように、「自然が権利をもつ」ということが真剣に語られる社会は、人間の行為の理非がたえず自然の側から問いうる社会であって、そうでない社会に比べてより人間と自然の共存が指向された社会でありうる[8]。

以下では、奄美「自然の権利」訴訟をとりあげ、その第一審判決を中心に論じていく[9]。

はじめに、事件の概要を紹介し、事実関係を検証していく。本稿の「第2　奄美『自然の権利』訴訟をめぐる事実関係」と「第3　なにが争われたか」の部分が、大体、これに当たる。

従来の判例解説のたぐいは、事実関係の分析が必ずしも十分ではなかったし、さしたる関心も払われていなかった。本稿はこの部分に力を入れている[10]。当事者の主張立証から離れその事実関係にも関心を払わないで、判決の結論部分を抽象化して学説的に支持できるかどうか論じても、判例から学ぶことは少ない。本稿では、判例の主張整理のしかたに問題はないか、当事者の主張にまで遡って検討している。

ついで、訴訟上の各論点について、第一審判決の示した判断を紹介していく。本稿中の「第4　いかなる判断がなされたか」の部分である。ここでも、第一審判決の判断と当事者の主張がかみ合っているか、両者の対応関係が意識されている。単に判例の字面を追うのではなく、当事者の主張にたいする裁判所の判断が浮き彫りになるように、配慮したつもりである。多少の補足的な説明も加えたので次の章への接ぎ木ともなっている。

本稿の「第5　検証「奄美『自然の権利』訴訟」」の部分は、第一審判決の問題点と評価すべき点

5　ゴルフ場開発が阻止されたことは、開発業者にとっても、必ずしもマイナスではなかったと思われる。バブル経済を前提とした開発計画——とくに遠隔のリゾート地におけるゴルフ場建設——が実施された場合、その後のバブル崩壊による破綻もありえたからである。このことは、開発に反対する者の声の重要性を示すとともに、開発者の真のご意見番はだれかを教えるであろう。ゴルフ場問題一般につき、山田国広『ゴルフ場亡国論（新装版）』藤原書店（2003）。なお、ゴルフ場建設の悲惨な結果につき、松井覺進『ゴルフ場廃残記』藤原書店（2003）によると、90年代に600以上開業したゴルフ場が2002年度は100件破綻し、負債総額は2兆円を突破し、いまや外資系ハゲタカファンドの餌食になって、買い叩かれているという。

6　全国各地で提起された自然の権利訴訟につき、自然の権利セミナー報告書作成委員会編『報告日本における［自然の権利］第2集』山洋社（2004。以下「自然の権利第2集」という）に詳しい。同書は、奄美「自然の権利」訴訟につづく同種の訴訟として、以下のものを紹介している（括弧内は提訴・申立の年月である）。①オオヒシクイ「自然の権利」訴訟（1995）、②諫早湾「自然の権利」訴訟（1996）・同第二陣訴訟（2000）、③生田緑地・里山「自然の権利」訴訟（1997）、④藤前「自然の権利」訴訟（1998）、⑤高尾山天狗裁判（2000）、⑥ポーラ箱根美術館工事中止等公害調停請求事件（2000）、⑦馬毛島「自然の権利」訴訟（2002）、⑧インドネシア・コトパンジャン・ダム訴訟（2002）・同追加提訴（2003）、⑨奄美ウミガメ「自然の権利」訴訟（2003）、⑩沖縄ジュゴン「自然の権利」訴訟（2003）、⑪沖縄ノグチゲラ「自然の権利」訴訟（2003）、⑫名水真姿の池湧水と歴史的環境を守る訴訟（2004）。このうち、⑧の事件は、ODAによるダム建設のために移住を余儀なくされたインドネシア住民らが日本政府らを相手に損害賠償をもとめ日本で提訴したもの、⑩の事件は、日米の環境NGOらが米国の国家歴史保存法を根拠に米国で提訴したもの、⑪の事件は、米国NGOが米国の種の保存法を根拠に米国で提訴したもので、国際環境事件としても重要なものである。⑩の事件につき、米国法の域外適用を中心に論じたものとして、関根孝道「沖縄ジュゴンと環境正義——辺野古海上ヘリ基地問題と米国環境法の域外適用について」総合政策研究16号、参照。

7　たとえば、自然の権利という用語や本訴訟の事例は、社会科や公民用教科書の副読本などにも紹介されるようになった。

8　Christopher D. Stone, "Should Trees Have Standing: TOWARD LEGAL RIGHTS FOR NATURAL OBJECTS"（以下、「ストーン論文」という）, WILLIAM KAUFMANN, INC., 1974, p.40-42. ストーンは、たとえば、法の「適正手続」（due process）という法概念をもつ社会は、正義衡平という観点から権力行使の正当性を絶えず検証している社会であって、そうでない社会に比べて、より人権保障の図られた社会であるといい、自然の権利ということが語られる社会は、より自然の保護を実現しうる社会であって、自然の権利という法概念のもつ機能的な有用性を説いている。なお、ストーンは、その後、"SHOULD TREES HAVE STANDING ? REVISED: HOW FAR WILL LAW AND MORALS REACH ? A PLURALIST PERSPECTIVE", SOUTHERN CALIFORNIA LAW REVIEW Vol.59, Nov.1985 No.1を発表し、かれ自身が提起した自然の権利論を発展させてはいるが、論旨はやや技巧的な感じをうける。

9　筆者は奄美「自然の権利」訴訟の代理人もつとめた。このことをお断りしておく。それゆえ、以下の記述には、訴訟代理人としての主張部分もふくまれると思われるので、そのぶん割り引いて読んでいただきたい。なお、本稿の奄美判決を紹介した部分は、筆者による判例解説、別冊ジュリスト171号環境法判例百選「73　アマミノクロウサギ処分取消請求事件」172以下と一部重複している。本稿は、この判例解説で言い足りなかった部分を中心に敷衍し、大幅に加筆補充したものである。

10　訴訟の事実関係から離れ一般論を展開しても、学説との対比において判例の結論をなぞりうるだけで、法実務的にはあまり意味がない——真に判決の評価はできない——からである。判例の射程を明らかにし、同じような事案でありながら判例間で結論が異なる理由を解明するためにも、事実関係の緻密な分析が不可欠である。判例法主義の英米法における判例研究はこのような事実関係の分析に力点がおかれているが、制定法主義のわが国における判例研究もそのようなものでなければならない。

を、判決評論的に解説している。とくに、第一審判決が自然の権利について判示した部分に焦点をあて、今後の自然の権利訴訟の課題を考えていきたい。

最終章は、「第6　本判決が問いかけたもの——結びにかえて」と題されているが、この部分は、奄美「自然の権利」訴訟が問いかけ、われわれに残した宿題でもある。

第2　奄美「自然の権利」訴訟をめぐる事実関係[11]

本件訴訟の舞台は奄美大島である。同島は豊かな自然生態系に恵まれ、生物多様性の宝庫でもある。自然の権利訴訟の第一号が同島で提起されたのも偶然ではなかった。その自然環境を知ることは、本訴訟の理解に不可欠である。同島の生物相の特色および重要性はつぎのとおりであった[12]。

奄美大島は、動物地理区上の旧北区に属するトカラ列島以北の本土地域とは異なり、東洋区に属し、本土とは様相を異にした自然が展開している。また、奄美大島以南の南西諸島は、150年前にトカラ海峡が成立した後も（このラインを生物地理上「渡瀬線」という）中国大陸と琉球弧の陸橋で結ばれていたため大陸起源の古い動植物が陸伝いに渡来することができ、また、琉球弧が島になってからは島嶼という限られた環境で残存種が保存された。そのため大陸起源の古い種が遺存し、あるいは島内で固有の種に進化したものも多い。

このような成立経緯の特異性が、同島の自然生態系を特徴づけ、生物多様性の宝庫としているのだが、野生生物の現状は危機的ですらある。同島の自然および野生生物の現状はつぎのとおりであった[13]。

奄美大島に生息する動物相は、両生類が5科12種、は虫類が8科16種、鳥類が19科34種、ほ乳類が7科15種であるが、急激な開発等の影響により、このうち、環境庁の編集した「日本の絶滅のおそれのある野生生物——レッドデータブック——（以下「日本版レッドデータブック」という）選定による絶滅危惧種は4種（アマミヤマシギ、オオトラツグミ等）、危急種11種（アマミノクロウサギ、ルリカケス等）希少種18種とその種の存続が緊急の課題となっているものが少なくない。

以上のような同島の自然環境を前提として、本件各ゴルフ場の開発計画がもちあがった。

このような奄美大島の全体的なピクチャーを頭のなかに入れておかないと、本件訴訟の正確な理解は不可能である。世界的に貴重な自然の宝庫に保護区が設定されておらず、ゴルフ場のような開発が所有権の行使として自由になしうることが、奄美「自然の権利」訴訟を生みだした背景である[14]。

11　以下の事実関係は、第一審判決の認定事実に依拠しているが、適宜、原告らの準備書面などで補充している。

12　第一審判決7頁以下。なお、奄美大島の自然をことばで描写しようとしても、限界がある。百聞は一見にしかずであるが、同島の自然は、以下の写真集でビジュアルに体感することができる。濱田康作『奄美 AMAMI 太古のささやき』毎日新聞社 (2000)、常田守『奄美大島——水が育む島』文一総合出版 (2001)。

13　第一審判決8頁以下。奄美大島などの自然環境の調査報告として、奄美希少鳥獣研究会「奄美大島、徳之島における稀少鳥獣の生息実態調査」WWFJ 南西諸島自然保護特別事業報告書（事業ナンバー：9252）杉村乾「奄美大島における林業と野生生物保護の方法について」千葉大学教養部研究報告 B-20 (1987) 69-74頁、同「アマミノクロウサギの生態、分布及び生息数の変化について——調査結果の概要と保護対策」チリモス 4 (1)：5-11 (1993)、同「森林開発とアマミノクロウサギの保護問題」関西自然保護機構会報 16 (2)：117-121 (1994)、同「環境科学の視点から見た奄美大島の野生鳥獣種の保護」チリモス 5 (1)：20-26 (1994)、同「森林政策決定の差異が奄美大島の壮齢林の断片化と希少鳥獣の生息環境に与える影響」社団法人環境情報科学センター・第9回環境情報科学論文集 (1995) 121頁、同「アマミノクロウサギ (Pentalagus furnessi) の生息数の推定と減少傾向について」第12回環境情報科学論文集 (1998) 251-256頁、参照。

14　近代法的な所有権絶対の原則がもはや21世紀において維持しえないイデオロギーであることにつき、関根孝道・吉田正人『生態学からみた野生生物の保護と法律』（財）日本自然保護協会編・講談社サイエンティフィクス (2003) 8-30頁、参照。日本の自然保護法制の問題点と課題についても、同頁に簡単な指摘がある。

1　ゴルフ場建設

1.1　住用村におけるゴルフ場について [15]

訴外A社[16]は、平成2年ころから、奄美大島南東部に位置する住用村において、開発面積約171万㎡、18ホールの奄美オーシャン・ビューゴルフクラブのゴルフ場（以下「住用村ゴルフ場」という）の建設を計画し、鹿児島県知事Y（被告・被控訴人）は、同社にたいし、同4年3月13日付けで、森林法10条の2にもとづく林地開発行為の許可処分をした（以下「A社に対する本件処分」という）。

同ゴルフ場予定地は、名瀬市から約40kmの距離にある集落から南東にのびる岬の先端部にある。かつては、放牧地として利用されていたが、同ゴルフ場予定地へ容易に通行できる道はなく、岬の北西側には大浜という入江があって、その背後には丘陵地が広がり、ハチジョウススキの原となっていて、岬から北東側には急峻な海食崖が連続する。

同地区には、アマミノクロウサギ（特別天然記念物、日本版レッドデータブックの危急種、国際自然保護連合のレッドデータブックの絶滅危惧種）、ルリカケス（天然記念物、国内希少野生動植物種、鹿児島県鳥）などの動物が生息している。予定地の動植物について判示された部分を引用すれば以下の通りである。

　住用村ゴルフ場予定地及びその周辺部の植生は、二次林（常緑広葉樹林）、海岸の風衝低木林、ハチジョウススキ草原など様々なタイプの植生がモザイク状に分布し、低い樹木がまだらに見られ疎林状の部分も見られる。岬の先端部のハチジョウススキの原を取り巻くように岬の根元側にはスダジイを主体とする常緑広葉樹の自然林が展開している。同地区ルリカケス、アマミノクロウサギ（糞による確認[17]）等の動物が生息している。

1.2　龍郷町におけるゴルフ場について [18]

訴外B社[19]も、同2年ころから、奄美大島北東部に位置する龍郷町において、開発面積約125万平方メートルのゴルフ場（以下「龍郷町ゴルフ場」といい、Aゴルフ場とあわせて「本件各ゴルフ場」という）の建設を計画中であったが、Yは、B社にたいしても、平成6年12月2日付けで、同条にもとづく林地開発行為の許可処分をした（以下「B社に対する本件処分」といい、A社に対する本件処分と併せて「本件各処分」という）。

龍郷町は、奄美大島の北東部に位置し、名瀬市と笠利町に挟まれているが、同ゴルフ場予定地のある市理原地域は、龍郷町東部の海に面した山地にあり、東側は急傾斜地や断崖が発達していて、周囲の森林とは孤立した形態で存在し、頂上付近に小さな湿地がある。同地区には、アマミヤマシギ（日本版レッドデータブックの絶滅危惧種、国内希少野生動植物種）、ルリカケスなどの鳥類が生息している。

敷衍すると、予定地の動植物は以下のとおりであった。

15　第一審判決2、3頁以下、19-21頁。

16　A社というのは、実際には、岩崎産業株式会社であって、鹿児島市に本店をおき同県を中心に、リゾート観光業などを営む有力企業である。

17　括弧内の「糞による確認」という一節は見落とされがちだが、ゴルフ場の開発経過に照らすと重要な意味がある。アマミノクロウサギ等の稀少動物が現地に生息するかどうかは、ゴルフ場建設の可能性に直結する重要問題であるところ、関係行政当局は、十分な調査もしないまま、少なくとも開発を黙認したきらいがある。この何げない一節は、開発べったりの行政対応を批判するだけでなく、ゴルフ場開発がなされる場合にそなえた置き石ともなりうる。なお、アマミノクロウサギの生息分布調査は本件開発業者によってなされ、文化財保護法80条1項の許可を得る判断資料として、鹿児島県教育委員会に提出されたが、その情報公開請求をめぐる事件につき、鹿児島地判平9・9・29判自174号10頁、前掲環境法判例百選170頁、参照。このような調査が開発業者によってなされ、同委員会によってなされなかったというのも、信憑性という観点からは疑問であるし、同委員会が情報公開を拒否したのも不可解である。

18　第一審判決3、17-19頁。

19　B社というのは、実際には、鹿児島市に本店をおく奄美大島開発株式会社であるが、訴状によると、同社は、本件ゴルフ場の開発計画を進めるべく、佐藤工業株式会社および川鉄商事株式会社の共同出資により、平成2年11月に設立された外部資本による会社である。バブル崩壊後の佐藤工業株式会社については多くの新聞報道がある。

風衝低木とリュウキュウマツの混じる壮齢照葉樹林を主体とし、一部にオキナワウラジロガシの大径木を含む壮齢照葉樹林がある。東側斜面はやや急で樹高が低くリュウキュウマツが多いが、西側は緩やかな斜面で樹高も高い。同地区にはアマミヤマシギ、ルリカケス、オーストンオオアカゲラ、カラスバト等の鳥類が生息している。

2 原告らについて

原告らは、大きく団体原告と個人原告に分けることができ、さらに、個人原告は、奄美大島の現地住民とそれ以外の支援者のグループに分けられる。

2.1.1 団体原告
環境ネットワーク奄美 [20] X6

原告 X6、すなわち環境ネットワーク奄美は、奄美大島固有の自然を守るため、島の自然生態系の実態調査、保護施策の検討、自然生態系に有害な行為への対応、奄美の自然に関する学習教育活動、自然の権利の擁護、その他自然の保護に必要な一切の行為を行うことを目的として、平成7年1月22日、それ以前の4つの環境保護団体を前身としその活動成果をも承継して、原始会員8名で結成された。

構成員は維持会員と一般会員から成り、同年9月3日現在、前者8名、後者208名の会員を擁していた。

組織的には、最高意思決定機関として維持会員総会があり、定期総会や臨時総会が開催されるほか、運営委員会も存在する。同委員会は、維持会員の中から総会により選出され、日常業務を決するものとされ、代表者は維持会員総会および運営委員会を主宰する [21]。

財政的には、会員からの会費と運動賛同者からの寄付金を財源とし、独立した会計として管理運営されており、毎年開催される総会で収支決算報告をして、承認を得ている。

活動として、定款には、行政不服審査や訴訟等の活動、調査・保護活動、立木トラスト、教育・啓発活動、広報活動等としての機関誌の発行、自然保護・事業活動等が定められており、実際にも、奄美大島やその周辺諸島を中心に、それらの活動を実践している。

以上のような組織としての実体をふまえ、その原告適格について、次のように主張された。

「環境ネットワーク奄美は、原告として取消訴訟等を提起しているが、これは、権利能力なき社団として、本訴を提起したものであるところ、民事訴訟法29条における『法人格なき社団で代表者の定めのあるもの』に該当し、訴訟法上の当事者能力を有する団体である」。

第一審判決は、後述するように、環境ネットワーク奄美について、権利能力なき社団の要件を具備すると判示した [22]。

2.2 個人原告

2.2.1 奄美在住の住民

個人原告のうち現地住民のグループは、訴状の当事者目録（一）に記載された人たちで、奄美大島に住所を有する5名である [23]。この5名が訴訟

---

[20] 第一審判決の理由中では、環境ネットワーク奄美は、その団体原告適格性を判示した後述する部分を除き、「（奄美大島において野鳥観察活動等野生動物の観察活動をおこなってきた）原告らで結成した自然保護活動団体である環境ネットワーク奄美」と紹介されているに止まる。それゆえ、同団体の詳細については、同判決の「別紙『当事者の主張』」（以下「当事者の主張」という）から、該当箇所を引用して紹介する。なお、当事者の主張について一言すれば、本事件では、判決中の事実摘示欄に要約摘示されるのではなく、「別紙『当事者の主張』のとおり」として、そのまま引用添付されている。これは、当事者とくに原告の主張が厖大で詳細をきわめたので、正確性の観点からその要約摘示に代えて、別紙添付されたと推測される。当事者の主張の一部（全体は「第一　本案前の被告の主張」から「第六　違法性・森林法10条の2第2項3号違反（原告らの本案主張）」まであるが、そのうちの第一から第四までの部分）は、前掲・久留米大学法学第43号および第44号に収録されている。前注1、参照。

[21] 以上の環境ネットワーク奄美についての記述は当事者の主張80、81頁による。

[22] 第一審判決74頁。

[23] もっとも、このうちの1名で、後述する原告アマミノクロウサギこと X4 は、提訴の年である1995年に、熊本に転居している。同上80頁、参照。

の中核となる個人原告であった。

　本訴訟は、表面的には、日本初の自然の権利訴訟として華々しく紹介されるが、実質的には、この5名の原告適格——とくに、奄美の自然との結びつきを根拠とした環境原告適格——と、これらの個人を構成員とする環境ネットワーク奄美の団体原告適格——正確には、団体環境原告適格——を確立することが主眼とされていた。その意味で、だれが裁判を起こせるかという原告適格者の範囲について、行政訴訟における入り口の狭いゲートをこじ開けて、後に続く自然保護訴訟の橋頭堡を築くことも目的であった[24]。

　後述するように、アマミノクロウサギ外3名の動物原告の表示部分が訴状却下された後は、これらの個人原告の名前の上に、アマミノクロウサギ外の動物名が冠せられ、「アマミノクロウサギこと　何某」というふうに、動物名が「こと表示」された。その趣旨は、これらの個人原告がこと表示された動物を代弁すること、つまり、後述する自然の権利訴訟として訴訟追行する趣旨を示すものと主張された。

　以下、これら5名の個人原告をX1ないしX5、その全体をXらと表現することにする。

　第一審判決は、Xらと本件各ゴルフ場との関係につき、X1～X5らは、住用村ゴルフ場予定地区において、市崎の大浜付近から上陸したり、山道、尾根沿いに動植物の生態観察活動をおこない、龍郷町ゴルフ場予定地区においても、道路沿い、あるいは、屋入川下流域の谷筋に沿って、鳥類などの生態観察活動をおこなっていたと認定した[25]。

　以下、動物名を冠せられた個人原告X1ないしX4の4名と、それ以外の奄美在住の個人原告X5の合計5名を紹介しよう。Xらについて、その原告適格を基礎づける事実として以下のような奄美の自然との個別的関係性が主張され、その関係性から導かれる個人的利益が本件ゴルフ場開発によって侵害されると法律構成された。

(1) 原告アマミヤマシギこと　X1[26]

　X1と奄美の自然との関わりは次のようであった。

　　同原告は、昭和55年（1980年）奄美大島に帰郷して以降、奄美大島の野鳥観察を始め、毎日のようにフィールドに出かけ、当時存在しなかった島全域の奄美の野鳥のデータづくりにとりくみ、奄美の留鳥の分布、繁殖時期、繁殖行動、餌の内容、鳴き声の形態、数、特徴的な習性や形態を観察し、250種類以上の鳥を観察し、10万カット以上の写真や約40時間のビデオを撮影し、世界で初めて野生のオオトラツグミの撮影、鳴き声の録音に成功するなど、全人格的な情熱をもって奄美の自然にかかわり、可能な限りの時間を奄美を知るために費やし、本件各ゴルフ場予定地についても何度となく観察に通い、予定地内及びその周辺の野生生物の生態をつぶさに観察し、現在に至っている。

　以上のような奄美との関係性から、原告適格を基礎づける利益として、次のような利害関係をもつと主張された。

　　原告X1は、本件各ゴルフ場予定地を含む奄美の自然と密接な結びつきを有し、人格的利益を有する。

　　また、フィールド・ワークを通じて、ゴルフ場開発による災害にみまわれる可能性も否定できない。

24　米国では、早い時期から行政訴訟における原告適格の拡大が課題となり、環境訴訟の分野では、1973年に下されたシーラ・クラブ対モートン事件判決（以下、「モートン判決」という。その全文訳は前掲「自然の権利」247頁以下に収められている）が、レクリエーションなどの環境的利益の侵害についても原告適格が認められると判示して以来、自然保護のための環境訴訟の提起が容易になり、めざましい実績をあげている。詳しくは、前掲「自然の権利」138頁以下、参照。

25　第一審判決19、21頁。

26　以下の記述は当事者の主張77頁による。

（2）原告ルリカケスこと　X2[27]

X2と奄美の自然の関わりは以下のようであった。

　同原告は、大島郡笠利町で生まれ、奄美の自然の中で育ち、高校卒業とともに奄美を離れたが、昭和49年、奄美大島に帰郷し、昭和61年9月ごろから野鳥観察に親しむようになった。（中略）
　以後、同原告は、独学で奄美大島全域にわたって毎朝夜明前に野鳥観察を行い、河川、各離島の野鳥の分布を記録する観察活動を続け、島内の固有種はほぼ観察するに至った。（中略）
　同原告は、自ら会社を設立して、エコツアーを事業化したり、野鳥に関する講師を務めたりもしている。これは、当初原告は、野鳥観察等の案内等を無償で行っていたのであるが、希望者も増え、無償では成り立たなくなったため、金銭を得る代わりに、責任をもって案内を行うことが必要だと考えたからである。しかも、有償による場合には、会社組織による方が良いと判断したことから、会社設立に至ったのである。（中略）
　また、同原告は、1ヵ月のうち1週間程を、龍郷町で野鳥の観察活動をし、龍郷町ゴルフ場開発予定地の野鳥の生息状況について本格的な調査活動をしている。住用村ゴルフ場開発予定地での野鳥の観察をしている間にアマミノクロウサギ、その死体、フンなどを観察している。
　以上のように、奄美の自然は、同原告にとって、生活の糧にもなっており、なくてはならないものである。
　また、住用村ゴルフ場開発予定地及びその周辺地域においては、同原告は学校裏側から沢に沿ったルートを観察し、その際には取付進入路予定地も観察しているところ、このような場所には急激な傾斜地も多く、開発によって土砂の流失、崩壊等を招く可能性が高い。同原告は、たびたび右記場所で観察をおこなっているのであるから、災害に遭う可能性も高い。

（3）原告オオトラツグミこと　X3[28]

X3と奄美の自然の関係性は以下のとおりであった。

　同原告は、昭和60年名瀬市内に戻り、奄美野鳥の会が主宰する探鳥会に参加したり、自動車に乗って野鳥の観察に出かける生活が始まった。（中略）
　春には、渡り鳥のシーズンであることから、干潟や田園地帯でシギやチドリ類を観察した。夏には、繁殖のシーズンであることから、野鳥の巣作りの様子を観察するため、山に入ることが多い。秋には、タカの渡りが始まるため、山の高台に出かけることが多くなり、冬には、渡り鳥の越冬の観察のため、干潟等でカモ類を中心に観察するのである。
　夜間においても、一年を通じてフィールドに出かけ、アマミヤマシギなどの夜行性の鳥類等を観察していた。（中略）
　また、同原告は、本件ゴルフ場開発予定地にしばしば出かけ、野鳥や奄美の自然の観察に多くの時間を費やし、奄美大島の自然は人格上も生活上もなくてはならない存在になっている。

同原告は、住用村ゴルフ場開発予定地及びその周辺地域にしばしば出かけ、野鳥等の観察を行っているため、他の原告と同様災害に遭う可能性が高い。

---

[27] 同上77、78頁による。
[28] 同上78頁による。

(4) 原告アマミノクロウサギこと　X4 [29]

X4 と奄美の自然の関係性は次のように主張された。

奄美大島には 1989 年 3 月ころから居住するようになり、1995 年 2 月末に転居して奄美大島を出て、現在に至っている。

平成 3 年には、奄美野鳥の会主催の早朝観察会に初めて参加し、市理原の龍郷町ゴルフ場予定地を観察した。(中略) この観察会をきっかけに X4 の野鳥観察が始まり、(中略) 1992 年には哺乳類研究会に入って、奄美の自然の観察を続けた。

本件各ゴルフ場開発予定地にしばしば観察に出かけ、多くの時間を費やして、リュウキュウイノシシ、アマミノクロウサギ、トゲネズミ、ケナガネズミなども観察している。

龍郷町ゴルフ場予定地は、同原告が初めて野鳥観察の機会をもった土地である。この土地は、野鳥が豊富に生息する土地として、研究者や野鳥観察か (中略) 同原告にとっても、龍郷町ゴルフ場予定地は重要な活動フィールドであって、甲 11 及び 15 の地図で示された観察ルートは何度なく観察にでかけているし、時にはルートからはみ出て観察を続けることもあった。(中略)

住用村ゴルフ場周辺部は、奄美でも自然度の高い森林が広がっているため、同原告にとっても重要な観察場所になっている。甲 13 及び 17 で示されたルートに沿って、何度となく同ゴルフ場予定地付近の観察を重ねている。(中略) 本件開発予定地内においても、かつては観察を行ったことがある。住用村ゴルフ場予定地及び周辺部は、良好な二次林であり、アマミノクロウサギが多数生息する場所である。同原告は、同ゴルフ場予定地内及び周辺部でアマミノクロウサギを何度か目撃している。ゴルフ場開発予定地周辺部ではあるが、オオトラツグミも目撃し (た)。(中略)

尚、同原告は、住用村ゴルフ場予定地内に海から上陸して観察したこともある。その際に、大量のアマミノクロウサギのフンも確認している。また、同ゴルフ場進入路付近も観察したことがある。

以上のような X4 と奄美の自然との関係性から、X4 の本件訴訟における原告適格を基礎づける根拠として、次のように主張された。

同原告も、本件各ゴルフ場予定地と密接な結びつきを有し、人格的利益を有する。また、ゴルフ場開発による災害にみまわれる可能性も否定できない。

(5) X5 について [30]

X5 と奄美の自然の関係性は次のように主張された。

大島郡龍郷町で生まれ育ち、一時大阪などに居住していたものの現在は龍郷町内で病院を開業し生活している。同人の病院では龍郷町ゴルフ場開発予定地を源流とする谷川より水を引き利用している。また、市理原についてはふるさとの山河として精神的結びつきを持っている。

同人については、開発予定地との関係性につき、奄美の自然との結びつきだけでなく水利権の主張も唯一なされており、注目される点である。

2.2.2 奄美非在住の支援者 [31]

主に県外の個人を中心とした本件訴訟の支援者グループである。

その原告適格を根拠づける事実として、奄美の

29　同上 78-80 頁による。
30　同上 80 頁。
31　同上。これらの者は別紙当事者目録(二)に記載された個人原告 17 名で、一名を除き、鹿児島県外の人たちである。

自然との関係性について、次のように主張された。

環境ネットワーク奄美の会員であり、龍郷町ゴルフ場予定地、住用村ゴルフ場予定地の良好な自然環境を守るためにそれぞれの居住地を中心に活動を行っている。

これらの原告については、奄美の自然との直接的な結びつき——たとえば、開発予定地をフィールドとして自然観察活動をおこなうこと——は主張されておらず、奄美の自然保護を目的とする環境保護団体である環境ネットワーク奄美の会員であること、それぞれの県外居住地において、開発予定地の自然保護活動に従事していることが主張されただけであった。

第3　なにが争われたか

本件訴訟のおもな争点は、上述した原告らに環境原告適格が認められるか、本件各処分の違法事由いかんであった[32]。同時に、自然の権利の考え方も主張されたために、その法的な位置づけ——いわば、自然の権利の要件事実的な法律構成のしかた——も問題となった。

原告らの主張は以下のようであった。

1　違法事由について

違法事由については、A社ゴルフ場の開発予定地やその周辺には、アマミノクロウサギやオオトラツグミなど、南西諸島独特の貴重種が高い密度で生息する地域であり、同ゴルフ場開発はこれらの動物の種の存続に大打撃をあたえ、また、B社ゴルフ場の開発予定地やその周辺にも、アマミヤマシギやルリカケスなどの貴重な動物相がみられ、同ゴルフ場開発は、これらの動物の種の存続に深刻な影響をおよぼすだけでなく、その調整池などの堰堤などの崩壊により、周辺住民や土地利用関係者に被害がおよぶ危険があるところ、本件各処分は、森林法10条の2第2項1号、1号の2、3号などに違反する違法、無効なものと主張された。具体的には以下のような主張がなされた。

1.1.1　森林法10条の2第2項1号、1号の2違反

原告らは次のように主張した[33]。

本件各開発は地盤の状況などから、切り土、盛り土部分、調整池、堰堤などの崩壊の危険がある。したがって同法10条の2第2項1号、1号の2に反する違法がある。また、大規模開発により予定地内の水路が破壊され、水源としての機能を果たさなくなる違法がある。

1.2　森林法10条の2第2項3号違反

同号違反による違法事由の主張は、次のように二段階的に構成されている[34]。

同号は、環境を著しく悪化させるおそれがないと認めるときでないと、林地開発を許可してはならないと規定していることにかんがみると、(中略) 同号違反の有無を判断するにあたっ

---

[32] もっとも、違法事由は本案審理の要件であるから、原告適格の訴訟要件がクリアーされた場合にのみ問題となる。後述するように、第一審判決は原告適格なしと判断したので、違法事由の有無についての判断は示されなかった。被告も、原告適格がないというスタンスを貫き、本案前の抗弁しか主張しなかったので（当事者の主張1-6頁）、原告らの違法事由の本案主張は（同84-89頁）、完全な主張の空振りに終わっている。後述するように、原告らは、本件訴訟で林地開発許可処分の詳細な違法主張を展開したが、この点の裁判所の判断は得られず、その違法事由についての理論的な深化は図られなかった。結局、原告適格要件が厳格に解釈されて、本件各処分の違法性いかんは闇の中に葬りさられてしまった。法治主義の観点からも看過しえないのみならず、実体法的な違法事由についての議論はいつまでも深化しない。このように、原告適格の解釈は、救済されない違法処分の範囲と直結し、法治主義の妥当範囲にも関係する問題である。詳しくは、関根孝道「だれが法廷に立てるのか——環境原告適格に関する比較法的な一考察」総合政策研究第12号、参照。

[33] 当事者の主張89頁。

[34] 同84頁。

ては、環境の保全を目的とする文化財保護法、環境基本法、種の保存法等の法律が関連法規として考慮されるべきである。

具体的には、同号の関連法規である文化財保護法違反および種の保存法違反として、以下のような主張がなされた。

1.2.1 文化財保護法80条1項違反の違法 [35]

アマミノクロウサギ、オオトラツグミ、ルリカケスは、同法による特別天然記念物又は天然記念物に指定されているところ、本件各ゴルフ場開発予定地には、これらが生息していることが確認されている。(中略) 同法によれば、天然記念物に関しその現状を変更し、又は保存に影響を及ぼす行為をしようとするときは、文化庁長官の許可を受けなければならず (80条1項)、これに違反した場合は罰則が適用され (107条の2第1項) る。(中略) 本件各ゴルフ場開発予定地の開発工事がアマミノクロウサギ、オオトラツグミ及びルリカケス『の現状を変更し、又は保存に影響を及ぼす行為』に当たることは明らかであるのに、本件各処分の先にも後にも、文化庁長官は右許可を付与していないから、本件各処分は、同法80条1項違反の違法がある [36]。

1.2.2 種の保存法9条違反の違法

オオトラツグミ、アマミヤマシギ、ルリカケスは、同法により、国内希少野生動植物種に指定されているところ、本件各ゴルフ場開発予定地には、これらが生息している。(中略) 国内希少野生動植物種は、絶滅のおそれある動植物としてその保存施策をとるために指定され (4条1項)、これを捕獲、採取、殺傷又は損傷してはならず (9条)、これらの違反行為は刑罰に処せられる (38条1項)。(中略) 本件各ゴルフ場の開発は、生きているオオトラツグミ、アマミヤマシギ、ルリカケスの生息地の破壊をもたらすものであるから、右9条にいう『損傷』に該当し、本件各処分は、同法9条に違反するものである [37]。

2 原告適格について

本件訴訟の最大の争点は、原告適格の有無、とくに奄美在住のXらについて、上述したような奄美の自然との関わり、具体的には、本件開発予定地における利害関係——それは、各人にとっての人格的利益、生活的利益、水利権、生命・身体の安全などの多種多様な利益——の侵害を根拠として、本件訴訟を追行する資格が認められるかであった。

第一審判決も、本件訴訟の重要論点が原告適格の問題であるとし、「事案の概要」紹介の部分において、次のように要約している (判決文中の括弧書き部分は省略してある)。

原告らは、住用村ゴルフ場開発予定地及びその周辺には、アマミノクロウサギ、オオトラツグミなど南西諸島独特の貴重種が高い密度で生息する地域であり、住用村ゴルフ場開発はこれ

---

35 同86頁。
36 同法80条1項の定める現状変更行為および保存影響行為 (以下、「現状変更行為等」という) は、天然記念物そのものに対するそれらの行為に限定されるか。この点について、原告らは、米国種の保存法上の「捕獲」概念との比較法的な考察から、現状変更行為等とは、天然記念物について、これを殺傷する行為はもちろん、捕まえて自己の支配下におく行為だけでなく、直接・間接をとわず悪影響を及ぼす一切の行為を意味すると解すべきものと主張された。詳しくは、当事者の主張87頁以下、参照。本件では、現状変更行為等の意味についても、本案審理に入れなかったために、裁判所の判断は示されず議論が深められなかった。
37 同法9条の定める「捕獲、採取、殺傷、損傷」(以下、「捕獲等」という) の意味についても、国内希少野生動植物種そのものに対する直接的なそれらの行為に限定されるのか、それとも、生息地破壊のような間接的な行為をもふくみうるか問題となる。原告らは、米国種の保存法上の「捕獲」概念が「加害」行為をふくみ、その行政解釈規則上、「種の保存法における『捕獲』の定義上、『加害』とは、野生生物を現実に傷害または殺害する作為を意味する。そのような作為には、著しい生息地の改変または悪化であって繁殖、採餌もしくは待避をふくむ本質的な行動パターンを著しく害することによって、野生生物を現実に殺傷または傷害するものをふくみうる」と規定されていることなどから、日本の種の保存法上の捕獲等についても、一定の場合に、生息地破壊をふくみうると解すべきことが主張された。詳しくは、当事者の主張88頁、参照。が、この点についても、裁判所の判断は示されず、法解釈の議論は未消化のまま終わった。

らの動物の種の存続に大打撃を与え、また、龍郷町ゴルフ場開発予定地及びその周辺には、アマミヤマシギ、ルリカケスなど貴重な動物相が見られ、龍郷町ゴルフ場開発はこれらの動物の種の存続に深刻な影響を及ぼすおそれがあるほか、調整池などの堰堤などの崩壊により周辺住民、土地利用関係者に被害が及ぶ危険があるところ、本件各処分は、森林法10条の2第2項1号、1号の2、3号に違反する違法、無効なものと主張して、その取消および無効であることの確認を求めるものである。

2.1 第一審判決の主張整理

さらに、第一審判決は、原告適格の問題について、以下のような問題提起のしかたをして、当事者の主張を要約している。

本件訴訟は、本件各ゴルフ場の開発によって開発予定地及びその周辺地域の自然環境が破壊され、そこに生息するアマミノクロウサギ、オオトラツグミ、アマミヤマシギ、ルリカケスなど奄美の貴重種である野生動物がその種の存続に大打撃を受け、これらの野生動物を含む奄美の「自然の権利」が侵害されるとして、奄美大島において野鳥観察活動等野生動物の観察活動を行ってきた原告ら（別紙当事者目録（一）の自然人の原告ら）及び同原告らで結成した自然保護活動団体である原告環境ネットワーク奄美が、自然観察活動や自然保護活動を通じて奄美の自然をよく知り、奄美の自然と深い結びつきを有することから、奄美の自然の代弁者として、本件各処分の取消し及び無効確認訴訟の原告適格を有すると主張して提起しているものである。本件訴訟の主要な争点は、ゴルフ場開発予定地とその周辺地域において、自然観察活動・自然保護活動をおこなう個人や団体に対して、ゴルフ場開発を許可した林地開発許可の取消し・無効確認をもとめる原告適格が認められるかどうかであり、ここでは「自然の権利」という新しい概念を原告らに原告適格が肯定されるべき根拠として主張している点に本件訴訟の特徴がある[38]。

しかし、原告適格に関する原告らの主張を仔細に検討すると、このような主張の整理のしかたには、正確性に欠けるきらいがあったと思われる。上記のように、原告らは、Xらについて各原告ごとに本件ゴルフ場開発によって侵害されうる個別的利益を具体的に主張しており、それらは大別すると、(1) 開発予定地における自然との触れあいによる人格的利益、(2) 開発予定地において災害に遭遇することによる生命・身体の危険（以下、適宜、「生命身体の安全」「身体的利益」という）、(3) 水利権の三つであった[39]。原告らは、本件ゴルフ場開発予定地において、Xらがそれらの個別化された利益を有し、それが本件ゴルフ場開発によって侵害されるとし、そのことを原告適格を基礎づける事実として主張したのであった。この点は、自然の権利についての主張整理のしかたにも関係し、後に詳述する。

---

[38] このような主張の整理のしかたに対しては、原告らから、控訴審において、控訴理由を述べた平成13年4月20日付準備書面（以下、「控訴理由書」という）で、次のように批判された。曰く、「原判決は原告の主張を正確に理解しているとは言い難い。原告等及び原告環境ネットワーク奄美（以下控訴人等という）は、『自然の権利』という概念を実定法上の法的権利として主張したわけではない。また、控訴人等は、『自然の権利』を控訴人等の原告適格が肯定されるべき法的根拠として主張したわけでもない」と（控訴理由書8頁）。原告らの主張する自然の権利の考えかたは後述

[39] ほかに、原告ルリカケスことX2については、同人が有料のエコ・ツアーなどを行っていたことから、生計的ないし経済的利益を有することも主張されていた。当事者の主張77、78頁、参照。

2.2 原告らの主張

原告、とくにXらと、本件開発予定地における奄美の自然との結びつきについては、本件訴訟の事実関係として詳述した。原告らは、そのような事実関係にもとづき、法的主張の「まとめ」として、Xらが原告適格をもつ根拠を次のように主張した。

原告らは、しばしば、多くの時間を費やし、本件各ゴルフ場開発予定地に観察にでかけ、奄美の自然（「自然生態系（土地）」）と深く結びついた環境保護のための社会的価値ある活動、人間的営為を実践しているのであるが、これらは汎人間的であると同時に個人的人格に関わるものであり、社会的であると同時に精神的であり、人格上も生活上も密接に結びついている。

原告らは、このような一般論を展開した後、上述したXらの（1）人格的利益、（2）身体的利益、（3）水利権などの個別的利益がゴルフ場開発により侵害されることから、本件各処分の取消・無効確認をもとめる原告適格をみとめる根拠となることについて、次のように主張した。

2.2.1 人格的利益の侵害と原告適格

奄美の森は、原告らのこのような営為に対し、必要不可欠にして、代替不可能な価値を有しているところ、本件各ゴルフ場開発によりもたらされるアマミノクロウサギ、アマミヤマシギ、オオトラツグミ、ルリカケスその他の野生生物を育む自然生態系の破壊・喪失、各野生生物にもたらされる絶滅の危険性の増大、悪影響は、原告らと奄美の森との個別的関係性、自然享有権、環境上の人格的利益に対する侵害であり、喪失である。このような原告らと本件各ゴルフ場開発予定地との関係性は、個人的契機の上に立ちながらも、森林生態系の保全、生物の多様性の保護という森林法の保護法益に合致し、寄与するものであり、これら原告らが受ける利益は、一般人として受ける利益（反射的利益または事実上の利益）であって、本件各処分をめぐる一般的公益の中に吸収解消されてしまう性質のものではなく、これらを超えた特別の利益というべきであって、同法10条の2第2項3号がまもろうとしている法律上の利益（森林の現に有する環境の保全の機能）であり、換言すれば、同号は、原告らが受ける右の利益保護をも目的としていると解される。

原告らの主張はやや難解であるが、次のように構成していると考えられる。

上記のように、「原告らは、しばしば、多くの時間を費やし、本件各ゴルフ場開発予定地に観察にでかけ、奄美の自然と深く結びついた環境保護のための社会的価値ある活動、人間的営為を実践」していることから、Xらは、開発予定地である奄美の森との「個別的関係性、自然享有権、環境上の人格的利益」をもつ。ここでは、「個別的関係性」「自然享有権」「環境上の人格的利益」の三つのことばが並べられているが、森林法10条の2第2項3号の保護法益という観点からは、その実体は、各原告ごとに個別化された「人格的利益」として括れるであろう。

一方、本件ゴルフ場開発は、アマミノクロウサギなどの野生生物を育む奄美の自然生態系を破壊・喪失させ、各野生生物に悪影響をあたえ絶滅の危険性を増大させるが、これは森林法10条の2第2項3号の保護法益であるところの、Xら各個人の人格的利益の侵害を構成する。

それゆえ、Xらは、同号に違反した本件各処分の取消および無効確認をもとめる原告適格を有する、と主張したと考えられる。

2.2.2 身体的利益（生命・身体の安全）と原告適格

本件各処分に基づくゴルフ場開発工事に際して、あるいは、右ゴルフ場が予定する調整池堰堤などが崩壊した場合、原告らは土地所有者以

上に、土石流などの災害、溢水などの水害に遭遇し、もって、生命及び身体に直接的かつ重大な被害を受けることが想定されるから、かかる原告らの生命及び身体の安全は、一般人として受ける利益（反射的利益又は事実上の利益）であって本件各処分をめぐる一般的公益の中に吸収解消されてしまう性質のものではなく、これらを超えた特別の利益というべきであって、同法10条の2第2項1号、1号の2がまもろうとしている法律上の利益（森林の現に有する土地に関する災害の防止及び水害防止の機能）であり、換言すれば、同号は、原告らが受ける右の利益保護をも目的としていると解される。

上述した人格的利益が奄美の自然から得られる積極的利益だとすれば、ここでの利益は、ゴルフ場開発による災害から被害を受けないという消極的利益である。すなわち、上記のように、Xらは、頻繁に、本件開発予定地をフィールドとして自然観察活動などを行っているので、ゴルフ場開発中はもちろん開発後も、本件ゴルフ場に起因する人為的な自然災害に遭遇する可能性が高いところ、このような災害によって生命・身体の安全を害されないという利益は、森林法10条の2第2項1号、1号の2が保護法益とするところの、森林の現に有する土地に関する災害の防止および水害防止の機能中に包摂されると主張された。

以上から、Xらは、同号に違反した本件各処分の取消および無効確認をもとめる原告適格を有すると主張した。

2.2.3 水利権

X5については龍郷町ゴルフ場予定地内の谷川からの水を利用しており、同利益は森林法10条の2第2項2号が保護する利益である。

X5は、開発予定地内に水利権をもち、この権利が同号の保護法益に包摂されることから、同号

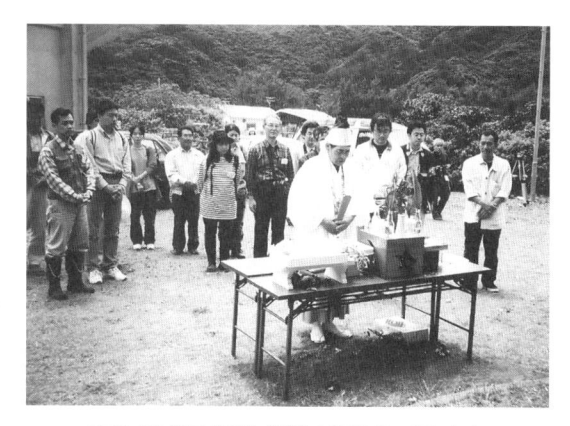

奄美「自然の権利」訴訟の検証前に行われた
ハブ除けの儀式

違反の本件各処分の取消および無効確認をもとめる原告適格を有すると主張された。

同人の原告適格については、奄美の自然との結びつきによる人価格的利益の侵害も根拠とされているが、むしろ、この水利権の侵害の方に訴訟的な意義があった[40]。

3　自然の権利

本件訴訟は自然の権利訴訟として注目されたが、自然の権利の理解のしかたについて、第一審判決の主張整理と原告らの主張に分けて検討していく。

3.1　第一審判決による主張整理と理解のしかた

第一審判決は、自然の権利について、次のように原告の主張を理解したと思われる。

上記のように、第一審判決は、本件ゴルフ場の開発により「奄美の『自然の権利』が侵害される」ことから、「奄美の自然との深い結びつきを有する」Xらは、「奄美の自然の代弁者として」、本件訴訟の「原告適格を有すると主張」したと解釈し、「『自然の権利』という新しい概念を原告らに原告

---

[40]　が、第一審判決はこの水利権主張にたいする判断を示していない。判断の遺脱であろうか。

適格が肯定されるべき根拠として主張している」と判示した。

すなわち、第一審判決は、奄美自身が権利の主体であることを、「奄美の『自然の権利』」と表現したと考えられる。Xらは、このような権利主体である奄美の自然を「代弁」して本件訴訟を追行しているが、このような代弁関係のもとでは、一般の代理関係とは異なり、Xらが訴訟信託的ないし訴訟担当的に原告とされるので、Xら自身に原告適格が認められると主張されたと理解したのであろう[41]。Xらについて、このような代弁の資格——真の権利者である奄美の自然のために、自ら原告となり訴訟追行する資格——が肯定されるのは、同人らが「自然観察活動や自然保護活動を通じて奄美の自然をよく知り、奄美の自然と深い結びつきを有する」からである。

別の箇所では、第一審判決は、「原告らの提起した『自然の権利』という観念」として、その内容を次のように要約している[42]。

> 人間もその一部である「自然」の内在的価値は実定法上承認されている。それゆえ、自然は、自身の固有の価値を侵害する人間の行動に対し、その法的監査を請求する資格がある。これを実効あらしめるため、自然の保護に対し真摯であり、自然をよく知り、自然に対し幅広く深い感性を有する環境NGO等の自然保護団体や個人が、自然の名において防衛権を代位行使し得る。

この部分も、表現的なニュアンスのちがいはあるものの、前記「2.1 第一審判決の主張整理」のところで引用した判示部分と同旨と解され、その趣旨は、上述したところに帰一——すなわち、Xら自身が原告となって真の権利者である奄美の自然のために訴訟追行する資格が認められる——すると思われる。上に「『自然』の内在的価値」

自然「自身の固有の価値」というのは、自然の権利主体性の究極的な根拠であり、この「固有の価値を侵害する人間の行動に対し、その法的監査を請求する資格」というのが、自然の権利の内実ないし法的効果であり、「自然の名において防衛権を代位行使し得る」というのは、上記のような代弁関係にもとづき、自然をよく知る「団体や個人」が真の権利者である（奄美の）自然のために訴訟追行することを意味するのであろう。

3.2　原告らの自然の権利の主張内容

上記のような第一審判決による主張の整理——裁判所による当事者の主張の理解のしかた——にたいし、控訴理由書では次のように批判された[43]。

> 原判決は原告の主張を正確に理解しているとは言い難い。原告等及び原告環境ネットワーク奄美（以下、控訴人等という）は「自然の権利」という概念を実定法上の法的権利として主張したわけではない。また、控訴人等は、「自然の権利」を控訴人等の原告適格が肯定されるべき法的根拠として主張したわけでもない。原判決末尾別紙「当事者の主張」（以下、別紙当事者の主張という）17頁以下（中略）に記載されているとおり、控訴人等は、①自然には基底的・公共的な価値が存在すること、②人間は自然と人間の関係性を防衛する法的権利ないし権能を有すること、③この防衛任務を担当するのは、自然を想い、自然を良く知る人間個人やNGOであること、④自然環境の開発と及び自然保護、開発法規とこれらに基づく処分は実体的にも手続的にも適正手続に合致していなければならないこと、⑤開発や利用を企図する主体は、その開発や利用が自然環境の基本的なシステムを破壊せず、これらに共通する意思決定は、

41　後述するように、アマミノクロウサギ外の動物原告の表示部分が訴状却下されたので、それらの原告適格いかんの問題はなくなった代わりに、「奄美の自然をよく知り、奄美の自然と深い結びつきを有する」Xらが、奄美の自然のために、原告となって訴訟追行できるかという、Xら自身の原告適格の問題が生じた。本文は、この点に関する裁判所の主張整理の部分を、裁判所による自然の権利の理解のしかたとして紹介したものである。

42　第一審判決86頁。

43　控訴理由書2頁。

適正な対話過程を通して行われなければならないこと、⑥開発と保護に関する意思決定過程においては「疑わしきは保護せよ」という基準を原則的判断基準として採用すべきことなどの一群の考え方を「象徴的意味」において「自然の権利」と呼んだのである。

なお、控訴人が別紙当事者の主張（中略）50頁（ママ）[44]において、個人や環境NGOが「自然の権利を防衛するために、自然の名において防衛権を代位行使し得る」としたのはあくまで象徴的な意味において述べたにすぎず、控訴人等に実定法上の代位権、代理権、代表権等が存在すると主張したものではない。

控訴人等は原告適格の根拠を第一次的に森林と人間との個別的関係性に求め、森林法10条の2第2項3号はこのような関係性を保護していると主張した（別紙当事者の主張33頁以下）。原判決はこの点に関する判断を全く遺脱するとともに、控訴人等が「自然の権利」—「自然享有権」に基づいて原告適格を根拠づける者と誤解し、請求を却下しているが、これは控訴人の主張した「自然の権利」という思想の不正確な理解に基づくものである。原判決は、本件訴訟の本質と原告の主張の核心を全く理解していない。

要するに、原告らの主張する原告適格の法的根拠は、森林法10条の2第2項3号が保護法益とするところの開発予定地における森林とXらとの「個別的関係性」であって、原告らの主張する「自然の権利」ないし「自然享有権」というのは、単に「象徴的意味」しかなく「実定法上の代位権、代理権、代表権等」ではないと弁明された[45]。

そうすると、次の問題は、原告らが原告適格の法的根拠として主張する「個別的関係性」の意味内容であるが、原告らが控訴理由書において援用する別紙当事者の主張（当事者の主張）33頁以下で厖大に述べられている。その正確な要約はきわめて困難であるが、以下のようなコメントが正鵠を得ていると思われる[46]。

私達は「法律上の利益」[47]は、本来、人と事物あるいは人と人との関係性に価値を見出し、これを法的に保護しようとするものではないかと考えるようになった。（中略）問題はどのような実質があれば原告適格を認めるべきか、その根拠は何かである。また、原告適格の判断が事実に基づく価値判断にあるとしても、新しい概念に理論的な枠組と類型的な安定性を与えなければならない。法的な保護に値する実質のアイコンを理論的に構想する必要があった。

さらに、現行の行政事件訴訟法を前提とする限り、原告適格の根拠には何らかの個別的な契機が必要とされよう。私達は原告適格という法概念が無益な訴訟をスクリーンアウトする機能をもつと考えるが、このような立場に立てば、原告適格ある人を一般人から括り出す適切な基準を提供することが不可避となる。

一方、自然にかかわる人間的価値を検討していくうちに、それは伝統的な私権が想定しているような独占的・排他的な利益ではないことに気がついた。自然という法益は本来的にすべての人に「開かれた性格」を有している。このことを思うとき、環境行政訴訟の原告適格は、公益を守るために訴訟を追行する資格要件としての意味をもつことにもなる。このような様々な要請を統合するものとして、私達は関係性という概念を提案した。

---

[44] 51頁の引用ミスと思われる。

[45] このような弁明にもとづき、本判決の自然の権利の主張整理について、「控訴人の主張した『自然の権利』という思想の不正確な理解に基づくものである。原判決は、本件訴訟の本質と原告の主張の核心を全く理解していない」と非難するのは筋ちがいで、原告らは自然の権利について主張した前言を翻すもの——逆にいうと、裁判所の主張整理は正確——であって、原告こそ梯子をはずしたという評価も可能かもしれない。たしかに、原告らの自然の権利の主張は詳細をきわめ難解であり、かつ、あらゆる観点からの主張がなされている。訴訟においては、難しいテストケースであるほど、裁判所による採用の可能性をもとめて、あらゆる主張を展開する必要がある。その意味で、本訴訟において、裁判所の主張整理にあるような自然の権利主張がなされたとしても、そのこと自体は責められないであろう。

[46] 山田隆夫「いわゆる『アマミノクロウサギ訴訟』について（三）」久留米大学法学第四四号122、123頁。同氏は本件訴訟の代理人でもあり、個別的関係性による原告適格論の提唱者である。

[47] 行政事件訴訟法9条、36条で定められた原告適格に絞りをかける要件である「法律上の利益」のことである。

他方、この関係性という考え方が従来の判例とも一定の整合性を保ちうることを論証しようとした。そのために、新潟空港訴訟最高裁判決、もんじゅ訴訟最高裁判決で示された解釈方法を応用しつつ、判例を読み直そうと試みた。その結果、法律上の利益説に立つとしても、観念的な条文解釈で法律上の利益の有無を判断するのではなく、当該処分がどのような法益侵害の危険性をもつかを事実に基づいて判断し、根拠法規の合理的解釈によりその法益保護を読み込むことができるかどうかという判断方法を提案した。

このような考察を経て、私達は、原告適格の根拠をナチュラリスト・環境保護団体が本件予定地に有する関係性に求め、森林法は林地開発行為許可処分によってこのような関係性を保護していると主張したのである。そして、その関係性の内容として、「地域の生態系を対象としたフィールド・ワーク・自然保護活動」「精神的な深い結びつき」をあげた。

要するに、原告適格の法的根拠として主張された「個別的関係性」というのは、「人と事物、あるいは、人と人との関係」のうち、「価値」あるものとして法的に保護された「個別的（個人的）な契機」であるが、人と自然との「関係」の場面においては、必ずしも「伝統的な私権が想定しているような独占的・排他的な利益」である必要はなく、それが行政事件訴訟法9条、36条にいわゆる「法律上の利益」の射程内のものかどうか を判断するに際しては、当該処分の「根拠法規の合理的解釈によりその法益保護を読み込むことができるか」によるところ、本件における「個別的関係性」の内実は、「地域の生態系を対象としたフィールド・ワーク・自然保護活動、精神的な深い結びつき」であるというのが、その主張の骨子と考えられる。

3.3 まとめ

以上のように、自然の権利について、少なくとも控訴理由書による限り、裁判所と原告の間にはボタンの掛け違いがあったと主張されている。その理由は、自然の権利の考えかた自体が多様でありえ[48]、もともとのオリジナルな米国法的な理論とその日本法的な発展の部分があるところ、原告の自然の権利の主張も、この二つの理論に依拠して展開された――いいかえると、どちらか一本に絞りきれていなかった――からであろう[49]。

すなわち、原告らは、一方で、ストーン論文、モートン判決におけるダグラス意見[50]、その後の米国における自然の権利訴訟の発展について検討し[51]、他方で、これを日本法的にアレンジして発展させた成果を、行政事件訴訟法9条、36条にいわゆる「法律上の利益」の解釈問題として分析し、その結果として得られた「個別的関係性」の理論が、判例理論である法律上の利益説の立場からも支持しうることを主張している。つまり、原告らにとっては、米国法的な自然の権利の考えかたは

---

48 本訴訟は弁護団によって「奄美『自然の権利』訴訟」と命名されたが、自然の権利の部分が括弧書きであるのは、その考えかた自体が多様であることを注意喚起する意味があるという。

49 自然の権利について、奄美を舞台に本事件を社会学的に分析したものとして、鬼頭秀一『自然保護を問いなおす』ちくま新書（1996）、米国法的な発展につき、関根孝道・前掲『自然の権利』120-189頁、同「米国における『自然の権利』訴訟の動向」日本の科学者1997年12月号、畠山武道「米国自然保護訴訟と原告適格――動物の原告適格を中心に」環境研究114号61頁以下、日本法的な発展つき、山田隆夫・前掲『自然の権利』22-82頁、同「奄美自然の権利訴訟の提起するもの――環境法の今日的課題」自由と正義1998年10月号、に詳しい。

50 米国連邦最高裁判所長官であったダグラス判事は、モートン判決において、ストーン論文の影響をうけて少数意見を展開し、開発により破壊される自然物そのものが権利主体であり原告となりえ、開発予定地をレクリエーション目的などで利用する個人や環境団体が、その代理人となって訴訟追行する自然の権利訴訟の可能性を示唆した。米国の自然の権利訴訟は、その後、このストーン論文・ダグラス意見を軸に発展していくが、やがて、公民権法などで認められた市民訴訟条項（Citizen Suits Provision）が個別環境法の中でも立法化され、市民訴訟条項における原告適格要件がゆるやかに解釈されるようになり、あるいは、行政手続法（Administrative Procedure Act）による行政訴訟提起の原告適格要件もゆるやかに解釈され、個別行政法違反を理由に行政手続法によりその違反を是正しうる範囲もひろがり、たとえば、開発予定地をレジャー目的で利用する個人や環境団体も、当該市民訴訟条項や個別行政法・行政手続法にもとづき、自ら原告となって開発阻止のために環境訴訟を提起できるようになって、自然の権利訴訟の有用性はうすれていった。現在でも、共同原告の一人として動物原告が表示されることもあるが、従来の自然の権利訴訟の形式に慣用的にしたがい、訴訟の究極目的が当該動物の保護にあることを示す象徴的・運動論的な意味しかないことが多い。ダグラス少数意見をふくめたモートン判決については、筆者による全文訳が前掲『自然の権利』247頁以下に収録されている。市民訴訟条項につき、関根孝道『環境NGO』山村恒年編・信山社（1998）123以下、参照。

51 当事者の主張29-31頁（「第四　原告らの主張する原告適格の考え方　二　米国判例における原告適格論と自然の権利訴訟」の部分）。

いわばイントロであり、その日本法的な発展の部分を詳細に検討して、日本の法体系の中での受容可能性を論証し[52]、その結果明らかとなった人と自然との「個別的関係性」、すなわち、本件における「地域の生態系を対象としたフィールド・ワーク・自然保護活動、精神的な深い結びつき」が、同法9条、36条にいう「法律上の利益」の解釈上、法律上の利益説の立場からも、その射程内のものとして原告適格を根拠づけると主張したのであろう[53]。

以上の通りとすると、原告らの原告適格の主張は、法律上の利益説という従来の判断枠組に依拠

---

[52] 当事者の主張9-26頁、「第三　被告の本案前の主張に対する原告らの反論・総論（自然保護訴訟と原告適格）」の部分が、これに該る。同部分の小項目を示しながら、その全体の構成の一部を紹介すると、以下のとおりである（若干手直しがなされている）。
　一　自然保護法に関する原告らの基本的立場
　二　自然の法的価値
　　1　自然及び自然環境の意義
　　2　自然及び自然環境の人間的価値
　　3　人間の尊厳と自然の法的価値
　　　（一）法的価値の性格と関係性
　　　（二）自然の価値の基底性
　　4　自然の法的価値の特殊性
　　5　自然の価値の法的評価
　　　（一）評価可能性
　　　（二）評価のありかた
　　6　自然の価値の評価と対話
　　7　自然の価値の評価と関係性
　　8　自然の法的保護のあり方
　　9　自然の法的価値の防衛
　　　（一）自然保護義務
　　　（二）自然のための適正手続
　　　（三）自然ないし自然環境にかかる人間の権利
　　　（四）自然の価値に関わる私権の内在的制約と利益考慮
　　10　自然の内在的ないし固有の価値
　　11　自然の権利
　三　自然保護法の最近の展開（「自然の権利」の承認）
　　1　国際法における「自然の内在的価値」の承認
　　　（一）国際環境法における自然の法的価値
　　　　（1）第一段階
　　　　（2）第二段階
　　　　　①「人間環境宣言」（1972年）
　　　　　②「環境と開発に関するリオ宣言」（1992年）
　　　　（3）第三段階
　　　　　①ベルン条約（1979年署名、1982年発効）
　　　　　②「世界自然憲章」（1982年）
　　　　　③「生物の多様性条約」（1992年）
　　　　　④「新・世界環境保全戦略（1991年）」「アジェンダ21（1992年）」「森林原則声明（同年）」
　　　（二）世界自然憲章（1982年）
　　　（三）生物多様性条約（1992年）
　　　（四）森林原則声明（1992年）
　　　（五）モントリオール・プロセス（1992年）
　　2　国際的な法意識の基礎と国内的規範
　　3　憲法（1946年）
　　4　環境基本法（1993年）
　　5　種の保存法（1993年）
　　6　文化財保護法
　　7　森林法
　　8　まとめ

[53] 当事者の主張26-68頁、「第四　原告らの主張する原告適格の考え方」の部分が、これに該る。この部分は、その頁数——しかも、一頁あたりの字数はおよそ1300字前後——からも明らかなように、詳細を極める。同部分の小項目を示しながら、その全体の編成の一部を示すことしかできないが、以下のように構成されている（若干手直しをしている）。
　一　「法律上の利益」の解釈態度
　　1　行政事件訴訟法9条、36条の解釈
　　　（一）行政事件訴訟法と憲法及び裁判所法
　　　（二）抗告訴訟の原告適格概念
　　2　環境行政訴訟における原告適格
　二　米国判例における原告適格論と自然の権利訴訟

した保守的なものだが、自然保護訴訟における「法律上の利益」の中身を判断する基準として、上記のような個別的関係性を提唱したところに、新機軸がみだされる。極論すれば、自然の権利は、個別的関係性の思想的なベースにすぎず、原告適格の主張の直接の法的根拠とはされていない。だからこそ、原告らは、上記のように控訴理由書において、「『自然の権利』という概念を実定法上の法的権利として主張したわけではない。また、控訴人等は、『自然の権利』を控訴人等の原告適格が肯定されるべき法的根拠として主張したわけでもない」として、第一審判決を論難したのであろう。

　　　1　シエラクラブ対モートン事件
　　　2　ダグラス判事の少数意見
　　　3　パリーラ対ハワイ州土地自然資源省事件
　　　4　マーブレッドマーレッド鳥対パシフィック・ランバー・カンパニー事件
　三　本件原告らの有する「法律上の利益」
　四　森林法10条の2と原告適格
　　1　森林法の解釈
　　　(一)　はじめに
　　　(二)　森林法と個別的関係性の保護
　　　(三)　森林法10条の2第2項の構造の理解
　　2　森林と人間との個別的関係性—法律上保護された利益　その1
　　　(一)　森林法10条の2の保護する個別的関係性の具体的内容
　　　(二)　森林法の目的と林地開発行為許可制度の趣旨
　　　　(1)　森林の保続培養と森林の機能
　　　　(2)　森林の機能と環境の保全
　　　　(3)　行政通達における森林法の環境の保全機能
　　　(三)　保安林制度との比較
　　　(四)　森林法の保健機能と林地開発行為許可制度
　　　(五)　目的を共通にする関連法規　その1
　　　　(1)　自然環境保全法
　　　　(2)　環境基本法
　　　(六)　目的を共通にする関連法規　その2
　　　　(1)　世界自然憲章
　　　　(2)　リオ原則
　　　　(3)　森林原則声明
　　　　(4)　生物多様性条約
　　　　(5)　モントリオールプロセス
　　　(七)　目的を共通にする関連法規　その2
　　　　(1)　市民的及び政治的権利に関する国際規約（自由権規約）
　　　　(2)　経済的、社会的及び文化的権利に関する国際規約（社会権規約）
　　　　(3)　日本国憲法との関連
　　　(八)　まとめ
　　3　人間の環境に関する権利——法律上保護された利益　その2
　　　(一)　自然の権利
　　　(二)　自然享有権
　　　(三)　人格的利益（人格権）
　五　森林法10条の2第2項3号の保護する個別具体的利益
　　1　林地開発行為の破壊する関係性（侵害する利益と侵害の態様）
　　2　森林法の保護する個別具体的利益
　六　災害の防止及び水源の確保
　　1　森林法10条の2第2項1号ないし2号の趣旨
　　2　災害防止に関する通達
　　3　まとめ—同条第2項第1号、1号の2、第2号の趣旨・目的及び同各号が保護しようとしている利益の内容・性質
　　4　災害防止と居住に関する原告適格要件
　　5　森林法10条の2第2項第1号、1号の2、第2号への右4のあてはめ
　七　環境訴訟における団体の原告適格
　　1　団体の原告適格をめぐる学説と判例
　　　(一)　はじめに
　　　(二)　環境訴訟に関する団体の原告適格とわが国の判例
　　　(三)　諸外国の事情と学説
　　　　(1)　アメリカの裁判例
　　　　(2)　ドイツにおける団体訴訟
　　2　団体の原告適格
　　　(一)　団体の原告適格を必要とする背景
　　　(二)　団体の原告適格を認める要件
　　　(三)　団体の原告適格を認める要件　まとめ

第4 いかなる判断がなされたか

ここでは、上記のような当事者の主張にたいし、裁判所はいかなる判断をくだしたか、判決文を引用しながら紹介していく。結論として、第一審裁判所は、次のように判示してXらの原告適格を否定し、本件訴えを却下した。本件の争点は原告適格の有無一本に絞られ、被告も、本案前の抗弁でこの点を徹底的に争う戦術をとった[54]。そのため、法廷はさながら原告適格論争の場と化し、裁判所の判断もこの点に限られ、本件処分の違法性にはおよばなかった[55]。

1 「法律上の利益を有する者」の意義

本件では原告適格の有無が決め手となった。第一審判決は、原告適格要件を定めた行政事件訴訟法の規定の一般的な解釈から立論し、従来の判例理論である法律上の利益説にしたがうことを明らかにしている。詳細は以下のとおりである。原告は、前記のように、その主張する「個別的関係性」の理論が法律上の利益説からも支持できる——いいかえると、法律上の利益説に依拠していた——ので、この原告適格の判断枠組じたいは争点にならなかった[56]。

ここ（行政事件訴訟法36条のことである——筆者注）に「法律上の利益を有する者」とは、取消訴訟に関する原告適格を規定する同法9条にいう「法律上の利益を有する者」と同義であると解される（最高裁平成4年9月22日第三小法廷判決『もんじゅ原子炉事件』民集46巻6号571頁）。

同法9条にいう当該処分の取消しを求めるにつき「法律上の利益を有する者」とは、当該処分により自己の権利若しくは法律上保護された利益を侵害され、又は必然的に侵害されるおそれのある者をいうのであり、当該処分を定めた行政法規が、不特定多数者の具体的利益を専ら一般的公益の中に吸収解消させるにとどめず、それが帰属する個々人の個別的利益としてもこれを保護すべきものとする趣旨を含むと解される場合には、かかる利益も右にいう法律上保護された利益に当たり、当該処分によりこれを侵害され又は必然的に侵害されるおそれのある者は、当該処分の取消訴訟における原告適格を有するものというべきである。そして、当該行政法規が、不特定多数者の具体的利益をそれが帰属する個々人の個別的利益としても保護すべきものとする趣旨を含むか否かは、当該行政法規の趣旨・目的、当該行政法規が当該処分を通して保護しようとしている利益の内容・性質、当該行政法規と目的を共通にする関連法規の関係規定によって形成される法体系等を考慮して判断すべきである（前掲最高裁平成4年9月22日第三小法廷判決、同旨・最高裁昭和53年3月14日第三小法廷判決『ジュース表示事件』民集32巻2号211頁、最高裁昭和57年9月9日第一小法廷判決『長沼ナイキ基地事件』民集36巻9号1679頁、最高裁平成元年2月17日第二小法廷判決『新潟空港事件』民集43巻2号56頁、最高裁平成9年1月28日第三小法廷判決民集51巻1号250頁、最高裁平成10年12月17日第一小法廷判決民集52巻9号1821頁）。

---

[54] 原告適格に関する被告の主張につき、当事者の主張 1-6 頁、参照。

[55] 逆にいうと、訴訟要件である原告適格が否定されてしまうと、裁判所は当該処分の違法事由の有無について実体審理をなしえず、違法性いかんは闇の中に葬られてしまう。
これでは行政法理論——とくに実体的行政法のそれ——の発展はとうてい望めない。被告も脛（すね）に疵（きず）をもつほど原告適格を争うことに熱心となる。かかる事態は法政策的にも好ましいものではない。

[56] 原告適格の判断基準については、大きく、法律上の利益説と法的保護に値する利益説の二つの対立があるとされる。原告の主張する個別的関係性の理論は、法的保護に値する利益説の立場からはより強く支持されうるが、法律上の利益説からも採用可能であることを主張した点に、その主張の実戦的な強固さがあった。個別的関係性の理論は、法的保護に値する利益説の主張をふくむものであり、裁判所がこの考えかたに立てば、個別的関係性の理論も受けいれられる確率はより高まったと思われる。

2　林地開発許可と原告適格

　第一審判決は、上記のような原告適格の判断枠組を前提として、森林法10条の2による林地開発許可処分について、取消訴訟・無効確認訴訟の原告適格を有する者の範囲を検討している。判決は、条文の並びとは逆に同条第2項3号（環境の保全）、1号および1号の2（自然災害）の順序で検討しているが、これは原告の主張の大半が3号に向けられていたからであろう。原告は、本訴訟において環境原告適格の確立を目指していたので、3号の主張を主位的なものとし、1号および1号の2のそれは予備的なものとされた[57]。判決は、各号の趣旨を明らかにし、これを手がかりに、その保護する利益が不特定多数の一般公益か個々人の個別的利益か分析している。法律上保護された利益説からの当然のアプローチといえよう。

　判決は、本件各処分の許可基準について、原則許可・例外不許可の構造をもつもので、その不許可事由の趣旨を明らかにしている。判旨によると、当該処分を定めた行政法規が単なる公益保護規定か、特定個人の個別利益をも保護する趣旨かは、「当該行政法規の趣旨・目的、当該行政法規が当該処分を通して保護しようとしている利益の内容・性質、当該行政法規と目的を共通にする関連法規の関係規定によって形成される法体系等を考慮して判断すべきである」とされたので、このような観点から、許可基準の趣旨が検討されている。

2.1　森林法10条の2第2項3号について

　判決は、上記のような理由から、林地開発許可の要件を定めた同項各号のうち、3号の分析から始めている。上述した自然の権利や自然享有権の主張についても、「森林法10条の2第2項3号の保護する個別的利益」という見出しのもとで、同号との関係において検討されている。

2.1.1　同号の趣旨

　森林法10条の2第2項3号（環境の保全）の趣旨は、前述のとおり、開発行為をする森林の樹種、林相、周辺における土地利用の実態等から自然環境及び生活環境の保全の機能を把握し、森林によって確保されてきた環境の保全の機能は森林以外のものによって代替されることが困難であることが多いことにかんがみ、開発行為の目的、態様等に応じて残置管理する森林の割合等からみて、周辺の地域における環境を著しく悪化させるおそれの有無を判断するところにある。
　ここで、同号の規定が、不特定多数者の具体的利益をそれが帰属する個々人の個別的利益としても保護すべきものとする趣旨を含むか否かは、森林法の趣旨・目的、同法が林地開発許可処分を通して保護しようとする利益の内容・性質のほか、森林法と目的を共通にする関連法規の関連規定によって形成される法体系のなかで同号の規定が林地開発許可処分を通して個々人の個別的利益をも保護すべきものとして位置づけているとみることができるかどうかによって決すべきである。したがって、ここで林地開発許可制度が「自然環境」を保護しようとする趣旨については、森林法のみならず、自然環境の保全という点において目的が共通する関連法

---

[57]　林地開発許可と自然災害を理由とする原告適格については最高裁判例が存在していた。最判平13.3.13民集55・2・283、参照。原告の1号および1号の2に関する主張もこれに依拠して展開されている。

規の関係規定によって形成される法体系から逐次、検討、解釈していく必要がある。

判決はこのように判示して、「林地開発許可制度が『自然環境』を保護しようとする趣旨」を、「森林法のみならず自然環境の保全という点において目的が共通する関連法規の関係規定」を分析している。具体的には、「自然環境の保全に関連する国際法規範」「自然環境の保全に関する関連国内法」「森林法における関係規定」「林地開発行為許可処分にかかる行政通達等」を仔細に検討している。

すなわち、判決は、「林地開発許可制度が『自然環境』を保護しようとする趣旨については、森林法のみならず、自然環境の保全という点において目的が共通する関連法規の関係規定によって形成される法体系から逐次、検討、解釈していく必要がある」とした。注目すべきは、本判決が、この「目的が共通する関連法規の関係規定によって形成される法体系」の範囲を、いちじるしく拡大したことである。

すなわち、本判決は、その範囲として、大きく、①自然環境の保全に関連する国際法規範、②自然環境の保全に関する関連国内法、③森林法における関係規定、④林地開発行為許可処分にかかる行政通達等に分け、この4つの各分類項目について、さらに詳細に検討している。各分類項目には以下のものが列挙されている。

①自然環境の保全に関連する国際法規範
　世界自然憲章・生物多様性条約・環境と開発に関する国連会議における各種宣言（環境と開発に関するリオ宣言・アジェンダ21・森林原則声明）
②自然環境の保全に関する関連国内法
　林業基本法・環境基本法・自然環境保全法・種の保存法
③森林法における関係規定
　同法の目的（1条）・森林計画（4条3項、5条3項）・林地開発許可基準の配慮規定（10条の2第3項）・保安林制度（25条以下）・林地開発許可制度（10条の2）
④林地開発行為許可処分にかかる行政通達等

開発許可等施行通達・林地開発許可事務実施要領・開発行為の許可基準の運用細則

以上のように、上記「法体系」の射程がここまで拡大されると、原告適格を判断するために、かなり踏みこんだ実体法解釈が必要となろう。その結果、訴訟要件である原告適格の判断と、本来、違法判断の基準となる実体法の解釈との区別が困難になろう。

以上のような「関連法規の関係規定」の検討の結果、同号が保護する利益について次のように判示された。

2.1.2 同号の保護法益

自然環境の保全に関する国際法規範及び関連国内法の法体系を考慮すると、森林法10条の2第2項3号に関わる林地開発許可制度において保護しようとする「環境の保全」の趣旨については、次のような内容が含まれるものと考えることができる。

(1) 野生動植物は、生態系の重要な構成要素であるだけでなく、自然環境の重要な一部として人間の豊かな生活に欠かすことのできないものであること
(2) 森林は多様な生物の生息・生育地としての生物多様性の保全の機能を有していること
(3) 学術的に貴重な動植物の生息地の森林の保全

このように、森林法10条の2第2項3号の保護しようとする利益は、生物多様性の保全という、第一義的には一般的公益と評価されるべきものであると解される。

あるいは、良好な自然環境やそこに生息する野生動植物が人間の豊かな生活に欠かすことができないという観点から、開発行為の対象となる森林及びその周辺の地域の自然環境又は野生動植物に対する個々人の利益を保護する趣旨が含まれるとしても、その個々人の利益を公益と区別することは困難であるほか、当該開発行為の対象となる森林及びその周辺の地域の自然環境

又は野生動植物を対象とする自然観察、学術調査研究、レクリエーション、自然保護活動等を通じて特別の関係を持つ利益を有し、これが林地開発許可制度による保護の対象となりえるとしても、これらの諸活動は一般に誰もが自由に行いうるものであって、その「開かれた」性質からすると、不特定多数の者が右利益を享受することができ、また、森林との関係を持つ利益の内容もまた不特定である。そうすると、当該開発行為の対象となる森林及びその周辺の地域の自然環境又は野生動植物を対象とする自然観察、学術調査研究、レクリエーション、自然保護活動等を通じて人間が森林と特別の関係を持つ利益について、森林法10条の2第2項3号が保護していると解することができるとしても、この不特定多数者の利益をこれが帰属する個々人の個別的利益として保護する趣旨まで含むと解することは困難であると考えざるを得ない。

以上を要するに、判決は、結論として同号を一般公益の保護規定と解し、その理由として、同号の第一義的な保護法益は生物の多様性の保全であり、開発行為の対象となる森林、その周辺地域の自然環境や野生動植物に対する個々人の利益は、自然観察、学術調査研究、レクリエーション、自然保護活動等を通じて特別の関係をもつ利益をも含めて、同号が保護しているとしても、この個々人の利益も一般公益にすぎないとされた。その理由は、自然観察、学術調査研究、レクリエーション、自然保護活動等の諸活動は、一般に誰もが自由に行いうる『開かれた』性質のもので、不特定多数の者が右利益を享受することができ、また、森林との関係を持つ利益の内容もまた不特定であることに求められている。

2.1.3 自然の権利と自然享有権

(1) 自然物の価値と人間の自然保護義務

たしかに、環境基本法が、「環境を健全で恵み豊かなものとして維持することが人間の健康で文化的な生活に欠くことのできない」こと、「環境が人類の存続の基盤である限りある」ものであることを環境の保全についての基本理念としてうたい（3条）、環境基本法（6条から9条）及び自然環境保全法（2条）がともに、国、地方公共団体、事業者及び国民に対し、右基本理念にのっとった環境の保全、自然環境の保全の責務に努めるべきことを定め、また、種の保存法は、「野生動植物が、生態系の重要な構成要素であるだけでなく、自然環境の重要な一部として人類の豊かな生活に欠かすことのできないものである」（1条）との認識のもと、国、地方公共団体及び国民に絶滅のおそれのある野生動植物の種の保存に関する責務（2条）を定めていること、国際法上もたとえば世界自然憲章は「すべての生命形態は固有のものであり、人間にとって価値があるか否かに関わらず尊重されるべきものであること、及び、そのことをそれらの生物に当てはめるために人間は行動を自己規制しなければならないこと」を確信するとの認識を明らかにし（同憲章前文）、生物の多様性に関する条約も「生物の多様性が有する内在的な価値並びに生物の多様性及びその構成要素が有する生態学上、遺伝上、社会上、経済上、科学上、教育上、文化上、レクリエーション上及び芸術上の価値を意識し」ていることを明らかにしていることからすると、今や法的においても自然及び野生動植物等の自然物の価値は承認されており、かつ、人間の自然に対する保護義務も、具体的な内容はともかく、一般的抽象的責務としては法的規範となっていると解することができる。

判決は、環境基本法、自然環境保全法、種の保存法などの国内環境法や、世界自然憲章、生物多様性条約などの国際環境法の一般的な理念規定を根拠に、「自然物の価値」が承認されているといい、「人間の自然に対する保護義務」も、「一般的抽象的責務」のレベルではあるが「法的規範」性をみとめた。このような判示は始めてのものと思われる。

(2) 自然享有権の権利性と自然の権利との関係

しかしながら、他方で、自然の価値を侵害する人間の行動に対して、市民や環境NGOに自然の価値の代弁者として法的な防衛活動を行う地位があるとして訴訟上の当事者適格が一般に肯定されると解すること、そしてその根拠として「自然享有権」が具体的権利として憲法上保障されているとまで解することは次のとおり困難である。

すなわち、環境基本法は、『環境を健全で恵み豊かなものとして維持することが人間の健康で文化的な生活に欠くことのできないもの』であり、かつ環境は『人類の存続の基盤である』として『現在及び将来の世代の人間が健全で恵み豊かな環境の恵沢を享受する』ことを環境保全の基本理念としてうたい（3条）、国、地方公共団体等に右基本理念にのっとった施策の責務を定め（6条から9条）、国に対して環境の保全に関する施策を実施するための必要な法制上の措置を講じるべきことを義務づけ（11条）ており、これらの諸規定は原告らの主張する『自然享有権』の実定法上の出発点となりうるとも解されるが、他方で、原告らの主張する『自然享有権』に具体的な権利性を認め得るか否かについては、自然破壊行為に対する差止請求、行政処分に対する原告適格、行政手続への参加の権利等の根拠となるような『自然享有権』の具体的な範囲や内容を実定法上明らかにする規定は環境の保全に関する国際法及び国内諸法規を見ても未整備な段階であって、いまだ政策目標ないし抽象的権利という段階にとどまっていると解さざるを得ない。

また、自然に影響を与える行政処分に対して、当該行政処分の根拠法規の如何に関わらず、『自然享有権』を根拠として『自然の権利』を代弁する市民や環境NGOが当然に原告適格を有するという解釈をとることは、行政事件訴訟法で認められていない客観訴訟（私人の個人的利益を離れた政策の違憲、違法を主張する訴訟）を肯定したのと実質的に同じ結果になるのであって、現行法制と適合せず、相当でないと解される。

この判示部分から、判決が、「自然享有権」「自然の権利」について、当事者の主張をいかに理解したか看取できる。判決は、原告の主張した「自然享有権」なるものを、「自然の価値を侵害する人間の行動に対して、市民や環境NGOに自然の価値の代弁者として法的な防衛活動を行う地位」であり、「訴訟上の当事者適格」の法的根拠として理解したうえで、その具体的権利性を否定した。一方、「自然の権利」と「自然享有権」は裏腹の関係――いわば一枚のコインの表と裏――にあり、原告の主張した「自然の権利」というものも、このような「自然の価値を侵害する人間の行動に対して、市民や環境NGO」によって「自然の価値の代弁者として法的な防衛活動」が行われることを、自然の側からみたものと理解された。あるいは、原告の主張する自然享有権というのは、「自然に影響を与える行政処分に対して、当該行政処分の根拠法規の如何に関わらず」、「『自然の権利』を代弁する市民や環境NGO」に「当然に原告適格」を付与する具体的権利として理解された。しかし、それらの権利の具体的権利性が否定されるのは、その「具体的な範囲や内容を実定法上明らかにする規定」が「未整備」な以上、「いまだ政策目標ないし抽象的権利」にすぎないこと、このような権利にたいし、解釈によって具体的権利性を肯定することは、「行政事件訴訟法で認められていない客観訴訟」の肯定につながることが理由とされた。

2.2 森林法10条の2第2項1号、1号の2について

林地開発行為の許可制度（1号及び1号の2）の規定をみると、「当該開発行為をする森林の現に有する土地に関する災害の防止の機能」からみて「当該開発行為により当該森林の周辺の地域」、「当該開発行為をする森林の現に有する

水害の防止の機能」からみて「当該開発行為により当該機能に依存する地域」といういずれも具体的に特定される地域における土砂の流出、崩壊その他の災害又は水害の発生のおそれのないことを許可要件として規定している。

　また、右各許可要件の審査に瑕疵があった場合には土砂の流出又は崩壊、水害等の災害が発生する可能性があり、これらの災害が発生した場合には、当該開発行為をする森林及び当該周辺地域又は当該機能に依存する地域の住民については被害を受ける可能性が強いものと考えられ、そして被害の性質は、住民の生命及び身体といった重要な人的権利利益に対する直接的な侵害が想定される。

　以上の林地開発許可制度の規定内容、開発行為の許可審査に瑕疵があった場合に発生する可能性のある災害の内容、右災害によって侵害される法益の性質等を考え併せると、森林法10条の2第2項1号、1号の2は、単に公衆の生命、身体の安全等を一般的公益として保護しようとするにとどまらず、当該開発行為をする森林及び当該周辺地域又は当該機能に依存する地域に居住し、右災害により直接の被害を受けることが想定される住民の生命及び身体の安全等を個々人の個別的利益としても保護する趣旨を含むものと解するのが相当である。

　他方、林地開発許可制度（1号、1号の2関係）が、当該開発行為をする森林及び当該周辺地域又は当該機能に依存する地域に対して自然観察活動等に訪れるという関係にあるのみの人についてまで、その個々人の生命、身体の安全等といった個別的利益を保護する趣旨を含むと解することができるかどうかについては、次のとおり消極に解さざるを得ない。すなわち、一般に、自然観察活動等によって当該森林及び当該周辺地域又は当該機能に依存する地域を通過し、あるいは滞在する時間は、これらの地域に居住する場合に比べると相当短いと考えられることから、林地開発行為により発生する可能性のある災害に遭遇する可能性はそこに住む住民に比べると相当低いと考えられる。また、自然観察活動等による訪問者は不特定であり、その範囲を確定することは極めて困難と解される。そうすると、林地開発許可制度（1号、1号の2）が、当該開発行為をする森林及び当該周辺地域又は当該機能に依存する地域に対して自然観察活動等に訪れるという関係にある不特定多数者の生命、身体の安全等の個別的利益を公益と離れて個別に保護する趣旨まで含むと解することは困難である。

　判決は、要するに、同号は、当該開発行為をする森林、当該周辺地域や当該機能に依存する地域に「居住」し、土砂の流出・崩壊や水害等の災害により「直接の被害」を受ける可能性ある「住民」の生命・身体の安全等を個々人の個別的利益としても保護するが、「自然観察、学術調査研究、レクリエーション、自然保護活動等に訪れる不特定多数者」の生命・身体の安全等までをも、個々人の個別的利益として保護するものではないとした。その理由は、自然観察等の目的で当該地域を「通過」し「滞在」する「訪問者」は、そこに「居住」する「住民」に比して当該地域に滞留する時間が「相当短い」ので、「災害に遭遇する可能性」も「相当低い」こと、「自然観察活動等による訪問者は不特定であり、その範囲を確定することは極めて困難」であることによる。つまり、自然観察者と居住者との災害リスク上のちがい、自然観察者の不特定・不確定性を根拠とされている。

3　Xらの原告適格について

　判決は、以上のように、森林法10条の2第2項1号、1号の2、3号の各規定が、一般的な公益保護の規定か個々人の個別的利益の保護規定か、後者である場合には、いかなる範囲の人々の個別的利益が保護されているか分析し、その結果をXらに当てはめ、原告適格の有無を判断している。

3.1 森林法10条の2第2項3号とXらの原告適格

森林法10条の2第2項3号が個々人の個別的利益を保護する趣旨と解することはできないから、同号によりXらの原告適格を根拠づけることはできない。

前記のように、Xらは、開発予定地やその周辺地域において、自然観察、学術調査研究、レクリエーション、自然保護活動等をおこなっていたが、そもそも同号は一般公益規定である以上、Xらのそれらの諸活動による利益も、一般公益規定の範囲内のものとして、原告適格を否定された。すなわち、同号は「生物多様性保護」の一般公益規定とされた結果、同号によるXらの原告適格は否定された。

3.2 森林法10条の2第2項1号、1号の2とXらの原告適格

林地開発許可制度（森林法10条の2第2項1号、1号の2関係）が、当該開発行為をする森林及び当該周辺地域又は当該機能に依存する地域に対して自然観察活動等に訪れるという関係にあるのみの個人についてまで、その個々人の生命、身体等の個別的利益を保護する趣旨と解することはできないから、原告らの居住地と本件各ゴルフ場予定地との位置関係によりその原告適格が判断されることになる。

そして、本件原告らの居住地をみると、奄美大島に居住する原告は別紙当事者目録（一）の自然人である原告ら（原告X4を除く）のみであり、しかも住用村ゴルフ場の予定地に最も近くに居住するX2でも同予定地から直線距離で約16km、龍郷町ゴルフ場の予定地に最も近接して居住するX5でも同予定地から直線距離で約6kmである。このような距離関係からみても、別紙当事者目録（一）の自然人であるXらは、本件各ゴルフ場の開発により発生する可能性のある災害等によって生命、身体等の被害が生じる地域に居住する住民とはおよそ考えられず、原告らには森林法10条の2第2項1号及び1号の2との関係においても原告適格は認められない。

前記のように、同号は、当該地域に「居住」する「住民」の生命・身体等の安全のみを個別的利益として保護するので、同号によって個別的利益として生命・身体等の安全が保護される人々の範囲も、「原告らの居住地と本件各ゴルフ場予定地との位置関係」によって決せられた。原告のうち検討対象とされたのは奄美大島に在住する住民のみで、住用村ゴルフ場については、「最も近くに居住するX2でも同予定地から直線距離で約16km」、龍郷町ゴルフ場についても、「最も近接して居住するX5でも同予定地から直線距離で約6km」もあることから、本件各ゴルフ場開発による「災害等によって生命、身体等の被害が生じる地域に居住する住民」とはいえず、原告適格が否定された。すなわち、個人の生命・身体の安全を同号の保護法益と解釈しつつも、奄美大島に在住する原告について、想定される災害の地理的範囲という観点から被災リスクを検討し、結論として、Xらの原告適格を否定した。

3.3 X6の団体原告適格 [58]

団体としての組織を具備し、多数決原理が行われ、構成員の変更にもかかわらず団体として存続し、その組織において代表の方法、総会の運営及び財産の管理など団体としての主要な点が確定しているいわゆる権利能力なき社団は、住民監査請求において監査請求権者たる「住

---

[58] 団体原告適格につき、越智敏裕「行政訴訟改革としての団体訴訟制度の導入——環境保全・消費者保護分野における公益代表訴訟の意義と可能性」自由と正義2002年8月号36頁、参照。

民」（市町村の区域内に住所を有する者。地方自治法242条、242条の2）に当たると解され、本件原告の一人であるX6も右の意味における権利能力なき社団の要件を具備すると認められるが、構成員である他の原告らはX5を除いていずれも龍郷町及び住用村に居住しておらず、かつ、地元住民からの授権があったとの事実もうかがえない以上、X6が地域住民の代表と解することはできず、さらに、この点をしばらく措くとしても、本件訴訟における原告適格に関しては、別紙当事者目録（一）の自然人である原告らにつき先に検討した以上の個別的利益がX6に備わっているともいまだ認められない。

判決は、権利能力なき社団の一般的要件を明らかにし、X6すなわち環境ネットワーク奄美がこれに該当し、住民監査請求における住民として監査請求権者にはなりうるが、それ以上に、「地域住民の代表」でもなければ、自然人である原告以上の個別的利益もないので、本件訴訟における原告適格までは認められないとした。すなわち、X6は、奄美大島を活動拠点とする環境保護団体であり、傍論として、権利能力なき社団として住民監査請求における「住民」に該当するとされたが[59]、その構成員はX5の一名を除きいずれも、本件各ゴルフ場予定地である住用村にも龍郷町にも居住していないことから、X6には、X1ないしX5ら以上の「個別的利益」はないとされ、その原告適格も否定された。

3.4　結　論

よって、Xらは、以上の種々の観点から検討しても、いまだ本件各処分の取消し及び無効確認を求める法律上の利益を有する者には当たらず、本件訴えはいずれも原告適格を有しない者の訴えとして、不適法却下されるべきである。

第5　検証「奄美『自然の権利』訴訟」

1　訴訟の経緯と特徴
　　　動物原告表示を中心に

本訴訟は、日本の自然の権利訴訟の第一号であり、奄美「自然の権利」訴訟として注目された。上記のように、耳目を引いた最大の理由は、訴状に、アマミノクロウサギ外3名の動物が、人間原告とともに共同原告表示されたことによる。

訴状の原告欄の記載は次のようであった。

鹿児島県大島郡住用村大字市字大浜1510番地外
原告　アマミノクロウサギ
鹿児島県大島郡住用村大字市字大浜1510番地外
原告　オオトラツグミ
鹿児島県大島郡龍郷町屋入918の1番地外
原告　アマミヤマシギ
鹿児島県大島郡龍郷町屋入918の1番地外
原告　ルリカケス

上に「住用村大字市字大浜1510番地外」というのは住用村ゴルフ場、「龍郷町屋入918の1番地外」というのは龍郷町ゴルフ場の各所在地でもあった。

裁判所は、この動物原告の表示部分につき、以下のように対応した。

まず、アマミノクロウサギ外3名にたいし、当事者の「氏名及び住所を補正」すべき旨、訴状補正命令が発せられた。この命令は公示送達に付されたが、要旨、以下の内容であったようである[60]。

公示送達
原告　アマミノクロウサギ　こと　某
原告　オオトラツグミ　　　こと　某

---

[59] 権利能力なき社団の「住民」性が否定される場合につき、福岡地判平10・3・31判時1669・40。
[60] 引用文は、新聞記者が掲示されたものを書き写したもので、そのコピーは筆者の手許にある。

原告　アマミヤマシギ　　　こと　某
原告　ルリカケス　　　　　こと　某
被告　鹿児島県知事
　右当事者間の平成7年（行ウ）第1号行政処分無効事件について、原告らに送達する左記書類は、当裁判所書記官が保管していますから、出頭の上これを受領して下さい。
一　補正命令謄本
平成7年3月1日鹿児島地方裁判所　裁判所書記官
　右書類を受領しないときは、平成7年3月16日をもって法律上該書類の送達をしたものとみなされます。

　この公示送達手続については、いやしくも訴状には原告らしき者の住所と名称の記載があったのだから、補正命令は訴状記載のこの住所・名称に宛てて送達すべきで、いきなり公示送達の方法によったのは問題があったと思われる[61]。いずれにしても、公示送達の名宛人らが所定期間内に命ぜられた補正をしなかったので、旧民事訴訟法228条2項にもとづき、訴状却下された。補正を命じた理由は、訴状却下命令によると、次のとおりであった。

　　本件訴状におけるアマミノクロウサギ外三種の動物名による原告らの表示につき、これを文字どおり動物と解するときは、動物が訴え提起等の訴訟行為をすることなどおよそあり得ない事柄である以上、右表示は余事記載ないし無意味な記載であると解するほかない。もっとも、右表示を、特定の個人又は法人である原告らが自己の表示として動物名を用いたにすぎないものと解する余地がないわけではないので、念のために、当該特定の個人又は法人を名宛人として、氏名及び住所を補正すべき旨を命じた。

　裁判所は、上記「アマミノクロウサギ」「オオトラツグミ」「アマミヤマシギ」「ルリカケス」らの原告表示（以下「動物原告表示」という）部分について、「特定の個人又は法人」が自己の表示手段として動物名を冒用したものと解釈し、およそ動物それ自体が原告とは考えなかった。つまり、動物原告表示部分が「文字どおり動物」だとすると、その部分は「余事記載ないし無意味な記載」だから、法的には記載なきものとして扱われたのである。上記のように、補正期間内に裁判所の命じた補正がなされなかったとして、裁判所は訴状却下した。その経緯を訴状却下命令は次のように補足説明している。

　　右命令（補正命令のことである。筆者注）は平成7年3月16日公示送達されたが、その定める期間内に右名宛人らは所要の補正をしない。
　　なお、同日、X4外3名が当庁宛てに「訴状補充書」と題する書面を提出しているが、その記載によれば、右書面は、要するにアマミノクロウサギ外の動物を原告とするものにすぎず、特定の個人又は法人を原告とするものではないから、適正な補正をなすものとはいえないのみならず、同人らが、これらの動物のいわば代理人としての立場で同書面を提出したものであることが明らかである以上、これを本件補正命令の名宛人らの提出したものとして取り扱うことはできない。

　このように、裁判所は、「動物が訴え提起等の訴訟行為をすることなどおよそあり得ない」という立場――いいかえると、動物原告表示部分は「特定の個人又は法人」の「自己の表示手段」だという解釈――を貫いたので、訴状却下命令の名宛人も、一部、次のように表示されていた。

61　奄美「自然の権利」訴訟弁護団長の藤原猛爾弁護士の指摘による。いずれにしても、動物原告表示部分について、当事者の意思――あくまで動物それ自体が原告だとする――と裁判所の理解が異なるわけで、このような場合だれをもって原告とすべきか、当事者の意思を優先させて動物を原告とした場合、裁判所はその後の訴訟手続をいかに進めるべきかが問題となる。この点につき後述するオオヒシクイ自然の権利訴訟が参考となる。なお、訴状には、「鹿児島県大島郡住用村大字市字大浜1510番地外　原告　アマミノクロウサギ」と記載されていたが、訴状却下命令では、「原告アマミノクロウサギこと某」らの宛て所について、「住居所不明」と記載されている。住所も不明として公示送達したのだから、当然の措置ともいえるが釈然としない。

平成7年行ウ第1号
訴状却下命令
住居所不明　原告　アマミノクロウサギこと　某
同　　　　　原告　オオトラツグミこと　某
同　　　　　原告　アマミヤマシギこと　某
同　　　　　原告　ルリカケスこと　　　某

原告　アマミヤマシギ　　こと　X1
原告　ルリカケス　　　　こと　X2
原告　オオトラツグミ　　こと　X3
原告　アマミノクロウサギ　こと　X4

つまり、裁判所は、「自己の表示として動物名を用いた」と解する余地のある「個人又は法人」に補正を命じ、その補正に応じなかったことを理由に、その「個人又は法人」を名宛人として訴状却下した。一方、Xらは、訴状補充書を提出して、動物原告表示は人間ではなく「文字どおり動物」を原告とするものだと釈明した。が、裁判所は、あくまで動物原告表示は「特定の個人又は法人」だとして譲らなかったので、「動物のいわば代理人としての立場」で提出された訴状補充書は、「本件補正命令の名宛人」すなわち「特定の個人又は法人」の提出したものとして扱われなかった[62]。

Xらは訴状却下命令にたいし即時抗告しなかった。その理由は、Xらも、動物原告表示部分はあくまで動物それ自体だとして引かず、裁判所の想定したような「特定の個人又は法人」は存在しない——それゆえ、訴状補充書も動物の代理人として提出した——という論陣を張ったので、却下命令の名宛人とされた「特定の個人又は法人」のために即時抗告することは論理矛盾であったし、その必要もなかったことによる[63]。これにより却下命令は確定したが[64]、Xらは一部の人間原告の表示の訂正をおこなって対抗した。訴状には、動物原告表示部分と、別紙当事者目録に記載された「その他の当事者の表示」部分とがあり、この「その他の当事者の表示」の一部について、次のような原告表示の訂正がなされた。

Xらによると、このような動物名を冠した人間原告の「こと表示」によって、Xらがアマミノクロウサギらに代表される奄美大島の自然を代弁して、本訴訟が提起・追行されること、つまり、動物原告表示部分の訴状却下命令の確定にもかかわらず、自然の権利訴訟として維持されると主張された。本訴訟は、当初、動物原告表示がなされた訴状が受理されたことから[65]、動物—正確には、種としての動物、すなわち動物種—に原告適格が認められるかという、日本における自然の権利訴訟の可能性を問うテスト・ケースとして、注目されたが、上記のように動物原告表示部分が訴状却下されてしまったので、この問題にたいする裁判所の直接的な判断は示されなかった。しかし、上記のような「こと表示」による自然の権利訴訟——動物名を冠した人間原告が当該動物種に代表される自然生態系の代弁者として行う自然保護訴訟——の可能性という新たな問題提起がなされ、そのための自然の権利の考えかたが本格的に展開された[66]。

以上の経緯は次のように要約できるであろう。自然の権利訴訟では、種としての動物、あるいは、当該動物を指標種とする自然生態系そのものが権利主体たりうるか、訴訟法的には、当事者能力、訴訟能力、当事者適格いかんが問題となるが、本訴訟では、動物原告表示部分について、その補正を命じた補正命令に従わないことを理由とした訴状却下命令が確定したことにより、争点から外さ

---

[62] 裁判所は、訴状補充書が「動物のいわば代理人としての立場」で提出されたと認定したのだから、あえて言葉の揚げ足とりをすれば、訴状補充書の提出という訴訟行為について、動物の代理人（無権代理人？）でもなしうることを認めたともいえよう。

[63] 藤原弁護士の教示による。詳しい理由は、1995年3月29日付け同弁護士作成の「アマミノクロウサギ訴訟『訴状却下命令』に対する即時抗告について」と題する訴訟メモにおいて展開されている。同メモは筆者の手元にある。

[64] Xらの立場からすれば、訴状却下命令は、原告表示の解釈を誤り存在しない「特定の個人又は法人」を名宛人としてなされた当然無効のもので、無視すべきものでしかない。

[65] 本訴状は郵送の方法によって提出されたが、本訴状の受理と無関係ではないかもしれない。

[66] Xらの主張の詳細は、当事者の主張9-26頁、29-31頁において展開されていること、前述したとおりである。その後、Xらの主張の重点は、自然の権利論から離れていき、森林法10条の2の保護する法律上の利益の解釈基準に関する個別的関係性の理論に軸足をうつしたこと、最終的には、控訴理由書において、自然の権利論は自然保護の思想的背景となる「象徴的意味」しかないとされた。この点も前述した。

れてしまった。しかし、上記「こと表示」による原告表示の一部訂正がなされ、動物名を「こと表示」によって冠せられた人間原告が、当該動物種に代表される奄美の自然生態系を代弁して訴訟追行すると主張したので、このような自然の権利訴訟の可能性が、本訴訟の主要な争点となった。前に紹介した自然の権利に関する判決の判示部分もこの点についてのものである。

2 自然の権利訴訟[67]の考えかた

2.1 ストーンの自然の権利論

本訴訟は米国における自然の権利訴訟に触発されて提起された。

いわゆる自然の権利訴訟の提唱者は、米国のクリストファー・ストーンであった。前述したように、ストーンは、1972年に発表された記念碑的な論文、「樹木は法廷に立てるか——自然物のための法的権利にむけて」において、自然保護のために、だれが原告となって、いかなる形式で訴訟追行すべきか、問題提起した。ストーンは、①「自然物の名において（Toward Having Standing in its Own Right）」、②「自然物への侵害にたいし（TowardRecognition of its Own Injuries）」、③「自然物の利益のために（Toward Being aBeneficiary in its Own Right）」提起される、新たな訴訟形態——いわゆる自然の権利訴訟——を唱道した[68]。①の「自然物の名において」というのは、自然破壊にたいし、自然自身がみずから当事者となって訴訟追行できること、②の「自然物の侵害にたいし」というのは、自然破壊について、自然自身にたいする侵害として評価すること、③の「自然物の利益のために」というのは、自然破壊にたいする法的救済が自然自身に与えられることを、それぞれ意味する。

ストーンは次のような具体例を挙げている。すなわち、汚水のたれ流しにより湖が汚染され、浄化費用に１億円かかったとする。このような場合、伝統的な法理論のもとでは、汚水を排出した加害者にたいし損害賠償請求できるのは損害をうけた「人」にかぎられ、損害賠償の範囲も各「人」のこうむった損害の範囲——たとえば、汚水により健康被害をうけた場合の治療費など——に限定される。これに対し、自然の権利の考え方によると、汚染された湖自身が原告となって提訴し、汚水のたれ流しを湖自身にたいする侵害として評価し、法的救済——湖の浄化や浄化費用の賠償など——が湖自身に与えられる[69]。もちろん、湖自身はみずから訴訟行為をなしえないので、湖のことをよく知りそこで遊ぶなどして、湖の保護に関心をもつ個人や環境団体などが湖の代弁者となって、いわば湖の後見人的立場から湖の訴訟代理人のように訴訟行為をおこなう[70]。

本訴訟も、以上のようなストーン理論に影響されて、日本における自然の権利訴訟の確立をめざして提起された。この点から、本訴訟は奄美「自然の権利」訴訟といわれたが、上記のように、動物原告表示部分が訴状却下されてしまったので、動物名を冠し「こと表示」された人間原告が、奄美の自然の代弁者として訴訟追行することになった。このような自然の権利訴訟の形式は、本訴訟の偶然の経緯から生まれたともいえるが、日本的な独自の発展ともいえる。そもそも自然の権利訴訟の形式とはどのようなものであろうか。次に検

---

67 自然の権利訴訟という用語は自然の権利論と同義で使われることも多い。そこでは、動物種や自然そのものの権利主体性といった実体法的な問題、その権利侵害にたいし裁判所に法的救済を求めうるか、求めうるとしていかなる訴訟形式によるのかという訴訟法的問題などが、法的な観点から検討される。もっとも、哲学的、思想的、社会学的な観点などから、人間と自然の関係が議論される場合にも、自然の権利論として検討されることも多いので、自然の権利論の射程の方が概念的にはひろいが、本稿ではこの二つの用語をほぼ同義で用いている。

68 前注 8 参照。

69 ストーン論文 27 頁以下。

70 日本においても、たとえば、湖を管理する自治体が浄化作業を行ったような場合、自治体は加害者に浄化費用の一定部分を損害賠償請求できるし、地方住民は、住民訴訟の制度を活用して、地方自治法 242 条の 2 の改正（改悪？）前には、加害者にたいし直接に、損害賠償するように代位請求ができたし、改正後は、自治体にたいし損害賠償請求するように履行請求ができる。改正前の事件であるが、田子の浦ヘドロ訴訟に関する最判昭 57・7・13 民集 36・6・970、参照。しかし、この場合には、湖の汚染浄化に要する費用を自治体の損害として評価し、自治体の加害者にたいする損害賠償請求権が問題とされるのであって、湖の汚染を湖自身にたいする損害として評価し、湖自身が原告となって損害賠償請求する自然の権利訴訟とは法律構成が異なる。

討しよう。

2.2　自然の権利訴訟の形式

ここに訴訟の形式というのは、自然の権利訴訟のやりかた、つまり、動物種ないし自然物をどのように原告表示して訴訟を行うかであるが、二つの方法が考えられる。

一つは、動物原告を人間原告とならべて、共同原告表示するものである。本訴訟を例にとると、次のようになろう。

「原告　アマミノクロウサギ
　同　　X」

いま一つは、動物を原告表示することなく、動物名を人間原告に冠して「こと表示」する方法である。原告表示は次のようになる。

「原告　アマミノクロウサギ　こと　X」

いずれの場合も、環境NGOなどをふくむ人間原告が、当該動物に代表される自然生態系を代弁して、自然のために訴訟追行がなされる[71]。

上記のように、本訴訟では、当初、第一の形式で、動物原告が人間原告と共同原告表示されていたが、動物原告表示部分が訴状却下されたので、動物名を人間原告に冠した「こと表示」に改められ、第二の形式に切り換えられた。今後の自然の権利訴訟は、本判決の影響もあって、第二の表示方法で提起されることが多いとおもわれる。

一方、米国では、第一の表示方法によるときも、裁判所によっては、動物原告表示部分が却下ないし削除されることなく、そのまま本案判決がなされる場合もある[72]。これは、共同原告のひとりにでも適法な原告適格者がいれば、他の共同原告の適格について詮索することなく、原告の全体について本案判決を言い渡してよいという、米国判例上の原告適格理論による[73]。裁判所は、一人でも適法な原告適格者がいれば本案判決をするのだから、共同原告の中に一人でも原告適格者が確認されれば、それ以上に、原告適格の問題に時間と労力をついやすことなく、なるべく速やかに本案審理にはいるという、米国裁判所の本案重視のあらわれである。日本では、原告適格などの訴訟要件やその審理が厳格すぎるために、訴訟要件審理の本案化ともいうべき由々しき事態が生じている[74]。

2.3　いくつかの論点について

自然の権利訴訟については以上のほかにも多くの論点がある[75]。

ここでは、本訴訟との関係で、以下の諸点を指摘するに止めておきたい。

第一に、自然の権利訴訟では、アマミノクロウサギのような動物が、共同原告表示されたり、人間原告の冠名として「こと表示」されるが、いずれの場合も、その動物は、特定の動物個体ではなく、地域個体群としての動物種である。この点で、

---

[71] 以上のほかにも、自然物だけを原告表示し、人間はその代理人として表示するやり方、たとえば、「原告　アマミノクロウサギ　右訴訟代理人　X」と表記する形式も考えられるが、米国でも、そのような形式による自然の権利訴訟の実例は——少なくとも筆者の知る限り——ないようである。

[72] 自然の権利144頁以下。動物原告表示部分がそのまま生き残った場合、裁判所は、これを適法な原告表示として扱ったと解釈してよいかは問題である。裁判所は、動物原告表示部分を却下ないし削除しなかったのだから、適法な原告表示として扱ったとも解釈できるし、あるいは、動物原告表示部分は適法性について判断するまでもなく、無意味な余事記載として扱ったとも解釈できよう。しかし、無意味な余事記載だとすると、裁判所は、訴訟における動物原告表示部分は不問に付するとしても、わざわざ判決書において動物原告名を判決の名宛人として表示したりしないとも考えられる。結局、裁判所は、訴状において動物原告表示がなされた場合、当該訴訟が自然の権利訴訟である趣旨に理解を示すために、判決書においても動物原告名を表示するが、判決の効力その他の訴訟法的に意味ある事項は、人間原告だけを当事者として扱うのであろう。もっとも、判決書において動物原告表示がなされていても、事件の同一性を示すために事件名として表示したという解釈もできるであろう。

[73] 前掲自然の権利」146頁と同頁の脚注(41)、参照。そこに、Arlington Heights v. Metropolitan Housing Development Corp., 429 U.S.252, Watt v. Energy Action Educational Foundation, 454 U.S.151, の二つの最高裁判例が引用されている。

[74] 実際、本訴訟では、原告適格の審理だけで6年もの年月を費やしたが、原告適格理論とその審理が厳格すぎることによる。カビの生えた行政法理論の変革が必要である。

[75] 本訴訟では、アマミノクロウサギなど奄美大島の天然記念物——ひいては奄美大島の自然生態系——の保護のありかたが問われたが、このような文化的遺産は、その地方の文化・歴史・社会・伝統・慣習・風俗などにも深く関係するので　そのものだけを切り離して点的にとらえるのではなく、面的にも文化的環境の一環として理解される必要がある。文化的環境の権利性を論じたものとして、椎名慎太郎「文化的環境の保護——その意義と国民の権利」山梨学院大学法学論集11(1987) 50頁以下、原田尚彦「文化財保護と国民の権利——伊場遺跡判決と関連して」判例タイムズ385号54頁以下、参照。文化財をめぐる訴訟一般につき、宮崎良夫「行政訴訟の法理論「第四章　文化財保護と訴訟」」三省堂155頁以下、参照。

特定の動物個体が原告表示されるアニマル・ライト的な訴訟と区別される。

第二に、自然の権利訴訟は、究極的には、自然生態系の保護を目的としている。特定の動物種が共同原告・こと表示されていても、自然生態系の指標種であるにすぎず、その動物種を構成要素とする自然生態系そのものの保護がめざされている。いわば当該動物種は自然生態系のシンボルであり、そのような観点から、希少種・貴重種・固有種などが共同原告・こと表示されることが多い。

最後に、本訴訟において、動物原告表示部分が訴状却下されなかったと仮定した場合、その原告適格いかんが直接問題となる。この点は、「オオヒシクイ自然の権利訴訟」において争点となり、次のように判示されたのが参考になる（水戸地方裁判所平成７年（行ウ）第16号損害賠償請求事件判決。以下、「オオヒシクイ」判決という）。

奄美「自然の権利」訴訟の舞台となった
住用村のゴルフ場予定地付近（検証時に船上より撮影）

　本件訴えは、日本に冬季渡来する最も大型の雁であるオオヒシクイのうち、本件訴状記載の「原告肩書地」に生息する個体群が原告であると主張して提起されたものであり、右「原告」が自然物たる鳥であることは明らかである。しかるに、本件訴状には、右「オオヒシクイ個体群」が当事者能力、訴訟能力、当事者適格を備えている旨の記載があり、まず、当事者能力については、要旨「自然物一般につきその存在の尊厳から、一種の権利（自然物の生存の権利）が派生する、その自然物の生存を図ろうとする自然人等が存在せず、あるいは現行法上当事者適格を認められるものが存在しない場合には、当該自然物自体が訴訟に直接参加することが当該自然物の生存のための究極、最善、不可欠の手段であることから、右権利の実定法的効果として自然物の当事者能力が認められる」と主張されている。

　しかしながら、民事訴訟法45条は「当事者能力……ハ本法ニ別段ノ定アル場合を除クノ外民法其ノ他ノ法令ニ従フ」と定めるところ、同法及び民法その他の法令上、右に主張される自然物に当事者能力を肯定することのできる根拠は、これを見出すことができない。事物の事理からいっても訴訟関係の主体となることのできる当事者能力は人間社会を前提にした概念とみるほかなく、自然物が単独で訴訟を追行することが不可能であることは明らかであり、自然物の保護は、人が、その状況を認識し、代弁してはじめて訴訟の場に持ち出すことができるのであって、自然物の存在の尊厳から、これに対する人の倫理的義務を想立しても、それによって自然物に法的権利があるとみることはできない。

　よって、本件訴えは、その余の点について判断するまでもなく、当事者能力を有しないものを原告とする不適法なものであり、これを補正することができないことは明らかである。

本判決とオオヒシクイ判決を比較すると、動物原告表示部分の処理の仕方が異なる。

オオヒシクイ判決では、訴状記載の原告が「自然物たる鳥」であることは明らかだとされたが、本判決は、Xらから提出された訴状補充書による釈明――アマミノクロウサギらの動物そのものが原告だとする――にもかかわらず、動物原告は「特定の個人又は法人」が動物名を冒用したものだとして譲らなかった。それゆえ、オオヒシクイ判決では、「本件訴えは、当事者能力を有しないものを原告とする不適法なものであり、これを補正することはできない」としたのに対し、本判決は、動物原告表示部分の補正を命じたうえ、これに応じないことを理由に動物原告表示部分を訴状却下

した。注目すべきは、オオヒシクイ判決において、原告とされた「オオヒシクイ個体群」の当事者能力の欠如を理由に、訴え却下の訴訟判決を言い渡された点である[76]。この点も、本判決が氏名冒用を理由に補正を命じて、動物原告表示部分を訴状却下したのと異なる。

とりわけ、オオヒシクイ判決において、「民事訴訟法45条は『当事者能力……ハ本法ニ別段ノ定アル場合ヲ除クノ外民法其ノ他ノ法令ニ従フ』と定めるところ、同法及び民法その他の法令上、右に主張される自然物に当事者能力を肯定することのできる根拠は、これを見出すことができない」と判示された点は、注目に値しよう。同判決によると、自然物の権利主体性——訴訟法的には自然物の当事者能力——の問題は、成文法規の解釈問題に帰着するかのごとくである。逆にいうと、自然物の権利主体性いかんは立法論的な選択の問題であることが示唆されたともいえよう[77]。

さらに、同判決が「自然物の保護は、人が、その状況を認識し、代弁してはじめて訴訟の場に持ち出すことができる」と判示した点は、前後の文脈による制約はあるにせよ、自然の権利の考えかたに一定の理解を示したとも善解できよう。のみならず、「自然物の存在の尊厳から、これに対する人の倫理的義務を想立しても、それによって自然物に法的権利があるとみることはできない」というくだりも、自然物の権利主体性の承認には法的根拠が必要で、「自然物の存在の尊厳」や「人の倫理的義務」といった一般的・抽象的な理念からは導きえないとするもので、自然の権利主体性の確立には成文法上の裏づけが必要という立場を示したものといえよう。

いずれにしても、オオヒシクイ訴訟は、本訴訟に触発されて提訴された自然の権利訴訟の第2号であったが、本判決のように、動物原告を人間原告と解し補正を命じて動物原告表示部分を訴状却下したりせずに、動物原告を文字どおり動物をもって原告と解したうえで、条文解釈上、当事者能力の欠如を理由に却下判決を言い渡したので、時期的には本判決よりも早く最終結果がだされた[78]。

今後、自然物を共同原告表示した自然の権利訴訟——上記の第一のパターンのもの——が提起された場合、いずれのやり方で処理されるかは推測の域をでないが、オオヒシクイ判決の例にしたがう方が多いのではないかと思われる。

---

[76] 消極的な評価ではあるが、判決は「オオヒシクイ個体群」も当事者能力の欠如を理由に却下判決を受けうることを認めたともいえよう。実際、オオヒシクイ判決の当事者——判決の名宛人——の表示は、「当事者　別紙当事者目録のとおり」と記載され、別紙当事者目録には次のような原告表示があった。
　「当事者目録
　　茨城県稲敷郡江戸崎長、桜川村、新利根村
　　稲波、引船・羽賀、稲波および引船・羽賀に隣接する
　　小野川、旧小野川、霞ヶ浦湖心水域（西浦）
　　原　告　オオヒシクイ（住所地に越冬する地域個体群）」

[77] ストーンは、法制史上、人間以外のもの——たとえば、団体や船舶など——にも法人格が拡大されてきた事実を指摘し、今や、自然物の権利主体性は単純な——つまり、法理的な可能性といった難しい議論を要しない——「選択」の問題にすぎないといい、実際的な有用性があるかぎり自然物の権利主体性を承認してなんの問題もないと説いた。このような立場は法機能主義的でもある。

[78] オオヒシクイ判決は控訴されたが控訴却下の判決がなされた。東京高裁平成8年4月23日判決（平成8年（行コ）第22号損害賠償請求控訴事件）は、次のように判示して控訴を却下した。
　「二　およそ訴訟の当事者となり得る者は、法律上、権利義務の主体となりうる者でなければならず、このことは民法、民事訴訟法等の規定に照らして明らかなところであり、したがって人に非らざる自然物を当事者能力を有する者と解することは到底できない。住民訴訟の当事者となり得る者についてもこれと異なる解釈をする余地は全くない。当事者能力の概念は、時代や国により相違があるのは当然であるが、わが国の現行法のもとにおいては、右のように解せざるをえない。
　　そうすると本件控訴も、当事者能力を有しない自然物であるオオヒシクイの名において控訴代理人らが提起した不適法なものであり、これを補正することができないことは明らかであるから、却下を免れない」（傍点は筆者による強調）
このように、控訴審も、当該訴訟の原告を「オオヒシクイ個体群」と解した上で、その原告適格の欠如を理由に控訴却下した。ただし、訴訟費用の負担については、「三　なお、原判決は訴訟費用に関する裁判をしていないので、民訴法195条3項後段、99条をいずれも準用ないし適用し、主文のとおり判決する」と判示し、主文において、「原審及び当審における訴訟費用は、控訴代理人らの負担とする」（傍点は筆者による強調）とされ、原判決（オオヒシクイ判決）とは異なる判断を示している。原判決は、文字通り「オオヒシクイ個体群」が原告と解したので、「訴訟費用に関する裁判」を失念していたのではなく、訴訟費用の負担を命じても払えないことは自明なので、ことさら負担を命じなかったのであろう。一方、控訴審は、「オオヒシクイ個体群」の訴訟代理人を無権代理人と見たてて、控訴代理人に訴訟費用の負担を命じたのであろう。そうすると、あえて言葉の揚げ足とりをすると、「オオヒシクイ個体群」は無権代理における本人的な地位を認められたともいえそうである。

第6　本判決が問いかけたもの
　　　　結びにかえて

1　自然の権利とは何だったのか

　上記のように、本判決の争点は、林地開発許可処分の取消・無効を求めうる原告適格者の範囲であり、その範囲確定のために、森林法10条の2第2項1号、1号の2、3号の保護法益はなにか検討された。

　自然の権利についても、訴訟を通じて主張内容は変遷し、当初の崇高な大上段の議論から徐々に、同号の保護法益の枠内での議論に収斂していった。最終的には、個別的関係性の理論がXらの原告適格を基礎づけるべく主張され、ここに力点がおかれた。自然の権利の主張も、自然それ自身の権利というよりも、これを人間の側からみて自然享有権として再構成された。この自然享有権の主体は、自然を思い、訪れ、自然に遊び、学ぶなどして、自然をよく知り、その保護に関心をもつ個人や団体とされる一方、この自然享有権は同条項——具体的には同条項3号——によって保護された個別的利益であり、原告適格を基礎づける法的根拠として主張された。

　つまり、自然の権利と自然享有権は一枚のコインの表と裏の関係にあり、権利主体性についても、自然の側からみれば自然の権利、人間の側からみれば自然享有権とされ、自然の権利は、人間の権利である自然享有権へと発展させられたと共に、自然享有権は、自然の権利との関係性が意識されつつ、同条項による保護利益と主張されたのであった。以上のような自然の権利、自然享有権の主張にたいする裁判所の理解を示したのが、上述した本判決の次の部分であったと思われる。

　　Xらは、自然及び自然物そのものの法的価値（自然の権利）を承認し、人間の自然に対する保護義務を定め、市民や環境NGOに自然の価値の代弁者として、自然の価値を侵害する人間の行為（権利侵害行為）に対する法的な防衛活動を行う地位を有するという趣旨で「自然の権利」の概念を主張し、市民や環境NGOは、国民が豊かな自然環境を享受する権利としての「自然享有権」を根拠に、「自然の権利」を代位行使し原告適格を有すると主張する。

　このような主張整理にもとづき、自然享有権・自然の権利について、前記のように、次のように判示された。まず、自然享有権について、一定の理解を示しつつも、「原告らの主張する『自然享有権』に具体的な権利性を認め得るか否かについては、自然破壊行為に対する差止請求、行政処分に対する原告適格、行政手続への参加の権利等の根拠となるような『自然享有権』の具体的な範囲や内容を実体法上明らかにする規定は環境の保全に関する国際法及び国内諸法規を見ても未整備な段階であって、いまだ政策目標ないし抽象的権利という段階にとどまっていると解さざるを得ない」として、その具体的権利性を否定した。この判示部分はいささか勇み足であった——あるいは傍論に走りすぎた——のかもしれない。

　というのも、Xらの自然享有権主張の重点は、上記のように、森林法10条の2第2項3号は個別的利益を保護法益とし、自然享有権もその射程内の利益にふくまれるという点にあったからである。つまり、同号の保護法益との関係において、自然享有権の個別的利益性が主張されたのであって、この関係を離れて一般的に、「自然破壊行為に対する差止請求、行政処分に対する原告適格、行政手続への参加の権利等の根拠となるような『自然享有権』」の主張に心血が注がれたのではない。平たくいえば、自然享有権主張の核心は、その一般的な具体的権利性の確立にあったのではなく、自然享有権が同号の射程内の個別的利益であるという点にあったのである。そうすると、同号との関係を捨象して、自然享有権の一般的な具体的権利性について判示したのは、的はずれであったと言えるかもしれない。

　自然の権利についても、上記のように、「自然に影響を与える行政処分に対して、当該行政処分の根拠法規の如何に関わらず、『自然享有権』を根拠として『自然の権利』を代弁する市民や環境NGOが当然に原告適格を有するという解釈をと

ることは、行政事件訴訟法で認められていない客観訴訟を肯定したものと実質的に同じ結果となるのであって、現行法制と適合せず、相当でないと解される」と判示されたが、この部分も傍論にすぎるであろう。

たしかに、一般論としては、「『自然享有権』を根拠として『自然の権利』を代弁する」という点は、Xらの主張の正しい理解を示している。が、「当該行政処分の根拠法規の*如何に関わらず*」といい、「市民や環境NGOが*当然に*原告適格を有する」とした点は（傍点は筆者による強調）、Xらの主張からのズレを感ぜざるをえない。なぜなら、Xらは、林地開発許可処分の根拠法規である森林法10条の2第2項の解釈との関係において、自然の権利・自然享有権の主張を展開すると共に、個別的関係性の理論により、当該の自然と一定の関係にある者のみが原告適格を有すると主張していたからである。

2 近代市民法への疑問符

本判決は、「動植物ないし森林等の自然そのものは、それが如何に我々人類にとって希少価値を有する貴重な存在であっても、それ自体、権利の客体となることはあっても権利の主体となることはない」という、権利の主体＝人間、権利の客体＝自然という近代市民法の二分論にふれ、近代的所有権概念について、「個別の動産、不動産に対する近代所有権が、それらの総体としての自然そのものまでを支配し得るといえるのかどうか、あるいは、自然が人間のために存在するとの考え方をこのまま押し進めてよいのかどうかについては、深刻な環境破壊が進行している今において、国民の英知を集めて改めて検討すべき重要な課題」と判示している。

判決の末尾において、自然の権利論についても一定の理解が示され、「Xらの提起した『自然の権利』（人間もその一部である『自然』の内在的価値は実定法上承認されている。それゆえ、自然は、自身の固有の価値を侵害する人間の行動に対し、その法的監査を請求する資格がある。これを実効あらしめるため、自然の保護に真摯であり、自然をよく知り、自然に対し幅広く深い感性を有する環境NGO等の自然保護団体や個人が、自然の名において防衛権を代位行使し得る）という観念は、人（自然人）及び法人の個人的利益の救済を念頭に置いた従来の現行法の枠組のままで今後もよいのかどうかという極めて困難で、かつ、避けては通れない問題を我々に提起」したものと評価された。

以上の判示部分は傍論にすぎないが、本判決の締め括りの部分でもあり、単なるリップ・サービスとしては片づけられない、重要な問題提起をしていると思われる。

まず、権利の主体＝人間、権利の客体＝自然という、近代市民法の二分論を紹介した後、「動植物ないし森林等の自然そのものは、それが如何に我々人類にとって希少価値を有する貴重な存在であっても、それ自体、権利の客体となることはあっても権利の主体となることはない」という、近代市民法体系の当然の大前提がやや懐疑的に紹介されている。

ついで、疑問の矛先は、近代的所有権概念にむけられ、「個別の動産、不動産に対する近代所有権が、それらの総体としての自然そのものまでを支配し得るといえるのかどうか、あるいは、自然が人間のために存在するとの考え方をこのまま押し進めてよいのかどうかについては、深刻な環境破壊が進行している現今において、国民の英知を集めて改めて検討すべき重要な課題」とされた。

自然の権利についても、「Xらの提起した『自然の権利』という観念は、人（自然人）及び法人の個人的利益の救済を念頭に置いた従来の現行法の枠組のままで今後もよいのかどうかという極めて困難で、かつ、避けては通れない問題を我々に提起」したものだとして、一定の肯定的な評価がなされた。これは、同時に、近代市民法体系に掣肘された現行法の枠組にたいし、裁判所が疑問を投げかけた部分でもある。

3 残された課題

今後の課題はいかに裁判所から送られたエールにこたえていくかである[79]。

近代的所有権概念は、人間中心主義的であり、かつ、経済利益中心である。それが、所有権絶対の思想、開発自由の原則などと結びついて、自然破壊をもたらしている。このような所有権概念は20世紀までのものとして、すでに歴史的な使命を終えたのではなかろうか。今後は、人間も自然生態系の一部であり、他の動植物などの自然構成員にたいし義務を負う——これは生態学や環境倫理からの教えでもある——ということから出発し、たとえば山の所有者は、山として所有する自由しかなく、そのベストな経済的利用までは保障されていない——したがって、開発にたいする規制も内在的制約として補償もいらない——という、生態的所有権概念へのパラダイム・シフトが必要だと思われる。

自然破壊にたいしても、今後の課題は、本訴訟における「自然の権利」の主張内容を実定法化していくこと、すなわち、自然に内在的な価値があり、自然を侵害する人間の行動にたいし、自然自身が法的救済をもとめる資格をもつことを承認し、これを実効的に保障するために、自然との深い絆——本訴訟で主張された個別的関係性——をもち、自然をよく知り、自然の保護に真摯である個人や団体にたいし、自然のために訴訟追行する権能を付与する法制度を創設していくことである。実際、米国における市民訴訟条項はそのような法制度であり、自然保護のために多くの成果をあげている。

日本においても、市民訴訟条項のような法制度が導入されたとき、本訴訟のような自然の権利訴訟はその役目を終えたものとして、市民訴訟条項のなかに発展的に解消していくであろう。およそ理解不能な公共事業による自然破壊がいまだにオンパレードな今、市民訴訟条項の立法化は急務であるが、道のりは遙か遠く険しい。その意味で本判決はわれわれに多くの課題を残したともいえる。

追記

平成16年に行政事件訴訟法の改正がなされ、原告適格に関する同法第9条の手直しがなされた。これは日本の原告適格の範囲があまりにも狭く解釈されていたので、法改正によって原告適格要件という訴訟の間口をこじあけようとする試みであった。このような法改正も奏功してか、最高裁もようやく重い腰をあげ、いわゆる小田急線連続立体交差化事業に関する事業認可処分の取消請求事件において、周辺住民の原告適格を認める画期的な判断を示した（最大判平成17年12月7日判決・同16年（行ヒ）第114号連続立体交差事業認可処分取消請求事件）。

今後の課題は、このような原告適格拡大の流れを自然保護のための環境行政訴訟の分野においても推進していくことであり、そのためには本章および第1章で論じたように、環境利益の侵害を根拠とする環境原告適格の確立をめざしていく必要がある。

奄美「自然の権利」訴訟の検証時に発見されたアマミノクロウサギのフン

---

[79] もちろん本判決自体の問題点も指摘できる。とりわけ、旧態依然たる従来の法律上の利益説を墨守した原告適格論から脱却できず、林地開発許可処分を争いうる原告適格者の範囲をせまく解釈したことは、批判されなくてはならない。詳しくは、関根孝道「だれが法廷に立てるのか——環境原告適格の比較法的な一考察」関西学院大学総合政策研究12号（2002）、参照。

第3章 沖縄ジュゴンと環境正義
辺野古海上ヘリ基地問題と米国環境法の域外適用について

第1　はじめに

2003年9月25日は沖縄ジュゴンにとって記念すべき日になるかもしれない。

この日、沖縄ジュゴンの存続のために、日米の環境NGO、法律家、平和団体などが国境をこえて連帯し、カリフォルニア連邦地裁において、沖縄ジュゴン訴訟が提起された（以下、適宜、「本訴訟」「NHPA訴訟」「ジュゴン訴訟」「沖縄ジュゴン『自然の権利』訴訟」ともいう）。この訴訟は絶滅の危機にある沖縄ジュゴンを救えるのだろうか。

沖縄ジュゴンの生息数は数十頭以下といわれている[1]。その重要生息地が辺野古水域であるが、現在、ここに巨大な軍民共用空港が建設されようとしている（以下、適宜、「辺野古基地」「米軍基地」「海上ヘリ基地」ともいう）。その国内法的な問題点はこれまでにも紹介されてきた[2]。この計画が強行されるばあい、国内法的に阻止できるかどうかについては、国内法制の不備などもあって楽観できないようにおもわれる。

たしかに、沖縄ジュゴンは、文化財保護法上の天然記念物であり[3]、種の保存法上の国際稀少野

---

[1] 沖縄ジュゴン問題の現状を知るためには、以下のものが資料集として有益である。ジュゴンネットワーク沖縄編「沖縄のジュゴン保護のために（資料集）」2000年7月、同編「追録（第2版）沖縄のジュゴン保護のために（資料集）」2001年2月28日、WWFジャパン・日本自然保護協会・ジュゴン保護キャンペーンセンター編「ジュゴン国際シンポジウム――ジュゴンの研究と保全の行動計画」2003年5月、前二者の一部英訳版として、TheDugong Network Okinawa "For the Protection of Dugongs Offshore Okinawa (Material)" July, 2000; The Dugong Network Okinawa (Japan) "For the Protection of DugongsOffshore Okinawa (Material2)". ほかにも、IUCN勧告決議の履行を！　沖縄のジュゴン保護のためにシンポジウム実行委員会「12／16シンポジウムの記録・Save The Last Dugongof Okinawa」2001年2月1日、ジュゴン保護キャンペーンセンター「DUGONG　ヘレン・マーシュ教授　日本特別講演リポート」2002年6月1日などの資料集も、ジュゴン関係情報の宝庫である。一般向けの分かりやすい解説書として、ジュゴン保護キャンペーンセンター編「ジュゴンの海と沖縄――基地の島が問い続けるもの」、沖縄県文化環境部自然保護課「ジュゴンのはなし――沖縄のジュゴン」、参照。なお、2000年7月14日付け日本弁護士会連合会「ジュゴン保護に関する要望書」は、法的見地からジュゴン保護問題について検討し、提言したものとして重要である。

[2] たとえば、亀山統一「SACO・新ガイドラインと沖縄の自然環境」環境と正義 No.30〜32、籠橋隆明「沖縄ジュゴンと法的正義」同 No.34〜36 など、参照。新聞記事については、おびただしい数の報道がなされているが、2002年7月29日付け沖縄タイムス夕刊の特集記事が、詳細な「普天間飛行場移設問題の経過年表」もついていて有意義である。防衛庁サイドからの海上ヘリ基地の一般向け概要紹介として、防衛庁「代替施設の規模」（平成13年6月）、同「ポンツーン工法について」「埋立工法について」「杭式桟橋工法について」、同「『代替施設基本計画主要事項に係る取扱い方針』に基づく検討資料」、那覇防衛施設局「普天間飛行場代替施設の建設に係る現地技術調査」（平成15年2月）、同「普天間飛行場代替施設の建設に係る現地技術調査」（平成15年3月）などがある。

[3] ジュゴンの天然記念物指定の経緯は、沖縄の統治の歴史とも関連して非常に複雑で、紆余曲折を経ている。その指定は、第二次大戦後の米軍支配下の琉球政府に由来し、その文化財保護委員会は、1955年1月25日付けの同委員会告示第二号において、「文化財保護法（一九五四年立法第七号）第三十九条の規定に基づき、史跡、名勝、天然記念物を次のとおり指定する」と定め、そのリストの5番目に「種別　天然記念物　名称　儒艮　所在地　琉球近海」と記載されている。「儒艮」というのはジュゴンの漢字表記である。これが沖縄の日本復帰のさいに、日本の文化財保護法にもとづき、文部大臣より昭和47年3月付けで、文化財保護審議会宛に「沖縄の地域に所在する左記の物件を、沖縄の復帰と同時に、それぞれ史跡、名勝または天然記念物に指定したいのでその当否につき諮問」する旨の諮問がなされ（昭和47年諮問第8号）、その「三　天然記念物に指定すべき物件」リストには、「番号　7　名称　ジュゴン　所在地　地域を定める（主な生息地―沖縄県）」と記載されている。指定の理由であるが、「別紙」によると、昭和26年5月10日文化財保護委員会告示第二号の「特別史跡名勝天然記念物及び史跡名勝天然記念物指定基準」の「天然記念物動物の部第二（日本著名の動物）」による」とされ、さらに詳しく、「戦前から天然記念物の候補とされていたもので、人魚又は海馬ともいわれる海棲の世界の珍獣である。紅海、印度洋の付近から琉球近海にかけて生息していたが、活発な遊泳をしないため乱獲され絶滅の危険が高い」と説明されている。この基準の「第二（日本著名の動物）」というのは、「特有の産ではないが、日本著名の動物としてその保存を必要とするもの及びその棲息地」のことである。かくして、沖縄ジュゴンは、日本復帰とともに、日本の文化財保護法にもとづく天然記念物となって、今日にいたっている。以上の詳細については弁護士の小林邦子氏から教えをいただいた。付言しておきたい。日本の文化財保護制度一般につき、椎名慎太郎・稗貫俊文『文化・学術法』（現代行政法学全集25）ぎょうせい（1986）、文化庁文化財部監修『文化財保護関係法令集（改訂版）』ぎょうせい（2001）、中村賢二郎『文化財保護制度概説』ぎょうせい（2002）、参照。

生動植物種であり[4]、鳥獣保護法上の保護鳥獣であり[5]、水産資源保護法上の捕獲禁止対象種でもある[6]。が、それだけである。国内法上、ジュゴンがそれらの保護種であることは、行政解釈上、その意図的かつ直接的な捕獲が禁止される程度のものでしかない。保護種指定によって享受しうる法的利益はそれだけである。このような法の解釈適用が正しい解釈とはおもえないが、公権的な解釈として実際にまかりとおっている。市民サイドから、たとえば、市民訴訟条項などによって[7]、ジュゴン保護のためのアクション──種の保存法上の国内希少野生動植物種指定や同法上の保護区指定など──をおこすこともできない。ジュゴン保護の国内法には実効性がない状況である[8]。

いっぽう、問題の軍民共用空港は米軍海上ヘリ基地であり、ジュゴンは米国種の保存法[9]（ESA）上の保護種でもある[10]。米軍はこの基地建設に関与しており[11]、この点を米国の連邦機関の行為（以下、「連邦行為」という）として捕捉し、これに米国内法を適用していくことが、法の支配という観点からも重要である。比較法的にいっても、日米環境法の実効性のちがい、行政機関の違法是正にたいする裁判所の温度差などをかんがえると、米国内法の域外適用を前提に、米国内裁判所において、国防省にたいし、日本国内における米軍による米国内法違反の違法行為について、その是正をもとめる訴訟は有意義である。

本稿は、以上のような問題意識をふまえ、米国環境法の日本への域外適用の可否を検討するものである。具体的には、辺野古海域における米軍基地の建設問題をとりあげ、沖縄ジュゴン保護のために、米国環境法上、いかなる法的手段をもって対峙しうるか検証していきたい。この作業は、上述した辺野古基地建設における米軍の関わりを米

4　絶滅のおそれある野生動植物の種の保存に関する法律施行令（平成5・2・10政令17）「別表　第二　国際野生動植物種　表二(12)　海牛目ジュゴン科ドゥゴング・ドゥゴン（ジュゴン）」。なお、ジュゴンは国内希少野生動植物種には指定されていない（同法第4条3項、同施行令1条、同表第一）。沖縄ジュゴンは絶滅寸前であり、同法を所管する環境省の怠慢もはなはだしい。保護種指定の申立権は一般市民にはなく、同法の実効性が著しく殺がれている。保護種指定は政令指定となっているので、指定には閣議決定が必要であり、一省庁でも指定に反対するかぎり指定できないしくみとなっている。今となっては、海上ヘリ基地計画が具体化しているので、防衛庁などの反対が予想され、環境省も手がだせない。いずれにしても、保護種を政令指定するというのは、反対する省庁が一つでも存在するかぎり指定させないシステムであり、ここでも種の存続という国民的・世界的な利益よりも、開発官庁の省益・意向を優先させしくみとなっている。したがって、今後は、国を相手にした保護種指定しないという不作為の違法確認訴訟、あるいは、直截に、指定の義務づけをもとめる義務づけ訴訟などが必要かもしれない。ちなみに、保護区指定についても、保護区は国内希少野生動植物種のためにしか指定できないので（同法36条1項）、国際希少野生動植物種とされたジュゴンのためには、保護区指定もできないがごとくである。これも日本の種の保存法の欠陥の一つである。

5　鳥獣保護法2条1項、80条1項、同法施行規則78条2項参照。ジュゴンは最近の改正により環境省の所管に移された。

6　ジュゴンをふくむ海生哺乳類の法的保護の現状と課題につき、羽山伸一・坂元雅行「海生哺乳類の保護」（財）自然保護協会編『生態学からみた野生生物の保護と法律』講談社サイエンティフィク（2003）167-199頁、参照。

7　市民訴訟条項は、米国環境法にひろく導入されているもので、当該環境法の（非裁量的な）規定に違反している者──連邦機関などの行政機関や一私人であってもよい──にたいし、一般市民がその違反の是正をもとめて提訴することをみとめる制度である。環境法の実効性の担保を目的としており、法の執行に一般市民を関与させるシステムである。日本法の住民訴訟制度に類似しているが、財務会計行為性（公金支出性）は要件とされていないこと、判例上、客観訴訟ではなく主観訴訟とされている点などで異なる。もっとも、主観訴訟といっても、そのメルクマールとされる個人的な利害関係性の要件は、"injury in fact"の解釈問題であるが、判例相当、きわめて緩やかに解釈されているようである。日本法的には、ほぼ「だれにでも」原告適格がみとめられる──その意味で客観訴訟的といえる──ような感じである。米国法上の環境原告適格については、関根孝道「だれが法廷に立てるのか──環境原告適格の比較法的な一考察」総合政策研究No.12（2002）参照。市民訴訟条項の一般的な解説書として、Michael D. Axline, "Environmental CitizenSuits" MICHIE 1995。

8　もっとも、ジュゴン保護団体が国内法的な措置を断念したわけではなく、海上ヘリ基地建設のための環境アセスメント着手前になされた、防衛施設庁によるボーリング調査計画にたいしては、保護団体から文化財保護法違反などを理由に警告書が発せられている。のみならず、このボーリング調査は、実質的には、環境アセスメントが未了の段階において、アセス対象事業を見切り発車させるもので、環境影響評価法31条などに違反するとして、その中止をもとめる公害調停もすすめられている。

9　正式名称は、The Endangered Species Act of 1973, 16U.S.C.A.ss1531et al.（「1973年絶滅のおそれある種に関する法」合衆国法典第16編第1531条以下）である。同法は世界最強の自然保護法である。同法邦訳の概説書として、ダニエル・J・ロルフ著・関根孝道訳『米国種の保存法概説──絶滅からの保護と回復のために』信山社（1997）。

10　50 C.F.R. § 23.23.

11　この米軍の関与は事実上のものにすぎないのか、法的意義をもつ要件的なものであるのかは、日米安保条約や地位協定の解釈にも関係して、非常に厄介である。この点は後述する。もっとも、日本の領域内における米軍の関与（行為）が問題となるばあい、その法的評価は、安保条約などの日米間の国際条約の解釈問題としてだけでなく、米国内法の域外適用というアングルからも検討しなければならない。前者との関係では、主権免責など国際法上の法理や日米安保条約の優位性がファイアー・ウォールとなって、日本国内において、米軍を相手に、米軍の行為に日本法を適用して、司法審査に服せしめることは困難である。たとえば、最近の最高裁判例として、横田基地夜間飛行差し止め等請求事件にかんする同第二小法廷判決平14・4・12民集56巻4号729頁、判時1786号43頁、判タ1092号107頁、参照。後者との関係では、例外的に、米国内法の域外適用が肯定されるばあい──これは当該米国内法の解釈問題である──がありうる。このばあいには、米軍の行為について、米国法の域外適用を前提に、国防省を相手に米国内で提訴することが可能である。米軍基地や米軍の行為に日本法を適用することの限界をかんがえると、今後は、後者の方法による法の支配の貫徹をはかっていく必要があろう。

国連邦行為としてとらえ[12]、米国環境法とくに文化財保護法（NHPA）を中心に、その解釈適用上の問題点を解明することが中心となる。さいしょに、米国環境法の域外適用の一般的なスタンスについて概説し、ついで、国家文化財保護法（NHPA）の域外適用上の問題点を、上述した沖縄ジュゴン「自然の権利」訴訟を素材としつつ、米国環境法によるジュゴン保護の可能性という観点から検討をくわえ、さいごに、国家環境政策法（NEPA）と絶滅の危機に瀕した種の保存法（ESA）の域外適用にも言及することにしたい。

なお、本稿中の日本語訳は、とくに断り書きのないかぎり、筆者による仮訳である。

第2 米国環境法と域外適用

1 域外適用の考えかた

一般に、国内法、とくに国内公法は、その国の領域内にかぎって適用されるのが原則である。いわゆる国家管轄権の場所的な適用基準によると、国際法上、国家が内外国人の別なく他国の介入を排除して管轄権を行使できるのは、原則としてその領域内にかぎられる結果[13]、国内法の地理的な適用範囲もその国の領域内に限定される。これは国家主権のおよぶ範囲いかんの問題でもある。

国内法の適用はその国の領域内に限定されるが、いっぽう、この原則には例外もみとめられる。国家は、その領域外にある人、財産、行為についても、その国内法令の適用対象とする広汎な自由をもつとされ、このような立法管轄権についての裁量は、国際法上、特段の禁止法規のないかぎり制限されることもない[14]。

米国法の域外適用の基本的スタンスも、以上のような前提から出発している。

すなわち、米国内法は、原則としてその領域内において適用され、当該法律の解釈上、その域外適用をみとめる趣旨——これは議会意志の探求問題である——が明確なばあいにかぎって、例外的に領域外への適用が肯定される[15]。この原則と例外の関係はたてまえとして維持されている。じっさい、域外適用を明言する立法例はほとんどない状況で、環境法的な分野では[16]、つぎの二つのものが具体例として挙げられる程度である。

ひとつは、1984年アスベスト学校危険防止法（Asbestos School Hazard Abatement Act of 1984）の規定であり[17]、同法は、海外にある国防省所属の学校をふくむ「合衆国の連邦政府機関に属するすべての学校」に適用されることが明記されている[18]。ふたつめは、直訳して国家歴史保存法（National Historic Preservation Act, "NHPA"）

12　前注で示唆したように、辺野古基地建設における米軍のなんらかの関わりを、米国環境法適用のひきがねを引く連邦行為として法律構成できるか、この点の解釈問題が出発点として重要である。上述したように、日米安保条約などからの国際法的なアプローチと、米国環境法の国内法的な解釈問題という、二つの側面からの分析が不可欠である。本稿でもこの二つの視点から接近していきたい。

13　山本草二『国際法（新版）』有斐閣（1994）233頁。さらに、つぎのようにも解説されている。「国際慣習法または条約に基づく別段の許容法規のない限り、国家は国際法上の主要な義務として他国の領域で権力行使（強制管轄権）をすべて禁止されるのであり（前記「ローチェス号事件」国際司法裁判決。（中略））、その意味で管轄権は属地的なものとして、一応、推定される」。つまり、国家管轄権による国内法適用の領域的な限定は原則であって、絶対的なものではない。引用文中、「一応、推定される」というのは、そのことを意味している。

14　同233頁。

15　American Banana Co. v. United Fruit Co., 213 U.S. 347, 354（1909）; Blackmerv. United States, 284 U.S. 421, 436（1932）; Foley Brothers v. Filardo, 336 U.S.282（1948）; E.E.O.C. v. Arabian American Oil Co., 499 U.S. 244, 248（1991）.

16　一般に、環境法の世界では、人間の生命・健康を中心に、その保護法益を生活環境と自然環境に二分することが多い。このような二分論は、環境法が公害中心であった時代には適合的であるが、環境法の重点が公害から自然保護や都市アメニティ、さらには、社会的・文化的・歴史的な環境へとシフトしていくにつれ、時代おくれになりつつある。本稿も、環境法の射程に社会的・文化的・歴史的な環境の保全をもふくめて、「環境法」の分野として表現することにしたい。環境法の現代的な対象範囲については、大塚直『環境法』有斐閣（2002）が現時点における到達点を示すものとして、非常に有益である。同書では、国際環境問題、貿易と環境、有害化学物質管理法、循環管理法、文化環境保全法なども、環境法体系のなかに位置づけられている。

17　20 U.S.C. 4020（5）（B）.

18　Lieutenant Colonel Richard A. Phelps, Chief of Environmental LawHeadquarters, United States Air Forces in Europe, "Environmental Law For DepartmentOf Defense Installations Overseas", Fourth Edition, May 1998, p 3. 同文書は、その著者の肩書が示すように、合衆国軍属の環境法主席担当官によって執筆されたもので、在外米軍基地における国防省の行為——米軍の諸活動をふくむ——に焦点をあて、米国環境法の域外適用について論じたものである。じっさいの米軍担当者むけの解説書であるが、それだけに内容も具体的、実践的なものである。執筆者が個人名であることから示唆されるように、国防省の公式見解文書とはいえないであろうが、職務上作成されたマニュアル的なものであり、発行元も在欧米空軍であることからすると、米国環境法の域外適用の指針的効力はないとしても、国防省の考えかたをしる重要なてがかりである。以下、「解説書」として引用する。

――日本法的に意訳すれば国家的文化財保護法――の規定で[19]、同法は、合衆国の連邦機関にたいし、外国の保護目録にリストされた自然的または文化的な遺産におよぼす悪影響を回避・緩和することを命じているが、法文上、この命令は国防省の諸活動をふくむ「合衆国外のあらゆる連邦行為（Federal undertaking）」に適用されることが明言されている[20]。さらに、域外適用を明言したものではないが、米国内の活動が他国におよぼす影響を考慮し、その他国にたいし、米国内における一定の手続的権利を保障した環境法規定も存在する[21]。

いっぽう、同じく環境法の分野において、法文上、域外適用にかんする議会意志――その文章的な表現である法律の文言――が必ずしも明らかでなく[22]、この点が裁判で争われた著名なケースも少なくない[23]。ひとつは、国家環境政策法（National Environmental Policy Act, "NEPA"）[24]に関するもので、いまひとつは、絶滅のおそれある種の保存法（Endangered Speceis Act, "ESA"）[25]に関するものである。詳細は後述するが、判例上、それらの域外適用の問題は未決着の状態であり、将来にもちこされている。

ここで、米国環境法の域外適用について、沖縄ジュゴンとの関係で必要な範囲で要約すると、つぎのようになる。すなわち、米国環境法は、その領域内にかぎって適用される原則であるが、法文上、その域外適用をみとめる議会意志が明確なばあいには、例外的に、その領域外への適用も肯定される。しかし、そのような議会意志が一義的に明らかでないために、域外適用のうむをめぐって争われた環境法規定が存在し、いまだに、その決着はついていない。

2　域外適用と行政規則

米国環境法の域外適用の一般論は上記のとおりであるが、この点に関する行政規則も少なからず存在する。その主要なものを見ていく[26]。

(1) 大統領令11752[27]

同令は、1973年、ニクソン大統領によって署名されたものだが、海外にある連邦政府施設（以下、「在外施設」ともいう）における環境保護について、本格的に言及した最初のものとされる。同令第3条 (c) は、「在外施設の建設および運用につき管轄権限をもつ連邦政府機関の長は、当該在外施設について、当該接受国または管轄下において一般的に適用される環境汚染基準にしたがって、当該在外施設を運用することを保証する

19　16 U.S.C. 470a-2. 同条項の解釈上の論点は後述する。

20　解説書3-4頁。

21　42 U.S.C. sec.7415 (a) (b). 同法は、いわゆる「Clean Air Act（大気汚染防止法）」であるが、同条項によると、「合衆国内において排出された大気汚染物質であって、他国における一般公衆の健康または福祉に危険をおよぼすと合理的に考えられる大気汚染をひきおこし、または寄与するもの」を防止するための手続において、当該他国は、米国内でおこなわれる公聴会に参加することができる。解説書3頁、注18参照。もっとも、この手続的権利は相互主義――当該他国が合衆国にも同様の権利を付与するばあいにかぎり、同条項を他国にも適用する制度――が前提となっている。同条項 (c)、参照。

22　米国における制定法解釈は裁判所による議会意志の探求問題でもある。これは三権分立や民主主義による統治原理の現れといえるが、技術的には、立法過程が外部から見えるという意味で透明であること、具体的にいえば、議会内部で条文の意味について真摯な議論がたたかわされ、その結果が立法資料として利用できることが前提となっている。日本のように立法過程が不透明で、国会の法律審議も形骸化しているばあいには、立法者意志の探求による法律解釈といっても限界がある。日本では、「法の趣旨」という大義名分のもとに、あいまいな条文の解釈がおこなわれるが、国会における立法資料――かりに、そのようなものがあったとしても――の検証がなされるわけではなく、この作業はかなり主観的、ある意味でいい加減なものである。日本の立法過程、とくに議員立法につき、五十嵐敬喜『議員立法』三省堂 (1997)、参照。

23　解説書4-7頁。詳しくは、後述するESAおよびNEPAの域外適用のところで、紹介する。

24　42 U.S.C. 4321, et seq.

25　16 U.S.C. 1531, et seq.

26　以下の記述は、おおむね解説書7-14頁を参考にしているが、私見もまじえて解説を試みているので、正確性の責任は筆者にある。

27　E.O. 11752, "Prevention, Control, and Abatement of Environmental Pollutionat Federal Facilities", Dec. 19, 1973.

（assure）ものとする」と定めて、環境上の遵守義務を明記していた[28]。

もっとも、在外施設の環境保護をとりあげた最初のものは、同令にさきだつ大統領令11597であったが、「連邦政府機関の長は、合衆国外において施設を建設し、または運用するにさいしては、大気および水質につき正当に考慮する（give due consideration）ものとする」と規定するにとどまり[29]、同11752のように徹底したものではなかった。その意味で、在外施設における環境保護については、同令が実効的な最初のものとして特筆される[30]。

その後、同令は、カーター大統領によって署名された同12088にとって代わられたが、同12088は、同11752が確立した上記環境上の遵守義務を実質的に変更するものではなかった[31]。

(2) 大統領令12114 [32]

同令もカーター大統領によって署名されたものだが、海外における連邦機関の意志決定にさいし、その環境影響を考慮すべきことを命じている。上記のように、NEPA（国家環境政策法）の域外適用、とくに他国領域内における連邦政府機関の行為について、法文上、NEPAが適用されるかどうか明らかではなく、判例上も未決着の状態である。同令は、NEPA規定の域外適用を肯定した行政解釈規則ではなく、NEPAの方向性に沿って、あるいは、その趣旨をさらに拡大して、NEPAもどきの環境影響評価の手続を創設したものとされる[33]。

同令は、連邦政府機関による以下の行為について、一定の環境影響評価の手続を命じている[34]。

① いずれの国の管轄（jurisdiction）にも属しない世界共有財産（global commons）の環境に著しい影響をあたえる主要な連邦行為（major federal actions）

② 当該連邦行為につき合衆国との関わりをもたない（notparticipating）他国の環境に著しい影響をあたえる主要な連邦行為（major federal actions）

③ つぎのいずれかがもちこまれる他国の環境に著しい影響をあたえる主要な連邦行為

（ⅰ）環境への毒性的な効果が一般公衆に重大な健康リスクを生ぜしめることを理由に、合衆国において連邦法により禁止もしくは厳格に規制された生産物、または、そのような主要な生産物もしくは排出物を生産する有形的施設をともなう事業（physical project）

（ⅱ）合衆国において、放射性物質から環境を保護するために、連邦法により禁止または厳格に規制された有形的施設をともなう事業

---

28 同規則以前にも、合衆国内における連邦政府施設の環境保護については、そのための行政規則が存在していた。解説書7頁の注38によると、そのような規則として、E.O.11752のほかに、以下の5つの行政規則があった。E.O. 11507, "Prevention, Control, and Abatement of Air and Warter Pollution at Federal Facilities", Feb. 5, 1970; E.O.11288, "Prevention, Control, and Abatement of Water Pollution by Federal Activities",July 7, 1966; E.O. 11282, "Prevention, Control, and Abatement of Air Pollution by Federal Activities", May 28, 1966; E.O.11258, "Prevention, Control, and Abatementof Warter Pollution by Federal Activities", Nov. 19, 1965; E.O.10779, "DirectingFederal Agencies to Cooperate with State and Local Authorities in Preventing Pollution of the Atmosphere", Aug. 22, 1958; and E.O. 10014, "Directing Federal Agencies to Cooperate with State and Local Authorities in Preventing Pollution of Surface and Underground Waters", Nov. 3, 1948. このように、いちばん古いものは1948年のもので、年代的にはこの年まで遡るという。

29 原文はつぎのとおりである。
「Heads of Federal agencies responsible for the construction and operationof Federal facilities outside the United States shall assure that such facilitiesare operated so as to comply with the environmental pollution standards of general applicability in the host country or jurisdictions concerned.」

30 解説書7頁注39参照。もっとも、文言上は、大統領令11597と同11752のちがいは、日本語訳的には微妙である。前者は、「保証する」というにたいし、後者は「考慮する」と表現しているが、英語のうえでは、前者のほうが義務の程度がハイレベルということである。

31 詳しくは、解説書8頁参照。文言上も、次のように定められており、上記行政規則11752第3条(c)とほとんど同じであるし、意味のちがいも見だせない。
「The heads of each Executive agency that is responsible for the constructionor operation of Federal facilities outside the United States shall enssure that suchconstruction or operation complies with the environmental pollution controlstandards of general applicability in the host country or jurisdiction.」

32 E.O. 12114, Environmental Effects Abroad of Major Federal Actions, Jan. 4,1979. 同規則もカーター大統領によって署名されたものである。

33 解説書9頁。もっとも、正確にいえば、同規則は、NEPAだけでなく、それ以外の連邦法——"Marine Protection Research and Sanctuaries Act" "Deepwater Port Act"——の目的をさらに押しすすめるものとされている。E.O.12114 sec.1 1-1, 参照。

34 E.O. 12114 sec.2 para.2-3.

④合衆国の領域外において、世界的に重要な自然的または生態的な資源であって、本条項にもとづき、大統領により、または、合衆国が当事国である国際的協定によって保護されているばあいには国務大臣により、保護指定されたものに著しい影響をあたえる主要な連邦行為

上記用語中、「環境（environmental）」「著しい影響をあたえる（significantly affects）」の意味については、定義規定がある[35]。

このような環境影響評価の対象行為の区分に応じて、同令による環境影響評価の手続が実施される。具体的には、当該連邦機関は、上記①の連邦行為による影響につき環境影響評価書（environmental impact statements）、同②および③の連邦行為による影響につき、二国間または多国間の環境調査文書（environmental studies）、または、当該環境問題にかかる簡潔なレビュー文書（concise reviews）、同④の連邦行為による影響につき、それらの環境影響評価書、環境調査文書、簡潔なレビュー文書のいずれかを作成し[36]、当該連邦行為について意志決定をするにさいし、その環境影響について考慮すべきものとされる[37]。

いっぽう、同令は、合衆国外において、環境配慮を実践することの対外的側面を考慮して、一定の行為について適用除外をみとめ、さらに、一定のばあいに、環境影響評価手続を修正する余地をのこしている。

まず、適用除外であるが、同令は８つの連邦行為を明示的に除外している[38]。このうち、沖縄ジュゴンとの関係で重要なのは、「国家安全保障または国家的利益にかかわる場合に、大統領または閣僚の指示によりおこなわれる行為」についての除外規定である[39]。

つぎに、環境影響評価手続の修正であるが、各連邦機関は、所定の目的を達成するために必要なばあいにおいて、上述した環境影響評価の手続──具体的には、同令第２条2-1および2-4に定められた手続──を、適宜、修正できるものとされている[40]。同じく、沖縄ジュゴンとの関係では、「（ⅱ）他国との関係におよぼす悪影響、または、他国の主権管轄事項（sovereign responsibilities）にたいする現実的（in fact）もしくは外見的（appearanace）な侵害を避けるために」、あるいは、「（ⅲ）外交的な諸要素、国家安全保障上の考慮事項、当該連邦機関が関わりをもち（involved）または当該決定に影響をおよぼしうる程度を、適切に考慮することを保証するために（ensure）」許容される[41]、環境影響評価手続の修正が重要である。

さいごに、同規則の法的効果であるが、純粋に自主的な行政内部の手続とされ、その違反にたいしても、司法的救済をもとめえないことが明記されている[42]。その意味で、強制力はなく、多くを期待しえない。

（3）国防省の域外適用の指針

上述したような域外適用にかんする行政規則は、それぞれの連邦機関における管轄事項の特殊性をふまえ、各機関ごとに個別的な環境政策として具体化される。とくに、国防省は、多くの在外基地をかかえており、在外基地や駐留軍隊などの主権的属性をふまえた、米国環境法規の域外適用にかんする指針を明らかにしておく必要がある。国防省、とくに米軍の環境破壊力を前提とすると、

35　同 sec.3 para.3-4.
36　同 sec.2 para.2-4 (a)(b).
37　同 sec.1 para.1-1.
38　同 sec.2 para.2-5 (a).
39　同 sec.2 para.2-5 (a)(ⅲ).
40　同 sec.2 para.2-5 (b).
41　同 sec.2 para.2-5 (b)(ⅱ)(ⅲ).
42　同 sec.3 para.3-1.

この面からも環境配慮の指針化がつよく要請される。

いっぽう、軍事活動は最大の環境破壊でありうるから、米国軍隊を受け入れるホスト国においても、米国環境法規の域外適用は重大な関心事項である。さらに、ホスト国側からいえば、自国環境法規が米軍基地に適用されるとしても、米国軍隊の享受する主権免除（sovereign immunity）の法理に阻まれて、その実効性にも限界がある。なぜなら、米国の意志に反しては、司法手続によっても自国環境法規を強制しえないからである。

さらに、米国環境法規を在外基地に適用するといっても、ホスト国の主権が壁となってストレートには適用しえない。前記のように、国際法上の一般原則は、国内法規の適用範囲はその国の領域内に限定するのであり、環境法規のゆえに域外適用を正当化しえない。反対に、その公法的な性格が強調されると、むしろ域外適用には慎重さが要求されかねない。

以上のような問題は、駐留国における米国軍隊の位置づけにも直結するから、米国とホスト国または多国間の安全保障条約や地位協定にも関係し、非常に複雑な様相を呈している。

かくて、域外適用の指針は道しるべとしても重要なものである。

以下、国防省の主要な指針を検討していく[43]。

①国防省指令 6050.7 [44]

同指令は上記の大統領令 12114 を国防省において実施するための指針である。

もっとも、同指令は新機軸といったものではなく、「条約上の義務および他国の主権」を尊重する趣旨から、主要な用語を定義し、審査手続を確立し、環境影響評価のために文書化すべき記載事項を明示することで満足している[45]。

その後、国防省は、その海外における環境管理の不十分さについて、1980年代後半に会計検査院（General Accounting Office）の監査をうけ、1990年に連邦議会に改善を命じられて、包括的な海外における環境遵守の政策策定にうごきだした[46]。かくて結実したのが、つぎに紹介する国防省指令 6050.16 である。

②国防省指令 6050.16 [47]

同指令は、在外米軍の環境遵守を実効化する制度を創設し、画期的な意義をもつ。

同指令は、上述した大統領令 12088 がホスト国の「一般的に適用される汚染防止基準」を遵守するように命じていたが、この命令を履践する実際的な効果を有していた[48]。すなわち、同指令は、さいしょに、海外における国防省の軍事基地施設（DoD installations and facilities overseas）に適用される、最低限の環境保護基準（minimum environmental protection standard。以下、「最低基準」という）を設定することで、上記の「汚染防止基準」を遵守させようとした[49]。この最低基準は、「合衆国における国防省の軍事基地施設および諸活動に適用される一般的に承認された環境基準（generally accepted environmental standards）にもとづく」ところの、「海外環境基準指針文書（overseas environmental baseline guidance document, "OEBGD"）」において具体化される[50]。

OEBGD 文書

（以下、「ベースライン文書」ともいう）は、米国環境法規の域外適用について、国防省の考えかたを知るうえで重要である。同文書は、きわだっ

43　以下の記述も解説書10頁以下を参考にしている。
44　DoD Dir.6050.7, "Environmental Effects Abroad of Major Department of Defense Actions", March 31, 1979.
45　解説書10頁。
46　同頁。
47　DoD Dir.6050.16, "DoD Policy for Establishing and Implementing Environmental Standards at Overseas Installations", September 1991.
48　解説書11頁。
49　同頁。
50　同上。

た米国軍隊の駐留国（nations with a significant DoD presence）において国防省環境行政官（DoD Environmental Executive Agents, "EEA"）を任命したうえで、EEA にたいし、ホスト国において一般的に適用される環境基準と、同文書との比較検討にもとづくことを基本として、そのいずれが人間の健康や環境をもっともよく保護するものであるか決定するために、「最終適用基準（final governing standard, "FGS"）」を策定すべきことを命じている[51]。このようにして最終的に確定され、各施設に配布された FGS は、当該米軍施設に適用される環境保護基準となる[52]。

以上から明らかなように、在外米軍基地に適用される環境保護基準は、直接的には、米国環境法や駐留国環境法そのものではなく、それらの比較検討にもとづき OEBGD にしたがって策定される FGS である。日本は米軍の主要な駐留国の一つであり、日本版 FGS として、「日本環境適用基準（Japan Environmental Governing Standards, "JEGS"）」が策定されている。JEGS の詳細は後述する。

OEBGD[53] のうち沖縄ジュゴンと関係のふかいのは、その「第 12 章 歴史的および文化的な資源（Historic and Cultural Resources）」と「第 13 章自然資源および絶滅のおそれある種（Natural Resources and Endangered Species）」であるが、ここでは前者について概説することとし、後者については JEGS のところで詳述することにしたい。

OEBGD 第 12 章

同章は、さいしょに、その射程について、つぎのように述べる[54]。

「本章には、世界遺産リストまたは米国の全国史跡登録簿（the U.S. National Register ofHistoric Places）」に相当（equivalent）する、ホスト国リストに掲記されたような文化的な資源（cultural resources）の適切な保護および管理を保証すべく、そのために必要とされる計画およびプログラム策定についての適用基準（criteria）がふくまれる」。

上記のように米国文化財保護法（NHPA）は域外適用される。同章はその域外適用の準則を定めたものである。世界遺産リストや全米史跡登録簿に相当するホスト国の登録簿について言及されているのも、NHPA がそれらに登録された遺産・文化財の保護を命じているので、同章は、それらを保護するために、NHPA 適用上のガイドラインを提供するものである[55]。

ついで、同章は、その適用上のキーワードについて定めている。

同章は、その保護対象について、「歴史的または文化的な資源（historic or culturalresource）」であるが、「世界、国家または地方の歴史において重要な先史または有史時代の地域、場所、建造物、構造物もしくは物（object）、建築学、考古学、土木技術または文化の物理的な残存物（physical remains）。（中略）世界遺産リストや全米史跡登録簿に相当するホスト国の登録簿にリストされた

---

51 この関係で注意されるのは、EEA は、FGS を策定するにさいし、当該軍事施設の建設、維持管理および運用が合衆国またはホスト国のいずれの責任によるものか考慮すべきことを、要求されている点である。解説書注 63、参照。その具体的な意味は明確ではないが、形式的な解釈を徹底すると、たとえば、基地の建設・提供がホスト国の専権事項とされ、米国がこれを受領して始めて米軍基地とされ、以後、米軍の責任において、その維持管理および運用に供されるステップがとられるばあいに、その基地建設の部分——正確には、基地の前身であって基地でないもの——は、ホスト国の責任によるものとして、FGS の対象外になりそうである。が、基地建設はあくまで米軍使用のためであり、その意味において米軍用仕立てであり、有形・無形の米軍の関与は否定しえない。じっさいにも、「所要（details）」という名目で、建設される基地の仕様詳細が米国から提示され、これにしたがって建設がなされる。それゆえ、実質的にかんがえて、このようなばあいにも、建設段階の当初から、米国の責任は否定することはできず、FGS の適用をみとめるべきだとおもわれる。

52 同上。ただし、OEBGD や FGS は、軍艦や軍用機の運航（naval vessels or military aircraft）、基地外の軍事活動や訓練の部隊（off-installation operational or training deployments）には適用がないとされている。それらは米国の主権の行使そのものだとして、米国法の排他的な適用をみとめる趣旨であろう。

53 ここで紹介する OEBGD は「DoD 4715.5-G, March 15, 2000」である。

54 OEBGD C12.1 "Scope"。

55 JEGS はその射程について、この OEBGD のガイドラインをうけて、日本の歴史的および文化的な資源の適切な保護と管理を保証する適用基準（criteria）を定めるものだとし、より具体的には、世界遺産リスト、日本の文化に関する諸法（the Japanese cultural laws。"laws" と複数形になっていることに注意されたい）または全米史跡登録簿に相当する日本の登録簿——文化財保護リストがこれに該当する——により保護指定された文化的・歴史的な資源・財産を、その適用対象にしている。JEGS12-1、参照。

すべての財産をふくむ」と定義している[56][57]。

同章において、「悪影響（adverse effect）」というのは、「歴史的または文化的な資源の質または重要な価値を減じさせる変化（changes）」を[58]、「文化的な影響緩和措置（culturalmitigation）」というのは、「当該行為の影響度を制限すること、当該行為の全部または一部を他でおこなうこと、影響をうけた資源および財産の修理、修復または回復、ならびに、破壊または相当程度に改変されうる文化財を回収および記録することなどをふくむ、国防省の行為が歴史的または文化的な資源におよぼす悪影響を小さくすることを目的とした具体的な措置」を[59]、「目録（inventory）」というのは、「世界的、国家的または地方的な意義をもつ歴史的および文化的な資源の所在（location）を決めるためのもの」を[60]、それぞれ意味する。さらに、「歴史的および文化的な資源に関するプログラム」というのは、「歴史的および文化的な資源について、特定、評価、文書化、矯正、取得、保護、修復、回復、管理、安定化、維持、記録および再建すること、ならびに、それらの組み合わせ」をいうものと定義されている[61]。

文化財保護の適用基準（criteria）は、つぎのように定められている。

まず、基地施設の司令官は、すべての行為について

海上ヘリ基地予定地の辺野古の海

いて、世界遺産リストや全米史跡登録簿に相当する当該国の登録簿にリストされたすべての財産におよぼす悪影響を回避または緩和するために、その影響を考慮しなければならないし[62]、また、国防省の構成員がホスト国から許可をうけずに歴史的または文化的な資源を攪乱または除去しないようにするための措置を確立する一方[63]、主要な行為を計画するにさいし、歴史的または文化的な資源について起こりうる影響を必ず考慮しなければならない[64]。そのために、各基地施設は、その支配下にある地域の歴史的および文化的な資源について目録を作成し[65][66]、それらにたいする悪影響を緩和するために、当該資源の保護計画を策定す

56　OEBGD C12.2.5. "Historic or Cultural Resource".

57　OEBGD の「歴史的または文化的な資源」について、JEGS は「文化的な財産（文化財）または資源（Cultural Property or Resource）」と「歴史的または文化的な財産または資源 (Historic or Cultural Property or Resource)」の二つに分けて規定しているが、OEBGD と JEGS のそれらの実質的な意味内容はほぼ同じである。JEGS para..12-2.5 & 12-2.8、参照。もともと、両者は同一のはずであるから、このことは当然といえよう。JEGSpara..12-2.5 & 12-2.8、参照。特筆すべきは、JEGS Table 12-1 "Protected CulturalResources" は、その保護対象の具体例として、「とくに保護指定された動植物 (SpeciallyDesignated Flora/Fauna)」を挙げている点である。天然記念物である沖縄ジュゴンがこれに該当することは明らかである。いずれにしても、沖縄ジュゴンは JEGS、OEBGD の適用対象とされており、その理由は、後述するように、沖縄ジュゴンが米国文化財保護法（NHPA）の域外適用対象であることによる。

58　同上 C12.2.1 "Adverse Effect".

59　同上 C12.2.3 "Cultural Mitigation".

60　同上 C12.2.6 "Inventory".

61　同上 C12.2.4 "Historic and Cultural Resources Program".

62　同上 C12.3.1. "Criteria".

63　同上 C12.3.5.

64　同上 C12.3.6.

65　同上 C12.3.4.1.

66　そのための手続として、JEGS 12-3.8 は、「文化的な資源の現地調査」について定めている。この現地調査は、沖縄ジュゴンとの関係でも非常に重要なもので、資金の出所いかんにかかわらず、たとえ日本政府が資金提供するばあいであっても、主要な建設または修繕の工事に着手するまえに、重要な文化的および考古学的な資源の有無を確認するために、当該提案された事業（project）予定地の分析（anaiysis）をおこなうものである。この事業予定地の分析は、提案された事業が当該重要な文化的資源におよぼす影響または潜在的な影響を評価し、かつ、当該悪影響に対する影響緩和措置を明らかにするとともに、当該事業予定地の許可（site approval）にさいし制限、規制その他の条件を付すことができるし、その条件は当該事業の継続するかぎり有効なものとされている。のみならず、建設や工事の制限をつまびらかにした現地計画（site plan）の策定が義務づけられ、事業予定地の境界変更は、当該地における事業許可を無効ならしめ、その再評価を義務づけるものとされている。

るとともに[67][68]、適切な影響緩和または保存が完了するまで、知れたる歴史的または文化的な資源を保護するに十分な措置を講ずる必要がある[69]。

③日本環境適用基準文書[70]

同基準（以下、適宜、「JEGS」ともいう）は、日本における米国軍隊の諸活動および軍事基地を対象とした、環境的な遵守手続ないしコンプライアンス（compliance）、要件（requirements）、規則（regulations）および基準（standards）について、唯一の法源的な指針となるものである[71]。上記のように、国防省指令6050.16はEEAの任命を指示していたが、1992年、在日米軍司令官（COMUSJAPAN）がEEAに任命され[72]、上記OEBGDの基準にしたがい、適用可能な日本および米国の環境法規、地位協定その他の国際的協定に適合させて、JEGSが策定されることになった[73]。

ここで紹介するJEGSは、2001年に策定されたもので（以下、適宜、「2001年JEGS」ともいう）、1997年のそれと比較すると、それらのインターバルに発展した日本法をJEGSにおいて内実化させるべく、「大気放出（Air Emissions）」と「絶滅のおそれある種をふくむ自然資源（Natural Resources Including Endangered Species）」の章に重大な変更がくわえられた[74]。後者の変更は沖縄ジュゴンとの関係でも重要である。

以下では、2001年JEGSの「第1章　概説（OVER-VIEW）」、「第13章　絶滅のおそれある種をふくむ自然資源（Natural Resources Including Endangered Species）」を中心に、その内容を検討していく。

（ⅰ）JEGS「第1章　概説」について

同章はJEGSについて概説するもので、その全体の総則のようなものである。

同章は「1-1から1-13」まで大きく13項目に括られている。

JEGSの目的[75]

JEGSは、日本における個別具体的な環境遵守基準（environmental compliance criteria）を発布することで、在日米軍の諸活動や軍事基地から人間の健康および自然環境の保護を保証させるものである。これがJEGSの目的とされる。JEGSと他の国防省指令との関係であるが、2001年JEGSは、国防省指令4715.5[76]および同4715.5指針[77]を内実化したものである。

67　OEBGD C12.3.4.2.

68　JEGS 12.2.10は、歴史的・文化的な資源の保護のための計画として、「文化的資源管理総合計画（Integrated Cultural Resource Management Plan, "ICRMP"）」の策定を各基地施設に命じている。ICRMPは、当該施設内の文化的な資源の管理のための措置と手続の詳細を定めた総合計画であって、その具体的な内容はJEGS Table 12-3に規定されている。

69　OEBGD C12.3.4.3.

70　DoD Japan Environmental Governing Standards, October 2001, Version1.1 (Revised: June 2002). 国防省内部におけるJEGSの法体系的な位置づけであるが、JEGSは、先述した「Dod Instruction 4715.5, Management of Environmental Compliance at Overseas Installations, April 22, 1996」および「DoD 4715.5-G, the Overseas Environmental Baseline Guidance Document (OEBGD), March 15, 2000」の指針（guidance）を具体化したもので、それらに由来する文書であることが明らかにされている。なお、JEGSについては、梅林宏道・監訳、衆議院議員原陽子・発行2003年9月試訳版による仮訳がある。

71　JEGS序文「MEMORANDUM FOR SEE DISTRIBUTION」ⅰ頁参照。JEGS para.1-4.1d.は、FGSについて「特定の国を対象（country-specific）とした包括的な一連の実体規定であって、典型的には、排出、放出その他にたいする技術的な制限、または、特定のマネジメント実践行動（specific management practice）」と定義し、さらに、同e.は、JEGSについて、「日本を対象としたFGS. 特定の環境遵守基準（environmental compliance criteria）で、典型的には、排出、放出その他にたいする技術的な制限、または、特定のマネジメント実践行動であって、日本におけるすべての国防省の活動および基地が遵守しなければならないもの」と定義している。なお、上記「criteria」「management practices」についても定義規定があり、「基準およびマネジメント実践行動（Criteria and Management Practices）」というのは、「ある国のためのFGSを策定するために当該EEAによって利用されたOEBGDの特定の実体的な諸規定」と説明されている。

72　JEGS para.1-4.1 b. 同文は在日米軍司令官をもってEEAと定義している。

73　JEGS「EXECUTIVE SUMMARY」ⅴ頁。同頁によると、JEGSの策定には米軍関係者だけでなく、米国大使館、さらには日本の政府機関も関わり、JEGSの完成はその「チームワークの成果」だという。

74　同頁。

75　JEGS para.1-1 "Purpose".

76　DoD Instruction 4715.5, "Management of Environmental compliance at Overseas Installations", April 22, 1996.

77　DoD 4715.5-G, "Overseas Environmental Baseline Guidance Document", March15, 2000.

JEGSの適用範囲 [78]

JEGSは原則として在日米軍基地の構成員の行為に適用される。

これには一定の例外が定められている。沖縄ジュゴンとの関係では、以下のような例外規定を、注意すべきものとして指摘しておきたい。

第一の例外は、米軍基地のうち自然環境にあたえる影響が最低限の潜在的なレベルにも至らないものや、自然環境にたいする米軍構成員のコントロールが一時的または間断的にしか行使されないものである [79]。

第二は、リースもしくは共同使用される施設または類似の施設であって、JEGSの環境基準が規制しようとする米軍基地や運用行為を、米軍においてコントロールできないものである [80]。

第三は、軍艦、軍用機の運航、基地外で軍事活動や訓練中の部隊である [81]。

さいごに、上述した大統領12114にしたがい実施される環境影響評価についても、例外がみとめられている [82]。

JEGSとの衝突 [83]

土地使用や環境にかんする国防省の政策や指針で、域外適用が想定されているもののなかには、JEGSと衝突するものがありうる。このばあい、JEGSとの調整のしかたが問題となるが、JEGSに直接抵触しない限度において、日本にも域外適用されることが謳われている [84]。しかし、この「直接抵触」の意味については定義規定やコメントはなく、ゆるやかに解釈されるとJEGSは骨抜きになるおそれがある。

遵守すべき事項 [85]

これはJEGSにおいて内実化された環境法規などであって、在日米軍が遵守すべき準則であって、いわば規矩準縄となるものである。逆にいえば、JEGS策定のさいに考慮されたもので、つぎのものが挙示されている。

第一は、米国本土内の米軍基地にかかる環境保護に関する米国法の個別規定である [86]。

第二は、日本において人間の健康および環境を保護するために、越境的に実施可能な基準（transnational enforceable standards）、および、適用可能な国際協定（applicable international agreements）などをふくむ、公布された日本法であって、当該日本の環境基準が適切に定義され、かつ、一般的に、日本国政府および民間部門の諸活動にたいし効果的に執行されているものである [87]。

第三に、FGS策定にさいし用いられた国際条約の諸規定であって、適用可能なものである [88]。

さいごに、国防省指令4715.4の「汚染防止（Pollution Prevention）」と題するものである。

これは国防省全体の汚染防止プログラム実施のための手続を定めたものである [89]。

78　JEGS para.1-2 "Applicability".
79　同上 subpara.a.
80　同上 subpara.b.
81　同上 subpara.c. この例外は、JEGSのもととなるOEBGDが同一の適用除外を定めていることの帰結である。
82　同上 subpara.f.
83　同上 para.1-3 "Conflicts between Japan Environmental Governing Standardsand Other Policies and Directives".
84　同上 para.1-3.1.
85　同上 para.1-4.2 "Requirements".
86　同上 a.
87　同上 b.
88　同上 c.
89　同上 d.

JEGSの法的効果 [90]

JEGSは純粋に内部的な効果しかもたないとされている。

換言すれば、JEGSに違反したとしても、国防省にたいし、そのことを理由に提訴することはできないと明記されている。のみならず、JEGSは米軍の構成員個人の注意義務や、行動パターンの基準とはならないことも明言されている。その理由であるが、JEGSは、あくまで組織としての米軍が遵守すべき基準でしかないとされたからである。このように、JEGSの名宛人は米軍自体に限定されているが、実際上、JEGSの環境基準はその構成員によって履践されることを考えると、JEGSが「構成員個人の注意や行動の基準とはならない」というのは不可解でもある。いずれにしても、JEGSは国防省内部の一文書あつかいであり、法的効果もその程度のものでしかない。JEGSは在日米軍に適用される準拠法規について指示——極論すれば、注意喚起——するだけで、法的効果をもつのは準拠法規そのものとされるからであろう。

いっぽう、JEGSは、環境遵守および保護を率先することが国防省の政策だとし、適用可能な日米両国の法を統合することで、この政策実現を果たすという戦略を開陳しているが [91]、日米地位協定にしたがい、日本の許可やライセンスは米軍の活動や基地には必要がないとしている [92]。米軍の活動や基地は主権免除を享受することが前提とされているが、この点も日米地位協定によるのだから、その重要性がここでも再確認されたわけである。

JEGSの法的効果は以上のごとくであるが、米軍の軍事活動や施設はJEGSを遵守するだけでなく、その遵守を達成・維持できるように、資源配分すべきものと謳われている [93]。が、JEGS遵守も絶対的なものではなく、その適用除外もみとめられている。すなわち、ある特定の基地・施設において、上述した国防省指令4715.5の基準を遵守することが、いちじるしくその活動を阻害したり、日本との関係に悪影響を及ぼしたりするとき、さらには、閉鎖や再編成の対象とされた基地を物理的に改善するために、相当な額の資金支出が必要となるときなどには、当該基準の適用除外を要求できるものとされる。ただし、この適用除外は、当該基準の不遵守が域外適用される米国法や国際協定の違反となりうる場合には、許可されない [94]。

(ⅱ) JEGS「第13章 絶滅のおそれある種をふくむ自然資源」について

同章には「絶滅のおそれある種をふくむ自然資源」という見出しが付されている。

沖縄ジュゴンは絶滅危惧種であるから、同章は沖縄ジュゴンに直接関係する。その意味で、同章はきわめて重要なものである。同章は大きく5つの項目に分けられている [95]。そのうち、沖縄ジュゴンに関係する規定に絞って、解説していく。

適用範囲 [96]

同章は、米軍の基地や活動により影響される自然資源や動植物種の適切な保護、向上および管理を保証するうえで必要とされる計画やプログラムについて、それらに要求される基準を示したものである。とくに、絶滅のおそれがあるとされていたり、米国や日本の政府、都道府県により保護されている動植物種を対象とすることが、明言されている。沖縄ジュゴンはそのようなものに該当す

---

90 同上 para.1-5 "Legal Effect of JEGS".
91 同上 para.1-6 "Strategy".
92 同上 para.1-7 "Permits and Licenses".
93 同上 para.1-8.2 a. b. なお、JEGSの履行状況を定期的にチェックするために、監査手続も定められている。同上 para.1-10 "Auditing". これが一種の履行確保システムとなっている。
94 以上につき、同上 para.1-11 "Waivers".
95 「適用範囲 (Scope)」「定義 (Definitions)」「適用基準 (Criteria)」「人材および研修 (Personnel and Training)」「特則事項 (Special Topics)」の5つである。
96 JEGS para.13-1 "Scope".

る[97]。

同章の適用上、重要な用語については、つぎのように定義されている。

定義規定[98]

同章が適用される米軍の「行為（Action）」は、「すべての行為またはプログラムであって、米軍支配下の基地において、全体的または部分的に、資金手当または実行される（funded or carried out）もの」とひろく定義されている[99]。

同章にいう「悪影響（Adverse Effect）」についても、「自然資源の質または重要な価値を減少させる変化であって、生物学的な資源については、全体的な個体群の多様性（diversity）、豊富性（abundance）、健全性（fitness）にかんし、いちじるしい減少をふくむ」とされ、広汎に解釈されている[100]。

同章上、「ホスト国保護種（Host Nation Protected Species）」とは、「日本において保護種指定された動植物種のすべてであって、その種の存続が危機にさらされ、または、そのおそれがあって、当該生息地の破壊や改変にたいする特別の保護が必要であるもの」をいい[101]、「自然資源（Natural Resources）」とは、「あらゆる生物および非生物（inanimatematerials）であって、審美的、生態的、教育的、歴史的、娯楽的、科学的その他の価値をもつ自然によって育まれたもので、あらゆる土地の形態、土、水、それらに関連する動植物をふくむ」とされ[102]、「文化的意義ある自然資源（Natural Resources with Cultural Significance）」というのは、「自然景観や観賞物（Natural scenery or views）であって、文化的価値をもつ山、谷、海岸、歴史的価値をもつ庭、祈りのための岩、木、洞、泉のような自然物、その他の自然物（natural entity）であって文化的に重要なもの」とひろく定義されていて[103]、それらに該当しないものを見だすのが困難なほどである。

とくに、特定の保護指定動植物、たとえば、稀少であったり絶滅のおそれある種、歴史的な環境保全地域は文化的価値あるものであっても、同章の適用対象であることが明記されている[104]。

さらに、「絶滅のおそれある種および保護種（Threatened/Endangered and Protected Species）」についても、「日米いずれかの法または米国が当事国である条約において、絶滅のおそれあるとされた動植物種」と定義され、具体的には、附属一覧表に掲記されている[105]。ジュゴンはその 13-3 表に記載されている[106]。もっとも、沖縄ジュゴンは、日本の文化財保護法上の天然記念物であるから、上記「保護種」の一つとして、その 13-6 表「日本の天然記念物種リスト」に掲記されるはずであるが、見あたらない。単なる記載漏れミスとおもわれる[107]。

13-7 表は適用可能な日米環境法を列挙したもので、米国の野生生物法（Wildlife Law）として、

---

97 先述したように、沖縄ジュゴンは、日本の文化財保護法上の天然記念物、種の保存法上の国際希少野生動植物種であるのみならず、米国の種の保存法上の絶滅危惧種でもあって、日米両法によって保護されている。

98 JEGS para.13-2 "Definitions".

99 同上 13-2.1.

100 同上 13-2.2.

101 同上 13-2.5.

102 同上 13-2.7.

103 同上 13-2.8.

104 同上。

105 同上 para.13-2.14. 附属一覧表というのは「Table 13-3, 4, 5 & 6」のことである。

106 「Table 13-3」中のジュゴンの記載はつぎのとおりである。「Common: Name Dugong;Scientific Name: Dugong dugon; Historic Range: East Africa to Southern Japan」。沖縄ジュゴンは「Southern Japan」の地理的区分にふくまれる。

107 同表上、沖縄の天然記念物種がもっとも多く 16 種のものが掲記されている。辺野古近辺では、ヤンバルの天然記念物として、ノグチゲラ、リュウキュウヤマガメ、ヤンバルクイナ、ヤンバルテナガコガネなどが挙げられている。なお、同表は西表島を「Nishiomotejima」と表記したり、西表島と石垣島を沖縄にふくめないなど、杜撰さがめだつ。日本の専門家によるチェックが十分でないとおもわれ、沖縄ジュゴンがぬけ落ちているのもそのためであろう。

種の保存法と絶滅のおそれある種の国際取引に関する条約（いわゆるワシントン条約で、頭文字をとって「CITES」とも略称される）、日本のそれとして、同じく種の保存法と文化財保護法、その他の条例をあげている[108]。

いずれにしても、沖縄ジュゴンだけでなく、その生息地の珊瑚や藻場、さらには礁湖（イノー）や海域全体なども、同章の適用対象となりえよう。

適用基準[109]

上記「絶滅のおそれある種およびホスト国保護種」とその生息地を保護向上させるために、土地や水域を管理する基地施設は合理的な措置をとるものとされる。すなわち、米軍施設は、軍の使命をもっとも効果的に達成しつつ、通常の保全措置を利用することで、長期にわたる環境的な多様性を保護するような健全な方法により、自然資源を管理すべきものとされる。米軍施設の司令官は、米軍の使命遂行により自然資源が悪影響をうけるばあい、当該状況を解決したり緩和するための措置をとるべきものとされる。

いっぽう、重要な土地および水域（Significant Land or Water Areas（SLWA）。以下、「重要エリア」ともいう）[110]をもつ基地施設は、所定の手続をへて、自然資源総合管理計画（Integrated Natural Resources Management Plan, "INRMP"）[111]を策定しなければならない。INRMPをもつ基地施設は、絶滅のおそれある種やホスト国の保護種を同定（identification）するために、みずから概略調査をおこなうかホスト国による概略調査を支援し、また、以下のような内容をもつINRMPを実施する。すなわち、INRMPは、当該重要エリアにかかる絶滅のおそれある種の地域個体群やその生息地などの重要な自然的要素について、その詳細を記した自然資源目録をふくめるとともに[112]、当該目録に記載されたもの――上記のように、絶滅のおそれある種の地域個体群やその生息地など――にかかる保全および管理の計画について定めたものでなければならない。この保全管理計画には、目標、回復、改善、保存および賢明な利用の方法、実施責任の割り当て、モニタリング・システムおよび実施（enforcement）なども定められる[113]。このように、絶滅のおそれある種については、格別の関心が払われている[114]。固有種についても同様で、その繁殖や存続が図れるように、生息地を維持し、保護すべきことが強調されている[115]。

以上のように、INRMPは、絶滅のおそれある種やホスト国の保護種――沖縄ジュゴンはそのようなものである――の詳しい情報を提供し、米軍の行為によって影響されないように配慮されている。訓練地域についていえば、司令官は、当該地域における自然資源を明らかにし、保護することを保証すべきものとされる。この関係で、影響度のつよい訓練はすでに劣化した地域で、影響度のひくいものを比較的手つかずの地域でおこない、

108　法律だけでなく自治体の条例も明記されている点は注目される。

109　JEGS para.13-3 "Criteria".

110　同上 subpara.13-2.13 は SLWA をつぎのように定義している。「一般的には、202ha かそれ以上の基地施設外における土地および水域。ただし、とくに攪乱による影響をうけやすい自然資源をふくむものであれば、それ以下であってもよい」。辺野古水域はこの要件をみたすであろう。

111　INRMP につぎのような定義規定がある。「当該基地施設にたいし、そこで認められるあらゆる自然資源の網羅目録を提供する総合計画。この計画は、当該資源の管理のために、生態学的に健全で費用効果的な管理上の提案をふくむものとする」。同上 13-2.11. その記載事項の詳細は表 13-1 および 13-2 に明らかにされている。同表によると、「自然資源管理総合計画」にいわゆる「総合」というのは、INRMP の総則部分（表 13-1）の「1. General Requirements」「2.Natural Resource Inventories」「3.Natural Resource Conservation/Management Plans」を統合し、かつ、表 13-2 の「多目的使用管理計画（MultipleLand Management Plan）」と整合的であることを意味するようである。同上 subpara.13-2.11、参照。

112　JEGS Table 13-1 para.2.a..

113　同上 para.3 b..

114　この点について、JEGS subpara.13-3.3 はつぎのように定める。「INRMP は、絶滅のおそれある種、渡り鳥、土地の浸食コントロール、特殊な生息地（special habitats）、適用可能な米国およびホスト国の法などのトピックについて詳述する」。さらに、絶滅のおそれある種は、法にもとづき保護種指定されたものだけでなく、日本政府発行の公式のレッド・リストに掲記されたものでもよく、レッド・リストも INRMP の一部とされている。同上 subpara.13-3.4、参照。じっさい、レッド・リストは JEGS の付属書 C とされている（Appendix C "References and Red List (Endangered and Threatened Species)"）。そこには沖縄の固有種が多く掲記されているが、ノグチゲラ、ヤンバルクイナ、リュウキュウヤマガメなど、ヤンバル産species が圧倒的である。

115　JEGS subpara.13-3.7.

脆弱な地域は立入禁止にすべきものとされる。訓練による悪影響をうけた地域では、原状回復や影響緩和の措置が講じられる[116]。さらに、主要な行為を開始する以前に、自然資源におよぼす影響がどれほどか知るために、その予定地の分析をおこなう。これは自然資源検証（Natural Resources Site Review）といわれる手続である[117]。

(ⅲ) まとめ

JEGSの内容は以上のとおりであるが、沖縄ジュゴンにも適用されることになる。

とくに、その第12および13章は直接関係する部分であり、そこで指示された上記のような適用基準にしたがい、ジュゴン保護のためのICRMPやINRMPという計画を策定して、その保全措置を講ずる必要がある。かりに、そのような計画がすでに策定されている——あるいは、今後、策定される——のであれば、辺野古水域での米軍基地建設との関係では、当該計画との整合性が問題になるとおもわれる。この点は、上述したJEGSの法的効果によると[118]、米軍の内部的な判断にゆだねられるが、ジュゴン保護との両立は不可能である。

けっきょく、JEGSやOEBGD、さらには、その根拠となった上記国防省指令や政策レベルでは、それらの法的効果が純粋に内部的な手続上のものとされる結果、沖縄ジュゴン問題のゆくえ——最終的には、国防省の裁量的、政治的な判断による——は悲観的なものであろう。が、域外適用される米国環境法のレベルでは、域外適用される限度において、当該環境法規は国防省の判断を拘束——つまり、連邦議会の命令にしたがう法的義務がある——から、国防省にたいし、当該法規違反を理由とした訴訟が可能である。その意味で、実効性という観点からは、米国環境法規の域外適用いかんが決めてになってくる。

沖縄ジュゴンとの関係では、米国文化財保護法（NHPA）、国家環境政策法（NEPA）、種の保存法（ESA）などが重要である。この点は後述する。

第3　日米地位協定と国内法令遵守

1　はじめに

米国内法規の域外適用の問題は、上述した米国法、大統領令、国防省指令・指針などの行政規則やガイドラインによるほか、国際法上の一般原則の規律や二国間の国際的協定のとり決めなど、国際的ルールによって決せられる。日本の国内法規が駐留米軍に適用されるか、また、いかにして適用されるかも日本法のスタンスによるほか、国際法上の一般原則や日米二国間の国際的協定によって決せられることになる。このような観点から、以下では、日米二国間の国際的協定に焦点をあてて検討していく。

いっぱんに、米軍の地位にかんする二国間協定は、国際法上、主権国家として米軍がほんらい享受しうる特権（privileges）や免責（immunities）などにつき、その特則を定めることもできる。日米間では日米安保条約にもとづく地位協定（正式名称「日本国とアメリカ合衆国との間の相互協力及び安全保障条約第六条に基づく施設及び区域並びに日本国における合衆国軍隊の地位に関する協定」。以下、適宜、「地位協定」「日米地位協定」ともいう）がある[119]。

116　同上 13-3.5.
117　同上 13-3.6.
118　同上 para.1-5.
119　日米安保条約第6条は、「日本国の安全に寄与し、並びに極東における国際の平和及び安全の維持に寄与するため、アメリカ合衆国は、その陸軍、空軍及び海軍が日本国において施設及び区域を使用することを許される。前記の施設及び区域の使用並びに日本国における合衆国軍隊の地位は、（中略）別個の協定及び合意される他の取極により規律される」と定める。日米地位協定は、同条にもとづき、在日米軍や構成員の法的地位と「施設及び区域」などについて定めたものである。その解釈につき、本間浩『在日米軍地位協定』日本評論社（1996）、地位協定研究会『日米地位協定逐条批判』新日本出版社（1997）、本間浩『沖縄米軍基地と日米安保条約・在日米軍地位協定』『沖縄米軍基地法の現在』一粒社（2000）。沖縄ジュゴン問題の直接のきっかけは、いわゆるSACO合意であるが、その内容につき、"The Japan-U.S. Special Action Committee (SACO) Interim Report", April 15, 1996; "The SACO Final Report on Futenma Air Station (an integral part of the SACO Final Report)" Tokyo, Japan, December 2, 1996.

2 日米地位協定

　地位協定の内容はかなり抽象的なものであり、米軍に広汎な行動の自由を保障する結果となっている。在日米軍の国内法令遵守についても、第16条が「日本国において、日本国の法令を尊重し、及びこの協定の精神に反する活動、特に政治的活動を慎むことは、合衆国軍隊の構成員及び軍属並びにそれらの家族の義務である」と規定するだけである[120]。とくに国内環境法規の遵守義務を定めた規定はないので、環境問題についても、同条による遵守が問題となるだけである[121]。

　もっとも、同条は、刑事裁判権に関する第17条の直前におかれており、この規定の位置に照らすと、第17条の刑事裁判の手続原則にたいする実体法についての原則規定のようにもみえる。このような解釈によると、同条の「日本国の法令」というのは、刑事実体法に限定されかねない。しかし、同条の文理を重視して、「日本国の法令」という文言にはなんの限定もないのだから、文字どおり日本のすべての法令を意味するものと解し、環境法規をもふくめてよいであろう。じっさい、米軍の実務的な解釈マニュアルにおいても、「日本国の法令を尊重」というのは射程のひろいもので、環境法規をふくむと解説されている[122]。同条の義務の主体についても、たしかに、直接の名宛人は米軍関係の個人であるが、それら個人——とくに米軍の「構成員及び軍属」——の活動が米軍の行為と評価されるのだから、実質的には、組織としての米軍も同条の義務を負うといえよう[123]。

　地位協定第4条も国内環境法規の遵守に関係する。同条は、「合衆国は、この協定の終了の際又はその前に日本国に施設及び区域を返還するに当たって、当該施設及び区域をそれらが合衆国軍隊に提供された時の状態に回復し、又はその回復の代りに日本国に補償する義務を負わない」とする一方（1項）、「日本国は、この協定の終了の際又はその前における施設及び区域の返還の際、当該施設及び区域に加えられている改良又はそこに残される建物若しくはその他の工作物について、合衆国にいかなる補償をする義務も負わない」と定めている（2項）。同条は、とくに基地返還にともなう土壌汚染の浄化責任などの環境問題について、重大な意義をもつ。

　同条によると、米国は、基地返還のさいに原状回復の義務を負わないのだから、たとえ返還される基地が米軍の行為により環境劣化——たとえば土壌汚染——されていても、これを浄化したりその費用負担をする義務を負わないがごとくである。これは米国の原状回復義務やその費用負担の免除と、米軍により返還施設・区域が改良され建物などの工作物が残置されていても、その現存価値につき日本が補償義務を免除されるものとして、両者間のバランス——いわば相殺的な処理——をはかったのであろう。しかし、一般に、汚染・破壊された環境の浄化・復元には莫大な費用と時間を要することを考えると、両者間のバランスは日本にいちじるしく不利な帳尻となるはずである。同条は日本にとって不利といわざるをえない。極論すれば不平等条約的

120　同条の解釈につき、前注「在日米軍地位協定」88頁以下、同「日米地位協定逐条批判」131頁以下、参照。とくに、前者のつぎのような指摘は重要である。「日本国法令尊重義務は、地位協定の条項としては全体のなかの半ばの、第16条に定められ、第17条の刑事裁判権に関する原則の前におかれている。このことは、駐留NATO軍の地位に関する一般協定においてはNATO軍に課せられる駐留国国内法令尊重義務規定が同協定の第2条におかれて同協定の総則的な意味合いを有しているのと比べると、対照的であり、むしろ、第17条の刑事裁判手続原則に対する実体法の意味合いを有している。しかも第16条では、日本国国内法令尊重義務を課されるのは、米軍の構成員、軍属およびそれらの家族であって、組織体としての米国軍隊はこの義務を担うべき主体の範囲から外されている。駐留NATO軍の地位に関する一般協定第2条においては、組織体としての軍隊も外されていない」。

121　正確にいえば、同条の名宛人、つまり義務の主体は、米軍の構成員、軍属、それらの家族であって、組織体としての米軍そのものではない。前注参照。

122　解説書14頁によると、米国との地位協定においては、環境保護の個別規定はおかないのが通常であるが、より一般的な義務規定は環境問題を包摂するに十分な一般性をもつと説明されている。つまり、地位協定16条のような一般的な義務規定は、環境法上の義務をもその射程にふくみうる。

123　米軍が日本国法令遵守の直接の名宛人でないのは、米軍の国家主権性が意識されたからであろう。つまり、米軍そのものが日本国法令の遵守義務を負うというのは、米国の国家主権の否定とみなされたのであろう。とすると、同条は、その名宛人を米軍関係の個人として国際法上の原則との整合性をはかりつつ、間接的に、つまり、個人をつうじて組織としての米軍にも、日本国法令を遵守させることに力点があるといえそうである。

ともいえよう[124]。今後、日本においても、環境法上、土壌汚染の浄化責任などが強化されてくると、同条はその防波堤——つまり、日本の環境法規による浄化責任を負わない不遵守の根拠——としての性格をつよめることになろう[125]。

3 国内法令の遵守義務

さらに問題となるのは、日米地位協定第16条には「日本国の法令を尊重」と謳われているが、その「尊重」の法的意味である。他の地位協定におけるのと同じく、「尊重」の意味についての定義規定は、日米地位協定にも見あたらない。米軍の解釈スタンスは、米軍にたいし、日本の法令を蹂躙するような行為をつつしむことを要求するだけで、日本の法令を適用する趣旨ではないと解するようである[126]。日本政府の見解もこれに追随するがごとくである[127]。これにたいし、「法律上、条約と国内法でとくに定めのないかぎり、外国軍隊に国内法が適用されるべきことは当然である」とし、同条は、そのような趣旨をふくむとする見解もある[128]。いずれにしても、この問題は条文の書きかたが決めてとなるようであり、その意味で、同条は玉虫色の表現といえそうである[129]。

じっさい、国内法令の遵守義務ないし米軍への適用について、NATO地位協定に関するドイツ補足協定は、より突っ込んだ書きかたをしている[130]。すなわち、同協定第53条1項は、「軍隊及び軍属は、その専属的使用に供される施設内において、防衛上の責任を十分に遂行するに必要な措置を執ることができる。同施設の使用に対しては、本協定及び他の国際協定に別段の規定がある場合を除き、並びに、軍隊、軍隊の構成員、軍属及び家族の組織、内部機能並びに管理に関するもの、並びに、第三者の権利に又は隣接する地方自治体及び公衆に予見できる影響を及ぼさない他の内部問題に関するものを除き、ドイツの法令が適用される」と定めている[131]。

さらに、環境法の領域では、同第54条A条1項は、「派遣国は、連邦共和国での軍隊のあらゆる活動にさいして環境保護の重要性を認識し、これを承認する」とされ、同2項は「本協定に沿ったドイツの法令の尊重と適用に抵触することなく、軍隊及び軍属の当局は、できるだけ早急にすべての計画の環境との調和について調査をおこな

---

124 この点で、ドイツとの地位協定では、日米地位協定とは部分的に異なるルールが確立されている。Agreement of 3 August 1959, as Amended by the Agreements of 21 October 1971 and 18 May 1981, to Supplement the Agreement Between the Parties to the North Atlantic Treaty Regarding the Status of Their Forces with Respect to Foreign Forces Stationed in the Federal Republic of Germany (1959 German Supplementary Agreement) ,Art.41, para.3 (a) 。これによると、ドイツは、故意または重過失によるばあいを除き、米軍の使用に供したドイツの所有財産（property）にたいする請求を放棄するとされている。日米地位協定のようなどんぶり勘定ではなく、「故意または重過失によるばあい」を除外している点で、いくらか限定的である。同条項の日本語訳については、前掲『日米地位協定逐条批判』370頁、参照。

125 もちろん、このばあいにも、先述したように、域外適用される米国法、大統領令、国防省指令や指針などが適用されるので、その基準にしたがって対処されることになる。解説書12-14頁、参照。とくに、有害廃棄物を日本国外に搬出するばあいには、バーゼル条約の適用がありうるので、それとの調整が必要である。

126 解説書15頁によると、米国と他国との地位協定の一般論として、つぎのように述べている。「一般に、米国との地位協定は、米軍にたいし、『受け入れ国の法を尊重(respectthe law of the receiving State)』するように義務づけている。受け入れ国の法を『尊重する』義務については、地位協定において定義されてはいないが、実際の運用上、派遣国にたいし、受け入れ国の法を蹂躙するような行為をさけることを要求するもので、派遣国をして受け入れ国の法に服せしめるものではないし、明確に(specifically)それに従うことに同意したものでもない」。同頁注87は、このような地位協定の例として、日米地位協定第16条と米韓地位協定第7条を挙げている。

127 前掲『日米地位協定逐条批判』147頁は、この点の政府見解について、同条の解釈「問題についての政府答弁は、しだいに変化し、1980年代にはいると、外務省も内閣法制局も、ほぼ国内法の適用はないという見解に収斂してゆく」と解説している。

128 同上132頁。さらに、同書はつぎのように述べ、政府見解を批判している。「法令遵守義務という米軍の法的地位の基本の問題で、日本政府の解釈・運用は国際公法の水準からしてもアメリカにたいして従属的であり、その結果、日本の領域内での米軍の行動は、国民にたいして傍若無人といわざるをえず、沖縄をはじめとして各地で事故・事件が発生することになる。法令適用の面でも、国家主権が侵害されているというべきである」（同上148頁）。

129 解説書15頁注88は、NATO地位協定9条3項を引用し、派遣国の法令遵守義務について、「受け入れ国の法令を尊重する」というよりも、より高いレベルの法令遵守義務を定めたものと解しうるという。同条項によると、「とくに反対に解すべき定めがないかぎり、受け入れ国の法は、建物、土地、施設、サービスの占有や利用から生ずる権利および義務を決定するものとする」と定められていて、日米地位協定のばあいとは法文の書きかたが異なっている。

130 同上16頁、参照。

131 引用条文の訳は前掲『日米地位協定逐条批判』134頁による。日米地位協定に比べると規定内容は精緻である。

うものとする」と定められている[132]。

このような一般的な遵守義務をふまえ、たとえば、危険物質の輸送、汚染度のひくい燃料の使用や排出基準の遵守にさいし、米軍が基地施設において規制された活動をするために、ドイツの関係当局が当該許可をもとめるばあいには、米軍は当該当局に協力すべきものとされ、さらに、米軍が引き起こした環境汚染の改善（remediating）、査定、評価の費用負担を米軍に義務づけている[133]。もっとも、これらの個別的な遵守義務を形骸化させる抜けみちも、いっぽうで周到に用意されている。たとえば、それらの義務は、地位協定上の請求権の放棄条項、残余価値による相殺処理、さらには、派遣国政府の財政手続や財源いかんに条件——平たくいえば、議会承認がえられなかったり、予算財源がなければ責任を免れる——づけられている[134]。ドイツは名をとったが米国は実をとったともいえよう。

以上のとおりとすると、米軍の派遣国の法令「尊重」義務も画一的なものではなく、当事国間の交渉により加重することもできるし、趨勢的には、そのような方向で地位協定は改定されていくであろうが、同時に、抜けみち対策を講じておかないと有名無実化するおそれもある。

4 まとめ

さいごに、沖縄ジュゴンと日米地位協定の関係であるが、以下のように考えられる。

上記のように、日米地位協定第16条の国内法令中には環境法規がふくまれ、同条の法令尊重の義務の主体も、直接的には米軍関係の個人とされてはいるが、究極的には、それらの行為が米軍の行為と評価されるのだから、組織体としての米軍そのものも名宛人と解される。そうすると、米軍は、先述したようなJEGSの適用による保護とはべつに、沖縄ジュゴンが日本の文化財保護法や種の保存法の保護種である以上、同条による日本国法令の遵守義務を履行するためにも、その保護をはかる必要がある。もっとも、JEGSは、適用可能な日米両国の環境法規だけでなく、両国間の地位協定やその他の国際協定を集大成したものとされているので[135]、同条はすでにJEGSのなかに内実化されているともいえる。そうだとすると、JEGSが策定される以前にはともかく、上記のようにJEGSがすでに策定され、日本の文化財保護法や種の保存法がクライテリア、つまり、米軍の行動準則として明記されている以上、同条の国内法令の遵守義務によるジュゴン保護法の尊重を強調する意義はうすれたかもしれない。

いっぽう、同条の効力との関係でいえば、日本国法令の「尊重」の意味が上記のとおり曖昧なものだとしても、海上ヘリ基地はジュゴンに致命的な被害をあたえるから、米国がその建設に関与するかぎりにおいて、同条違反の責任——たとえ政治的な意味あいしかないとしても——が問題となりうる。もっとも、形式的には、海上ヘリ基地の建設は日本の一方的な行為のごとく仮装されているが、実質的には、上記のように米軍の主体的な関与は否定できないし、少なくとも完成した海上ヘリ基地を米国において受領するのだから、この受領という米国の行為については、同条違反の責任問題は否定しえないとおもわれる[136]。

---

132 引用条文の訳は同頁による。
133 解説書16、17頁。
134 同上17頁、参照。
135 JEGSv頁参照。
136 もっとも、海上ヘリ基地が完成した時点では、ジュゴンはすでに絶滅しているか、絶滅は時間の問題だけかもしれない。このことから、米国による完成した基地受領とジュゴンの絶滅との間に因果関係はない——したがって同条違反の責任もない——という抗弁が主張されるのであろうか。

第4　沖縄ジュゴンと米国環境法の域外適用

ここでは、順次、沖縄ジュゴン保護のために域外適用可能な米国環境法をいくつかピックアップし、その法的な論点を検討していく。とりあげるのは、米国文化財保護法[137]、種の保存法、国家環境政策法の3つであるが、上記のように、沖縄ジュゴン「自然の権利」訴訟が、米国文化財保護法を請求原因としてすでに提起されているので、さいしょに、同法について詳述していく。

1　米国文化財保護法[138]の域外適用

1.1　米国文化財保護法について

沖縄ジュゴン訴訟は米国の「National Historic Preservation Act（NHPA）」を根拠としている。同法を直訳すると、「国家歴史保存法」であるが[139]、その内実は史跡などの文化財の保護が中心であり、この点を強調して「文化財保護法」と意訳すべきであろう。NHPAは、1966年に制定されたが、その後、先住民の伝統的文化や世界的遺産の保護へとシフトし、複数回の法改正がなされて、今日に至っている。米国における世界遺産条約の国内執行法でもある。現在では、アメリカ先住民（インディアン種族、ハワイ先住民など）の歴史遺産にも格別の関心が払われていて、先住民文化の保存という観点からも重要な役割を果たしている。

この先住民文化という側面は、沖縄住民とジュゴンとの歴史的・文化的な紐帯の保護にも、密接に関係する[140]。ジュゴンは沖縄の歴史、文化、風習、習俗、生活ともふかく関わり、いわば沖縄のアイデンティそのものともいえる。ジュゴンの主要な生息域はこれまで、南西諸島、とくに沖縄本島と八重山諸島の周辺水域にかぎられていたので[141]、Dugongイコール沖縄という公式もなりたつ。いいかえれば、歴史的な沖縄文化圏がジュゴン生息域と重なり合うのである[142]。

いっぽう、NHPAの世界遺産的な側面は、沖縄ジュゴンが北限のジュゴンとして、世界遺産的な価値をもつことにも整合的である[143]。たと

---

[137] 先述したように、環境法に同法をふくめるには、異論があるかもしれない。しかし、ここでは「環境」のなかに生活環境や自然環境だけでなく、社会的・文化的・歴史的な環境をふくめて論じることにしたい。前注16、参照。

[138] 同法の解説書として、加藤一郎・野村好弘編『歴史的遺産の保護』信山社（1997）がある。とくに、その「第1部　アメリカにおける歴史的遺産の保護」、参照。

[139] ほかにも、たとえば、同上『歴史的遺産の保護』による訳語なども参照されたい。

[140] ジュゴンと沖縄の文化・伝統、人々の暮らしとの結びつきにつき、前田一舟氏による社会学的な調査が非常に有益である。その成果の一部は、「ニライカナイから来た海獣ジュゴン」というタイトルで、沖縄タイムスの記事として、2000年10月10日、11日、12日、17日、18日、19日付けで、合計6回にわたり同誌に連載されている。なお、ジュゴン生息地の藻場の重要性については、沖縄県「藻場のはな――おきなわの海のゆりかご」が分かりやすい冊子である。

[141] ジュゴンの生息状況などについては、注1の資料集に多くの文献が収められている。ほかにも、ジュゴン研究会（粕谷俊雄他）「日本産ジュゴンの現状と保護」第8期（1999）・9期（2000）プロ・ナトゥーラ・ファンド助成報告書、(財)日本自然保護協会「沖縄ジャングサウォッチ．No.1――沖縄シーグラスウォッチ調査・第1次報告書」（2002年12月）などが、基礎的文献として重要である。建設主体サイドからのものとして、普天間飛行場移設対策本部「シュワブ沖調査結果報告書」（平成9年11月）、防衛庁「『ジュゴンの生息状況に係る予備的調査』の結果について」などがある。なお、ジュゴンとは直接関係ないが、辺野古の海上ヘリ基地と一体をなすと考えられる沖縄北部やんばるの調査報告書として、那覇防衛施設局「北部訓練場ヘリコプター着陸帯移設に係る環境調査の概要」（平成13年1月）、同「北部訓練場ヘリコプター着陸帯移設に係る継続環境調査検討書」（平成14年6月）などがある。

[142] ジュゴンの生息する辺野古海域の重要性についていえば、沖縄県「自然環境の保全に関する指針（沖縄島編）」によると、海上ヘリ基地予定地の全域が評価ランクIの「自然環境の厳正な保護を図る区域」に指定されている。すなわち、もっとも自然的価値がたかく、ほんらい、開発してはならない水域であることが、沖縄県じしんによって指針化されている。当該水域の「自然環境」欄の解説をみると、「辺野古地先に藻場（約173ha）が分布する」と記載されている（同書679-682頁）。建設予定地の自然環境保全上の重要性はこの指針からも明らかである。環境省も、藻場の継続的な調査をおこなっており、その中間成果は、平成14年2月27日付「平成13年度ジュゴンと藻場の広域的調査の実施について」と題して、公表されている。

[143] 国際的な自然保護機関である世界自然保護連合（IUCN）において、つぎのような沖縄ジュゴンの保全決議がなされているが、これもジュゴンの世界遺産的な価値をしめすに十分である。CGR2.CNV004xCNV005 Rev 1 "Conservation of Dugong (Dugong Dugon), Okinawa Woodpecker (Sapheopipo noguchii) and Okinawa Rail (Gallirallus okinnawae) in and around the Okinawa Island". その第1項において、日本政府にたいし、「a) ジュゴンの生息場所やその周辺における軍事施設の建設に関する自発的な環境アセスメントを、できるかぎり早急に実施すること、b) ジュゴン個体群のさらなる減少をくい止め、さらに、その回復に役立つジュゴン保全対策を、できるかぎり早急に実施すること」、第3項において、日米両国政府にたいして、「a) 自発的な環境アセスメントの結果を考慮しながら、それにもとづいてジュゴン個体群の存続を確実にするために役立つ適切な対策を講じること」（WWF Japanの仮訳による）。なお、IUCNによるジュゴンの報告レポートとして、「Dugong Status Report and Action Plans for Countries and Territories」Eary Warning and Assessment Report Series（UNEP/DEWA/RS.02-1）、参照。その第4章は日本のジュゴンのおかれた危機的状況が紹介されている。

えば、2000年10月のIUCNにおけるジュゴン保全勧告決議においても[144]、「ジュゴン（Dugong, Dugon dugon）は、世界的にみて絶滅のおそれある種であり（危急種 VU A1cd, IUCN 2000）、日本では過去30年間（1970年以降）、沖縄島の海岸でのみ記録されていることから、沖縄島周辺の地域個体群も絶滅のおそれのある種（絶滅危惧種 CR D1 または CR C2b、日本哺乳類学会 1997）であり、（中略）さらに、ジュゴンが周年生息する範囲は、現在では沖縄島の中部および北部の東海岸に限られ、これは沖縄のジュゴンの保全にとってこの範囲がきわめて重要であることを示しており、この孤立した生息場所の面積は小さく、その生息数もたいへんすくない」とされている（引用訳は WWF Japan の仮訳である）。沖縄ジュゴンは地球共有財産（global commons）ともいえるのである。

さらに、NHPA が域外適用されることについては、その条文中に明記されていて、一点の疑義もない[145]。同法の解釈・執行のための行政規則・ガイドラインも、その域外適用を前提とした規定をもうけている。この点は後述する。

以上から、沖縄ジュゴン保護のために、NHPAの域外適用を考えることは正攻法といえよう。かくて、冒頭で述べたように、同法の域外適用を前提に、米国において沖縄ジュゴン訴訟が提起された。以下では、この訴訟を素材としつつ、NHPAの域外適用上の問題点を検討していく。

1.2　NHPA 訴訟の有用性

ジュゴンと沖縄固有の文化との接点という観点からも、NHPA が重要な意義をもつことは上述した。それ以外にも、ジュゴン保護のためのNHPA 訴訟には、つぎのような戦術的な意義がある。

第一に、NHPA は、国防省をふくむ連邦機関の行為について域外適用されることが、法律条文上および行政規則上明らかで、域外適用の点で負けることはない。この点は、他の米国法と対比すると、明らかになる。

たとえば、後述するように、米国種の保存法（ESA）のばあい、法文上は両方の解釈が可能であるが、行政規則は域外適用を明確に否定している。判例上も、域外適用を否定する連邦地裁判決と肯定する連邦高裁判決が存在するが、連邦最高裁はこの高裁判決を原告適格の不在を理由に却下したので、未決着の状態である。

後記のように、米国国家環境政策法（NEPA）の場合も、同じく法律上は両方の解釈が可能だが、行政解釈は域外適用を否定している。判例も、公海や、南極などの「global commons」への域外適用は認めるが、主権国家の領域内への域外適用には慎重である。横須賀 NEPA 訴訟では、横須賀の米軍基地について NEPA の域外適用が争点となったが、連邦地裁は、とくに外交政策と条約上の安全保障関係を理由に、日本への域外適用を否定した。

いっぽう、NHPA402条は同法の域外適用を明言している。これを受けた行政解釈規則（1998年4月24日付連邦公報の「海外歴史財産」項目の(m)）も、域外適用を当然の前提とし、連邦機関にたいし、その連邦行為が海外の歴史的・文化的な財産におよぼす影響を考慮するように命じている。なお、NEPA と NHPA との関係については、NHPA110条 (i) に調整規定があり、それぞれ別個独立に適用——相互に影響なし——されるので、NEPA の域外適用にかんする法解釈がNHPA に影響することはない。

第二の戦術的な意義は、NHPA の域外適用上、連邦機関は当該の「連邦行為に対する直接的または間接的な管轄」("direct or indirect jurisdiction over such undertaking") をもてばよいとされているので（402条）、この「間接的な管轄」の柔軟な解釈として、本件のような日米共同行為についても、NHPA の適用を肯定しやすい点である。日本における米軍基地の提供については、日米

144　前注参照。
145　上記のように、解説書じしんも、条文上、米国法の域外適用が明らかな立法例の一つとして、NHPA をあげている。解説書3頁、参照。

安全保障条約や日米地位協定上の解釈とも関連して、日米両国政府の役割分担をあいまいなものにしている[146]。あるいは、すくなくとも外交、政治、軍事上のかべに阻まれて外部からは分からない。NHPAは、このあいまいで分かりにくい部分についても、米国政府のかかわりを「間接的な管轄」として捕捉しうる点でもすぐれている。

さいごに、NHPAを援用することは、イラク戦争を契機に、戦争による歴史的、文化的、自然的な遺産の破壊、とくに米国による他国の文化財への無関心が内外で批判されていて、タイミングがよいことを指摘できるであろう。この点からも、NHPA訴訟は、北限の絶滅のおそれあるジュゴンという、世界的遺産にたいするアメリカの保護責任を問いうるのである。

1.3 NHPA訴訟と行政手続法

これはNHPA違反を請求原因（cause of action）とした訴訟である。

沖縄ジュゴン訴訟もその一例であるが、NHPAの域外適用のテスト・ケースとして、きわめて重要な意義をもっている[147]。日本では、文化財保護を目的とした訴訟としては、伊場遺跡訴訟[148]が著名である。米国では、現存する先住民文化を開発による破壊からまもるために、NHPA訴訟が利用されることも多いようである。日本でも、

---

146 日米安保条約第6条によると、「アメリカ合衆国は、その陸軍、空軍及び海軍が日本国において施設及び区域を使用することを許される」ものとされ、同条をうけて日米地位協定第2条1項(a)は、「合衆国は、相互協力及び安全保障条約第6条の規定に基づき、日本国内の施設及び区域の使用を許される。個々の施設及び区域に関する協定は、第25条に定める合同委員会を通じて両政府が締結しなけらばならない」と定めている。さらに、同協定25条1項は、「この協定の実施に関して相互間の協議を必要とするすべての事項に関する日本国政府と合衆国政府との間の協議機関として、合同委員会を設置する。合同委員会は、特に、合衆国が相互協力及び安全保障条約の目的の遂行に当たって使用するため必要とされる日本国内の施設及び区域を決定する協議機関として、任務を行う」と規定している。以上を総合すると、辺野古の海上ヘリ基地のばあいには、合同委員会における両政府の協議のもとに、日本国政府において米軍のために基地建設をおこない、完成した基地について、「個々の施設及び区域に関する協定」が日米両国政府により締結されて、米軍の施設および区域、つまり、米軍基地になるのである。完成の前後において、一般に「所用」と表現される──は米国の指示・承認によるはずであり、合同委員会による協議が事実上のものだとしても、その意向・成果をふまえて建設されるのだから、実質的には、基地建設行為は日米両国政府の共同行為といえよう。さらに、日米間の米軍基地関係の意志決定過程を分かりにくくしているのは、上記合同委員会とはべつに、日米安全保障協議委員会(Security Consultative Committee, "SCC")なるものが存在し、そこでの協議と合意のルートが確保されていることである。日米安保条約第4条によると、「締約国は、この条約の実施に関して随時協議し、また、日本国の安全又は極東における国際の平和及び安全に対する脅威が生じたときはいつでも、いずれか一方の締約国の要請により協議する」と規定されているが、SCCは、同条を根拠にして、内閣総理大臣と米国務長官との往復書簡にもとづき設置された委員会といわれる。SCCの構成メンバーは、日本サイドから外務大臣・防衛庁長官の2名、米国サイドから国務長官・国防長官の2名の合計4名であることから、SCCは「2＋2会合」とも呼ばれる。このようなSCC設置の法的根拠および権限内容から、SCCにおける合意には政治的な意味合いしかないとされる。いっぽう、上記のように、合同委員会は「個々の施設及び区域に関する協定」の締結権限をあたえられているので、そこでの合意は協定化されて法的効力をもつことになる。いわゆるSACO(The Japan-U.S. Special Action Committee on Okinawa)の最終報告書「1. Introduction.b.」によると、「SCCは、1996年12月2日、海上基地施設(sea-basesd facility, "SBF")案をおしすすめるSACOの勧告を承認した」とされている。上記のように、SCCの合意には政治的な意味合いしかないとすると、この「承認」にも政治的な効力しかないことになる。さらに、同報告書「1. Introduction.c.」によると、「SCCは、日米安全保障高級事務レベル協議(Security Sub-Committee, "SSC")の監督のもと、FIG (Futenma Implementaion Group)と命名され、技術専門家のチームによって支援された日米二国間の作業班(working group)を設置する。FIGは、合同委員会と共同して(working with the Joint Committee)、1997年12月よりも前に、実行計画を策定する。SCCによる同計画の承認にもとづき、FIGは、合同委員会と共同して、(海上基地施設の)デザイン、建設、試験(testing)および資産(assets)移転を監督する。当該過程において、FIGは、SSCにたいし、当該作業の進捗状況(status of its work)にかんして定期的に報告する」と記載されている。以上によると、海上基地施設については、SCC、合同委員会、SSC、FIGの4つの組織が関与することになり、それらの意志決定過程は分かりにくくなっている。なお、基地建設は日本政府の一方的行為で、そこに米国政府の関与の余地はなく、したがって、そこには米国の行為すなわち連邦行為性の契機はなく、米国法適用の前提を欠くといった立論がなされることもある。このような議論は、上記の日米安保条約・地位協定上の解釈問題と、米国法の域外適用の問題を混同するものである。後者は、米国法の解釈問題であり、当該米国法の域外適用が肯定されるばあいにおいて、なんらかの米国の渉外行為(行為)があり、その関与について当該域外適用のための法律要件が充足されるかぎり、当該米国法は域外適用される。したがって、SCC、合同委員会、SSCおよびFIGにおける協議および合意であっても、そこに米軍サイドの関与(行為)がある以上、その部分について米国法の域外適用が問題となる。このばあいにも、他国との条約上の二国間関係などの外交問題性を理由とした司法審査の限界が争点となりうるが、それは別論である。なお、SSCや合同委員会における意志決定のしくみや法的効力などについては、沖縄の弁護士である新垣勉氏から教えをいただいたので、付言しておきたい。

147 米軍の展開は世界的な規模でおこなわれており、それによる歴史的、文化的、自然的な環境にあたえる影響もはかりしれないので、沖縄ジュゴン訴訟の帰趨は世界的な関心事項でありうる。

148 第一審静岡地判昭和54・3・13判時941号35頁、控訴審東京高判昭和58・5・30判時1081号29頁、上告審最判平成元・6・20判時1334号201頁。その他の文化財関連の判例紹介として、畠山武道他編著『環境行政判例の総合的研究』北海道大学図書刊行会(1995) 412-426頁、参照。なお、伊場遺跡の保存をめぐっては、椎名慎太郎『遺跡保存を考える』岩波新書(1994) 59頁以下に、紹介されている。同書は遺跡が開発で失われていく現状に警鐘をならしている。

二風谷ダム訴訟のような事件[149]のことを考えると、今後の課題として、アイヌなどの先住民文化を保護するために、NHPA訴訟のような訴訟類型が不可欠だとおもわれる。のみならず、先住民文化にかぎらず、より一般的に、歴史的、伝統的、文化的、社会的、自然的に価値ある遺産を保護するための法システムとしても、NHPAのしくみは示唆的である[150]。

本訴訟は、域外適用につき定めたNHPAの手続規定（同法402条）違反を理由に、行政手続法（Administrative Procedure Act, "APA"）にもとづき提起されている。APAは、日本の行政手続法とは異なり、行政事件訴訟の規定をふくんでいる。NHPAには市民訴訟条項がないので[151]、同法違反を理由に提起する場合には、APAの定める行政事件訴訟規定の要件をみたす必要がある。本訴訟との関係では、日本法的にいえば、①原告適格、②処分性、③違法性審査基準などが問題となるが、それぞれについて、APAの定める要件をクリアーしなければならない。

さらに、ジュゴン保護とNHPA違反の是正という観点から、請求の趣旨をいかに構成するかも問題となる。

順次検討していこう。

(1) 原告適格要件

上記のようにNHPAには市民訴訟条項はない。それゆえ原告適格要件はAPAによる。もっとも、市民訴訟条項によるかAPAによるかは、実質的なちがいはない。いずれのばあいも、判例理論上、原告適格を基礎づけるために、現実的な侵害（injury in fact）の要件[152]が必要とされているからである[153]。ただし、一般的には、APAによるばあい、「法によって保護された利益」の要件（zone of interests）が課せられる一方[154]、弁護士報酬の制度はない。NHPA第305条は、原告の実質的な勝訴の場合に弁護士報酬その他費用の償還をさだめ、訴訟による行政機関の違法是正を奨励している[155]。

本訴訟では、ジュゴンとの関わりの深い、個人・団体が原告に選定された[156]。時間の制約もあって、少数精鋭のタマに絞られている。これらにつ

149　札幌地判平成9・3・27判時1598号33頁。

150　日本のかびの生えた行政訴訟理論と、行政主導型の文化財保護法のもとでは、遺産保存のために、当該遺産に直接の利害関係をもたない個人や団体が、たとえば、開発差止などの法的手段をもって違法な開発を阻止しようとしても、原告適格や処分性などの行政訴訟理論に阻まれて門前払いされてしまう。前注148の伊場遺跡事件がまさにそうであった。この点の手当は文化財保護法にもなく、日本の遺跡は破壊されていく一方である。詳しくは、前掲『環境行政判例の総合的研究』の同頁、参照。

151　市民訴訟条項（citizens suit provision）というのは、法執行権限をあたえられた行政機関が法で定められた非裁量的な義務に違反しているばあいに、当該行政機関や一般私人にたいし、一般市民がその是正をもとめて提訴できる制度である。たとえば、行政機関が非裁量的な規制権限を行使しないで、一般私人の法違反の事実を放置しているばあいに、一般市民は、当該行政機関にたいし規制権限発動の義務づけをもとめ、あるいは、直接に、法違反をおこなっている一般私人にたいし、違反行為の差し止めをもとめて提訴することができる。これは一般市民へのエンパワーメントの現れであるが、日本ではこのような法的しくみがないために、法の実効性が失われている。米国では、法の実効性をたかめ、最小の費用で最大の法目的を達成する手段として、奨励されている。当初、公民権法のなかに見だされたが、のちに、環境法中にも制度化されるようになった。

152　この「injury in fact」の要件であるが、「現実的な侵害」と「事実上の侵害」のいずれに訳すべきかは、問題である。「injury in fact」の文意には、違法行為により侵害される利益は、経済的利益だけでなく環境上の利益など、ひろく法的保護に値するものであればよいというニュアンスがあり、その意味では、「事実上の侵害」——より正確には「事実上の利益侵害」——と訳出すべきであろうが、他方で、そのような利益を侵害する行為は、観念的なものではたりさし迫ったものでなければならないという、侵害行為の現実性に関わる側面もあり、その意味では「現実的な侵害」——より正確には「現実的な侵害行為」——というのが適訳であろう。後者の点は処分性要件とも関係し、その要件事実でもあるので、ここでは前者の点を強調し、「事実上の侵害」と訳しておきたい。

153　市民訴訟条項によるばあいも、「injury in fact」の要件が必要とされることにつき、504 U.S. 555, 112 S. Ct. 2130、参照。合衆国憲法第3条は、司法権のおよぶ範囲を「cases and controversies」に限定しているが、「injury in fact」の要件は、この司法権を限界づける憲法的要件の訴訟法的な表現であるので、個別法の市民訴訟条項によって不要とはできないのである。詳しくは、前注7で紹介した、関根孝道「だれが法廷にたてるのか——環境原告適格の比較法的一考察」総合政策研究 No. 12 (2002) pp. 27-44、参照。

154　この要件は、当該違法行為によって侵害されたと主張される利益が、当該違法評価を基礎づける法——つまり法違反を主張されるところの当該法——によって保護されたものであることを意味する。いいかえると、被侵害利益は当該法の保護法益の射程内のものでなければならない、ということである。詳しくは、前掲「だれが法廷にたてるのか」、参照。

155　これは訴訟をつうじた市民参加ともいえるしくみで、NHPA訴訟は公益的な側面もあるので、同法違反を看過せずその是正をもとめ提訴したものは、公益のためにも貢献したのだから、経済的な不利益をうけないように配慮するだけでなく、弁護士報酬というインセンティブとしてのアメを用意したのである。そこには一般市民の訴訟による公益実現という哲学がある。それは費用対効果という観点からも非常に効率的なものである。

156　訴状に記載された順序で原告を紹介すると、原告は、(1) 沖縄ジュゴン（Dugong Dugon）(2) 生物多様性センター（Center for Biological Diversity, "CBD"）(3) タートル・アイランド回復プロジェクト（Turtle Island Restoration Project, "TIRP"）(4) 日本環境法律家連盟（Japan Environmental Lawyers Federation, "JELF"）(5) ジュゴンを救う会（Save the Dugon Foundation）(6) ジュゴンネットワーク沖縄（Dugong Network Okinawa）(7) 海上ヘリ基地建設反対協（Committee against Heliport Construction）(8) 生命を守る会（Save Life Society）(9) 沖縄在住の3個人（辺野古在住2名、那覇在住1名）の合計11名である。(1) は地域個体群としてのジュゴンそのもの、(2) と (3) は米国の環境NGO、(4) ないし (6) は日本の環境NGO（権利能力なき社団）、(7) ないし (9) は日本の平和NGO（権利能力なき社団）である。

いて、APA 上、原告適格がみとめられるかが、第一ハードルである。

まず、APA 第 702 条[157]の原告適格要件であるが、同条の第一文はつぎのように定めている。

> 行政機関の行為により法的侵害をうけ、または、行政機関の行為により、当該法律の趣旨の範囲内において、不利益をうける者は、当該行為について司法審査をもとめることができる。

ここにいう「不利益」には環境的利益――本訴訟でいえば、辺野古海域のレクリエーション的な利用でもよい――の侵害もふくまれる。問題は、そのような不利益が、「当該法律」つまり NHPA の射程「範囲内」のものといえるか――これも、日本法的な議論のしかたをすると、当該法規が一般公益ではなく利用者の個別的利益を保護する趣旨か――どうかである。結論からいうと、NHPA は、米軍基地予定地を利用する者の利益――上記のように、この利益は環境上のものでもよい――を個別的利益として保護している。米国法のもとでは、行政法規であっても、原則的に、個別的利益の保護をも目的としていると解釈されているからである[158]。

本訴訟の原告の筆頭は、沖縄ジュゴン（Dugong dugon）であり、自然の権利訴訟の形式が採られている[159]。自然の権利訴訟では、当該自然の指標的な動植物種や地域個体群、それらをふくむ自然それ自体が、それらの擁護者をもって任ずる人間原告――個人や環境 NGO の団体でもよい――とともに共同原告表示されるが、究極的には、当該自然生態系そのものの保護がめざされている。本訴訟において沖縄ジュゴンが原告表示されたことは、ジュゴンに象徴される辺野古海域の自然生態系、さらには、自然の権利訴訟と NHPA 訴訟が結合されることにより、ジュゴンと沖縄との歴史的、文化的、生活的な紐帯なども、訴訟の対象であることを意味する。

ぬけるように青く透明な辺野古の海

上記のように、ジュゴン以外の原告は、米国の環境 NGO の二団体（Center for Biological Diversity, Turtle Island Restoration Project）、環境法律家連盟（JELF）をふくむ日本の環境・平和 NGO の四団体、沖縄在住の三個人である。訴訟構造的には、これらの原告は、自己の個人的な利益の侵害を主張しつつ、ジュゴンとの個別的な関係性にもとづき、ジュゴン（に代表される自然）の利益代弁者として訴訟代理人的に、訴訟追行することになる。

以上の原告を訴訟代理しているのが、米国でもっとも由緒ある最強のプロ・ボノ環境法律事務所、アース・ジャスティス（Earth Justice）[160]である。

(2) 処分性要件

つぎに、処分性の要件であるが、日本法のような厳格(幻覚？)な処分概念はなく、APA 上、単に、法的侵害や不利益をあたえるところの、（連邦）「行政機関の行為（agency action）」であればよい（以下、「連邦行為性の要件」ともいう）。この

157　5 U.S.C. sec.702.
158　詳しくは、前掲「だれが法廷にたてるのか」31 頁、参照。
159　自然の権利につき、一般的に、山村恒年・関根孝道編『自然の権利』信山社（1996）、関根孝道「米国における自然の権利訴訟の動向」日本の科学者 Vol. 32 No. 12 Dec. 1997、参照。
160　アース・ジャスティスは、もとシーラ・クラブ・リーガル・ディフェンス・ファンドであって、アメリカ最大の環境 NGO の一つシーラ・クラブの訴訟担当部門であったものである。

要件は、NHPA との関係では、本訴訟の対象行為が同法402条[161]に定める「連邦行為（Federal undertaking）」に該当することによって、充足されることになる（同条の解釈は後述する）。それが NHPA 適用の引き金をひくためには、同条の解釈適用上、後述するように、ジュゴンへの「直接的な悪影響（directly and adversely）」を与えるものでなければならない。

本訴訟では、第一に、普天間基地の代替施設建設を辺野古海上に決定した国防省の行為をもって、中核的な連邦行為として捉えている。

詳述すれば、1997年9月29日付け「DOD Operational Requirements and Concept of Operations for MCAS Futenma Relocation, Okinawa, Japan Final Draft, "OR"」[162] の策定による海上案の決定ないし採用をもって（以下、「OR 策定」という）、連邦行為として捕捉されている。なぜなら、海上ヘリ基地建設について、国防省の承認（approval）が条件であることが随所に明記されているし、その所要（details）[163] も直接指示されているからである。この点からも、海上ヘリ基地建設が日本政府の一方的行為で、米国政府はいっさい関知していない、という抗弁（強弁？）は通用しないとおもわれる。

なお、「undertaking」の意味であるが、同法第301条（7）[164] は、つぎのように定義している（かっこ内の丸数字は筆者がつけたもである）。

"Undertaking" means a project, activity, or program funded in whole or part (= ①) under the direct or indirect jurisdiction of a Federal agency (= ②), including (A) those carried out by or on behalf of the agency; (B) those carried out with Federal financial assistance; (C) those requiring a Federal permit license, or approval

この①の要件との関係で、国防省による代替施設へのなんらかの財政支出が要求されるかもしれないが、米軍予算資料は公表され立証は困難ではない[165]。②の要件についても、OR 策定による海上案決定ないし採用は、国防省の直接的な管轄事項であって問題はない。(A) ないし (C) は「undertaking」の具体的な例示であるが、OR 策定はそのいずれにも該当するとおもわれる[166]。

連邦行為として捕捉された第二のものは、OR 策定を中心とする一連の行為、すなわち、普天間基地の移転を促進し、OR の実施に関連する国防省の現在および今後のすべての行為である。具体的には、移転のための財政措置、個々の実施決定の許可、移転先の海上基地維持のための継続的な財政支出などの諸行為が、想定されている。

これは OR 策定から派生する一連の行為のすべてを連邦行為としてとらえ、NHPA の手続的な規律に服せしめるものである。

(3) 審査基準

上記の連邦行為が違法評価されるためには、APA 第706条（2）[167] の違法要件をみたす必要がある。同条項は、連邦行為の違法確認がなされ、その効力が否定される6つの違法基準を定めているが、現時点で、本訴訟と関係するのは、「恣意的・専断的、裁量の濫用などの法違反」（同条（2）

161　16 U.S.C. 470a-2.

162　SACO 合意から OR 策定にいたる一連の経緯を、ドキュメンタリーにまとめ分析した秀作として、真喜志好一「密約なかりしか── SACO 合意に隠された米軍の長期計画を追う」週刊金曜日 No.362。

163　「所要」は重要な概念で、SACO 合意以降の日米間交渉、OR に代表されるような日米両国政府の内部文書などにも、しばしば登場する。海上ヘリ基地は米軍のための基地であるから、その規格や仕様も米軍用の仕立てでないと使いものにならない。その仕立ての詳細が「所要」と表現される。

164　16 U.S.C. 470w.

165　たとえば、「Department of the Navy Fiscal Year (FY) 2001 Budget Estimates,Jusitification of Estimates February 2000, Operation and Maintenance, Marine Corps」の「48. Progaram Decreases in FY 2000 b)」の項目をみると、SACO／FIG 関係の予算の記述がある。

166　すくなくとも OR 策定は国防省みずからの行為として (A) に該当する。(B) の「Federal financial assistance」というのも、年間予算的な手当てで十分だとすれば、(B) にも該当しよう。さらに、OR 策定が国防省内部または連邦政府内部のなんらかの承認（approval）のもとになされたとすれば、(C) にもあてはまるとおもわれる。

167　5 U.S.C. sec.706 (2)。

(A))、「法の定める手続の不遵守」(同条 (2) (B))の二つとおもわれる。つまり、上記連邦行為について、NHPA の解釈適用との関係で裁量の濫用がみとめられるか、そもそも NHPA の命ずる手続を履践していないことが必要である。

前者の要件は、NHPA の解釈適用についても行政裁量がみとめられるので、その濫用が肯定されるばあいに限って、違法評価する趣旨である。国防省は、海上基地建設について、そもそも NHPA の適用はないという前提にたっているので、本訴訟では、①NHPA は適用されないという、その解釈適用上の裁量——要件裁量と効果裁量の二分論によると、NHPA 適用の法律要件が充足されないという、要件裁量——の濫用、あるいは、②NHPA の命ずる手続——具体的には、後述する NHPA 第402条の定める手続——が履行されていないという、手続不遵守が争点になるとおもわれる。

(4) 請求の趣旨（claim for relief）

請求の趣旨はつぎのとおりである。

第一に、国防省の OR 策定と普天間基地移設にかかる諸行為が、NHPA 第402条の定める手続要件を遵守していないことの違法確認、この国防省の不遵守について、第二に、APA 第701条ないし 706 条の適用上、裁量の濫用であり、法の命ずる手続に違反していることの違法確認、第三に、APA 第706条 (1) に違反して不合理に遅延され、違法に怠る行為であることの違法確認、第四に、NHPA および国防省の行政解釈規則を遵守するまでの間、違法に発せられた OR の取り消し、第五に、弁護士報酬をふくむ訴訟費用の支払い、最後に、その他裁判所において適当とみとめる救済措置、の以上である。

米国の行政訴訟は、民事訴訟（civil suit）の範疇内のものであり、日本のように民・刑事訴訟と対置されるような、独立の訴訟類型とはされていない。請求の趣旨も日本のように取消中心ではなく、ベストな法的救済をもとめることができる。上記請求の趣旨もそのような観点から構成されている。

1.4　NHPA 第402条

NHPA 訴訟の概略は上記のとおりである。

ここでは、NHPA の域外適用を定めた同法第402条（16 U.S.C. 470a-2 "International Federal activities affecting historic properties"）について、やや掘り下げて検討していく。同条はつぎのように定めている（かっこ内の数字は筆者が便宜的に挿入したものである）。沖縄ジュゴン訴訟がなりたつ——訴訟法的にいえば、却下をまぬかれる——ためには、同条の定める域外適用要件をみたす必要がある。

Prior to the approval of any Federal undertaking outside the United States which may directry and adversely affect (= ①) a property which is on the World Heritage List or on the applicable country's equivalent of the National Register, the head of a federal agency having direct or indirect jurisdiction over such undertaking (= ②) shall take into account the effect of the undertaking on such property for purposes of avoiding or mitigating any adverse effects (= ③).

世界遺産目録または当該国における（米国の）ナショナル・レジスターに相当するもの（equivalent）に登録された財産（property）にたいし、直接的に悪影響（=①）をおよぼしうる連邦行為（Federal undertaking）であって、米国外におけるものを承認（approval）するに先だち、当該連邦行為につき直接的または間接的な管轄（=②）をもつ連邦機関の長は、当該悪影響を回避または緩和するために（=③）、当該連邦行為が当該遺産におよぼす影響について考慮するものとする。

まず、①の要件があるので、普天間代替施設、つまり海上ヘリ基地がジュゴンに「直接的な悪影響」をおよぼすことの主張・立証が必要である。代替施設予定地は、ジュゴンの重要生息地（critical habitat) であり、すでに多くの科学的な調査結果もある[168]。したがって同要件の充足性は問題ないとおもわれる。

つぎに、②の当該連邦行為につき「直接的または間接的な管轄」の要件は、なにをもって連邦行為として捕捉するかとも関係する。つまり、SACO 合意の成立――あるいは、それに先行する日米間の協議や米国の行為がなされたとき――から海上ヘリ基地の運用にいたる時系列において、なんらかの米国の関わりを NHPA の対象行為、すなわち連邦行為 (undertaking) として捉えるためには、国防省が当該行為について「直接的または間接的な管轄」をもっていなければならない。上記のように、ジュゴン訴訟では、国防省による OR の策定そのものを、第一次的な連邦行為としている。なぜなら、OR の策定は、国防省の手によるもので、まさに「直接的な管轄」事項に属するからである。

いっぽう、「間接的な管轄」要件の解釈も問題となる。「間接的な管轄」というのは、NHPA の域外適用が問題となる局面においては、当該連邦行為に域外国がなんらかの関わりをもつとしても、なおかつ連邦行為性を肯定する趣旨をふくむと解釈できよう。とすると、本件のように、表面的には日本政府において建設するような形式であっても、実質的には、米国政府が示した「運用上の所要 (operational requirements)」にしたがい、両国政府の綿密な協議――じっさいには、米国政府の指示とその了承――のもとに建設され、最終的には、日本国政府により「提供」され、米国政府により「受領」される基地建設そのものを、連邦行為と評価できるであろう。

つまり、OR 策定以外の行為であっても、OR 策定を中心とする一連の行為、すなわち、普天間基地の移転を促進し、OR の実施に関連する国防省の現在および今後のすべての行為についても、国防省は少なくとも「間接的な管轄」をもつといえるから、連邦行為性の要件をみたすといえよう。じっさい、そのような行為も、ジュゴン訴訟では第二次的に連邦行為として主張されている。このような解釈が可能だとすると、ここに「間接的」というのは、日本政府のなんらかの関与ないし管轄があり、米国サイドだけでは一方的に決められないばあいであっても、国防省の関わりかたとして十分であることを意味するであろう。あるいは、そのような行為であっても、日本政府とはまったく別に、米国サイドで独自に決定できる領域があるから、その領域内の米国の行為については、あえて国防省の「間接的な管轄」といわなくとも、直截に、国防省が「直接的な管轄」をもつといえるかもしれない。いずれにしても、「間接的な管轄」でも足りる結果、日本政府のなんらかの関与がある――したがってその意向を無視しえない――としても、連邦行為性を否定する論拠にはなりえないとおもわれる。

さいごに、③の要件であるが、連邦機関は、当該連邦行為が海外にある遺産におよぼす影響を「回避または緩和」すべく考慮する義務を負う[169]。本件についていえば、国防省は、海上ヘリ基地建設がジュゴンにおよぼす影響を「回避または緩和」しなければならない。もっとも、この義務は、ESA の場合と異なり、「回避または緩和」という結果を要求する実体的な義務ではなく、そのために「考慮」すべき手続的な義務である[170]。この義務の具体的内容のうち、NHPA の対外的な側面に関係する部分は、つぎに詳述する。いずれにしても、手続的義務であってもジュゴンへの悪影響は明らかなケースだから、計画を抜本的に見直すのでないかぎり、この「考慮」義務を果たしたとはいえない。その意味で、本件では、具体的な事実関係を前提とすると、ジュゴン保護という実体的効果をもつといえそうである。

---

168 注1、141 の引用資料・文献に詳しい。
169 この「回避または緩和」のメニューは、OEBGD や JEGS においては、「文化的な影響緩和措置 (Cultural Mitigation)」として具体化されていること、上述したとおりである。
170 前述したように、この「考慮」の義務をはたすために、OEBGD や JEGS は、「文化財目録」(invetory) を作成し、「歴史的および文化的な資源プログラム (Historic and Cultural Resources Program)」を確立し、歴史的および文化的な資源の保護するための「文化的資源総合管理計画 (Integrated Cultural Resources Management Plan)」を策定すること、「文化的な資源の現地調査 (Cultural Resources Site Review)」など、さまざまな具体的措置を講じている。

以上のほかにも、同条の解釈上、「(米国の) ナショナル・レジスターに相当するもの (equivalent)」、それに登録された「財産 (property)」などの意味内容が問題となる。

「(米国の) ナショナル・レジスター」については定義規定があり、「NHPA 第101条にしたがい確立された歴史的な場所についてのナショナル・レジスター (National Register of Historic Places) を意味する」とされている[171]。NHPA 第101条によると、「歴史的な場所についてのナショナル・レジスターは、アメリカの歴史、建築学、考古学、(土木) 工学および文化 (culture) において意義ある地区 (districts)、場所 (sites)、建物 (buildings)、構造物 (structures) および物 (objects) から構成される」[172] と定められている。しかし、他国のなにがこれに相当するかについては、定義があたえられていない。おもうに、世界の国々の歴史、文化、伝統、民俗などの保護政策は、各国の考えかたのちがいを反映して多種多様であり、その価値の評価も当該国がもっともよくなしうることから、他国における「(米国の) ナショナル・レジスターに相当するもの (equivalent)」の意義について、一般的な定義規定をおくことを断念したのであろう。いいかえると、なにが「equivalent」であるかは、各国の自主的な判断にゆだねる趣旨と解される。このことは文化多元主義の観点からも正当化されうる。

結局、NHPA の目的はひろく文化財の保護であるから、各国の文化財保護リストが「equivalent」なものといえる。NHPA の域外適用は、米国の文化財保護政策を他国に押しつけるためではなく、他国の文化財保護政策を米国に尊重させるのが目的であるから、「equivalent」の要件、つまり、なにが「米国のナショナル・レジスターに相当」するかという相当性要件についても、他国の判断にしたがうのが当然である。日本のばあい、NHPA のナショナル・レジスターに相当するものは、文化財保護法上の文化財目録である[173]。これにジュゴンがリストされている以上[174]、この相当性要件をクリアーできる。

つぎに、ナショナル・レジスターに相当するものに登録された「財産 (property)」の意味についても、直接の定義規定はない。ただ、「歴史的な財産 (Historic property)」については、つぎのように定義されている[175]。

'Historic property' or 'historic resource' means any prehistoric or historic district, site, building, structure, or object included in, or eligible for inclusion on the National Register, including artifacts, records, and material remains related to such a property or resource.

「歴史的な財産」または「歴史的な資源」とは、ナショナル・レジスターにふくまれ、または、ふくまれうる地区、場所、建物、構造物もしくは物であって、当該財産または資源に関係する工芸品、記録物および物質的な残存物などをふくむものを意味する。

これによると、「財産 (property)」というのは、「資源 (resource)」と同義——法文上、両者の定義は同じ——であり、一般的には、「ナショナル・レジスターにふくまれ、または、ふくまれうる地区、場所、建物、構造物もしくは物」を意味する。ここに「ナショナル・レジスターにふくまれ、または、ふくまれうる」という要件は、NHPA の域外適用が問題となる場面では、「ナショナル・レジスター」という用語は、上記のように、同法第402条によって「(米国の) ナショナル・レジスターに相当するもの (equivalent)」と読み替えられるから、結局、当該域外国の「ナショナ

171　NHPA sec.301 (6).

172　同上 sec.101 (a) (1) (A).

173　NHPA の法文上、各国の文化財保護リストは、必ずしも法に根拠をもつ必要はない。したがって、地方自治体レベルの保護リスト、地域社会や特定集団内だけで認知されたものでもよいとおもわれる。国によっては、中央政府の権力者によって破壊・弾圧される特定地域や少数民族集団の文化財も存在し、NHPA はそれらの保護も考えているのであろう。

174　前注3、参照。

175　NHPA sec. 301 (5).

ル・レジスターに相当するものにふくまれ、または、ふくまれうる」ものであればよい。いっぽう、「物」というのは「object」の訳であるが、「地区、場所、建物、構造物」以外のあらゆる物を意味するが、国によっては日本のように、文化財には有形・無形の文化財がふくまれることを考えると、同じく NHPA の域外適用が問題となる局面では、有形物だけでなく無形物もふくめて理解すべきである。

とすると、同条の「財産(property)」というのは、当該域外国における「(米国の) ナショナル・レジスターに相当するものにふくまれ、または、ふくまれうるもの」を、ひろく意味することになる。日本についていえば、「文化財保護リストにふくまれ、または、ふくまれうるもの」が、同条の「財産(property)」に該当することになる。これには、有形・無形の文化財もふくまれ、天然記念物のジュゴンも包摂される。

なお、同条がたんに「財産 (property)」といい、「歴史的な財産」というような限定をしていないのは、他国の文化財概念が米国のそれと異なることを考慮したからであろう。つまり、米国の文化財概念はやや歴史性を重視しているが、他国のそれは文化財にたいする考えかたのちがいを反映して、たとえば、伝統性、民俗性、習俗性、日常性、自然性、さらには学術性などの視点をも考慮している。じっさい、日米両国の文化財保護制度はちがった構造性をもつのだから、NHPA を域外適用することは、日本の文化財、つまり、日本において文化財とされたものを保護するのでなければ意味がない。

なお、ジュゴンのような天然記念物は「物 (object)」にふくまれ、さらにいえば、建設予定地の藻場、珊瑚、イノー（礁湖）なども、「文化財目録にふくまれうるもの」であり、地元住民との歴史的・文化的・習俗的・生活的な関係性を考えると、NHPA の保護対象になりうるかもしれない。すなわち、同条の法文上、実際に文化財目録に登録されている必要はなく、登録されうる適格があればよいとされている。したがって、今後は、環境破壊的な米軍の行為にたいし、日本における文化財的なものの保護をもとめて、その違法確認と NHPA の手続遵守などを請求していく、第二、第三のあらたな NHPA 訴訟が考えられてよい。

1.5　NHPA 域外適用の法律効果

(1) 影響考慮義務

上記のように、NHPA 域外適用の直接的な法律効果は、当該連邦行為が海外にある文化財におよぼす影響を「回避または緩和」すべく考慮する義務を、連邦機関が負うことである。

NHPA の域外適用については、上記 NHPA 第 402 条をうけて、1998 年 4 月 24 日付の行政解釈規則、正確に引用すると、「内務省長官による連邦機関の NHPA に関する歴史的遺産保存プログラム（策定）のための、スタンダードおよびガイドライン」(1998 年 4 月 24 日。以下、「ガイドライン」という) ("The Secretary of the Interior's Standards and Guidelines for Federal Agency Historic Preservation Programs Pursuant to the National Historic Preservation Act, "Guidelines") の、"Standard 4. Guidelines: Foreign Historic Properties (m) においても、明らかにされている。

その内容は、NHPA 第 402 条とほぼ同じであるが、同条の連邦行為が当該域外国の遺産におよぼす悪影響について配慮する義務を、当該連邦機関が策定する「保存プログラム」において具体化させている。同条項はつぎのように定める（かっこ内の丸数字は筆者が便宜上ふしたものである）。

In accordance with section 402 of the National Historic Preservation Act Amendments of 1980 (P.L. 96-515) and with Executive Order 12114 (issued January 4, 1979), the agency's preservation program should ensure that, when carrying out work in other countries, the agency will consider the effects of such actions on historic properties (= ①), including World Heritage Sites and properties that are eligible for inclusionin the host country's equivalent of the National Register（＝②）．

1980年修正の全米文化財保護法第402条および大統領令12114にしたがい、連邦機関の保存プログラムは、（連邦機関が）他国において活動するにさいし、当該連邦機関にたいし、世界遺産サイトおよび（米国の）ナショナル・レジスター（National Regisiter）に相当するホスト国のそれ（＝②）に包含されうるものなどをふくむ歴史的な財産（＝①）について、当該活動がおよぼす影響を考慮することを保証させる。

この保証義務がOEBGDやJEGSにおいて具体化されていることは先述した[176]。

NHPA第402条、大統領令12114についても詳述したとおりである。

(2) 利害関係者との協議義務

さらに、ガイドラインは、NHPAが域外適用されるばあいの協議義務について、つぎのように定めている。この利害関係者との協議義務の発生もNHPA適用の法律効果として重要である。

> Efforts to identify and consider effects on historic properties in other countries should be carried out in consultation with the host country's historic preservation authorities, with affected communities and groups, and with relevant professional organizations.

他国において、歴史的な財産におよぼす影響を特定し、かつ、考慮するように努めるにさいしては、ホスト国の歴史的な保存の関係当局、当該影響をうける地域社会や集団、および、適当な専門的知識をもった団体と協議しておこなうべきものとする。

この「協議」の具体内容について、ガイドラインは詳細に規定している[177]。

すなわち、協議というのは、連邦機関以外の者の意見をもとめ、議論し、考慮する手続であり、可能なばあいには、いかにして歴史的な財産を特定し、考慮し、管理するかにつき、部外者との合意をもとめることを意味する[178]。この部外者には、連邦機関の活動に関心をもっていたり、その活動によって影響をうける公的、私的なものすべてをふくめる必要がある[179]。協議は、歴史的な財産に影響をあたえうる連邦機関の行為について、その計画段階のはやい時期に開始される必要がある[180]。個々の事業（specific undertaking）にかんする協議は、合意にいたるか達しえないか明らかになるまで、継続すべきとされている。協議のためには情報公開も重要であるので、連邦機関は、一般市民にたいし、時宜にかなった方法で、その事業やプログラム、歴史的な財産におよぼす影響の可能性を周知させる必要がある[181]。

以上を沖縄のケースに当てはめると、国防省は、ジュゴン保護のために、海上ヘリ基地建設がジュゴンにおよぼす影響を明らかにし、その影響を考慮するにさいしては、利害関係者との協議（consultation）を義務づけられる。利害関係者には、沖縄県その他の関係自治体、辺野古集落・住民、自然保護団体などが、ひろくふくまれる。もっとも、あくまで利害関係者との協議という手続が

176　前注169、参照。
177　このガイドラインの「協議」にかんする規定は、米国内における適用について定めたものであるので、域外適用が問題となる場面では、その趣旨をいかしながら、適宜、読み替えて準用する必要がある。したがって、「協議に関する」規定中、「歴史的な財産（historic properties）」という文言は、上記のように、域外適用の局面では、「歴史的、文化的、習俗的、生活的なその他の文化財的なもの」と読み替える必要がある。
178　Guidelines Standard 5 "Consultaiton General Principles"（a）.
179　同上（b）（d）。なお、先住民文化をとくに尊重する趣旨から、歴史的な財産がそれらに関係するときは、インディアン部族やハワイ先住民などを利害関係者にふくめることになっている。
180　同上（c）。
181　同上（e）。

要求されるだけで、計画中止など一定の実体的な判断が強制されるわけではない。この点で、実体的効果——当該種の保存という一定の結果の実現——をもつ ESA のばあいと異なる。協議は、合意形成が不可能と判断されるなど一定時点で、うち切ることもできる。

以上のような意味において NHPA には手続的な効果しかない。とはいえ、辺野古水域における海上ヘリ基地の建設は、沖縄ジュゴンにとって最悪の選択であり、その絶滅に直結するという事実関係を前提とすると、協議の手続的な義務をはたしたというためにも、計画の見なおしという実体的な判断が迫られるのではなかろうか。協議というのは、たんに聞き置くこととイコールであってはならず、協議の結果を意志決定に反映させる必要があり、その意志決定には合理性がなければならない。とすると、海上ヘリ基地建設をめぐる意志決定が合理的であるためには、協議結果をふまえ、計画の抜本的な見直しをはかる必要があろう。

もっとも、先述した OEBGD や JEGS には、この協議義務を具体化した規定はみあたらない。効力的には、このガイドラインのほうが上位にあり、上記のように、域外適用のばあいにも利害関係者との協議を命じているのだから、OEBGD や JEGS が協議義務について沈黙しているのは不可解である。

2　米国種の保存法の域外適用

(1) はじめに

沖縄ジュゴン訴訟では、米国文化財保護法（NHPA）の域外適用が主張されているが、同法以外にも域外適用の可能な法律はいくつか存在する。その最有力候補が米国種の保存法（Endangered Species Act, "ESA"）[182] である。さいわい、沖縄ジュゴンは ESA による保護種指定をうけている[183]。したがって ESA の域外適用が当然問題となる。実効性という観点からも、手続的な効果しかない NHPA にくらべて、ESA は強力である。ESA が史上最強の自然保護法——もちろん、絶滅のおそれある種の保存にかんしてであるが——といわれるのは、主として、つぎの三つの理由による[184]。

第一に、価値のコペルニクス的な転換をはかったことである。ESA は、人間の経済的利益と絶滅のおそれある種の存続という生態的利益が対立する場面において、後者を優先させている。人間の経済的な利益、たとえば、開発による金銭的利益がいかに天文学的なものであっても、保護種指定された絶滅のおそれある種の存続が開発によって脅かされるかぎり、その開発は違法評価される[185]。そこには、今後——少なくとも 21 世紀——の自然保護法は、生物多様性という生態的利益を人間の経済的利益に優先させるという、価値のパラダイム・シフトが宣言されている。

第二は、一定の手続の履践では満足せず、種の

---

[182] 16 U.S.C. sec.1531, et seq. 同法の一般的な解説書として、畠山武道『アメリカの環境保護法』北海道出版会（1992）、ダニエル・J・ロルフ著・関根孝道訳『米国種の保存法概説——絶滅からの保護と回復のために』信山社。とくに、同法の全体的な俯瞰として、『米国種の保存法概説』18-28 頁、参照。なお、同法以外にも、ジュゴンは、海洋哺乳類であることから、海洋哺乳類保護法（Marine Mammal Protection Act, "MMPA"）による保護も問題となりうる。日本をふくむジュゴンの状況をまとめた古い年次レポートとして、U.S. Fish and Wildlife Service "Administration of the Marine Mammal ProtectionAct of 1972: April 1, 1978 to March 31, 1979". この時代から、ジュゴンの危機的状態について、すでに警鐘が鳴らされている。

[183] 50 C.F.R. sec.23.23. 沖縄ジュゴンが保護種指定された経緯は必ずしも明らかではないが、2001 年 8 月のワシントンの現地調査のさいに入手した資料、内務省のヒアリング結果などを総合すると、パラオ諸島がアメリカの委任統治領であったことから、そこに生息するジュゴンと沖縄ジュゴンとが一体のものとして、保護種指定されたようである。なお、このワシントン調査については、増田尚「沖縄ジュゴン保護のために——ワシントン・フロリダツアー報告」環境と正義 2001・11 月号および 12 月号に報告記事がある。

[184] 前掲『米国種の保存法概説』13 頁以下。なお、日本にも似たような法律、「絶滅のおそれある野生動植物種の保存に関する法律」が存在するが、実効性のないまったくのザル法であって、ESA とは内容的に異なるものである。日米両国の種の保存法の比較法的な考察として、関根孝道「似て非なるもの——日米種の保存法の比較法的な一考察」『山村恒年先生古希記念　環境法学の生成と未来』所収・信山社（1999）、参照。日本の種の保存法の改正の必要性と方向性をしめすものとして、日本自然保護協会編「生態学からみた野生生物の保存と法」60 頁（2003）以下、参照。

[185] この点の実例としてよく紹介されるのが、いわゆるテリコ・ダム事件のケースである。Tennessee Valley Authority v. Hill, 437 U.S. 153 (1978)。この事件は、前掲『米国種の保存法概説』118 頁以下でも、解説されている。

存続という結果の実現をもとめている点である。いわゆるESAの実体的効果といわれるものである[186]。一般に、法が一定の手続を定めているばあい、当該手続を遵守すべきは当然であり、その手続違反は違法事由となりうる。これが手続的効果である。後述するように、ESAにも詳細な手続規定があり、このような手続的効果がみとめられる。

が、手続的効果は、所定の手続の履行を命じるだけで、最終の判断内容には関知しない。

極論すれば、所定の手続をふみさえすれば、あとの判断内容は自由である。このように、一定の判断内容が強制されないという意味で、実体的効果はないのが一般である。いいかえると判断内容には裁量の自由がみとめられる。ESAは、種の存続という結果の実現を保証させるもので、この意味において実体的効果がみとめられ画期的である。

第三に、ESAの手続的効果にも関係するが、ESAには詳細な手続規定があって、手続面からも実効性が確保されている点である。沖縄ジュゴンとの関係では、後述する生物学的アセスメント、生物学的意見の手続などが重要である。これらの手続が履行されると、ジュゴンにおよぼす悪影響など一定の事実が明らかとなり、その結果、ESAには実体的効果がはたらくので、ジュゴンの存続という結果の実現をはかりうる。いずれにしても、手続的効果と実体的効果のリンクにより、手続的側面からも——あるいは手続的効果だけでも——実効性が確保されている。

以上を総合すると、沖縄ジュゴン保護の実効性という観点からは、ESAの域外適用の検討がNHPA以上に重要といえよう。

水族館で飼育中のジュゴン

(2) 手続構造[187]

上記のようにESAは詳細な手続規定をもうけている。

そのうち、沖縄ジュゴンとの関係で重要なのは、以下のような協議手続である[188]。これは、当該行為を実施する連邦機関（action agency。以下、適宜、「実施連邦機関」ともいう）とこれと協議する連邦機関（consulting agency。以下、実施連邦機関と区別して、「協議連邦機関」ともいう）が、当該行為が保護指定された絶滅のおそれある種（以下、「保護種」ともいう）におよぼす影響のうむを判定し、影響をおよぼす可能性があるばあいにいかにすべきか、当該行為にたいする代替案をしめしながら協議していく手続である。協議連邦機関は国家海洋漁業局（National Marine Fisheries Service, "NMFS"）か合衆国魚類および野生生物局（U.S. Fish and Wildlife Service, "FWS"）のいずれかである[189]。具体的には、海洋生物種は前者、汽水域およびその他すべての生物種は後者が管轄する[190]。

同法第7条は、すべての連邦機関にたいし、そ

---

186 ESAの実体的効果につき、William H. Rodgers, Jr., "Environmental Law" WEST1977 p829 et seq., Zygmunt J. B. Plater, et. al. "Environmental Law and Policy: Nature,Law, and Society" WEST 1992 p 656.
187 同法第7条の一般的な手続解説として、前掲『米国種の保存法概説』91頁以下、参照。
188 協議手続の詳細につき、前掲『米国種の保存法概説』91頁以下、参照。
189 ESA sec. 3 (15).
190 この区分によると、ジュゴンはNMFSの所管のはずだが、じっさいにはFWSの所管となっている。前注183のワシントン調査のさいの内務省担当官の説明によると、米国にはマナティが存在し、汽水域に生息することからFWSの管轄とされたが、ジュゴンもマナティと近種であることから、ジュゴンもマナティと一体的にFWSの管轄とされたようである。

の行為が絶滅のおそれある種の存続（continued existence）を脅かしそうにないことを保証するように命じている[191]。平たくいえば、各連邦機関は、種の存続にわずかでも影響をおよぼす行為をひかえなければならない。この保証義務をはたすために、連邦機関は、さいしょに、当該行為（proposed action）が保護種に影響しうるかどうか決定をおこなう。その可能性があれば、つぎに、生物学的アセスメント（biological assessment）を実施し、当該行為によって保護種が悪影響をうけそうである（likely to be adversely affected）か判定する[192]。このアセスメントの結果、およそ悪影響のないことが判明し、これに協議連邦機関が同意すると、一連の協議手続は終了する。

いっぽう、アセスメントの結果、当該行為が保護種に悪影響しそうであることが判明すると、協議連邦機関がより踏みこんだ生物学的な評価をおこない、その結論を生物学的意見という文書にまとめ、当該行為が保護種に影響しそうかどうか意見をのべる（以下、「生物学的意見」ともいう）[193]。この意見には、当該行為にたいする代替案がしめされる。この協議連邦機関がだす代替案は、実施連邦機関において採用可能なものであって、合理的かつ熟慮的なものでなければならない[194]。この意見をだすのが、実施連邦機関ではなく協議連邦機関とされたのは、後者のほうが専門的知見をもつこと、事業実施に利害関係をもたないから、より客観的かつ公平な判断をくだせることによる[195]。

生物学的意見には実施連邦機関を拘束する法的効果はない。その意味で助言的な効力しかない。したがって、実施連邦機関において無視することもできるが、その場合には、実施連邦機関は、当該行為が「種の存続を脅かしそうにない」ことを、みずから「利用可能な最高の科学的および商業的データ」にもとづき立証しなければならない[196]。この立証義務違反をめぐって、市民訴訟条項にもとづき提訴することもできる。この要件をクリアーできないかぎり、当該連邦機関は同法第7条違反の責任を免れない。

一般的にいえば、専門的な科学的知見をもった協議連邦機関が、その生物学的意見において、当該行為が種の存続を脅かしうるというネガティブ意見をだしたばあい、実施連邦機関において、「利用可能な最高の科学的データ」にもとづく反論をだすことは、不可能にちかい。じっさいの訴訟においても、裁判所は、このネガティブ意見を根拠に、実施連邦機関の行為について、同法第7条違反の違法確認・差し止め請求を認容するのが一般である[197]。

いずれにしても、実施連邦機関は、「利用可能な最高の科学的データ」にもとづき、当該行為が種の存続を脅かしそうにないことを立証しないかぎり、当該行為に着手することは許されない[198]。これは資源付託の制限といわれるもので、既成事実の積み重ねによって、同法第7条の趣旨が没却されるのを防ぐねらいがある。つまり、同条違反とならないことが立証されるまえに、種の存続に悪影響をおよぼしうる行為がなし崩し的になされてしまうと、のちに種の存続を脅かすことが判明

---

191 ESA sec.7 (a) (2). 原文は「not likely jeopardize」と規定している。とくに、「likely」ということばが使われているので、たんに「脅かさないこと」ではなく、「脅かしそうにないこと」を保証しなければならない。これは絶滅のおそれある種におよぼす影響について、抽象的な危険レベルのものでも禁止する趣旨と解される。簡単にいえば、連邦機関は、種の存続にわずかでも影響をおよぼす行為をひかえる義務を負わされている。

192 ESA sec. 7 (c) (1).

193 同上 (b) (3) (4).

194 同上。

195 このように行政組織の縦割構造を前提としながらも、専門的知見をもつ関係行政機関を横割的に関与させていく手法は、日本のいわゆる「アワスメント」の弊害などを考えると、注目にあたいしよう。このような横割的・学際的アプローチのほかにも、各連邦機関は、環境分野の専門家を内部スタッフとして職員採用すべきものとされ、かつ、一般職員のためにも研修プログラムを策定し、定期的にトレーニングすべきものとされている。このようなシステムは、とくに開発・事業官庁を環境センシティヴにするために必要であり、また、環境専門家・研究者の受け皿としても重要である。

196 ESA sec.7 (a) (2) last sentence. 同末文は、「In fulfilling the requirements of this paragraph each agency shall use the best scientific and commercial data available.」と定める。つまり、「this paragraph」、すなわち同法第7条 (a) (2) の定める「種の存続を保証」する義務をはたしたというためには、利用可能な最高の科学的データに裏づけられた判断でなければならない。この「利用可能な最高の科学的データ」の要件解釈につき、前掲『米国種の保存法概説』107頁以下、参照。

197 この点につき、前掲『米国種の保存法概説』163頁以下、とくに166頁、参照。

198 ESA sec.7 (d). 詳しくは、同上118頁以下、参照。

しても原状回復は困難であり、また、種の存続に回復不可能なダメージが与えられてしまうので、同条の要件がクリアーされるまで、そのような行為をいっさい禁止して、事業の見切発車をゆるさない仕組みにしたのである。

なお、同法には市民訴訟条項がもうけられていて、なんびとも[199]、同法に定められた非裁量的な義務違反の事実を主張して、その義務に違反している者——国防省をふくむ連邦機関であっても、民間人であってもよい——にたいし、その違法確認や差し止めなどの法的救済をもとめることができる。

(3) 域外適用[200]

ESA には域外適用を直接明記した条文はみあたらない。

この問題、とくに同法第7条の域外適用にかんする行政解釈規則にも、変遷がみられる。

当初の行政規則は同条 (a)(2) の規定が域外適用されることを明記していた[201]。が、1986年にこの規則改正がなされ、新規則は、同条項の適用を「合衆国内または公海上」で実施される連邦行為だけに限定した。つまり、新規則は従前のスタンスを一変させるものであった。その理由は、主として、同条の適用免除手続を定めた同条 (e) が、海外における連邦行為について適用免除を想定していないことから、同条 (a)(2) はもともと域外適用を否定する趣旨だと解釈し、また、同条項の域外適用は外国主権への干渉となりうることの二点である[202]。

いっぽう、新規則と反対の解釈もなりたち、より説得的だとおもわれる。

域外適用を肯定する立場は、以下のように理由づけている[203]。第一に、上記とは逆に、同条の適用免除手続は、海外での連邦行為にも適用可能なことである。免除手続を定めた同条 (g)(1) は、「連邦機関、連邦行為のおこなわれる州知事が存在するとしたばあい、当該州知事（中略）は、長官に免除申請することができる」と規定し、ことさら州知事が「存在するとしたばあい」という言い回しからすると、連邦行為が実施される地において、州知事が「存在しないばあい」も想定されており、それは連邦行為が国外でおこなわれるばあいであって、域外適用を前提としたものと解釈できる。

第二に、立法の経緯も域外適用を支持するという[204]。のみならず、第三に、同法上、外国の絶滅のおそれある種も保護種指定されることは法文上あきらか——じっさい、沖縄ジュゴンも保護種指定されている——であり、外国の種を保護指定しておきながら、外国種にたいしては、同条第7条の種の存続を保証する義務を適用しないというのは、首尾一貫しない。外国種の保護指定はその保護をはかるためだから、同条の適用を否定するのは保護の梯子をはずすようなものである。

第四に、同法第2条 (4) は、絶滅のおそれある動植物種の国際取引に関する条約、いわゆるワシントン条約、その他の二国間・国際条約を挙げて、同法の目的に国際的な種の保存がふくまれることを明らかにしている[205]。同条項以外にも、第8条は、財政援助や外国プログラムの奨励など国際協力について定めていて、同法は外国種の保護にも熱心である。

最後に、外国主権との関係についていえば、米国内において、実施連邦機関と協議連邦機関が外

---

[199] ただし、憲法上、司法権が「事件性（cases and controversies）」の要件によって限界づけられている結果（合衆国憲法第3条2項）、市民訴訟条項のばあいにも、提訴権者に原告適格がみとめられるためには、「事実上の侵害（injury in fact）」の要件を充足しなければならない。そのためには、①被侵害利益、②因果関係、③救済可能性という、3つの条件が満たされる必要がある。①は原告適格を主張する者に侵害される利益が存在すること、②は侵害行為と利益侵害との間に因果関係がみとめられること、③は求められた救済によって侵害された利益の回復がはかられることである。①の利益は、事業予定地で遊ぶ、観察する、その他のレクリエーション活動をおこなうことや、研究者がフィールド・ワークをすることであってもよい。詳しくは、前掲「だれが法廷にたてるのか」、参照。

[200] ESA の域外適用については、同上151頁以下、参照。

[201] 50 C.F.R.sec. 402.01 (1985).

[202] 前掲『米国種の保存法概説』151頁参照。

[203] 詳しくは、同頁参照。

[204] 詳しくは、前掲『米国種の保存法概説』151頁以下、とくに、その原注 (36) ～ (38)、参照。

[205] とくに、同条項 (B) は日米渡り鳥条約を個別列挙しており、注目される。

国種の保護のために第7条の協議手続をおこなうことが、当該外国の主権侵害になるとは考えにくい。かりに、主権問題があるとしても、国際法上、環境分野において、環境保護のために主権論の後退は歓迎されるべきであろう。同法は20世紀自然保護法の最高峰であり、後見的立場からのその域外適用には自信をもつべきであろう。

上記規則改正の適法性は法廷で争われた。すなわち、ESAそれ自体が域外適用を前提にしているとすると、従前の行政規則こそが正しいESAの解釈であって、域外適用を否定した新規則は違法無効ということになる。第8巡回区控訴裁判所は、ESAを全体として解釈すると、連邦議会の意志は同条(a)(2)の域外適用を肯定する趣旨だとして、同条項の域外適用をみとめた[206]。この事件は上告され、最高裁判所は原判決を破棄したが、その理由は原告適格が最高裁において否定されたことによる[207]。したがって、同法の域外適用の問題は、未決着のまま将来にもちこされた。

(4) まとめ

沖縄ジュゴンはESAによって保護種指定されているので、同法第7条の域外適用による保護が考えられてよい。同条の域外適用が肯定されると、国防省は、海上ヘリ基地建設にかんし、事業予定地がジュゴンの生息地であることは明らかだから、当該連邦行為[208]がジュゴンの存続を脅かしそうにないことを保証する義務を負うことになる。この義務を果たすために、みずから生物学的アセスメントをおこない、そのアセス結果にもとづきFWSとの協議手続にはいる必要がある。事業予定地は、ジュゴンの最重要生息地の一つであるから、生物学的アセスメントが科学的に実施されるならば、当該連邦行為がジュゴンに悪影響をおよぼす事実が明らかになるはずである。

このアセス結果をふまえ、FWSは生物学的意見をだすことになるが、そのさい、国防省にとって採用可能な合理的・熟慮的な代替案を提示することになる。この代替案の内容いかんは問題であるが、沖縄ジュゴンの存続を保証したものでなければならない。そのためには、少なくとも埋立方式による現行計画については、ジュゴンへの悪影響を回避・緩和する代替案は考えられないから、結局、なにもしないという「No action」案、つまり、現行計画の白紙撤回をもとめる代替案しかだせないのでなかろうか[209]。

国防省は、この代替案を無視することもできるが、そのためには、利用可能な最高の科学的データにもとづき、当該連邦行為がジュゴンの存続を脅かしそうにないことを証明する必要がある。これまでに公表された科学的な調査結果、FWSのネガティブ意見を前提とすると、国防省がこの証明に成功することは不可能とおもわれる。それにも拘わらず、国防省が当該連邦行為を強行することは、種の存続という結果実現の実体的な義務を定めた同法第7条違反を構成する。したがって、同法の市民訴訟条項にもとづき提訴されたばあい、その違法が確認され差し止めが命ぜられるかもしれない。

市民訴訟条項は、「事実上の侵害」の要件を充足するかぎり、個人のみならず団体をふくむなんびとにも、違法行為の是正をもとめ提訴する資格を付与するもので、国籍による限定もない。それゆえ、沖縄住民が原告となって米国で提訴することもでき、辺野古地域の住民はもちろん、ジュゴン保護を目的とする個人や環境・平和団体も、ジュゴンとの地域的な関係性をもつかぎり、原告となることができる。

上記のように、ESAは実体的な効果をもつ強

---

206 Defenders of Wildlife v. Lujan, 911 F. 2d 117, 122-23.

207 504 U.S. 555, 112 S. Ct. 2130. なお、一裁判官は域外適用を消極に解する傍論を展開しており、気になる点である。

208 海上ヘリ基地建設は、形式上は日本の単独行為のごとく仮装されているが、実質的には、米国の「所要」に従いなされる日米共同行為である。いずれにしても、基地建設について米国のいかなる関与をもって、ESA第7条適用の対象行為──いわゆる連邦行為──とすべきか問題となるが、NHPA適用の対象行為と同様に考えればよいであろう。結論だけ繰り返せば、OR策定行為を中核としながらも、その前後の一連の行為のうち特定しうる適当な個別行為、あるいは、SACO合意にはじまり完成した基地の受領にいたる一連の行為の全体を、ESAの適用対象行為と捉えるべきであろう。

209 もっとも、ジュゴンへの悪影響を指摘するにとどめ、代替案の提示は断念する生物学的意見も考えられる。

力な法律であるので、訴訟提起されたばあいには事業がストップする可能性を秘めている。米国サイドにおいてこのような時限爆弾をかかえている以上、たとえ海上ヘリ基地建設が日本政府の一方的な行為によっておこなわれるとしても、最終的には、完成した米軍基地を米国において受領しえないという非常事態も想定される。したがって、日本政府は、かかる事態を避けるためにも、ジュゴン生息地における現行計画の見直しを迫られている[210]。

3 米国国家環境政策法（NEPA）

(1) はじめに

NEPA は、環境に配慮した意志決定をおこなうために、国防省をふくむ連邦機関にたいし、環境に著しい影響を与える連邦行為について、環境アセスメントの実施を義務づけている[211]。NEPA は、上述した ESA とは異なり、手続的な効果しかないといわれる。したがって、アセスメントの結果、環境的にベター、ベストな代替案が明らかとなっても、それらの代替案の採用を強制されることはない。たとえば、開発による経済的利益その他の環境以外の利益を重視した決定も、それが裁量の逸脱・濫用と評価されるのでないかぎり、違法評価されることもない。その意味で、種の存続という結果の実現をもとめる ESA のような実体的効果はない。しかし、NEPA の手続違反、たとえば、本来なすべきアセスメント手続をおこなわない不作為にたいしては、裁判所は厳しいスタンスで臨み、事業の差し止めを命ずることも少なくない[212]。あるいは、この手続審査を厳格におこなうことにより、環境に配慮した意志決定という NEPA の目的を達成することも不可能ではない[213]。したがって、海上ヘリ基地の建設問題について、NEPA の域外適用を考える必要がある。

(2) NEPA の域外適用

NEPA の域外適用いかんは条文上あきらかでない。

域外適用が問題となるケースとしては、公海などいずれの国の主権もおよばない地域、日本など主権国家の領域内への域外適用が考えられる。まず、前者であるが、判例は、南極大陸でおこなわれる連邦行為について、NEPA の域外適用を肯定した[214]。事案は、南極大陸における米国施設の焼却炉使用にかんするものであったが、判例は、とくに域外適用をみとめる連邦議会の意志が明確でないかぎり、米国内法の域外適用は否定されるという原則論を維持しつつも、当該事案については以下のような事情から域外適用が肯定されるとした。

すなわち、南極はいずれの国の主権もおよばない大陸であり、その意味で、「地球共有財産（global commons）」として待遇すべきこと、環境影響評価手続を定めた NEPA 第102条(2)(c)は、より

---

210 なお、沖縄ジュゴン訴訟と直接の関係はないが、沖縄本島北部のヤンバルにのみ生息する一属一種の世界的珍鳥、ノグチゲラについて ESA にもとづく保護種指定の手続違反を理由として、米国においてノグチゲラ ESA 訴訟が提起されている。ESA による保護種指定は米国内の種にかぎられないので、同訴訟はノグチゲラの保護種指定をもとめるものだが、その指定権をもつ内務省が ESA 所定の手続を履践していないという、その米国内における不作為の違法性を問題とするもので、ESA の域外適用とは直接関係がない。

211 42 U.S.C. sec. 4332 (2) (c). なお、NEPA の意義および効果、アセスメント手続などにつき、William H. Rodgers, Jr., "Environmental Law" WEST 1977 pp697-834; Michael C. Blumm "The Origin, Evolution and Direction of the United States National Environmental Policy Act ("The Origin")" Environmental Law and Planning Journal (Australian) 1988 p179; Michael C. Blumm & Stephen R. Brown "Pluralism and the Environment: The Role of Comment Agencies in NEPA Litigation" 14 Harv. Envtl. L.Rev. 277; Ray Clark & Larry Canter "Environmental Policy and NEPA: Past, Present,and Future" St. Lucie Press 1997; Nicholas C. Yost, "NEPA Deskbook" ELI 1995; JacobI. Bregman "Environmental Impact Statements" LEWIS 1999.

212 NEPA 違反にたいする救済は差し止めが原則とされていた時期もあった。参照、前掲 "Environmental Law" p 798. "The Origin" p189, John E. Bonine & Thomas O. Mcgarity "The Law of Environmental Protection" WEST 1984 p194c.

213 たとえば、前掲 "The Law of Environemtal Protection" p 205, D. Kevin Dunn &Jessica L. Wood "Substantive Enforcement of NEPA through Strict Review of Compliance:Oregon Natural Resources Council v. Marsh in the Ninth Circuit" 10 J. Envtl. L. &Litig. 499、参照。

214 Environmental Defense Fund, Inc. V. Massey, 986 F. 2d 528, 530 (D. C. Cir.1993). この控訴審判決（以下、「Massey 判決」ともいう）は、南極大陸への域外適用を否定した一審判決を覆したもので、先例的意義は大きい。もっとも、意識的に、その射程を当該事案に限定しており、事例判決であることはもちろんである。

よい意志決定をおこなう手続規定で、一定の判断をしいる実体的規定ではないから、海外における連邦行為にも適用可能であること、当該事案についていえば、南極における米国施設での焼却炉の使用という意志決定そのものは、米国内でなされていることなどから、域外適用を否定する原則論は妥当しないとされた[215]。

同時に、判例は、その先例としての意義について、当該事実関係を前提とした事例判決であることを強調し、NEPAの主権国家への域外適用いかんの問題は射程外であるとした[216]。

この問題がストレートに争われたのが横須賀NEPA事件である[217]。この事件は日本を舞台とするものだが、米軍横須賀基地にかんしNEPAの域外適用が問題となった。判決文は、5頁たらずの素っ気ないもので、結論として、NEPAは当該事実関係のもとでは適用されないとされた[218]。主権国家への域外適用にかんし、判決の言い回しは非常に慎重で分かりにくいが、NEPAが主権国家の領域内における連邦行為に適用されるかどうかについては、判断を回避したというのが正しい読みかたである。判決は、その結論（conclusion）において判示部分の射程を限定し、本件において、米国内法が「域外適用されないという推定（原則）が適用可能というだけでなく、まさに適用される。なぜなら、明らかに、米国と主権国家間の安全保障関係に関係する外交政策（foreign policy）や条約上の関心事項（treaty concerns）が存在するからである。われわれは、NEPAが他の事実関係のもとで適用されるかどうかについては、判示するものではない」と締めくくっている。

このように、判決は、外交問題性を援用して事案の解決をはかっており、厳密にいえば、NEPAの域外適用いかんについては、判断を示していない。分かりやすくいえば、判決は、冒頭で、「NEPAは本件事案については適用されえない（The Court found that NEPA is not applicable in the situation before us.)」と判示しているが、その理由は、本件事案は外交的問題として処理できるので[219]、あえてNEPAの域外適用性について判断する必要もないという意味において、NEPAは本件事案に適用されないと結論づけたのである。だからこそ、判決文は、最後の結論部分でも、上記のように「われわれは、NEPAが他の事実関係のもとで適用されるかどうかについては、判示するものではない」と、わざわざ断り書きを加えたのである。いずれにしても、NEPAの域外適用性いかんの法律解釈論は展開されておらず、この問題はまたも将来にもちこされた[220]。

(3) まとめ

NEPAには手続的効果しかないとしても、裁判所は、その手続違反を厳格に審査し、手続が遵守されるまで事業を差し止めうることを考えると、沖縄ジュゴンのケースにおいても、海上ヘリ基地建設に関係する国防省の行為について、NEPA第101条(2)(C)違反を主張して提訴することは有意義だとおもわれる。この訴訟がなりたつためには、NEPAの主権国家領域への域外適用の問題を解決しなければならないが、法文上明

215　同上 pp 532-533.

216　同上 p 536. 古くは、Sierra Club v. Adams, 578 F. 2d 389, 392（D.C. Cir. 1978）、においてもNEPAの主権国家への域外適用は問題となったが、裁判所はこの点の法律判断を回避して事案の解決をはかっていた。

217　じっさいの訴訟関係の資料の一部は、NEPAの会編「NEPA訴訟資料集II——空母のヨコスカ母港の違法性を裁く」（1992）に収められている。

218　NEPA Coalition of Japan v. Les Aspin, Civil Action No.91-1522, Decided Nov.30, 1993.

219　判決は外交的処理の方法として、日米安全保障条約や日米地位協定にもとづく外交ルート、とりわけ日米地位協定第25条にもとづく日米合同委員会と、その下に設置される15の小委員会の一つ、「環境および騒音防止に関する小委員会」の存在を挙げている。つまり、これらの委員会を通じた日米協議により問題の解決がはかられ、あるいは、はかるべきことが示唆されている。あまりにも実態をしらない観念論であり、どうしようもない楽観論といえよう。なお、判決文3の注4は、このような委員会による「解決」システムが存在することから、たとえ日本の裁判所が米軍基地施設にたいする管轄権を欠くとしても、原告らには救済のメカニズムが用意されていると明言するが、これも大変な誤りである。

220　もっとも、判決は、原告らが「Marssey判決」をNEPAの日本への域外適用の根拠として援用したこともあって、同判決が本件の射程外である理由について、「南極におけるアメリカの研究施設の位置づけと日本における米軍基地の法的地位を同列に論じることはできない」と説明している。敷衍すると、後者は日米間の複雑で長期に亘る条約上の取り決めによって律せられていて、すでに、この点で南極のばあいと異なるとされる。このことが、南極の環境問題はNEPAの域外適用で解決すべきだとしても、日本における米軍基地の環境問題は、日米間の外交問題として処理すべきだという、判決の結論部分の伏線になっている。

らかでないし、判例理論も確立していない。横須賀NEPA訴訟判決も、その射程が当該事案に限局された単なる事例判決であり、外交問題性を援用して事案の解決をはかったもので、NEPAの日本への域外適用いかんについて判示したものではない。したがって、沖縄ジュゴンNEPA訴訟はそのテスト・ケースとなるが、そこでも外交問題性が援用されて、この点のNEPAの法律解釈論は回避されるかもしれない[221]。

第5　結びにかえて

本稿は、米国環境法の域外適用について論じたものだが、沖縄ジュゴン「自然の権利」訴訟にその主眼があるので、さいごに、同訴訟に言及してむすびとしたい。

この訴訟は、日米の環境NGO、法律家団体、平和団体などが連帯して、国防省を相手に、米国法の日本への域外適用を主張して、米国内で提起されたあたらしい訴訟形態である。原告の筆頭は沖縄ジュゴンであり、その意味で、自然の権利訴訟の形式が採られていて、環境的には、ジュゴンに代表される沖縄の自然生態系の保護が目的とされている。同時に、この訴訟は、米国文化財保護法が根拠法とされており、ジュゴンと沖縄との歴史的・文化的・自然的な絆をまもる試みでもある。その意味で沖縄のアイデンティティそのものが問われている。

いっぽう、本訴訟は、被告が国防省とラムズフェルド長官であることからも明らかなように、米国軍にたいする法──ここでは米国法──の支配を問う裁判でもある。英米法を特徴づける法の支配は、力あるもの、とくに権力者を法の支配に服せしめるところに、最大のねらいがある。それゆえ、米軍といえども、むしろ最強の米軍だからこそ、もっともつよく法の支配が貫徹されなくてはならない。その意味で、本訴訟は法の支配の試金石ともいえるケースである。

さらに、沖縄ジュゴンの存続そのものがこの訴訟の帰趨にかかっている。さいわい、国防省からだされた答弁書も、今のところ、沖縄ジュゴンが共同原告表示されていることに異論を唱えていないので、沖縄ジュゴンをも名宛人とした裁判所の判断がしめされる可能性がある。沖縄ジュゴンとラムズフェルドの最後の対決、ショー・ダウンのそのときまで、沖縄ジュゴンが生きながらえることを祈りたい。時間はそれほど残されていない。

さいごに、日本政府の対応について一言すれば、海上ヘリ基地建設には、NHPA、ESA、NEPAなど米国環境法の域外適用が問題となり、じっさい、米国においてNHPA訴訟が提起されている。その帰趨いかんは推測の域をでないが、完成した基地を提供しても米国において受領しえない事態も想定されるのだから、基地建設には慎重さが要求されよう。このことは翻って考えると、ジュゴンにとって──さらにいえば、沖縄、日本、世界にとって──かけがえのない辺野古水域に、海上ヘリ基地を建設することの愚かさを示すに十分である。

辺野古の海を隔てるバリケードに結ばれた
布きれに込められた願い
(写真奥が米軍キャンプ・シュワブ基地)「自然の権利」基金提供

221　なお、米国の海洋哺乳類委員会 (Marine Mammal Commission, "MMC") の2001年版年次報告 (2001 Annual Report) は、沖縄ジュゴン問題についても言及し、「海上ヘリ基地は米国の領域内には存在しないけれども、その運用は米国環境法適用のひきがねを引きうるし、それゆえ、環境影響評価書を作成すべき」ことを提案している。同委員会は、海洋哺乳類保護法に根拠をもつもので、海洋哺乳類の保護の任にあたる専門委員会である。

第4章 沖縄ジュゴンと法の支配
沖縄ジュゴン対ラムズフェルド事件の米国連邦地裁決定訳と解説

第1 はじめに
沖縄ジュゴン対ラムズフェルド事件とは、なにか

　2005年3月2日、カリフォルニア北部地区連邦地方裁判所は、米国の国家歴史保存法（National Historic Preservation Act, "NHPA"）が沖縄のジュゴン保護のためにも域外適用されるという、画期的な判断を示した。同法は、日本の文化財保護法に相当し、もともとは米国の史跡保存を意図したものであったが、やがて、アメリカ原住民の少数文化をも保護する法律へと変容し、さらに、米国の世界遺産条約の批准に伴いその国内執行法としての性格をもつに至って、世界の文化遺産を保護する法律へと発展していった。

　同法の域外適用を定めた第470a-2条は、「世界遺産目録または当該他国における（米国の）国家登録簿と同等のもの（equivalent）に登録された遺産（property）に対し、直接的に悪影響を及ぼしうる連邦行為（federal undertaking）であって、米国外におけるものを承認するに先立ち、当該連邦行為を直接的または間接的に管轄する連邦機関の長は、当該悪影響を回避または緩和するために、当該連邦行為が当該遺産に及ぼす影響について考慮するものとする」と定めている（括弧内は原語である）。

　一方、沖縄では、いわゆるSACO合意に基づき、米軍普天間飛行場の代替施設として、ジュゴンの重要生息地である辺野古沖に、米軍海上ヘリ基地の建設が進められている。これに反対する日米の環境NGOなどが原告となって、沖縄ジュゴンが日本の文化財保護法上の天然記念物であり、米軍関与のもとで海上ヘリ基地建設が行われている以上、同条が沖縄ジュゴン保護のために適用されると主張し、米軍のNHPA違反を理由に、海上ヘリ基地建設に係る米軍の関与の差止めなどを求めて、上記裁判所に対しNHPA訴訟が提起された。争点は多岐に亘るが主要なものは以下のようであった。

　第一に、史跡などの非生物的なものを文化財とする米国の国家登録簿と、天然記念物という生物的なものをも文化財にふくめる日本の文化財目録が、同条の定める「同等」性の要件をみたすといえるか。第二に、日米安全保障条約・地位協定の解釈上、在日米軍施設は日本が建設して米国に提供し、これを米国が受領して米軍施設になる、というのが日米両国政府の「公式」解釈とされるが、果たして、海上ヘリ基地の「建設」が日本の一方的な行為で、そこに米国の「連邦行為」の存在を認定する余地のないものか。第三に、上記各要件が充足されるとしても、日米間の外交問題・安全保障といった高度の政治性の故に、裁判所は統治行為論を援用して司法判断を控えるべきか。これらの点について、本事件はテスト・ケースであり、裁判所の判断のゆくえが注目されていた。

　裁判所は、第一の争点につき、文化財性の判断は各国に委ねる文化相対主義の考え方に立つべきだとして、両者間の同等性を肯定し、第二の争点につき、米国において、代替施設関連の予算措置がなされ、基地建設のために沖縄の米軍施設・区域の使用を日本政府に許可したことなどを理由に、米国の連邦行為の存在を実質的に認定し、第三の争点につき、域外適用を定めた同条中に統治行為論を排除する議会意思が読みこめると判示した。いずれも同条の解釈適用に関する最初の司法判断であった。

　本決定の射程は極めて広く、世界展開する米軍に対し、NHPAによる諸外国の文化財保護の義

務を十把一絡げに課したものとして、特筆に値する。米軍といえども法の下にあるとした点で、法の支配——これは権力者が法の支配を受けることであり、権力者が法律によって非権力者を支配するという、日本的な意味とは異なる——の勝利でもあった。国内法的にも、自然保護の観点からいえば、日本法によるジュゴン保護の執行がサボタージュされている現状に警鐘を鳴らすものであるし、米軍基地訴訟の観点からも、日本政府による米軍施設の建設・提供行為の実体にたいする裁判所の判断が示された点で、大きな意味をもつ。

以上から、歴史に名を残す本決定を全訳した寸衷を察していただければ、幸いである。

第2 カリフォルニア北部地区連邦地方裁判所決定
同決定訳と注釈

2005年3月2日　裁判所書記官へ交付済

カリフォルニア北部地区連邦地方裁判所

事件番号 C03-4350 MHP

裁判所決定[1]

原　告　沖縄ジュゴン（Dugong Dugon）外[2]
被　告　国防省長官ドナルドH.ラムズフェルド外

沖縄ジュゴン、米国及び日本の環境団体、並びに、3名の日本国民個人から成る原告らは、国防省長官ドナルドH.ラムズフェルド及び合衆国国防省の被告らに対し、被告らが第16合衆国法典・米国歴史保存法（以下、「NHPA」という）第470a-2及び第5合衆国法典・行政手続法第701乃至706条に定める要件に違反したと主張して、本訴を提起した。被告らは、原告らによる請求原因の主張がなく[3]、また、当裁判所に管轄権がないとして、本訴却下の申立をおこなった。当裁判所は、当事者の弁論を踏まえ、後述する理由に基づき、以下のように決定する。

本訴の背景について

I　合衆国軍事基地と沖縄

合衆国は、1945年以来、沖縄に軍事基地を維持管理している（引用訴訟書面略[4]）。1971年6月17日、日米両国政府は、「琉球諸島及び大東諸

1　原語は「MEMORANDUM & ORDER」である。本件はマリリン・ホール・ペーテル（Marilyn Hall Patel）判事による単独制であったが、裁判官というよりも裁判所としての判断が示されたと思われ、かつ、中間的な判断でもあるので、「ORDER」は日本法的に決定と訳した。「MEMORANDUM」の訳についても、本決定は裁判所の「opinion」の一種であり、「memorandum opinion」のターミノロジーとして、BLACK 担 LAW DICTIONARY Second Pocket Edition, WEST, 2001 では、unanimous opinion stating the decision of the court; an opinion that briefly reports the court 痴 conclusion, usually without elaboration because the decision follows a well-established legal principle or does not relate to any point of law 狼 という解説を与えているので、これを「覚え書き・略式」と翻訳すると「MEMORANDUM」の本来のニュアンスが伝わらないと考え、あえて「裁判所」決定と訳したことをお断りしておく。もとより、本決定は31頁にもおよぶ精巧・緻密なもので、多くの先例となる判例も引用されている。上記解説中の「elaboration」「point of law」との関係でいえば、内容自体に「elaboration」がないのではなく、決定理由が「well-established legal principle」に立脚するという意味において「without elaboration」なのであり、また、NHPAの域外適用に関する初の判断が示されたことからも窺知されるように、「point of law」の核心に迫るものである。事実認定の面でも、日米安保条約・地位協定に基づく在日米軍基地施設の建設・提供の実体（態）にも切り込んでいて、従来の日本政府による詭弁的な公式見解——米軍施設の建設・提供は日本政府の一方的な行為で、そこに米国政府の容喙する余地はないというもの——を一蹴していて、今後の米軍基地訴訟に与える影響には大きいものがある。いずれにしても、本決定は、日本との関係でいえば、米軍基地施設の辺野古移設問題を通して、沖縄の文化・伝統・自然の保護のみならず、米軍基地問題にも踏み込んだ判断を示しており、その今後の展開を大きく左右する一方、米国との関係でいえば、米軍といえども法の支配の下にあって司法的な統制に服することが再確認され、国際的にも、世界展開する米軍に対し他国の文化財保護の義務を課しており、判例史上も金字塔としてその名を後世に残すものである。本決定に至る経緯とその概略を紹介したものとして、増田尚「沖縄ジュゴンNHPA訴訟傍聴記、そして勝訴中間判決」環境と正義（2005年4月号）、が分かりやすい。

2　本件では、人間原告、環境・平和NGO原告と共に、ジュゴン自身も筆頭で共同原告表示され、いわゆる「自然の権利」訴訟の形式が採られている。同訴訟の意義につき、山村恒年・関根孝道編著『自然の権利』信山社（1996）、が詳しい。

3　原文は「failure to state a claim」であるが、日本法的に訳すと本文のようになろう。

4　決定原文は、当該判示部分の根拠として、訴状・答弁書・準備書面その他の訴訟書面から該当部分を引用して、詳細なドキュメンテーションを行っている。以下、引用された訴訟書面部分の翻訳は——あまり意味がないと思われるので——「引用書面略」と注記して割愛する。このように「引用書面略」というのは訳者が便宜上つけたもので、そのような表現が決定中にあるわけではない。

島に関する日米両国間協定」に調印し、これに基づき合衆国は、沖縄島を含むそれら諸島の戦後統治権を放棄し、日本の支配下に回復させた（引用書面略）。この協定の第3条に基づき、1960年相互協力及び安全保障条約（以下「条約」という）及び米軍地位協定（以下「地位協定」という）に従って、日本は、それら諸島における施設及び区域の使用を合衆国に許可した（引用書証略[5]）。条約は、日本の外務大臣、防衛庁長官、合衆国国防省長官及び日本大使からなる安全保障協議委員会（以下「SCC」という）をも創設した（引用書証略）。地位協定によると、この委員会は、「合衆国が相互協力及び安全保障条約の目的を達成するにつき、その利用に供すべき日本における施設及び区域を決定するについて、協議するものとする」[6]とされている（地位協定25条。引用書証略）。

合衆国国防省は、海兵隊の航空機を展開させる施設を運用しその役務や物資を提供する、普天間海兵隊飛行場をふくむ沖縄にある多くの軍事基地を維持管理し、支配している（引用書面・証拠略）。1995年11月、日米両国政府は、合衆国の軍事的な存在[7]による沖縄の負担軽減を主たる目的とする二国間の委員会である、沖縄に関する特別行動委員会（以下「SACO」という）を設立した（引用書面・証拠略）。SACOは、普天間海兵隊飛行場が海上施設に代替されるべきこと、及び、SCCの1996年12月2日付け最終報告書[8]において、SCCの監督下にある日米両国からなる二国間の下部委員会である普天間実行グループ（以下「FIG」という）を創設した（引用書面・証拠略）。この実行グループは、1997年12月までに、「構想の具体化[9]及び運用所要[10]の明確化、技術的な性能の詳細仕様及び建設方法、予定地の調査、環境の分析、並びに、最終構想及び場所の選定」などを含む「詳細実行計画[11]」を策定すべきものとされた（引用書証略）。SCCによる同計画の承認に基づき、FIGは、当該基地の「デザイン、建設、検査及び資産移転を監督する」ために、合同委員会と協働する一方、日本政府は、新施設の「選定、資金手当、デザイン及び建設」を担当するものとされた（引用書証略）。米国国防省は、1999年において、FIGの運営のために約400万ドルを拠出した（引用書証略[12]）。

1997年9月29日、米国国防省は、代替施設のための国防省の「運用上の所要及び運用構想」の大綱を示した「日本の沖縄における普天間海兵隊飛行場移転のための運用所要及び運用構想」と題された文書[13]（以下、「1997年運用上の所要」という）を公表した（引用書面・証拠略）。1997年運用上の所要には、国防省の要求事項、すなわち代替施設はキャンプ・シュワブに近接する辺野古沖に位置すべきことも示されていた（引用書証略）。1997年運用上の所要には、建設着工前に要求される各種調査に関する米国国防省の要求事項も示されていた（引用書証略）。この文書は、2001年2月15日付けの2001年予備的運用上の所要[14]によって改訂され、かつ、代替された（引用書面略）。

---

5 決定原文は、前注のような訴訟書面のほかにも、当該判示部分の根拠として、逐一、陳述書などの書証を引用して、詳細なドキュメンテーションを行っているが、その引用書証の訳出も割愛する。ここに「引用書証略」というのも訳者が便宜上つけたもので、そのような表現が決定文中にあるわけではない点も、前注の場合と同じである。

6 括弧内は筆者の翻訳による。地位協定25条の公式訳をそのまま引用することはしていない。

7 原語は「military presence」である。

8 本報告書は、原決定においてたびたび引用されているが、表示方法は必ずしも一定していない。本文のような表示のほかにも、「1996年文書」「96年文書」「1996年報告書」「96年報告書」などとして引用されている。本翻訳においても、適宜、原文に忠実に訳し変えているが、同一のものである。

9 原語は「concept development」である。

10 原語は「operational requirements」で本決定中に頻出する重要用語であるが、施設の建設・運用上の仕様などに関する米国の要求事項を意味する。

11 原語は「detailed implementation plan」である。

12 ここでは海軍省の1999年度予算見積りが援用されている。

13 本文書も、原決定中に頻出する重要文書であるが、表示方法はまちまちである。括弧書中の「1997年運用上の所要」以外にも、「97年文書」「97年報告書」などとして引用されている。本翻訳においても原文にしたがい訳し変えている。なお、前注8参照。

14 原語名は「the 2001 Preliminary Operational Requirements」であるが、被告らがこの文書に言及し、97年運用上の所要が失効したことの根拠として援用したことから、その開示が本訴訟の争点の一つとなった。この点に関する被告らの対応と裁判所の判断は後に詳述されている。

1999年11月、沖縄県知事は、キャンプ・シュワブから直近の沖合で、かくて、1997年運用上の所要により要求された地域において、代替施設のための特定された場所が発表された（引用書証略）。1999年12月、名護市長は、この移設決定を受諾した（引用書証略）。2000年8月、もっぱら地方吏員[15]及び日本政府官吏[16]のみから構成された普天間移設協議会[17]が、「普天間代替施設の位置、規模、建設方法及び滑走路の向き」を特定した「基本計画」[18]を策定するために、設立された（引用書証略）。2002年7月、この協議会が発表した基本計画は、海兵隊のキャンプ・シュワブから直近の沖合の名護市辺野古地区に普天間海兵隊飛行場を移設する沖縄県知事の決定を承認するものであった（引用書証略）。それゆえ、この決定は、1997年運用上の所要において発表された位置的な要求事項を満足するものであった（引用書証略）。2002年基本計画は、1997年運用上の所要文書だけでなく、その端境（はざかい）期に発せられた2001年予備的運用上の所要に代わるものでもあった（引用証拠略）。普天間移設協議会は、代替施設の建設が地域社会及び自然環境に及ぼす影響を最小化する目的をもって設立された団体である普天間代替施設建設協議会[19]によって引き継がれた（引用書証略）。日本の防衛庁の一部局である那覇防衛施設局[20]は、合衆国国防省の許可を得て、キャンプ・シュワブ内において、新施設の建設に係る現場作業を管理するための事務棟を建設した（引用証拠略）。加えて、那覇防衛施設局は、辺野古沖の珊瑚礁及び海底に約63本の掘削孔をつくるボーリング作業を含む技術調査の実施を計画している[21]（引用書証略）。

II　沖縄ジュゴン

　ジュゴンは、草食性の海洋哺乳類で、東アフリカからバヌアツまでのインド・太平洋上の熱帯・亜熱帯の海岸や島の海域に生息する（引用書証略）。沖縄ジュゴン（Dugong dugon）は、沖縄島の東海岸沖の海域に見出されるジュゴン種の孤立した小個体群である（引用書証略）。それはジュゴンの最小個体群として知られているが、「約50の個体」から成ると考えられており、辺野古沖をその一つとする海域に「僅かに残された海草の生育地」を餌場としている（引用書証略）。この動物は、伝統的な沖縄の文化である創造神話[22]、民話及び儀式になくてはならないものである（引用書証略）。

　2002年の国連環境計画の報告書[23]によると、辺野古近辺における基地建設は、「日本におけるジュゴンの残存生息地として知られる最も重要な部分を破壊」し、そのような小個体群にとって「潜在的に重大な」影響を及ぼしうるものとされる（引用書証略）。この報告書は、「沖縄の地域においてジュゴン保護の手段がとられないと、ジュゴンは日本の海域からすぐにも絶滅するであろう」と予告している（引用書証略）。ジュゴンは、米国絶滅のおそれのある種の保存法上、「絶滅のお

15　原語は「officials」であるが、これには職員のみならず自治体の首長クラスも含まれているので、誤解を避けるために「職員」とは訳出しないで、「吏員」という日本国憲法の用語法にしたがっている。

16　前注と同じく原語は「officials」であるが、ここでも「職員」だけでなく閣僚クラスも含まれるので「官吏」――これは、日本国憲法上、地方公務員を意味する「吏員」と対比した意味で使われている――の訳語を当てている。

17　原語名は「the Consultative Body of Futenma Relocation」である。

18　原語は「Basic Plan」である。これも原決定中にしばしば登場するが、「2002年基本計画」「02年文書」などとして紹介されていて、引用方法は統一されていない。

19　原語名は「the Consultative Body of Futenma Replacement Facility」である。

20　原語名は「the Naha Defense Facility Administration」である。

21　このボーリング調査の差止めなどを求める国内訴訟も那覇地裁に提起された（那覇地方裁判所平成16年（ワ）第1335号、同平成17年（ワ）第142号）。争点は多岐に亘るが、ボーリングの実施が調査を口実とした基地本体建設の見切り発車で、アセス実施前の工事着手禁止を定めた環境影響評価法などに違反していると主張されている。

22　原語は「the creation mythology」で沖縄の創造神話のことである。

23　原語名は「a 2002 United Nations Environmental report」である。

それのある」ものとして、保護種指定されている[24]（第16米国法典第1531条以下、第50連邦規則集第17.11.）。ジュゴンの採餌パターンやその実際の生息域については争いがあるが、辺野古沖に海草の自生地が広がりジュゴンの採餌場となっている可能性がある（引用書証略）。日本において、沖縄ジュゴンは、同国の「文化財保護法」上の「天然記念物」として保護されている（引用書証略[25]）。辺野古沖は、文化的な保護の指定をうけていないし、天然記念物として登録されてもいない[26]（引用書証略）。

Ⅲ 手続上の経緯

2004年3月15日の本案審理前の民事訴訟命令[27]において、当裁判所は、当事者に対し、NHPAの本件への適用問題に限定して、略式裁判[28]を求める申立てをするよう指示した。被告らは、「この裁判所の訴訟指揮に関し、当該略式裁判の申立について、NHPAの適用に限定される限り、（訴状却下の申立または略式裁判の申立であれ）しかるべき終局的な裁判所の措置を求めるものである」と理解して、本手続において、連邦民事訴訟手続規則12(b)(6)に基づき請求原因が主張されていないとして、また、同規則12(b)(1)に基づき事物管轄権がないとして、本訴の却下を申立ている（引用書面略）。被告らは、2003年12月9日、原告らの訴状に対し答弁した。その後、原告らは、44の宣誓供述書及び書証を反論のために提出し、一方、被告らは、いくつかの宣誓供述書及び書証を再反論のために提出した。これらの提出物のいずれにも異議は述べられなかった。

連邦民事訴訟規則12(b)(6)は、「訴訟書面外の事項が裁判所に対し主張され、かつ、裁判所によって排除されなければ、当該申立は略式裁判を求めるものとして扱われ、同規則56[29]の定めるところに従って処理されるものとする」と規定している（参照、Grove v. Mead School Dist., 753 F. 2d 1528, 1532-33（9th Cir.1985), cert. denied, 474 U.S. 826（1985）[30]）。このような転換[31]は、当事者に対し、その訴訟書面外の事項が略式裁判を求める申立として扱われうることにつき適正な告知がなされ、かつ、そのような扱いをするにつき関係する資料を提出する機会が与えられた場合に、これを行うのが適当である（Rand v. Rowland, 154 F. 3d 952, 958-59（9th Cir. 1998））。かかる告知は、訴訟書面外の事項を提出して判断を求める当事者に対しては、黙示的になされたものとして扱われる（Glove, 753 F. 2d at 1553. 訴訟書面外の事項を提出し、かつ、それらの判断を求める当事者は、当該裁判官において、当該申立を略式裁判を求める申立として転換するかもしれないことにつき告知がなされたものと判示している）。なお、In re

---

[24] 沖縄ジュゴンが米国種の保存法（ESA）による保護指定された経緯につき、拙稿「沖縄ジュゴンと環境正義──辺野古海上ヘリ基地問題と米国環境法の域外適用について──」関西学院大学総合政策研究 No.16（2004年3月。以下「沖縄ジュゴンと環境正義」として引用）44頁注183参照。このように沖縄ジュゴンが保護指定されていることからすると、同法の域外適用によるその保護も問題となるが、本訴訟ではその点の主張は控えられた。その理由の詳細は別稿に譲らざるをえないが、要するに、同法上の域外適用を定めた明文規定はなく、この点で域外適用を明言するNHPAとは異なること、判例法上も未決着の状態──域外適用を肯定した高裁判決は最高裁で原告適格の不在を理由に却下されている──にあること、9・11テロ後のブッシュ政権下においては、ESAの域外適用を主張して提訴すると、そのことを奇貨として、ESAの域外適用を否定するべく同法の「改正」が図られてしまい、角を矯めて牛を殺す結果となりかねなかったこと、一方、NHPAには少数・原住民族の固有文化を擁護する側面があり、その改正は多民族国家である米国ではタブーであり、ブッシュ政権といえども手が出せないという、戦略的・政治的な判断による。ESAの沖縄ジュゴンへの域外適用をめぐる問題については、同上44頁以下に詳しく論じてある。

[25] 筆者は、本件訴訟において、日本法の解釈適用に関する鑑定的な意見書（陳述書）を提出したが、ここで援用されている。筆者の意見書は合計8か所に引用される栄誉をえた。この意見書の作成に当たっては、弁護士の小林邦子氏から多くの教えを受けており、実質的には筆者と同氏の共同研究の成果といえるものである。

[26] ジュゴンの文化財保護法による天然記念物指定の経緯および意義につき、前掲「沖縄ジュゴンと環境正義」13頁注3参照。

[27] 原語は「a Civil Pretrial Order」である。効率的なピン・ポイントの審理を行うための争点整理などを含む訴訟指揮上の命令である。

[28] 原語は「summary judgment」である。

[29] 「連邦民事訴訟規則56」は「Summary Judgment」について規定している。

[30] このように引用判例は出典が明示されている。これは出典をたどり原文に当たれるようにするためだから、その翻訳は──原典への回帰を困難にするだけで──あまり意味がない。それゆえ、本翻訳では、引用判例はそのまま表記することにした。判例法主義の下では主要な法源は判例であり、その引用は裁判所の判断を権威づけるものとして重要な意味をもつ。なお、出典の表記には略称が用いられるが、この略称のルールとその正確な表示につき、Foremost Printers Inc., "Uniform System of Citation"、参照。

[31] 原語は「conversion」であるが訴訟行為の転換の一種である。

G. & A. Brooks, Inc., 770 F. 2d 288, 295 (2d Cir. 1985), 参照（非申立人である原告が訴訟書面外の訴訟書面別紙[32]を提出し、訴え却下申立に係る口頭弁論において、当該別紙について言及し、かつ、追加資料を提出するために期間の延長を求めたときは、当事者は、略式裁判の申立に転換されうることにつき告知がなされたものと擬制されると判示している）。

本件において、両当事者は、訴訟書面外の文書を提出し、訴え却下申立に係る弁論において、当該文書について言及し、かつ、その手続後もひきつづき補充してきた。

両当事者は、略式裁判を求める申立として手続きを進めることにつき、当裁判所の意向を告知されており、本案審理前の訴訟命令[33]を通じてやりとりもした。被告らの申立に係わる弁論後も、両当事者は、証拠を追加して訴訟記録を補充した。当裁判所に提出された証拠の許容性[34]につき何らの異議も述べられなかった。以上に基づき、当裁判所は、訴訟書面外の提出物について考慮し、訴え却下を求める当該申立を略式裁判を求めるものに転換することとする。当裁判所が縷述し当事者も理解したように、本審理における争点は、NHPAが本件に適用されるかどうかに限定されたものである。

法的基準

I 略式裁判

略式裁判は、訴訟書面、被開示物及び宣誓供述書により、「重要事実に関し真の[35]争いがなく、申立当事者において法律上当然に裁判を求めうる」ことが示されている場合に、これを行うのが適当である（連邦民事訴訟手続規則56(c)）。ここに重要事実というのは当該事件の帰趨に影響を与えうる事実のことである（Anderson v. Liberty Lobby, Inc., 477 U.S. 242, 248 (1986))。重要事実に関する争いは、合理的な陪審員において略式裁判の被申立当事者に有利な評決をなすに十分な証拠があるのであれば、真の[36]争いがあることとなる[37]（同上）。略式裁判を求める申立当事者は、重要事実につき真の争いがないことを示す訴訟書面、被開示物及び宣誓供述書から、その真の争いのない部分を特定する責任を負担する（Celotex Corp. v. Cattrett, 477 U.S. 317, 323 (1986)）。被申立当事者が訴訟において証明責任を負うであろう争点に関しては、申立当事者は「被申立人の主張事項を支持する証拠が欠如していること」を指摘するだけでよい（同上）。

申立当事者がその最初の立証責任を果したのであれば、被申立当事者は、訴訟書面を援用するだけでは足りず、自らの宣誓供述書または被開示物により、「審理に付すべき真の争いが存在することを示す事実を摘示」しなければならない（連邦民事訴訟規則56(e)）。単なる主張や否認だけでは申立当事者の主張に対する抗弁とはならない（同上、Gasaway v. Northwestern Mut. Life Ins. Co., 26 F. 3d 957, 960 (9th Cir. 1994))。裁判

---

[32] 原語は「exhibits」であり、これには広く「証拠物」を意味する場合と「添付書面」を意味する場合とがあるが、ここでは後者を指すものと解し訴訟書面添付の「別紙」と訳したが、後の判示部分をも斟酌すると、前者の意味に解すべきかもしれない。

[33] 原語は「Pretrial Order」で、前注27の「Civil Pretrial Order」と同じものと思われる。

[34] 原語は「admissibility」で証拠能力と訳出してもよい。

[35] 原語は「genuine」である。「訴訟において（それ以上の）主張立証が必要な」というような意味であろう。

[36] 前注参照。

[37] 逆にいうと、一人でも合理的な陪審員が略式裁判の被申立当事者に有利な判断をする可能性がある場合には、さらに主張立証が必要なものとして、次の訴訟上のステップ——たとえば、本案審理の手続——へと駒を進めることになる。

所は、証拠の信用力について判断してはならないし、主張された事実から推認する場合は、当該申立に反対する当事者に最も有利となるように、その推認は行われなければならない（Masson v. New Yorker Magazine, 501 U.S. 496, 520（1991），Anderson, 477 U.S. at 249）。

II 国家歴史保存法[38]

連邦議会は、1966年に同法を制定し、「米国人の志向性を指し示すために（中略）国家の歴史的及び文化的な礎（いしずえ）を保存することを目標とした（第16合衆国法典470条（b）（2））。同法は、「米国及び国際的国家社会の先史及び有史の史料保存につき、他国と協力し、また、各州、地方政府、インディアン種族及び私的な団体や個人と協働して、連邦政府がリーダーシップを発揮することをもって、連邦政府の政策とする」ことを確立している（同第470-1(2)）。同法は、内務長官にたいし、「米国の歴史、建築、考古学、工学及び文化上重要[39]な地区、場所、建物、構造物及び事物[40]から成る」歴史的箇所に関する国家登録簿[41]を維持管理する権限を付与している（同第470a条（1）（A））。

同法第470f条に基づき、連邦機関は、合衆国において連邦政府により援助された行為をおこなうに際し、「当該行為につき、国家登録簿に含まれ又は含まれる資格のある地区、場所、建物、構造物若しくは事物に及ぼす影響を考慮する」ことを要求されている（同第470f条）。そのような連邦機関はいかなるものであれ、同法に基づき創設された歴史保存諮問委員会[42]にたいし、「当該行為に関し意見を述べる適当な機会[43]」を与えなければならない（同第470f条）。それゆえ、同法は、連邦機関にたいし二重の義務を課している。すなわち、当該連邦行為をおこなうか決定するにつき、「影響を考量」する実体的な義務と、その諮問委員会と協議する手続的な義務である（参照、Save Our Heritage v. Fed. Aviation Administration, 269 F. 3d 49, 58（1st Cir. 2001））。

1980年、連邦議会は、世界文化及び自然遺産の保護に関する協定[44]への米国の参加を果たすために、同法を改正した。改正法には第470a-2も含まれ、以下のように定めている。

世界遺産目録[45]または当該他国における（米国の）[46]国家登録簿と同等[47]のものに登録された遺産[48]に対し、直接的に悪影響を及ぼしうる連邦行為[49]であって、米国外におけるものを承認するに先立ち[50]、当該連邦行為を直接的または間接的に管轄する連邦機関の長は、当該悪影響を回避または緩和するために、当該連

---

38 原語名は「The National Historic Preservation Act」で、忠実に「国家歴史保存法」と訳したが、日本法でこれに相当するものは文化財保護法であり、その内容を重視して「米国文化財保護法」と意訳してもよい。

39 原語は「significant」である。

40 原語は「objects」である。ここでは「事物」と訳したが、他の適訳としては、有体物・物体などが考えられよう。後述するように、本件では、沖縄ジュゴンがこれに含まれるか、争点の一つとなった。

41 原語名は「National Register of Historic Places」でこれを「歴史的箇所に関する国家登録簿」と訳出したが、ここに「歴史的箇所」は「史跡」中心と考えられるので、「全米史跡目録」とも意訳できるであろう。この用語も、「National Register」「Register」などとしてしばしば登場するが、同じものである。

42 原語名は「the Advisory Council on Historic Preservation」である。

43 原文は「reasonable opportunity to comment」である。

44 原語名は「the Convention Concerning the Protection of the World Cultural and National（ママ）Heritage」であるが、ここに「National」とあるのは「Natural」の誤植であろう。いわゆる世界遺産条約である。

45 原語名は「the World Heritage List」である。

46 （米国の）という括弧書の語句は、当該国家登録簿が米国のものであることを明らかにするために、訳者が便宜上つけ加えたものである。以下、国家登録簿の前の括弧書で（米国の）と表記されている場合、理解の便宜のために補足したものである。

47 原語は「equivalent」である。

48 原語は「property」である。

49 原語は「federal undertaking」である。

50 原語は「Prior to」である。単に「前に」と訳してもよいが、その事前性を強調するために、「先立ち」と訳出している。

邦行為が当該遺産に及ぼす影響について考慮するものとする（同第470a-2条）。

1998年、内務長官は、改正法に基づく連邦機関の義務に関するガイドラインを公表した[原注1]（63 Fed. Reg.20, 496-20, 508 (April 24, 1998)）。これらのガイドラインによると、「諸外国における歴史遺産に及ぼす影響を特定し考慮する責務[51]は、当該他国の歴史保存当局、影響をうける地域社会及び集団、並びに適当な専門的組織との協議を通じて、履行されるべきものである」（同20, 496 and 20, 504 (April 24, 1998)）。このような協議は、「歴史遺産に影響を与えうる何らかの連邦行為の計画段階の早い時期になされるべきである」（同上）。それゆえ、同法第470f条の適用される国内事業と同じく、連邦機関は、第470a-2条に基づき、悪影響を考慮するように義務づけられ、かつ、内務長官のガイドラインにより、外国の者らと協議するよう指導[52]されている。

III 行政手続法[53]

NHPAは行政機関の行為[54]に対する司法審査に関し特別の規定を設けていない。しかしながら、行政手続法（以下、「APA」という）は、最終的な行政機関の行為[55]であって、「裁判所における他の適当な救済手段のないもの」について、司法審査の権限を付与している（第5合衆国法典第704条）。最終的な連邦機関の行為というのは、「単に不確定または中間的な性質」のものでないという意味において、「連邦機関の意思決定手続において最終段階に達した」[56]もので、「権利もしくは義務」を確定したり、それから「法的な結果を発生させ」[57]たりするものとして、定義されている（Bennett v. Spear, 520 U.S. 154, 178 (1997)）。司法審査要件としての行政機関の行為の成熟性[58]は、「当該争点が司法的な裁定に適していること」及び「裁判所において審理されないことによる当事者の困難性」にかかっているが、その判断が難しい場合には、裁判所は「司法審査できるのが原則という前提にたって判断」することになる（参照、Ciba-Geigy Corp. v. EPA, 801 F. 2d 430, 434 (D.C. Cir. 1986), Natl Mining Ass'n v. Fowler, 324 F. 3d 752, 757 (D.C. Cir. 2003)）。行政機関の行為または決定は、裁判所において「恣意的、専断的、裁量の濫用その他法に反する」[59]と判断されたときに、取り消されうる（同第06条(2)）。裁判所による審査は「探求的で注意ぶかい」[60]ものでなければならないが、その審査基準は、窮極的には、限定されたものである（Marsh v. Oregon Natural Resources Council, 490 U.S. 360, 378 (1989)。この判例中に引用されたもの及びその引用明示は省略する）。

51　原語は「efforts」であるが、当該ガイドラインの根拠となるNHPA第470a条が上記のような法的義務について規定しているので、「責務」と訳出すべきであろう。

52　原語は「guide」であるが、NHPAの管轄官庁である内務長官が他の連邦機関に示達するガイドラインであるので、行政機関の内部では行政規則としての効力をもつ。

53　原語名は「Administrative Procedures Act」である。日本の行政手続法とは違って、原告適格要件など行政訴訟に関する一般的な規定も含まれている。

54　原語は「agency actions」である。

55　原語は「final agency actions」であって、日本法では、成熟性などの処分性要件の問題として議論される。

56　原文は「mark the consummation of the agency's decision making process」である。

57　原文は「legal consequences will flow」である。

58　ここでの原語は「ripeness」という用語が使われている。

59　原文は「arbitrary, capricious, an abuse of discretion, or otherwise not in accordance with law」であるが、これが司法審査基準となる。

60　原語は「searching and careful」である。

検　討

I　国家歴史保存法

被告らはNHPAが本件に適用されないと主張する。第470a-2条の文言によると、同法は、「当該他国における（米国の）国家登録簿と同等[61]のもの」に登録された「遺産」に影響を及ぼす「すべての連邦機関の行為」[62]に適用されると規定している（同第470a-2条）。被告らは、日本の文化財保護法は（米国の）歴史的箇所に関する国家登録簿[63]と「同等」なものではなく、ジュゴンは「遺産」に当てはまらないし、米国国防省は「連邦機関の行為」とされうる何らの行為もおこなっていない、と主張する。これらの争点について、当裁判所は、順次、検討していく。

A　日本の文化財保護法と（米国の）国家登録簿との同等性[64]

第470a-2条は、ユネスコの世界遺産条約、または、「当該他国における（米国の）国家登録簿と同等のもの」に含まれている遺産に適用される（同第470a-2条）。かくて、同法が沖縄ジュゴンに適用されるかどうかは、ジュゴンを保護指定した日本法、すなわち、文化財保護法[65]が日本における（米国の）国家登録簿と「同等の」ものといえるかどうかによる。日本法それ自体の文言によれば、文化財保護法は、「文化財がわが国の歴史、文化等の正しい理解のために欠くことのできないものであり、かつ、将来の文化の向上発展の基礎をなすものである」という認識に根ざしている（同法3条[66]。引用書証略）。同法は、「文化財を保存し、かつ、その活用を図り、もって国民の文化的向上に資するとともに、世界文化の進歩に貢献する」ことを目的とするものである[67]。同様に、NHPAは、「米国の歴史的及び文化的な礎（いしずえ）は、米国人の志向性を示すために、われわれの地域社会生活及び発展の生きた一部分として保存されるべきである」という信念に根ざしている（第16合衆国法典第470(b)(2)）。文化財保護法は、日本において、文化財保護に関する唯一の法律であり、NHPAが米国において文化財保護の問題を律する主要な法であるのと同じである（引用書証略）。加えて、その日本法の文言からも明らかなように、広範囲に及ぶNHPAと同じく、広い範囲に及ぶ遺産を対象としている（引用書証略）。日本法は、「文化財」につき、歴史的建造物、美術工芸品、考古学的場所、庭園、景勝地やその他の「天然記念物」を含むと規定している（引用書証略）。かくて、（米国の）国家登録簿と文化財保護法は、動機において類似しており、目標においても類似していて、一般的にいえば、遺産についても類似したタイプのものに関係している。

被告らは、ジュゴンを「国の記念物」[68]として保護する日本法は（米国の）国家登録簿と「同等」ではないとし、その理由として、日本法は「非生物と生物であるものの両者」を含むが、一方、米国法の方は、「およそ動物種には何らの法的な認識も保護も与えていない」と主張する（引用書面略）。この同等性の欠如に関する主張について、被告らが略式裁判を求める権利[69]がないとされるのは、以下のような諸理由による。とりわけ、

61　前記のように原語は「equivalent」である。
62　原語は「any federal undertaking」である。
63　原語は「National Register of Historic Places」であるが、「全米史跡目録」とも意訳できることにつき、前注41参照。原判決の別の箇所では、単に「National Register」と表記されるが、その場合には単に「（米国の）国家登録簿」と訳出している。
64　この問題につき、前掲「沖縄ジュゴンと環境正義」40頁以下、参照。本決定前に日米両国の登録簿の同等性について論じたものだが、本決定と結論も理由もほぼ同じである。
65　原語名は「the Law for the Protection of Cultural Properties」である。以下、文化財保護法とあるのは、日本の同名の法律を指す。前述したように、NHPAも文化財保護法と意訳できるが、日本法との混同を避けるために、国家歴史保存法ないし単にNHPAと訳出してある。
66　原文上は「Art. 8（ママ）」と表記されているが、「Art. 3」の誤植でないかと思われる。
67　文化財保護法1条の目的規定からの引用である。
68　ここでの原語は「national monument」である。
69　原語は「entitled」であり、当事者が裁判所にたいし自己に有利な一定の判断を求める訴訟法上の資格という意味で、「権利」と訳出した。

第一に、第470a-2条は、「同等の」という文言を採用したことによって、(米国の)国家登録簿と他国の当該目録が同一[70]であることを要求していない。1980年の改正法の通過と同時に、「同等の」という名詞形は、「(価値・意味・効果などにおいて)同等であるもの」として定義され、「相当するもの」[71]という用語と同義とされた(ウェブスター新国際辞典第3版[72]769頁(1971))[原注2]。しかして、形容詞としての「同等の」というのは、「意味や趣旨において似ている」とか、「とくに効果や機能において、対応している、または、事実上同一の」とか、前後の文脈に応じて定義された(同上)。かくて、その用語に関するこれらの定義は、比較された対象の効果、意義及び結果に焦点を合わせているのであって、その比較された対象と同一であることを要求しておらず、むしろ「相当するもの」[73]であることを要求している。

以上の通りであるから、当裁判所は、同条について、他国の目録[74]が「とくに効果や機能において、対応している、または、事実上同一の」ものであることを要求していると解釈することとする。両目録は、相互に対応する効果または実際上も事実上同一の効果をもち(どちらも国の文化的及び歴史的遺産を特別に保護指定している)、かつ、同じ機能をもっている(文化財保護目録[75]という仕組みを用いている)。他国の目録が米国のそれと「同一の」ものであることを第470a-2条が要求しているという解釈は、以下に論ずるNHPAの「歴史的遺産」の定義の用い方におけるように、同条の国際的な側面と矛盾する。他国の目録に対し、米国において文化的意義が認められるタイプのものだけを含むことを要求することは、まさに文化も所変われば品変わるごとく、自国の文化をまもるという他国における目録の立法努力も国ごとに変わるという基本的な命題に弓を引くことになろう(引用書証略[76])。被告らによる「同等の」限定的な読みかたによると、世界中のどの国も同等の目録をもたないことになるが、その理由は、各国の目録の内実と保護の範囲が異なるのは当然だからである(同上)。文化について同一の定義を要求するのは、第470a-2条が「同等の」他国の目録と明言したことの意図を没却してしまうであろう。

(米国の)国家登録簿と日本の文化財目録もまた同等である理由は、それらの各根拠法が、各国の人為的及び自然的なものを保護する法律大系上、同じような役割を果たしているからである。文化財保護法は、野生動物をその生物学的な価値のゆえに保護する日本の他の法律とは別個独立に、発展した(引用書証略)。文化財保護法に基づき動物種が登録されるためには、それが絶滅のおそれがあるか生物学的な価値があるかどうかとは、関係がない(引用書証略)。他の日本法は、たとえば、絶滅のおそれある野生動植物種の保存に関する法律[77]や魚類、自然公園及び哺乳類を保護する諸法は、生物学的な価値や絶滅のおそれのゆえに動物を保護する(同上)。同様に、NHPAは米国の文化保護立法で、絶滅のおそれある種を保護する他の諸法とは別に存在する(第16合衆国法典第470条以下と同第1531条以下[78]を比較せよ)。両法とも、より多くの自然的な場所や事物を含めるべく、文化的なそれらのものと

---

70 原語は「identical」で、『ジーニアス英和辞典』(大修館)などによると、「あらゆる点で同一の、まったく同じ」というような訳語が与えられていて、同等性・同義性・同価値性などで足りる「equivalent」と区別される。
71 原語は「counterpart」である。
72 原語名は「Webster's Third New International Dictionary」である。
73 前注71参照。
74 原語は単に「list」であるが、文化財目録のことである。以下、単に「目録」というときは、この文化財目録を意味する。
75 原語は「cultural protection register」である。
76 ここでの引用書証はキング博士の意見書で、その後も原決定中にしばしば登場する。博士は、NHPAの第一人者であり、同法の解釈適用に関する専門家意見を提出して、同法の解釈適用に関する裁判所の判断に影響を与えている。
77 原語名は「the Law for the Conservation of Endangered Species of Wild Fauna and Flora」である。
78 第16合衆国法典第1531条以下はいわゆる絶滅のおそれある種の保存に関する法律(Endangered Species Act)を収めたものである。

同様に、同じような方向に向かって進化してきた（引用書証略）。

　最後に、両法とも、一方において、人間の文化と歴史との間の、他方において、人間の文化と野生生物との間の、それぞれの重要な関わりを保護する同等の責務を課している。文化的に有意義な動物の存在するということが、国家登録簿の多くの登録資格の決定やその登録への基礎とされてきたし、その中には、たとえばアメリカ原住民部族の歴史において重要ないくつかの動物の生息地も含まれている（引用書証略）。国家登録簿がそれらを登録するにつき場所名を用いて分類し、そこに現存する文化的に意義ある動物種名を用いていないという事実は、日本の文化財目録との同等性を主張することの妨げとはならない(原注3)。反対に、両目録とも同じ効果——すなわち、特定の状況下にある文化的な重要性をもった動物の保護——を有しており、その異なる用語法に深い意味のないことが分かる。ジュゴンは同等の方法で保護されている。つまり、文化財保護法は一つの特定個体群である沖縄ジュゴンを保護のために登録しているが、その理由は、その動物が固有の沖縄神話や文化にとって格別の重要性をもつことによるのである（引用書証略）。

　実際上も、両法の同等性について説示した以上のような理由付けをさらに押し進めていくと、国家登録簿も日本の目録も、明確な文化的側面がなくとも生物学的な価値のある遺産を登録するものといえるかも知れない。被告らは、なんらかの歴史的側面がなければ、自然それ自体はNHPAの下で保護されないと主張する。しかし、事実としては、野生生物の保護区[79]が、なんらの文化的または歴史的な結びつきのないまま、国家登録簿

辺野古沖　海上ヘリ基地建設現場の緊迫した攻防状況

に含められている（引用書証略）。加えて、ユネスコの世界遺産目録[80]も、第470a-2条の射程を示す基準として同条において明示的に言及されたものだが、海洋野生生物の生息地と保護区を登録して保護している（引用書証略(原注4)）。これなどは、動物が「学術上価値の高い[81]」ものであり、かつ、「日本の自然環境を今にとどめ記念する[82]」場合に、当該動物を文化財指定することを認める日本法上の「天然記念物[83]」とされる範疇のものと「同等の」ものである[84]（同上）。

　文化財保護法やNHPAに基づき作成された両目録間に多くの類似点があることからすると、日本の同法は、第470a-2条の解釈上、「国家登録簿と同等の」ものである。

79　原語は「wildlife refuges」である。
80　原語名は「the UNESCO World Heritage List」である。
81　原文は「of great scientific-historic value」である。
82　原文は「commemorate Japan's natural Environment」である。
83　原語は「natural monuments」である。
84　たしかに、文化財保護法2条1項4号は、「動物」で「我が国にとって学術上価値の高いもの」を記念物の一種としているが、この動物中には「生息地、繁殖地及び渡来地を含む」と明言している。

B　ジュゴンの「遺産」性[85]

　当裁判所の審理は、本件における当該日米両国二つの目録間の同等性と、沖縄ジュゴンが日本の目録に登録されて保護されているという争いのない事実を認定し、これをもって結審しても問題はないのかも知れない。第470a-2条の文言上、同条は、「世界遺産目録または当該他国における国家登録簿と同等のもの」に登録された「遺産」に適用される。改正条項である同条において、「遺産」なる用語にどれほど同条の適用を制限する意味があるのか、合理的な法律家の間でも議論の余地がありうるので、当裁判所も、NHPAの法律体系上、沖縄ジュゴンがそこでの遺産として理解されうる場合に限って同条が適用される、という被告らの主張について検討していく。

　NHPAは「遺産」なる用語について定義していない。しかしながら、同法は、「歴史的遺産」なる語句につき、「国家登録簿に登録され又は登録される資格のある、すべての先史または有史時代の歴史的な地区、場所、建造物、構造物もしくは事物であって、美術工芸品、記録物及びそれらの遺産または史料に関係する廃墟跡などを含む」と定義している（第16合衆国法典第470w(5)。なお、参照、Hoonah Indian Ass'n v. Morrison, 170 F. 3d 1223, 1230 (9th Cir. 1999))。国家登録簿は、「米国の歴史、建築、考古学、工学及び文化上重要[86]な地区、場所、建物、構造物及び事物[87]から成る」べきものである（同第470a(a)(1)(A)）。連邦規則集によると、そのような意義づけがなされたは、「わが国の歴史が幅広い展開を遂げたことに著しく貢献した出来事や、過去に偉大な足跡を残した人々の生活との係わり」をもつことに由来するのかも知れない（第36連邦規則集第60.4条）。加えて、「独特の特徴」、「高度の芸術的価値」、「先史・有史における重要な情報を提供する」潜在性を秘めたものといったことからも、そのような意義づけがなされたのかも知れない（同上）。

　第470a-2条は、あえて「歴史的遺産」という語句を使わずに、単に「遺産」とのみ言及するに止めている（第16合衆国法典第470a-2条）。当裁判所は、同条について、ジュゴンがNHPAの定義下における「歴史的遺産」であることを暗黙のうちに要求するのか、それとも、ジュゴンが「遺産」でありさえすればよいのか、決定しなければならない。NHPAの定義において核となるのは、「歴史的遺産」は「米国の[88]歴史、建築、考古学、工学及び文化上重要な地区、場所、建物、構造物及び事物」であるということである（同第470w(5)、第470a(a)(1)(A)。下線部は強調のためにつけ加えた）。この定義は、同法が国内適用される場合に限ったものであって、このことは、当然の前提とされているだけでなく、明文上も明記されている。それゆえ、同条は、米国の見かたに立って遺産の価値を判断する場合に適用されるだけである。

　一方、第470a-2条はNHPAの域外適用に関するものである。他国の遺産がNHPAの「歴史遺産」という定義に当てはまることを要求するのは、同法が、国内法的な考慮事項や判断基準についての分析結果を手直し[89]ながら、明示的に外国法について言及していることと符合しないであろう。明らかに、議会は、第470a-2条それ自体の文言からも窺知されるように、同条の下で保護される遺産であるための適格要件につき、国内法とは異なる基準を念頭に置いている。国内法的に定義された「歴史遺産」の代わりに「遺産」なる用語を用いたことに加えて、同条は、その適用される遺産を決定するための外国基準を設定するについて、当該遺産がユネスコの世界遺産目録また

85　この問題についても、前掲「沖縄ジュゴンと環境正義」41頁以下に詳述したが、本決定と同旨の結論と理由が述べられている。
86　先述したように、原語は「significant」である。
87　原語は「objects」であること、沖縄ジュゴンがこれに含まれるかが争点となったことも、前述した。
88　この傍点は原文にあるもので当該部分をとくに強調するために引かれている。
89　原語は「refocusing」である。

を云々することは、もはや主権免責の法理の下で当裁判所に許された裁量行使の限界を逸脱することになりかねず、この点に関する被告らの主張は正しい。しかしながら、この主張は、裁判所の管轄権に関する被告らの主張と同じく、本件で争点となった諸行為のすべてが外国の政府的諸団体によって行われたものだという、被告らの一方的な結論に依拠するものである。この点に関しては争いが残されている。原告らが主張しその提出した証拠開示前の証拠が示唆するように、問題の当該行為がかなりの程度において連邦機関である合衆国国防省に関係するものであるならば、当裁判所は主権国家の行為を「無効であると宣言する」がごとき立場に置かれてはいない（参照、Credit Suisse, 130 F. 3d at 1346）。連邦行政機関の行為いかんにおけると同じく、原告らは、合衆国国防省が普天間基地移設を主導したか、その移設を実施するための要求事項（所要）を確立したか、また、今現在も当該事業の実施につき事業遂行上および潜在的に財政上支援し続けているかどうかの問題についても、それらの重要事実に関し争いがあることを示す諸文書を提出している（引用書証略）。

現時点での記録によれば、被告らは、原告の主張するそれらの行為を国防省が解消したことを示していない。被告らによるジョーン D. ヒル[134]の供述書は、2000 年以降、合衆国が当該計画策定の手続に関わっていないことの決定的な証左として被告らが引用するものであるが、2001 年運用上の所要の報告書、合衆国による当該の場所選定に関する勧告と日本により採用された計画との類似性の程度、当該計画を実施するために必要な日本の調査作業への合衆国の参加、合衆国国防省の使用のための代替施設を計画し建設するために要求されうる連邦政府による財政支出など、原告らが主張したいくつもの重要事実に関する争点事項に関しては沈黙したままである。実際、ヒルの供述書は、普天間基地移設の計画策定手続が米国軍の要求事項（所要）を充たすために行われる協働的および二国間の事業であるという原告らの主張を確認している（引用書証略）。その供述書は2001 年運用上の所要文書について触れていないがこの文書を飛び越して、1997 年計画策定文書からいきなり日本政府に起草された 2002 年基本計画へと年代的に飛躍するのは、当該計画策定手続きにおける連邦政府の関与についての彼の供述には、肝心な点で大きな空白を残したままである。

一件記録によると、現時点において、「主権国家がその領域内において行った公的な行為」を窺わせるものはなく、むしろ合衆国国防省の意思決定と密接に関係した手続過程であることをを窺わせしめる（参照、Credit Suisse, 130 F. 3d at 1346）。裁判所が連邦行政機関の行為を評価するのであれば、主権免責の原理は問題とはならない（参照、Kirkpatrick, 493 U.S. at 409-10. 主権免責の原理は、「主権国家の行為の有効性が問題となっていない」ときは「適用されない」と判示している）。それゆえ、現時点においては、被告らには主権免責の原理に基づき略式命令を求める権利はない。

結　論

被告らの却下申立は、NHPA の本件への適用可能性いかんという争点に係る略式裁判の申立へと転換されたが、却下される。

以上の通り決定する。

2005 年 3 月 1 日 MARILYN HALL PATEL

カリフォルニア北部地区合衆国連邦地方裁判所

134　原語名は「John D. Hill」である。

は当該他国における「（米国の）国家登録簿と同等のもの」[90]に登録されたものであることを要求している（同上）。それゆえ、問題の焦点は、当該遺産が実際に他国の目録に含まれているかであって、特定の遺産が（米国の）国家登録簿上の判断基準の下で登録資格があるかどうかではない。連邦議会は、第470a-2条における歴史的に重要な遺産につき、意図的に、そのような異なる基準をもうけたことが立法経緯からも裏づけられる。同条は、（ユネスコ主導の）世界文化及び自然遺産に関する協定[91]へ米国が参加したことに伴い、その国内立法措置を講ずるために設けられた（引用書証略）。連邦議会は、その協定が、「自国の領域内にある伝統遺産であって価値のあるものが何であるか明らかにし、かつ、その外延を定めることを各締約国に委ねる」ものであることを十分に認識していた（同上）。以上の通りとすると、NHPAにおける「歴史遺産」の定義は、第470a-2条の解釈適用において、箍（たが）をはめるものではない。したがって、原告らは、ジュゴンが「遺産」であることを立証するだけでよい。

当裁判所は、第470a-2条において用いられた「遺産」なる用語の意味するところを解釈することとする。この点につきNHPA及び連邦規則は指針を提供している。米国史上の重要性に焦点を合わせることなく、単に「遺産」は「地区、場所、建造物、構造物もしくは事物」とされている。ここに「事物」というのは、「機能的、審美的、文化的、歴史的もしくは科学的な価値のある物質的なものであって、その性質または意匠上、移動可能ではあるが特定の状況または環境[92]との関わりをもちうるもの」と定義されている（第36連邦規則第60.3(j)）。原告らは、当該ジュゴンが同規則上の定義の各要件を充足することの主張立証責任を果たした。ジュゴンが「物質的なもの」であって、精神的または知的なものでないことは、争いの余地もない。原告らは、ジュゴンが「機能的、審美的、文化的、歴史的もしくは科学的な価値」、とりわけ沖縄において格別の文化的意義をもつことの証拠を提出した（引用書証略[93]）。原告らは、ジュゴンが、沖縄の創造神話上人類の祖先とされただけでなく、伝統的な沖縄民話や儀式においても、「人魚の精霊[94]」として崇敬され、大漁の神として崇めどころに祀られ、また、津波をおこす能力をもった「大洋の精霊[95]」として畏れられていることについて、争いのない証拠を提出した（同上）。ジュゴンに関する民謡は、巫女（のろ）[96]や辺野古沖の地域の人々によって「よく口ずさまれ」るが、さらに、このこともジュゴンが単なる「野生動物」であること以上に文化的な価値を今なお伝えていることを示唆する（同上）。最後に、沖縄ジュゴンが、「移動可能ではあるが特定の状況または環境[97]——すなわち、『ジュゴンとその餌場・生息地である海床の位置する』沖合の『中央部』に存在する辺野古沖——との関わりをもちうるもの」であることは争いがない（引用書証略）。

---

[90] 当該他国における「（米国の）国家登録簿と同等のもの」は、必ずしも当該他国における国の登録簿である必要はないことにつき（下線部は強調）、前掲「沖縄ジュゴンと環境正義」41頁注173、参照。同所において、「NHPAの法文上、各国の文化財保護リストは、必ずしも法に根拠をもつ必要はない。したがって、地方自治体レベルの保護リスト、地域社会や特定集団内だけで認知されたものでもよいとおもわれる。国によっては、中央政府の権力者によって破壊・弾圧される特定地域や少数民族集団の文化財も存在し、NHPAはそれらの保護も考えているのであろう」と指摘しておいた。この点は、歴史認識として非常に重要で、先住・少数民族、とくに国家的権力者によって抑圧されたその文化は、「同化・融合」といった美名のもとで破壊されてきた。民族のアイデンティティはその固有の文化なくして語りえないので、先住・少数民族を抹殺——公式には、同化・融合、等々——するには、その文化を殲滅——たとえば、ヨーロッパ・キリスト列強が「野蛮な」先住南米文化にしたように——するのがいちばん手っとり早い。日本でも、最近、アイヌの聖地である二風谷がダム建設によって水没させられた。裁判でも争われたが、詳しくは、札幌地裁平成9年3月27日判決（判時1598号33頁）、参照。いずれにしても、被抑圧文化は国家的登録簿から意図的に外されるので、当該他国の登録簿イコール国の登録簿でない点は、力説しておきたい。

[91] 原語名につき、前注44参照。

[92] 原語は「a specific setting or environment」である。

[93] 引用は略したが、ここでも、ジュゴンと沖縄との歴史的・文化的・習俗的・宗教的・生活的な紐帯について、原告らの提出した専門家による鑑定的意見書が援用されている。

[94] 原語は「female mermaid spirit」である。

[95] 原語は「ocean spirit」である。

[96] 原語は「shamans」であるが、沖縄において、神事を司る世襲の女性司祭者を指している。

[97] 先述したように原語は「a specific setting or environment」である。

被告らは、野生動物には「遺産」としての適格はありえず、NHPA及びその改正条項、それらをめぐる立法経緯、その実施規則及び指針、判例法においても、議会が「野生動物を保護または保存するために、NHPAの射程を拡大しようとした」ことを示すものは何もない、と主張する（引用訴訟書面略。原注5）。「野生動物」というのは、ここで問題となっている適当な動物集団、すなわち、（米国の）国家登録簿と「同等のもの」と認められる他国の歴史保存法の下で保護された特別の文化的な意義をもつ動物を言い表したものではない。被告らの主張の要点を善解するにしても、生きているものが国家登録簿に登録される適格のある遺産たりうるかどうかの問題を決する先例は、全く以てほとんどない。この問題をあつかった一つの地方裁判所の決定は、ジュゴンに登録適格がないのは当然だとする被告らの主張に反するものである。Hatmaker v. Georgia Department of Transportation, 973 F. Supp.1047 (M.D.Ga.1995) において、原告らは、アメリカ原住民史上意義のあるオークの木の破壊に関係した連邦政府により資金援助された道路拡張事業という建設工事の継続に反対して、差し止めの仮処分を申請した。裁判所は、その木は少なくとも国家登録簿に登録される潜在的な適格があるとして、これを認容した（同上1056-57頁）。その後の事件において、当該交通部はこの差し止めの仮処分の取り消しを求めたが、裁判所は、木はそのままでは[98]国家登録簿に登録される適格をもちえないという被告の主張を、再度斥けた（参照、Hatmaker v. Ga. Dep't of Tranportaion, 973 F. Supp. 1058, 1066 (M.D. Ga. 1997)）。NHPAの適用可能性を評価するにつき、裁判所は、争いとなった事物[99]の歴史的な属性[100]が確認しうる性質[101]のものであることを強調した（同上）。

Hatmaker事件は本件と似ている。動物が木々と異なることは明らかだが、それらの相異なる性質は、同法の分かりやすい文言の下では、さして重要でない。ジュゴンは、木と同じく、「機能的、審美的、文化的、歴史的もしくは科学的な価値のある物質的なものであって、その性質または意匠上、移動可能ではあるが特定の状況または環境[102]との関わりをもちうるもの」（第36連邦規則第60.3(j)）として、「事物」の範疇に入る。

同様に、ジュゴンの遺産性を争う被告らのその余の主張も理由がない。被告らは、第9巡回区控訴裁判所[103]が州及び連邦政府は野生動物を「所有」できず、それゆえ、野生動物は財産[104]にはなりえないと判示したと主張する（参照、Christy v. Hodel, 857 F. 2d 1324, 1335 (9th Cir.1988)）。政府が当該財産を所有しているかどうかは、国家登録簿に登録される適格の決定とは関係がない（第36連邦規則集第60.2条）。被告らの言わんとするところを善解するとしても、所有者性またはその可能性がないからといって、あるものが財産でなくなる訳ではない。第10巡回区控訴裁判所が指摘したように、「野生生物はそれらのいる土地の所有者の私的な財産ではないということは言い古されて」いるが、それでも野生生物は「共有の財産の一種であって、それらの管理や規則は、（政府が）『人々の利益の受託者として』なすべきものである」（Mountain States Legal Foundation v.

---

98 原語は「unaltered」で「（人為的な）改変の加えられていない」というニュアンスであろう。
99 原語は「contested object's」で登録適格が問題となったオークの木のことである。
100 原語は「historic qualities」でオークの木がもつ歴史的な価値のようなものである。
101 原語は「verifiable nature」で、国家登録簿の登録適格要件としては、かなり緩やかな解釈基準である。
102 原語は「a specific setting or environment」である。
103 原語は「the Ninth Circuit」と略されているが、本件の第1審であるカリフォルニア北部地区連邦地方裁判を管轄する控訴審である高等裁判所にあたるので、その判例はとくに重みをもつ。
104 原語は「property」で、他の箇所では「遺産」と訳出しているが、ここでは「所有」——原語は「own」である——との関係で論じられているので、「財産」と訳した。被告らは、遺産も財産の一種なのだから、そもそも財産でないものは遺産たりえないという前提で、所有できてないもの——換言すると、いまだ所有の客体とされてないもの——は財産性の要件を欠くところ、野生生物は野生のままでは「所有」されていないので「財産」ではなく、したがって遺産たりえないという論陣を張ろうとしたのである。英米法でも、日本法の無主物先占の法理（民法239条）に似た「捕獲」(capture)の法理論があって、野生生物は直接的な排他的支配に置かれて初めて所有されたもの、つまり、人間の「財産」になるとされるので、野生の状態では財産性が否定される。

Hodel, 799 F. 2d 1423, 1426 (10th Cir 1986) 傍点は強調してある。Geer v. Connecticut, 161 U.S. 519, 528-29 (1896) を引用している。他の理由により破棄されたが、Hughes v. Oklahoma, 441 U.S. 322 (1979)。

沖縄ジュゴンが動物として国家登録簿の下で財産としての適格があるかどうかの問題のほかにも、両当事者は、ジュゴンの海草の餌場にもその適格が認められるか論じている。被告らは、その餌場なるものは特定されていない以上、登録簿に載せることはできないとし、その理由として、NHPAにおいて保護される場所は「正確に特定」されていなければならず、かつ、実際上も、物理的な現時点におけるマーキングによって、その範囲が画されたものでなければならない、と主張する。同様に、ジュゴンの生息地の適格性に焦点を当てて、原告らは、ジュゴンがその生息地の文化的な重要性に貢献する要素であり、このことからもNHPAの下で保護される適格性を具備していることを示すであろう証拠を提出した（引用書証略）。原告らは、当裁判所に対し、ある場所がそこに生息する動物種の重要性に由来して保護されている、いくつかの例を提示した。たとえば、野生生物のある種のものと文化的に関連した野生生物の保護区やその場所などが、これに当たる（引用書証略（原注6））。

ジュゴンの生息地に関し、被告らが提起した第一の主張は、次のとおりである。すなわち、第9巡回区控訴裁判所によると、NHPAにおける「地区、場所、建造物、構造物もしくは事物」なる用語は、「そのすべてについて大まかな地域というだけでは足りず、それ以上に正確に境界が画され、特徴づけられたものであることを示唆する」と判示されているのだから、ジュゴンの生息地の境界を正確に画しえないということは、そのような地域の遺産適格性の否定につながると主張する（参照、Hoonah Indian Ass'n v. Morrison, 170 F.3d 1223, 1231 (9th Cir. 1999) （原注7））。が、Hoonah事件においては、文化的に意義ある場所の位置は、広範囲におよぶ調査や、当該場所を「『実際の』位置というよりも『象徴的な』位置」としての場所を指すとした原告らの釈明がなされた後にも、これを確定しえないことが判明したのであった（同上）。これに対して、ジュゴンの生息地の場所は、ジュゴンそれ自体の日々の観察、ジュゴンが餌場とする海草繁茂地の位置、食痕の跡を通じて確定することができる。原告らは、海草の生息地の位置を書証化した地図を提供し、それらの繁茂地が物理的に特定可能で、かつ、沖縄全体の海岸線10％沿いの特定地域に限定されていることを示す争いのない証拠を提出した（引用書証略（原注8））。このようなジュゴンの生息地を示す証拠は、現時点における物理的なマーキングによって認識された現実の場所であることが必要だというHoonah事件の要件にも適合する（同上）。

動物そのものと対比された意味でのジュゴンの生息地であっても、別の理由により、NHPAの適用上、遺産としての適格性が当然に認められるわけではない。文化財保護法上、天然記念物として登録されているのは、ジュゴンそれ自体であってその生息地ではない[105]。被告らは、日本法が辺野古沖そのものは勿論、そのいかなる部分についても、およそ文化的な保護の指定をしていないことを示す争いのない証拠を提出した（引用書証略）。日本法が辺野古沖を文化的または歴史的な意義に基づき保護していない事実を前提とすると、それは他国における（米国の）国家登録簿と「同等の」ものによって保護された「遺産」ではない（第16合衆国法典第470a-2条）。原告らは、日本の法律——すなわち、文化財保護法——が、「天然記念物」である「文化財」の存在形式につき、「動物（……その生息地を含む）[106]」と生息

105　原決定の指摘するように、ジュゴンの天然記念物指定が「地域を定めず指定する（主な生息地—沖縄県）」となっていることにつき、前掲「沖縄ジュゴンと環境正義」13頁注3参照。原告らは、日本の法律——すなわち、文化財保護法——が、「天然記念物」である「文化財」の存在形式につき、「動物（……その生息地を含む）」と生息地をも含めて規定している以上、すでにジュゴンの生息地もこれに含まれるという主張を仔細には展開していない。

106　前注84参照。

地をも含めて規定している以上、すでにジュゴンの生息地もこれに含まれるという主張を仔細には展開していない（引用書証略）。このような解釈は、「……天然記念物に係る自然環境の保護及び整備に関し必要があると認めるときは」と定め、同法が文部科学大臣や文化庁長官にたいし、環境大臣の注意を喚起すべく指示していることからも裏づけられる [107]（同上）。しかして、原告らはこの点について敷衍しないし、当裁判所も、ジュゴンは第470a-2条の下で遺産としての適格性が潜在的に認められると判断するので、当該日本の法律の意味および意図について詮索する必要もない。

沖縄ジュゴンは移動可能であるとしても、なおかつ、特定の状況または環境との関わりをもつ。ジュゴンは、沖縄の人々にとっての文化的かつ歴史的な重要性に基づき日本法の下で保護されている。それゆえ、NHPA第470a-2条が沖縄ジュゴンに適用できるのは、文化保存のための他国における米国のものと同等の法律体系の下で、ジュゴンが文化的及び歴史的な理由から保護された動物であることによるのである。

C 「連邦機関の行為」としての海兵隊普天間飛行場の移転

第470a-2条は「合衆国外におけるすべての連邦機関の行為 [108]」に適用される（第16合衆国法典第470a22条）。「連邦行為 [109]」なる用語はNHPAにおいて次のように定義されている（同第470w(7)）。

事業、活動もしくは施策であって、連邦行政機関の直接または間接の管轄の下において、その全部または一部の資金手当がなされたもので、以下のものを含むものとする。
(A) 当該行政機関によって、または、そのために行われるもの
(B) 連邦政府の財政支援により行われるもの
(C) 連邦政府の許可、許諾もしくは承認が必要とされるもの、および
(D) 連邦行政機関からの授権または承認にしたがい執行される州または地方の規則に服するもの

当裁判所の知る限り、第470a-2条との関連における「連邦行為」のNHPA上の定義について、とくに解釈した判例法は見あたらない。が、NHPAの国内的適用上、「連邦行為」の意味内容を解釈した判例法は、本件においても十分参考となるものである。域外適用と国内適用に関する二つの規定は、いずれもNHPAの下で、同じ「連邦行為」の定義に服している（同第470w(7)）。国内的に行われた連邦行為と海外において行われたそれに適用される二つの規定の相違点として注目すべきは、国内における「連邦行為」性は、「なんらかの連邦政府資金の支出承認……または、なんらかの許諾の発布」という、より限定された要件が要求されるのに対し、第470a-2条の場合に

---

[107] 文化財保護法70条の2第2項参照。なお、本文中の「文部科学大臣や文化庁長官」に対応する原語は「government officials」であるが、同条項中の「文部科学大臣や文化庁長官」を指して「government officials」とされているので、本文のように「文部科学大臣や文化庁長官」と訳した。なお、この点の裁判所の指摘——本文中の「このような解釈」以下の判示部分——も極めてシャープである。要するに、日本の文化財保護法は、生きた動物をも文化財——すなわち天然記念物である——に含めているが、その際、文化財である動物中に「その生息地」をも含めていること、さらに、同条項が文部科学大臣や文化庁長官を通じて当該「天然記念物に係る自然環境の保護及び整備」（傍点は筆者による強調）を環境大臣に促している——天然記念物の所管は文部科学大臣・文化庁長官であるが自然環境の保護・整備のそれは環境大臣であるので——ことなどから、裁判所は、日本の文化財保護法が天然記念物である「動物」とその生息環境——同条項上は「天然記念物に係る自然環境」——を不可分一体のものとして捉えている以上、ジュゴンの生息地である辺野古海域もまた、天然記念物であるジュゴンと一体となって保護されていると考えるようにしたのである。この点は、日米ジュゴン弁護団も十分には詰めておらず、今後の本案審理において、裁判所からの啓示にしたがって補充していく必要がある。裁判所も、「原告らは、日本の法律——すなわち、文化財保護法——が、『天然記念物』である『文化財』の存在形式につき、『動物（……その生息地を含む）』と生息地をも含めて規定している以上、すでにジュゴンの生息地もこれに含まれるという主張を仔細には展開していない」と述べて、原告らの主張が尻切れトンボになっている点を暗に批判している。いずれにしても、文化財保護法が天然記念物とその生息地を一体的なものとして保護しているとすれば、結局、NHPA上も、歴史的な場所の重要要素である動植物がその場所と一体のものとして保護されているのと同じ——あえて違いを指摘すれば、日本法は動物が「主（メイン）」でその生息地が「従（サブ）」であるが、米国法では場所が「主」でそこの動植物が「従」の関係にある——しくみであり、両者間の「同等」性の根拠ともなろう。

[108] 原文は「any Federal undertaking outside the United States」である。ここでの論点は、この「undertaking」の意味内容と、その普天間飛行場移設への当てはめである。

[109] 原語は単に「undertaking」であるが、「Federal undertaking」における「undertaking」であるので、以下、適宜、「連邦行為」「連邦行政機関の行為」などと訳出することにしたい。

は、「なんらかの連邦行為の承認」で足りるとされている点である（同第470f条と第470a-2条を対比せよ）。このように第470a-2条適用の引き金をひく上記要件はより緩やかなものであり、連邦議会は、海外における連邦政府による事業に適用されるための連邦行為について、より制限的でない定義を意図したのではないかと推測されるのである。

NHPAの適用上、「連邦行為」とは何かを決める基準は、国家環境政策法[110]の下において「主要な連邦機関の行為」[111]とは何かを決める基準と「類似した」ものであると一般に判示されてきた（参照、Preservation Coalition Inc. v. Pierce, 667 F. 2d 851 (9th Cir. 1982)。二つの法律の遵守要件の違いを区別しながらも、両法律の「要求事項と目標間の類似性」を指摘している。なお、参照、Sugarloaf Citizens Ass'n v. Fed. Energy Regulatory Comm'n, 959 F. 2d 508, 515 (4th Cir. 1992), United States v. 162.20 Acres of Land, 639 F. 2d 299, 304, n. 5 (5th Cir.1981))。主要な連邦機関の行為というのは、「法律上の前提条件となるもの」を意味すると判示されてきた (Ringsred v. City of Duluth, 828 F. 1305, 1308 (8th Cir. 1987))。主要な連邦機関の行為であるか評価する際の考慮要因には次のものが含まれる。すなわち、(1) 当該事業の連邦政府的な側面に対し当該連邦機関がもつ裁量の程度、(2) 連邦政府による援助が与えられたかどうか、および、(3) 全体的な連邦政府の関与のレベルが「とくに私的な行為を連邦政府の行為」に転換するに十分なものかどうかである。

裁判所は、NHPAの「連邦行為」の定義を広く解釈し、広範囲におよぶ直接的および間接的な連邦政府による支援手段、たとえば、資金融資、許諾行為、建設工事、土地の許可および事業の監督なども、これに含めてきた[原注9]。参照、Tyler v. Cuomo, 236 F. 3d 1124, 1128 (9th Cir.

辺野古の抗議座り込み現場

2000)。連邦政府による資金融資によって部分的に資金手当された開発行為について、NHPAの下で審査可能と認定している。Native Americans for Enola v. U.S. Forest Serv., 832 F. Supp. 297 (D.Or. 1993). 連邦政府の土地上での丸太引きずりの許可につき、NHPAの下で審査可能と認定している。Sierra Club v. Clark, 774 F. 2d 1406, 1408, 1410 (9th Cir. 1985). 連邦政府の土地上でのレースコースの許可につき審査可能と認定している。なお、参照、Hisoric Green Springs, Inc., v. Bergland, 497F. Supp. 839, 853 (E.D. Va. 1980).「『連邦政府の行為または連邦政府により支援された行為』なる用語の射程について解釈した判例法は、非常に幅広い読みかたをしていることを窺わせる」と認定している。Nat'l Indian Youth Council v. Andrus, 501 F. Supp. 649, 676 (D. C. N. M. 1980). NHPAの解釈規則は『連邦行為』を幅広い意味において定義している」と指摘している。

NHPAにおける連邦行為の意味を明らかにする際に考慮すべき重要な要素には、当該機関の当該連邦行為に対する「主導性、資金手当もしくは権限付与」などが含まれる（Techworld Dev. Corp. v. D.C. Preservation League, 648 F. Supp. 106, 120 (D. D. C. 1986)。相互調整、計画策定、および、建設事業を実施するNHPA適用対象外の事業者への資金手当に努めることなどによっ

110　原語名は「National Environmental Protection（ママ）Act」と表記されているが、「National Environmental Policy Act」の誤植であろう。
111　原語は「major federal actions」である。

て、連邦機関が建設工事に関与することは、伝統的にNHPAの連邦行為に当てはまるものとされてきた（参照、たとえば、Presidio Golf Club v. Nat'l Park Serv., 155 F. 3d 1153 (9th Cir. 1998)。連邦政府の土地上で被許諾者により建設された事業はNHPAの審査に服するとしている）。両当事者により引用された判例は、連邦政府機関による事業決定の権限や現実の支出のいずれもが、NHPAの国内適用上、連邦行為を構成するに十分なものであることを示している（参照、たとえば、Clark, 774 F. 2d at 1410。Presidio Golf Club, 155 F. 3d at 1156, 1162 (9th Cir. 1998)。被許諾者が連邦政府の財産上に建設したゴルフハウスへの資金手当を連邦政府機関が提案したことにつき、審査している）。

第470a-2条は、「なんらかの連邦行為を承認するに先立ち」という時間的な枠組みに言及しているが、3つの巡回区控訴裁判所は、第470f条の「先立ち」という同じ文言が、現在継続中の連邦行政機関の活動のみならず、すでに完了済みのものについても適用されると判示した（参照、Morris County Trust for Historic Preservation v. Pierce, 714 F. 2d 271, 280 (3d Cir. 1983)。連邦行政機関が連邦政府による財政手当を承認しまたは不承認とし、かつ、……歴史的な保存……目標の審査を実質的に行う権限をもつ場合、NHPAは「現在継続中の事業につき、そのいかなる段階においても」適用されうると判示している。Ca 79-2516 Watch v. Harris, 603 F. 2d 310, 319-23 (2d Cir. 1979)。NHPA第470f条の立法経緯に鑑み、連邦議会は、連邦行政機関が最終的に資金支出を承認するまでは、同条が当該連邦行為の各段階において適用されることを意図していると判示している。Romero-Barcelo v. Brown, 643 F. 2d 835, 859, n. 50 (1st Cir. 1981)。NHPAは、NEPA[112]における解釈と同じく、現在継続中の連邦機関の活動をも含むように解釈されるべでると指摘している(原注10)）。

原告らは、NHPAの目的に照らし、以下のような諸活動は連邦行為を構成すると主張する。すなわち、国防省が代替施設計画を承認したこと、代替施設の位置および設計を決める予備的文書を作成したこと、技術調査を実施し、代替施設を計画するための建物を建設し、また、その建物の日常的な使用を許可するために、キャンプ・シュワブに立ち入ることの許可請求に対し承認を与えたこと[113]、1997年の運用上の所要という文書の準備やFIGに対し資金提供したこと、ならびに、国防省のためにその要求事項にしたがいその使用のために代替施設を建設することなどである（引用書面・書証略）。原告らは、これらの事項について、書証を提出している（引用書証略）。

当事者らは、原告らの主張した上記諸活動が「事業、活動もしくは施策」を構成するかどうかは争わない（第16合衆国法典第470w(7)）。同様に、被告らは、代替施設の計画手続に資金提供したことや（証拠によると、米国はFIGへの資金提供として数百万ドル支出したことが窺われる）、代替施設が完成すれば米軍基地移設のために資金手当することを否定してはいない（引用書証略）。このような支出は、本件で問題とされた諸活動が被告らによって「全体的または部分的に」資金手当されたことを示している（同第470w(7)）。かくて、当裁判所は、被告らの行為について、それが一つまたはそれ以上の審理可能な連邦行為なるものに帰着するかどうか解釈するにつき、連邦行為と主張された各行為を仔細に検討し、それらの行為が、「当該行政機関によって、または、そのために行われるもの」「連邦政府の支援により行われるもの」もしくは「連邦政府の……承認が必要とされるもの」など、「連邦行政機関の直接的または間接的な管轄の下」にある活動という法律上の定義の射程内に入る適格性があるかどうかみていく（同第470w(7)）。

112　NEPAというのは「National Environmental Policy Act」の頭文字をとった同法の略称である。
113　この承認は日本政府に対して与えられたものである。

被告らは、予備的な事項として、「1996 年 SACO 報告」および「1997 年運用上の所要」は連邦行為とはなりえないとし、その理由として、それらのものが「2002 年基本計画」により差し替えられたことを主張する（引用書証略）。当裁判所は、これら 1996 年および 1997 年文書の現時点における有効性について、被告らが異議を唱える権利を否定すべき十分な理由があると考える。すなわち、2001 年付けの改訂された運用上の所要の機密区分はトップ・シークレットとされているが(原注11)、被告らは、一方において、差し替えられた（以前の）計画文書を未確定のものとはなしえないし、他方において、より最近の現行文書がトップ・シークレットに機密区分されていることを逆手にとって、これを隠すことはできない。被告らが改訂された運用上の所要文書への言及を撤回し、かつ、基地移設事業における米国の関与を暗に認めた114 ことは、せいぜい 1997 年文書を胡散臭くするものでしかない（引用書証略）。SACO 報告書および 1997 年運用上の所要は、代替施設の核となる要求事項を確立したものであり、その改訂文書が入手できない以上、原告らはこれらの礎（いしずえ）的な文書に基づき証拠開示115 の手続にすすむ権利が認められる（引用書証略）。通常の証拠開示手続において、原告らが 2001 年文書に対しいかなる請求をなしうるかの問題を当裁判所が取りあげるまでは、原告らは、1996 年および 1997 年文書の内容に基づき訴訟外の供述録取116 および他の証拠開示の手続をおこなう権利が認められる。

加えて、ここで問題となっている連邦行為——すなわち、代替軍事施設に関する連邦行政機関の要求事項の策定——は、司法審査という観点からは未確定とはいえず、当裁判所が決すべき意義ある実際の紛争がないとはいえない（参照、American Rivers v. National Marine Fisheries Service, 126 F. 3d 1118, 1123（9th Cir.1997）。American Tunaboat Ass'n v. Brown, 67 F. 3d 1404, 1407（9th Cir. 1995）を引用している）。これらの文書は、将来、連邦機関が当該航空基地を承認する際の判断基準になるであろうと考えられる。当該施設の建設はまだ開始されておらず、なお以て、NHPA の要求する協議の手続を行うことができる。原告らの指摘するように、NHPA の下における連邦機関による決定の審査は、その定義からも、同法による協議と保存の実効性を確保するめに、建設事業の完了に先立って開始されなければならない。連邦行為が完了した段階にある場合、もはや連邦行為の司法審査はなしえないという NHPA の解釈は、裁判所の司法審査を「最終的な連邦行政機関の行為」117 に限定した APA118 の要件と矛盾しかねず、批判を免れない 119（第 5 合衆国法典第 704 条）。そのような解釈がまかり通ると、APA と NHPA が相まって、一切の司法審査が否定されてしまうであろう。

114　原語は「insinuate」である。原決定が指摘するように、被告らは、当初、96 年 SACO 報告書や 97 年運用上の所要は 02 年基本計画に差し替えられて失効し、現在有効なのは 01 年改訂の運用上の所要であるというスタンスで臨んだ。これに対し、原告らは、手許に 01 年文書がなかった——その入手も不可能であった——ので、その開示を求めた。が、訴訟開始後に 01 年文書はトップ・シークレット扱いにされ、被告らは、そのことを理由に法廷への顕出を拒み、さらに、96 年・97 年文書が差し替えられたという主張自体を撤回した。裁判所は、被告らのこのような対応に不信を募らせ、原注 11 でその問題（矛盾）点を手厳しく批判する一方、訴訟法（手続）的には、被告らの上記のような対応から、被告らは米国の関与を「暗に認めた」ものだと認定しつつ、97 年文書の意義を「胡散臭い」ものとして弾劾したのである。以上のように、裁判所が被告らの手のひらを返すような対応を批判したことは異例ともいえ注目に値し、行政権力にたいしもの怖じしない司法国家アメリカの面目躍如としたものを感じる。

115　原語は「discovery」である。

116　原語は「depositions」である。

117　APA 第 704 条からの引用であるが、司法審査の対象行為につき、宙ぶらりんの状態にある未確定な連邦行為を除外するために、同条の定める要件である。日本法的にいうと、成熟性などの処分性要件として論じられるが、この要件は米国法の下では非常に緩やかに解釈されていて、日本法とは月と鼈（スッポン）ほどの違いがある。

118　「Administrative Procedure Act」の頭文字をとった略称（abbreviation）である。

119　この部分の趣旨はやや分かりにくい。敷衍すると、上記のように、96 年・97 年文書などの策定をもって NHPA 上の連邦行為性を捉えると、それらの文書はすでに完成しているので、NHPA 第 470a-2 条にいわゆる「なんらかの連邦行為を承認するに先立ち」という要件の解釈上、当該連邦行為は「承認済み」であるので、NHPA 訴訟における訴えの利益を欠くことになる、という被告らの主張に対し、裁判所は、「最終的な連邦機関の行為」——これは、先述したように、当該連邦行為が最終段階に達したこと、つまり、ここでは承認されたことを要求する——について司法審査を認める APA 第 704 条を援用する一方、上記各文書の完成後であっても代替施設建設に着手されていない以上、「なんらかの連邦行為を承認するに先立ち」という要件との関係においても、上記各文書を起点として代替施設建設に至るまでの間に一連の連邦行為——たとえば、その実施のための資金手当など——を想定できるので、訴えの利益は失われない、と判示したのである。

しかして、被告らがその答弁書で唐突に指摘したように、1996年文書は時効の問題を提起する（引用書面略。第28合衆国法典第2401条（a））。APAに基づく提訴は、合衆国に対する民事訴訟につき適用される6年の時効期間に服する（参照、Wind River Min. Corp. v. United Staes, 946 F. 2d 710, 713 (9th Cir. 1991). Sierra Club v. Penfold, 857 F. 2d 1307, 1315 (9th Cir. 1988))。被告らは、原告らの訴状にたいする3つの修正した答弁書や却下申立書のいずれにおいても、時効の抗弁主張をしそこなっている（引用訴訟書面略）。連邦民事訴訟規則第8条（c）は、答弁書的な訴訟書面において、時効を含むすべての抗弁事由を主張することを要求している。第9巡回区控訴裁判所は、連邦政府への請求に適用される6年の時効による請求制限の主張をしそこなったことは、単なる訴訟的管轄上の瑕疵ではなく時効主張の放棄として扱われると判示している（参照、Cedars-Sinai Medical Center v. Shalala, 125 F. 3d 765, 770 (9th Cir. 1997))。上記3つの修正した答弁書や却下申立書において、被告らがこの（時効の）抗弁事由を主張しそこなったことに基づき、原告らはこの点につき反論する権利を奪われ、訴訟法上の不利益を余儀なくされたのだから、当裁判所は被告らが時効の抗弁を放棄したものとして扱うこととする（原注12）。このような判断は、機密文書扱いのゆえに、より最新の文書[120]の入手が妨げられていることを前提とすると、とりわけ説得力をもつ[121]。

さらに代替施設所要の計画策定段階から進んで、当該軍事基地に関し、その計画策定に続くまたは現在進行中の連邦行為に国防省が従事したかどうかの重要事実については、なおも争いが残されている。原告らは、被告らが代替航空基地の設計および建設の監督に従事しているという主張を調査検討するための証拠開示手続にはまだ入っていないものの、予備的な技術・環境調査への許諾などを含む当該新軍事基地の計画策定及び建設工事について、合衆国が日常的な監督権限を行使していることを示す最近のいくつかの文書を提出している（引用書証略）。原告らは、代替施設所要の計画過程において数百万ドルにも及ぶ連邦政府の資金手当がなされたこと、キャンプ・シュワブ沖合で調査活動を行う日本職員に立ち入り許可を与えたこと、キャンプ・シュワブ内に建物や計画事務室が建設されたこと[122]を主張し、その証拠も提出した（引用書証略）。連邦政府の土地への立ち入り許可は種の保存法上は連邦行為とはされず、したがってまた、NHPA上も同様に解しうるという被告らの主張は正しいが、被告らは、連邦政府の土地への立ち入りの許可だけが合衆国政府の関与として残る唯一のもの——もとより、当裁判所は、そのような前提には立たないが——であることを示す証拠を提出していない（参照、Sierra Club v. Babbitt, 65 F. 3d 1502 (9th Cir. 1995). 連邦政府の土地への立入許可は種の保存法の下における連邦行為を構成しないと判示している）。一件記録に照らしてみると、合衆国政府は、当該代替施設に対する国防省の要求事項を強行[123]するために、その日常的な強行のための権

120　01年文書を指している。

121　前記のように、被告らは2001年文書につき極秘扱いを理由にその顕出を拒否しているので、原告らの主張の拠りどころは時間的に古い96年・97年文書しかない。この点を奇貨とした被告らの時効主張を許すことは、結果として、2001年文書を秘匿した被告らにたいし、時効の抗弁主張というご褒美を与えることになる。このような結果を裁判所は正義に反すると考え、被告らの時効主張に厳しい態度で臨んだのである。フェア・プレーの精神ともいえるが、より一般的には、権力に対峙する司法府の気骨——それは「法の支配」の貫徹である——がみてとれる。行政「べったり」の日本の裁判所も見習って欲しい点である。本件でも、日本の裁判所であれば、行政府から時効の抗弁がだされれば、これ幸い——実質的な審理の「労」が省けて、しかも、行政側に有利な判断が示せるので——とばかりに、時効の主張を許し行政府を勝たせていたであろう。行政側を勝たせるために「全力」を尽くすのが日本の裁判所の悪しき習性である。

122　これらの建設は日本政府職員である那覇防衛施設局職員が辺野古沖での「調査」——実体は調査を口実にした基地本体工事の見切り着工であるが——活動を実施するためになされたものである。現地での阻止活動との衝突を避けるために、米軍の「庇護」を求めてキャンプ・シュワブ内に建設されたものである。

123　「enforce」という原語からも明らかなように、米軍の関与が日本政府への「お願い」ベースのものではなく、半ば履行を「強いる」強権的なものであることが示唆されている。いずれにしても、日米安保条約や日米地位協定に基づく日本政府による米軍施設の建設提供が、日本政府の一方的な行為によるもので米国政府の関与の余地はないという、これまでの日米両政府による「公権的」な解釈に米国裁判所が正面から異議を唱えたものとして、極めて注目に値する。今後の在日米軍基地訴訟に与える影響も大きい。日本の裁判所であれば、このような公権的解釈の「まやかし」を鵜呑みにして、簡単に言い包められてしまったであろう。

限を行使[124]してきたことを物語っている。

審査可能な連邦行為を認定する論拠として可能性のある最後のものは、代替施設が国防省の所要にしたがい、主として合衆国軍隊の使用のために建設されているという、何よりも大切な事実である（引用書証略）。参照、"tatus of Open Recommendations, Feb. 1999 Report of the General Accounting Office"（合衆国は、普天間基地が閉鎖され、かつ、海上施設に移設される前に、日本が充たさなければならない要求事項を確立させた」と述べている）、"tatement at the Committee on International Relations, United States House of Representatives, June 26, 2003"（引用書証略。「SACO最終報告を実施する努力が続けられている……日本政府による『普天間代替施設』の海上部分に係る基本計画の日本政府による承認は、SACOプロセスの進展を際だたせるものである」と記されている）。NHPAがすべての「連邦行政機関により、または、連邦行政機関のために実施される事業、活動もしくは施策……」を、明示的に連邦行為に含めていることを前提とすると、当裁判所において、法的な解釈として、合衆国のために、かつ、その使用のために建設される施設が連邦行為でないと判示することは、法的にはばかばかしい[125]ことでしかない（同第470w(7)）。非連邦政府の事業者が連邦政府のために実施する事業であっても、当該事業に対し、連邦政府機関が裁量を行使し援助して、「本質的に私的な行為を連邦行為」に転換せしめる程度のものであれば、合衆国が直接的には建設に携わらないという事実は、連邦行為の存在を認定する妨げとなるものではない（参照、Ringsred v. City of Duluth, 828 F. 2d 1305, 1308 (8th Cir. 1987)）。本件申立につき被告らの提出したものは、当裁判所におけるイン・カメラの手続[126]で提出されたものも含め、せいぜい、当該事業に対する国防省の最近の関与の性質および程度について、事実に争いのあることを示すものでしかない。

かくて、原告らは、当該の計画策定、建設工事および最終承認の手続きが連邦行為を構成するかどうか調査検討するために、証拠開示の手続に入る権利が認められる。一件記録上も、多くの疑問点が未回答のまま残されている。たとえば、2002年基本計画や沖縄県知事による場所選定の公的声明の発布前から、米国は当該場所の選定を承認していたのか[127]、将来におけるその承認の手続きはいかなるもので、米国は、その運用上の所要が遵守されたかどうか確認するについて、どのような役割をもち続けるのか、キャンプ・シュワブ沖合に必要とされた場所に関し、1997年運用上の所要が特定した規模を前提として、1500m×700mの航空基地を沖合に設置させるについて、実際上、日本にどれほどの選択の余地があったのか[128]、等々である（引用書証略）。一件記録はまた、現時点において、資金手当の問題につき沈黙しているが、被告らが当該計画手続に資金手当したことは疑いの余地はないし、少なくとも、米国の使用のために建設された新施設にその基地を移設する費用は、かなりの額に達するものと思われる（引用書証略。この書証は、代替施設の初期の計画手続において米国が数百万ドル支出したことを示す争いのない証拠である）。資金手当の調整に関する情報は、第470a-2条の要求するように、連邦行為であると主張された行為に米国が「全体的または部分的に」資金手当したかどうかを判定するうえで、非常に重要な論拠を提供するであろう。要するに、現時点では、代替施設の計画策定、資金手当及び使用における国防省の役割に関する

---

124 原文は「(to) exercise regulatory enforcement」であるが、その含蓄につき、前注参照。
125 原語は「legal absurdity」であるが、裁判所の被告らの主張に対する批判には手厳しいものがある。
126 イン・カメラ (in camera) の手続というのは、秘密維持のために密室で、裁判官にたいしてのみ当該証拠を開示するものである。
127 この点の鋭い分析として、真喜志好一「密約なかりしか——SACO合意に隠された米軍の長期計画を負う」週刊金曜日 No.362、が非常に有益である。
128 この点の指摘も非常に鋭いもので、キャンプ・シュワブ沖合に、1997年運用上の所要にしたがい、1500m×700mの航空基地を建設するという米国からの注文は、特定地点における基地建設を一義的に日本に迫るもので、その場所の選定は——日本の選択の余地はなく——米国の行為そのものと評価しうることを示唆している。

重要事実に係る疑問点は残されたままである。

　証拠開示の手続を通じて得られる事実に関する情報は、当該連邦機関の決定は最終的なものではないという、被告らの主張についても光明をさすであろう。被告らは、原告らがAPAの下で司法審査を可能とする最終的な連邦行政機関の行為を明らかにしていない、と主張する。NHPAは、主権免責の放棄について定めていないし、提訴を可能とする請求原因を提供するものでもないし、また、司法審査の基準についても定めていないので、原告らは、その請求を基礎づけるものとしてAPAに依拠している（第5合衆国法典第701条乃至706条以下）。最終的な連邦行政機関の行為は、「当該連邦行政機関の意思決定過程の最終段階に達した」ものでなければならず、また、法的な結果を惹起するものでなければならない（Bennet, 520 U.S. at 178）。連邦行政機関の行為が司法審査をするに熟しているかという成熟性の問題は、「そこでの問題が司法的な判断に適しているかどうか」、「裁判所の判断をしないことにより当事者が困難を被るかどうか」にかかっているが、その判断が難しい場合には、裁判所は「審査可能であるという前提の下に立つ」べきことになる（参照、Ciba-Geigy Corp. v. EPA, 801 F. 2d 430, 434 (D. C. Cir. 1986), Nat'l Mining Ass'n v. Fowler, 324 F. 3d 752, 757 (D.C. Cir. 2003)）。本件における争点は航空基地移設のための場所選定の問題にかかっている。当裁判所に提出された証拠によれば、国防省の場所選定における役割は二重のものである。すなわち、一つは、キャンプ・シュワブ沖合という代替軍事施設の場所を含む代替軍事施設の所用（要求事項）を確立させることであり、いま一つは、当該施設に係る日本政府の最終計画を承認することである。

　上記第一の行為は完了しており、被告らの場所選定に関する要求事項（1996年、1997年および2001年要求事項の報告書）は、日本政府による2002年の基本計画によって採用されたのであるが、今なお主要な組織だった文書であることに変わりはない。被告らの要求事項は、代替航空基地の場所選定に係るものを含め完了しており、したがって、最終的な連邦行政機関の行為を構成するものである。それらは、日本の最終的な実施計画を承認するか拒絶するかに係る上記第二の決定行為の判断基準を確立するものだから、重要な法的な結果を惹起するものである（参照、Bennett, 520 U.S. at 178）。予定地の場所の検討や科学的な調査をさらに進展させるために、日本の政府職員に対し、既存の合衆国軍事基地の使用と立ち入りを許可した決定は、現時点での一見記録上、その意思決定手続の全部または一部が完了した程度いかんについては不完全であるけれども、同様に、最終的な決定を構成するものといえるかも知れない。現時点においては、司法審査は可能なのが原則だという前提や、米国の軍事航空基地の移設を進展させるための日本政府による予定地における調査がもたらす回復不可能な危害のリスクに照らし、当裁判所は、本件連邦行政機関の決定は司法審査が可能なものと判断する。

　第二の問題は、本件における連邦行政機関の行為または決定が、法的判断において、「恣意的、専断的、裁量の濫用その他法律に反して」ないかどうかの点について、被告らが略式裁判を求める権利があるかどうかである（第5合衆国法典第706条(2)。参照、Motor Vehicle Mfrs. Ass'n v. State Farm Mutual, 463 U.S. 29,43 (1983)。連邦行政機関の決定は、「当該問題の重要な側面につき考慮することをまったく怠ったとき」は恣意的かつ専断的なものになると判示している）。原告らは、被告らが、代替施設の要求事項を確立するに際し、連邦行政機関に対し、「何らかの悪影響を回避しまたは緩和するために、当該連邦行為が当該遺産に及ぼす影響を考慮すべきことを要求し、かつ、当該連邦行為を承認するに先立ち協議することを要求する第470a-2条の定める協議の要件」に違反したと主張する（同第470a-2条）。本件における申立は、NHPAが本件における特殊な諸状況に適用されるかという間口の狭い問題に限定されている。いずれの当事者も、協議したことの努力を示す証拠を提出する機会をまだ与えられていない。本件決定は、当裁判所が本件を審理する権限をもつことを確立させるものではあるが、当該連邦行政機関の決定にたいする審理は証

拠開示の手続後にまで保留することとする。

　最後の問題として、原告らの主張する「連邦行為」がジュゴンに「直接的に悪影響を及ぼしうる」かどうかの問題は、第470a-2条の要件に関わるものでもあるが、本件証拠開示前の申立の範囲外のものである（参照、Save Our Heritage, Inc. v. Fed. Aviation Admin., 269 F. 3d 49, 58（1st Cir. 2001）連邦行政機関の行為がわずかな影響を与えるに過ぎない場合、当該行為は第470f条の射程外であると判示している）。被告らはまだこの主張を取りあげていないし、沖縄のバトラー海兵隊キャンプ基地の自然資源管理責任者であるステファン・ゲツレインは、ここ数年間、沖縄ジュゴンは辺野古沖合で目撃されていないと証言してるが（引用書証略）、いずれの当事者もこの問題に立ち入ってはいない。彼によると、辺野古沖は、ジュゴンの餌場となりうる可能性のある重要な海草の繁茂地を含んでいるが、ジュゴンの頻出する生息地にまではなっていない、と指摘している（同上）。確かに、この点は、証拠開示や将来の終局的な申立の手続において探求されるべき重要な問題である[129]。

　以上の理由により、第470a-2条は、その法的解釈上、本件において連邦行為と主張された行為に適用されうる。が、以上のような連邦行為の範囲と輪郭のみならず、代替施設に係る場所の選定、現地調査の方法、建設設計や工事に対し、被告らが引き続き及ぼす影響がどのような性質のものであるかに関しても、その重要事実をめぐる争いは残されたままである。被告らは、証拠開示の手続終了後において、これらの事実上の争点につき新たに略式判断の申立をすることも許されるであろう。

ジュゴン保護のためにCEQ（Council on Environmental Quality）で担当者にロビーイング中の様子（米国ワシントンD.C.にて）

II　事物管轄権の欠如について

　被告らは、原告らの第一回の修正訴状は事物管轄権の欠如を理由に却下されるべきであると主張し、その理由として、NHPAは「外交政策事項には域外適用されない」と論じている（引用書面略）。被告らは、海兵隊普天間飛行場を「移設するために可能な日本政府案に関し」司法審査を行うことは、「日米間の微妙な外交問題のまっただ中に裁判所を放り込む」ものであろうし、連邦議会はそのような裁判所による介入を「意図していなかった」と主張する（同上）。被告らはNEPA Coalition of Japan v. Aspin, 837 F. Supp. 466（D.D.C. 1993）の事件[130]を援用しているが、裁判所は、同事件において、合衆国国防省は日本の米軍基地において国家環境政策法（NEPA）にしたがい環境影響評価を実施することを要求されていない、と判示している。NEPA Coalitionの事件では、NEPAの適用が問題となったが、裁判所はその域外適用については「判断を示さないまま、将来の問題として残された」のであった（Natural Resources Defense Council, Inc. v. Nuclear Regulatory Commission, 647 F. 2d 1345,

---

[129] この点に関しては、本訴提起後、少なくとも2回、辺野古沖（大浦湾）で遊泳するジュゴンの姿が記録に残されたと、沖縄のメディアにより報じられている。ジュゴンの目撃頻度そのものが少ない――これは、ジュゴンの個体数が少なく、絶滅寸前であることからも当然である――こと、いわんや記録に留めることは至難の業であることを前提とすると、ジュゴンと辺野古の関係性は明らかであろう。辺野古沖での代替施設建設がジュゴンに「直接的に悪影響を及ぼしうる」かどうかの主張立証は、それほど困難ではあるまい。

[130] この事件は、横須賀の米軍基地被害に悩む住民などが原告となって、米国国防省を相手に、そこでの米軍の行為につきNEPAの域外適用を主張し、同法に基づく環境影響評価の実施を求めて、ワシントンDCに提訴したものである。同事件の訴訟関係資料を編集した報告書として、NEPAの会「NEPA訴訟資料集1（1991）同2（1992）――空母のヨコスカ母港の違法性を裁く」がある。

1384 (D.C.Cir. 1981))。NEPA Coalition 事件の裁判所は、連邦議会が NEPA の域外適用を意図したことを示す証拠の欠如を指摘し、合衆国の法律は域外適用されないという一般原則が当該事件にも適用されると認定した(NEPA Coalition, 837 F. Supp. at 468)。一方、本件は、NEPA とは異なり、連邦行政機関の「連邦行為」が他国において保護された遺産に対し、直接的または間接的な悪影響を及ぼすこととなる場合に、連邦議会の意思として域外適用されることが明示されている法律に関するものである(第16合衆国法典第470a-2条)。当裁判所は第470a-2条をその文言にしたがい解釈しなければならないのである——主権免責に基づく包括的なルールにより法の適用を排除することは、第470a-2条を無意味なものとするであろう。

原告らは、本件において、争点となった行為と決定が合衆国国防省によってなされ、それゆえ「直接的または間接的に遺産に影響を及ぼす……連邦行為」を構成すると主張し、その証拠も提出した。原告らの訴状の実体は当裁判所を外交問題の渦中に引きずり込むものではない。むしろ、合衆国国防省の支配下にある事項に裁判所の目を向けさせるものである。「原告の請求原因が連邦議会の法律に基づくときは」、その主張された要件事実を否認する主張がなされたからといって、裁判所の管轄権[131]が否定されてはならない(Arc Ecology v. U.S. Dept. of Air Force, 294 F. Supp. 2d 1152, 1156 (N.D.Cal. 2003)。Amlon Metals, Inc. v. FMC Corp.,775 F. Supp. 668, 670 (S.D. N.Y. 1991) を引用している)。「連邦法に基づく権利が存在するという主張は、架空のものであったり[132]ばかばかしいものではない限り、裁判所の管轄権という観点からは、十分なものである」(同上)。本件では、原告らの請求は、これを文字どおり解釈すると、「連邦法に基づく権利が存在する」と主張するものであって、裁判所の管轄権を認めるに十分なものである(同上)。

III 主権免責について

被告らは、「裁量的な根拠[133]に基づく」主権免責の法理は本件の「却下を正当化する」と主張する(引用書面略)。主権免責は、合衆国の裁判所が行政府および連邦議会による米国の外交政策上の行為に容喙してはならないという問題意識から、「合衆国の裁判所に対し、他国がその領域内でおこなった行為の有効性につき判断するのを控えることを強く求める」ものである(同上。Siderman de Blake v. Republic of Argentina, 965 F. 2d 699, 707 (9th Cir. 1992) を引用している)。この法理により他国の行為の司法審査が排除されるのは、「以下の条件が充たされる場合に限られる。すなわち、(1)『主権国家がその領域内において行った公的な行為』であること、(2)(当該の他国の行為につき)『求められた救済または提出された抗弁事由が合衆国の裁判所に対し当該(主権国家の)公的な行為の無効宣言を(要求する)であろう』こと」、以上である(Credit Suisse v. U.S. Dist. Court for Cent. Dist. of Cal., 130 F. 3d 1342, 1346 (9th Cir. 1997)。W.S.Kirkpatrick & Co. v. Envtl. Tectonics Corp., Int'l, 493 U.S. 400, 405 (1990) を引用している)。

本件において、被告らは、当裁判所に対し、日本政府、沖縄の県・市町村が日本法に従って下した決定の有効性につき、判断を回避することが求められていると主張する(引用書面略)。代替航空基地の場所選定における日本の関与範囲いかん

---

131 原語は「jurisdiction」で一般的な裁判所の「管轄権」と訳したが、不適法却下しないで理由の有無の審理に入るという意味で、「本案(実体)審理」と訳出できるかも知れない。いずれにしても、ここでの管轄権というのは、適法に本案審理に入れるかどうかも含めた裁判所の権限という広い意味のものであろう。

132 原語は「insubstantial」で、一般的には「実体のない・架空の」という意味であるが、日本法的な解説を加えて「要件事実的な主張がなされていない」といった意味にも訳せるかも知れない。が、原文は「insubstantial or frivolous」であり、「insubstantial」と「frivolous(ばかばかしい)」が対比されていることからすると、「架空の」と訳するのがベターであろう。両者とも、究極的には、一笑に付すべき「泡沫」訴訟を意味し、このようなものを審理の対象から放擲する趣旨であろう。

133 原語は「prudential grounds」である。主権免責の適用が裁判所の裁量的な自制による判断に委ねられていることを意味する。

原注訳

1) 被告らが指摘するように、当該指針は「規制力をもたない」し、単に「同法第110条の要件充足に係る内務長官の各連邦行政機関に対する公式な手引きでしかない」と定めている（第63連邦規則集第20496、20500（1998年4月24日）。引用書面略）。

2) 当裁判所が「Webster Third New International Dictionary」を選択したのは、連邦法の解釈において連邦最高裁によって最もしばしば援用されたものだからである（引用文献略）。仮に、当裁判所が被告らによって唱道された「equivalent」の定義にしたがうとすると、この定義はさらにより直接的に同じような効果の側面に焦点を当てることになろう（引用書面略）。被告らはこの定義について次のように論じている。「1. a. 力、価値、意味などの点において、等しい。b. 同一の、または、類似の効果をもっている。2. 効果の点において、対応している、または、実際上等しい」（引用書面略）。この定義もまた、効果および類似性に焦点を当てるもので、同一の複製であることまでは要求していない。いずれにしても、被告らの引用した辞書の版のものは、第470a-2条の通過当時には利用できなかったものである。

3) 参照、キング博士の意見書14頁（「多くの国において動植物種は文化的な価値にもとづき保護されている。日本のように、文化的に意義ある動植物種を直接に保護している国もあれば、合衆国のように、文化的に意義ある動植物種について、その有意義性が示された場所を保護することで、その保護をはかる国もある」）。

4) ユネスコ世界遺産目録は動物それ自体を登録してはいないが、いくつかの自然の場所は、海洋ほ乳類の生息地や繁殖場になっているという理由から、同目録に登録されている（引用書証略）。たとえば、西オーストラリアのシャーク・ベイやオーストラリアのグレイト・バリアー・リーフは、そこの海草繁茂地とジュゴンの個体群が存在することも理由とされて登録されている。ユネスコ遺産目録に野生生物それ自体が登録されていたとすれば、NHPAを通じて野生生物を保護（し、かつ、それらを遺産の定義の下に含ませる）するという連邦議会の意図をつよく窺わしめたであろうが、同目録に野生生物そのものが登録されていないとしても、以下に述べる理由により、本件の決め手とはならない。

5) NHPA第470a-2条は野生動物に適用されないという主張を裏づけるために、被告らが引用した同条の立法経緯も決め手となるものではない（引用立法資料略）。被告らも自認するように、立法経緯は「法案の文言をそのまま焼き直しだけのもの」で、生きたものを含めるか除外するかどうかの連邦議会の明確な意図いかんにつき一縷の光をあてるものでもない（引用書面略）。

6) 国家登録簿には野生保護区が3つ含まれている。すなわち、「Lower Klamath Wildlife Refuge」「Lake Merrit Wild Duck Refuge」「Pelican Island Wildlife Refuge」である（引用書証略）。加えて、モンタナ州の「Devil Tower」やネブラスカ州の「Massacre Canyon」のような場所も、そこに生息する動物に関わる文化的な伝統や行事に基づき登録されている（引用書証略）。

7) Hoonah事件において、裁判所は、1804年に1000人の「Tlingit」部族がいくつもの知られざる小径に沿った「広大な原生地」を通り抜けて行進したとしても、その全体の原生地を「歴史的な場所」として登録することはできないと判示した。Hoonah

Indian Ass'n v. Morrison, 170 F. 3d 1223, 1232 (9th Cir. 1999)。「重要なことが一般的な地（area）で行われたという事実は、その地をして「場所（site）」たらしめるものではなく、その理由は、「その地が場所たりうるためには……、どこにその場所が存在し、かつ、その境界を画するものが何であるかを示すよき証拠がなければならない」からである（同上）、Hoonah 事件は、「特定された物理的な諸特徴」のような場所の位置を示す証拠の存在を要求するが、当該場所の境界が絶対的な確実さをもって画されることまでは要求していない（同上）。

8) 原告らは、ジュゴンがそのいつもの採餌場所から「ときどきさまよい出る」ことを認めているが、それら場所を越えた「広大な不特定の海域」におけるジュゴン保護を求めているわけではない（引用書面略）。

9) 1997 年に発せられた「The Navy/Marine Corps Installation Restoration Manual」は、次のような連邦行為の定義を与えている。すなわち、「建設、リハビリテーション・修繕事業、破壊、許可、連邦財産の譲渡、環境調査中の試験（たとえば、歴史的建造物の救済的床のボーリング、アスベストのサンプリングなど）及び多くのタイプの諸行為などを含む広範囲に及ぶ諸活動」と定義されている（引用書証略）。

10) NEPA における連邦行為につき現在進行中の諸活動を含むように解釈するのが鉄則となっている（参照、T.V.A. v. Hill, 437 U.S. 153, 188, n.34 (1978), Jones v. Lynn., 477 F. 2d 885, 889 (1st Cir. 1973), Env. Def. Fund v. T.V.A., 468 F. 2d 1164, 1176-81 (6th Cir. 1972))。

11) 当裁判所は、2001 年予備的運用上の所要文書が本訴提起後にトップ・シークレットの機密扱いとされる一方、1997 年版のものは一般による利用可能なものとされていたことについて、奇妙との念を抱くものである。

12) 第 9 巡回区控訴裁判所は、時効のような積極的な抗弁事由について、最初の答弁書前に提出された却下申立書において主張してもよいと判示している（参照、たとえば、Bacon v. City of Los Angeles, 843 F. 2d 372 (9th Cir. 1988))。

第3　あとがき――外国判例研究と辺野古海上ヘリ基地問題の今後の展望

　本稿の主眼は米国裁判所決定の紹介とその解説である。

　いうまでもなく、米国は判例法の国であり、その判例の紹介には困難がともなう。正確な解説を期そうとすれば、判例原文を逐一引用し、原文に即した煩瑣な分析が必要となる。日本のような制定法主義のもとにおける判例研究は、判例の結論部分だけに焦点をあて、その結論の当否を学説的に論ずれば――たとえば、判例の考え方が通説と同じか違うかなど――足りるのかも知れない。それは、当該事案から離れた観念の世界で、法律解釈の一般論・抽象論を展開する作業でしかなく、実務的には、あまり意味がない。これに対し、判例法主義のもとでは、事実関係がどうであったか、当事者の主張立証に即して緻密に分析され、常に、この事実関係を念頭にこれに即して、あるべき法の解釈論が展開される。

　事実についていえば、裁判所は、絶えざる探求心をもって、実質的かつ良識的に認定しようとする。たとえば、本決定でいえば、NHPAの域外適用の要件である連邦行為性について米国の関与が認定されたのも、事実認定における裁判所のそのような姿勢の現れとみることができる。果たして日本の裁判所が同じような事実認定をしたであろうか。日本の裁判所であれば、表面的な建前論から、制度上、「米国の関与はないとされているのだから、米国の関与はありえず、よって、米国の関与はなかった」と認定されたのではなかろうか。

　法の解釈についても、当該事案における正義・衡平はなにかという観点から、あるべき法の解釈論が理念的かつ規範的に展開される。そのさい、裁判所は、憲法を頂点とする「法の番人」という自負から、行政府が立法府の意に反した法の解釈・適用をしていないか、議会意思の精査という作業をつうじて法の解釈をおこなう。たとえば、本決定でも、米国の国家登録簿と日本の文化財目録との同等性、ジュゴンの遺産性、NHPAの域外適用と安全保障・外交問題などの各論点につき、立法者意思が議会資料にまで遡って検討されているし、行政府による時効主張も許されなかった。

　そこには、行政権力にたいし、権力者といえども――むしろ権利力者であるがゆえに――法の支配に服すべきであり、裁判所は、国民を代表する議会の意思を後ろ盾に、行政府による権力の濫用を徹底的にチェックするという気概がみてとれる。この点も、あたかも行政権力の番犬であるかのように、行政権力を勝たせる――それも、まず、実質審理によってではなく、訴訟要件などの形式的理由により、訴訟要件で勝たせることができないときは、行政裁量の範囲内という理由によって――ことに執念を燃やし、自らの使命と考えるような日本の裁判所と好対照をなしている。

　前置きが長くなってしまったが、本稿が外国判例研究といいながら裁判所決定の全訳となってしまったのは、以上のような理由による。当初は、日本の判例紹介のように、判例の結論部分の紹介とその通り一遍の解説を試みる予定であったが、正確性を期していくうちに、事実認定の判示部分に深入りすることとなり、判例の射程範囲と先例拘束力を明らかにしようとしているうちに、いつしか全訳となってしまった。「木を見て森を見ず」とならないように、本決定の正確な理解のためには、あえて本決定を全訳し、これに必要な脚注をつけて解説するという方法によることにした。一つの外国判例研究のパターンとして容赦願いたい。解説の不十な点は今後の議論と研究に委ねる外はない。

　最後に、辺野古海上ヘリ基地問題の現状に触れ、結びとしたい。

　いわゆる普天間飛行場代替施設の辺野古移転の発端となったSACO合意がなされてから10年の歳月が経過した。沖縄の本土「復帰」後、新たな米軍基地が沖縄につくられた事例はなく、辺野古海上ヘリ基地の建設はこの歴史を書き変えるものであった。さいわい、沖縄全体をつらぬく反基地運動、現地の生活環境を守るための非暴力・不服従の抵抗、ジュゴンに代表される世界に誇るべき自然環境の保護運動などが一丸となって、辺野古の海には、いまだ杭一本も打たれていない。本決

定はこのような状況下において言い渡された。も
はや、辺野古の海に米軍基地を建設することは、
米国法上も多くの問題点をかかえているし、米国
サイドからも見直しの声があがっている。米国の
環境 NGO をはじめ、IUCN などの権威ある国際
機関も、辺野古の海に米軍基地を建設することに
公然と懸念を表明している。日本政府も、辺野古
移転の閣議決定に拘泥することなく、「過ちては
則ち改むるに憚ること吻れ」の教えが説くように、
一日も早く辺野古移設の見直しに着手する必要が
ある。そうでなければ愚の骨頂というべき諫早干
拓の二の舞となるであろう。一兆円に近い方での
数千億円ともいわれる建設費用を負担して米軍基
地を建設しても、なんの国益にもならないし、国
家財政の破綻に拍車を掛けるものでしかない。本
決定は日米両国政府にたいし見直しを迫るもので
もある。

辺野古の海（長島付近）

追記

　本稿の脱稿後、再度、海上ヘリ基地の位置の見
直しがなされ、当初の辺野古沖合の海上案から米
軍キャンプ・シュワブ上に二本の滑走路を V 字
型に配置した陸上案に変更された。このように、
米軍普天間基地の移転先は二転三転しているが、
上記陸上案であってもその一部はジュゴンの生息
地を埋立てるものであり、ジュゴンに悪影響を及
ぼすことに変わりはない。この陸上案によって問
題が解決したものではないことを付言しておきた
い。

第5章 広域基幹林道奥与那線と法的諸問題について
世界的遺産が壊されるしくみと沖縄やんばるへのレクイエム

第1 はじめに
問題提起をかねて

やんばるは沖縄本島の北部に位置する。

正確には、本島北部のうち、大宜味（おおぎみ）村の塩屋湾より東（ひがし）村の平良湾にいたる地峡以北の一帯が、やんばると俗称される地域である[1]。亜熱帯の島嶼的な原生自然に恵まれ、ノグチゲラなどの特殊鳥類をはじめ、多くの稀少・固有な野生生物の宝庫である。これは、南西諸島の一つという沖縄自体の地理的ロケーション、かつて中国大陸と陸続きであった大陸島としての生い立ち、やんばる自体のイタジイ林植生、温暖湿潤な林内環境、山地・渓流環境などに由来する。陸生鳥類、哺乳類、爬虫類や両生類などの固有種、固有亜種や遺存種などが、実に多い。文化財保護法による天然記念物、種の保存法による稀少野生動植物種、レッドデータブック上の絶滅のおそれある種なども、集中している[2]。

やんばるは、このような学術的な価値のゆえに、東洋のガラパゴスと讃えられる。

いかに生物多様性に恵まれているかは、資料1の数字が如実に示している。これによると、日本全土とやんばるの動物相を比較した場合、全国では3万3789種、やんばるでは3705種もあり、やんばるの種数が日本全体の11％を占める。やんばるの面積（約782㎡）当りに換算して、日本全土の動物の平均種数と比較すると、やんばるの3705種にたいし、全国の平均種数はわずか71種で、やんばるは全国の平均種数の51倍にもおよぶ。やんばるに生息する固有種や分布南限・北限種は合計649種にも達する。国指定天然記念物の数も、日本全国で194、沖縄県全体で22であるが、その内やんばるでは13の指定がなされている。やんばるの天然記念物は、日本全体の6.7％、沖縄県全体の59％を占めている。レッドデータブック掲載種についても、日本全国で681種、ヤンバルで84種であり、日本全体の12.3％にもおよぶ[3]。

このような自然の宝庫は最大限の法的保護に値

---

1 漢字では「山原」と表記される。語源的には、山と原（畑）ばかりが果てしなく続く山奥、というニュアンスがある。かつて、沖縄本島の行政単位として、島尻郡、中頭郡、国頭郡の三つがあり、それぞれの地域が下方、田舎、山原と通称されたという。沖縄計画機構「ヤンバルにおける自然管理システムの研究」NIRA研究叢書（1989）13頁、参照。現在の行政区画としては、大宜味村、東村および国頭村の三つがこの地域に含まれるが、その大部分は国頭村に属する。

2 やんばるの自然環境を紹介した文献は多い。入門書的な次の三冊は分かりやすい。伊藤嘉昭著『沖縄やんばるの森──世界的な自然をなぜ守れないのか』岩波書店（1995）、池原貞雄・加藤祐三編著『沖縄の自然を知る』築地書館（1997）、平良克之・伊藤嘉昭『沖縄やんばる亜熱帯の森──この世界の宝をこわすな』高文研（1997）。最後のものは、やんばるの写真集でもあり、自然環境をビジュアルに学べる。やんばるの一般的な特集記事として、玉城長正「やんばるの森に息づくいのちたち」琉球弧（2002年9月）45頁以下、日本自然保護協会「自然保護」No.395～404も、読みやすい。同協会「別冊自然保護95 保護・研究活動レポート」は、環境NGOによる自然・開発状況の調査報告として、きわめて貴重なものである。やんばるの自然とその危機的な状況を世界にアピールするものとして、Yosiaki Ito "Diversity of forest tree species in Yanbaru, the nothern part of Okinawa Island" Plant Ecology 133: 125-133, 1997. "Imminent extinction crisis among the endemic species of the forests of Yanbaru, Okinawa, Japan" Oryx, Vol 34, No. 4 October 2000.

3 やんばるの特殊鳥類および貴重動物の調査報告書として、沖縄県環境保健部自然保護課「特殊鳥類等生息環境調査Ⅳ」（1993）が詳しい。同書41頁以下にノグチゲラ生息状況調査、93頁以下に特殊鳥類の生息分布調査、131頁以下に貴重動物の生息分布が紹介されている。沖縄全体の自然環境については、沖縄県編「自然環境の保全に関する指針（沖縄島編）」（1998）、参照。同書の123-164頁に、やんばるの自然観環境が「地形・地質、植物、動物、その他」の各項目ごとに記載されている。絶滅のおそれある種については、沖縄県編「沖縄県の絶滅のおそれある野生生物──レッドデータブック沖縄」（1996）が有用である。国頭村の自然環境については、沖縄県教育委員会編「国頭郡天然記念物緊急調査Ⅵ」（1998）。やんばるにある米軍北部訓練場内の自然環境調査として、那覇防衛施設局「北部訓練場ヘリコプター着陸帯移設に係る環境調査の概要」（2001）が新しい。沖縄生物学会誌第27号（1990）1-31頁にも、やんばるの調査報告がある。やんばるの国有林の自然環境調査として、九州森林管理局「沖縄北部国有林森林環境基礎調査（追加調査）報告書」（平成12年3月）が有益である。

する[4]。

　やんばるの自然は十分に保護されている――と信じたいのだが。実際には、やんばるには、公共事業という開発の嵐が吹き荒れている。この嵐は、沖縄復帰後、とくに1980年前後から、やんばるを襲い始めた。資料2は95年当時の土地管理区分の状況、資料3は同年時の開発状況を、それぞれ図示している。これによると、やんばるのイタジイ自然林が、開発に伴う森林伐採などにより、虫食い的に、浸食分断されている状態などが看取できる[5]。公共事業によるやんばるの自然破壊、その口火を切ったのが、70年代後半からの大規模林道やダム開発であった[6]。爾来、やんばるの開発は、勢いを増す一方であった。とりわけ、大規模林道開発は、やんばるの自然生態系に壊滅的ともいえる甚大な影響を与えた。

　やんばるには、現在、二つの広域基幹林道――大国線と奥与那線――がある。

　事業主体はいずれも沖縄県である。大国線は、大宜味村大保の国道331号線と国頭村与那の県道2号線を南北につなぐもので、全体延長35.5km、幅員5mの広域基幹林道で、1977年に着工され、93年には一応の完成をみた。奥与那線は、この県道2号線の国頭村佐手を起点としてさらに北進し、その北端の同村奥集落で国道58号線に至る、総延長14.2km、全幅5mの広域基幹林道である。大国線が完成した93年に着工され、99年に開通した。両林道は県道2号線で接続し、不可分一体となっている。いずれもやんばるの山地脊梁部分を縦断し、やんばる林道網全体の背骨を形成している[7]。

　このような広域基幹林道の建設には、いくつもの疑問が提起される[8]。

　やんばるの林業がおかれている状況は広域基幹林道を必要としないのでないか。やんばるには、舗装されていない昔ながらの既存林道が、すでに縦横に張り巡らされていた。やんばるの林業は、このような既存林道で十分対応できたし、自然環境の見地からも望ましかったのでないか。疑問はさらに深まる。やんばる林業の担い手は、国頭村森林組合であるが、補助金に大きく依存している[9]。最大の生産品であったチップも、土地改良（農地造成）事業、ダム建設などの開発伐採や転用伐採に支えられている。造林事業も公有林を対象に、公共事業として行われている。同組合は、その独占的な受注者であり、現在では、造林事業な

---

[4] 沖縄全体の自然保護の状態、とくに、鳥獣保護区、自然環境保全地域、自然公園などの保護区などの設定状況につき、沖縄県環境保健部自然保護課「沖縄の自然」、自然保護行政一般と統計資料などにつき、同課「自然保護行政の概要」（平成6年）、参照。やんばるの法規制、とくに自然保護のそれについては、前掲「自然環境の保全に関する指針（沖縄島編）」123-164頁、日本弁護士連合会公害対策・環境保全委員会編『野生生物の保護はなぜ必要か』信山社（1999）1-16頁、参照。結論からいうと、やんばるには、自然保護のための実効的な法的規制は、ないに等しい。この点は後述する。

[5] 開発に拍車をかけたのが高率補助金システムである。たとえば、広域基幹林道の場合、本土での国庫補助率は50％であるが、沖縄では80％に跳ね上がる。森林法施行令別表第三「林道の開設に要する費用」欄、費用の区分と補助の割合の項目、参照。詳細は後述する。このような補助率嵩上げの公共事業による離島振興政策、より一般的には地方振興政策が、地方において、ムダな公共事業事業がおこなわれる温床となっている。地方負担分についても、地方交付税交付金によって、国が手厚く面倒をみてくれる。沖縄の開発システムについては、舟場正富『沖縄開発の転換と自治体行財政』『開発の自治と展望・沖縄』（講座地域開発と自治体）筑摩書房（1979）、参照。日本弁護士連合会法律時報増刊『沖縄白書――総集版』日本評論社（1972）、同『復帰後の沖縄白書』（1975）、同『復帰10年の沖縄白書』（1982）の3つは現地調査を踏まえたもので、沖縄振興と特別措置の問題をふくむ沖縄の抱える問題一般を、人権問題としての視点から論じた現場からの詳細な調査報告書である。沖縄開発のありかたにつき、鈴木規之・砂川かおり「沖縄における持続可能な開発・発展と地域主義」琉大アジア研究第3号（2000年12月）43頁以下。

[6] 77年に広域基幹林道大国線、翌78年に辺野喜ダムの建設が着工された。当時、これらの大規模開発を阻止しえなかったことが、やんばるの開発を決定的なものとした。その後、やんばるは、さらなる林道・ダム建設、土地改良事業、リゾート開発など、開発ラッシュに襲われる。ダム建設についていえば、辺野喜ダムを皮切りに、安波ダム、普久川ダム、新川ダム、福地ダムが完成して、座津武ダム、奥間ダム、大保ダムが建設・計画中である。やんばるの開発状態については、前掲「別冊自然保護95保護・研究活動レポート」、やんばるの山を守る連絡会編『亜熱帯の森やんばる』、やんばる開発の法的諸問題一般については、日本弁護士連合会公害対策環境保全委員会・沖縄弁護士会「やんばる」シンポ実行委員会編「やんばるシンポジウム報告書」（1995）、参照。

[7] 大国線については、沖縄県農林水産部林務課・北部林業事務所「平成6年度広域基幹林道大国線の概要」参照。これによると、総事業費45億9600万円、利用区域面積3648haとされている。詳しくは、「広域基幹林道大国線全体計画調査報告書」（計画機関沖縄県、実施機関大川設計測量株式会社）、沖縄県北部林業事務所「広域基幹林道大国線・国定公園特別地域内通過区間・路線環境調査報告書」昭和63年3月、参照。奥与那線については後述するとおりである。なお、後掲「業務概要」26頁にも、大国線の概要説明がある。

[8] 一般的に、大規模林道が引き起こす諸問題につき、月刊むすぶ No.329「特集森の傷痕－大規模林道林道・ダム・オリンピック」は現場からの告発特集であり、林道をふくむ道路が自然環境に及ぼす影響につき、Stephen C. Trombulak & Christopher A. Frissell, "Review of Ecological Effects of Roads on Terrestrial and Aquatic Communities" Conservation Biology, Volume 14, No.1, pages 18-30 February 2000.

[9] 国頭村森林組合の紹介として、全国森林組合連合会編「最新現地情報・続森林組合50選」同連合会（1991）255頁以下。なお、同組合「国頭村森林組合の概要」「国頭村森林組合チップ工場の経営概要」など、参照。同組合の情報は多くない。

くして経営は成り立たない。このような開発・転用伐採、造林事業や補助金林業のために、広域基幹林道は必要なのだろうか。既存林道で対応できなかったか。

林道建設には、自然環境保全上、次のような問題点もある[10]。

第一に、広域基幹林道のような大規模林道は、野生生物の生息域を分断し、小さな島に孤立させて、絶滅を加速させる。

第二は林道建設の施工方法に関係する。大規模林道は、全面舗装され、両サイドには排水溝が設置される。一方、既存林道は、未舗装で幅員も狭かったから、樹冠が地表を覆い、生き物も自由に往来できた。いわば緑のトンネルであった。大規模林道は、とりわけ小動物にとって、致死的な構造である。

第三に、南北に走る大規模林道が、東西に注ぐ渓流を分断枯渇させ、水棲生物の存続を危うくする。

第四は、大規模林道には、マイカー族や採集マニアがおしよせ、飼いイヌやネコの捨て場とされ、マングースが北上するという問題もある。密猟や移入動物も種絶滅の要因である。

大規模林道による自然破壊は、以上に尽きるものではない[11]。

やんばるの奥深くにキジムナーという森の霊が棲むという。キジムナーの悲鳴が聞こえてくる――気がする。今や、やんばるは瀕死の状態である。それでも、手遅れでない――回復不可能なまでには破壊されてない――ことを、祈るのみである。自然破壊の大規模林道が公共事業により建設されたことは特筆に値する。やんばるという世界

沖縄やんばるの亜熱帯林（玉辻山頂上からの見晴らし）

的遺産が壊された経過は、歴史的な事実として後生に伝える必要がある。その意味で、本稿は、失われていくやんばるへのレクイエムでもある。

本稿では、広域基幹林道奥与那線に焦点をあて、その法的諸問題を検討していく。

主要な関心は、林道計画策定という行政過程にたいする司法審査のありかたであるが、やんばるの自然環境と林道開設による影響も、避けられないテーマである。後者についても関連箇所において言及されるであろう。

第2　広域基幹林道奥与那線

1　地域森林計画上の位置づけ

地域森林計画は森林法に根拠をもつ法定計画である[12]。

同法は都道府県知事に地域森林計画の策定を命じている[13]。この地域森林計画には、「林道の開

10　前掲『沖縄やんばるの森』89-135頁、同『沖縄やんばる亜熱帯の森』85頁以下、同『亜熱帯の森やんばる』12-25頁、沖縄県環境保健部自然保護課・株式会社環境アセスメントセンター「大国林道における小動物被害現況調査業務報告書」（平成8年3月）など、参照。

11　開発による影響以外にも、開発の必要性や開発規模などが、問題となる。奥与那線の必要性は本稿の検証テーマであるが、やんばるのような狭い島嶼地域では、開発規模や開発ペースなども問題となる。たとえば、広域基幹林道の規格が本土と沖縄で同一であることなどにつき、後述参照。

12　地域森林計画一般につき、農林水産行政研究会編著『現代行政全集13 農林水産（II）』ぎょうせい（1983）45-54頁、森林計画制度研究会編『新版森林計画の実務』地球社（1992）、林道計画につき、林野庁「民有林林道施策のあらまし」（平成13年6月）、林道開設につき、林道研究会編「林道開設の実践――計画から完成まで」日本林道協会（平成5年3月）、自治省・林野庁監修／林道研究会編「地域の個性を生かした林道づくり――ふるさと林道を中心に」日本林道協会（平成8年4月）、林野庁監修「研修教材（23）森林土木」林野弘済会（平成9年3月）、林道技術研究会編「林道必携（設計編）」日本林道協会（平成10年5月）、林野庁監修「林道必携（技術編）」日本林道協会（平成10年5月）。なお、林道関係の法令通達類については、林道技術研究会編「林道必携（法令通達編）」日本林道協会（平成10年3月）がある。

13　森林法5条1項。

設及び改良に関する計画」、つまり林道計画が記載される[14]。広域基幹林道奥与那線（以下「奥与那線」という）は、国頭村に位置するので、沖縄北部地域森林計画書（以下「計画書」という）に、計画内容が記載される必要がある[15]。

計画書のうち、計画期間を平成元年4月1日から同11年3月31日までとするものには、奥与那線の記載はない[16]。この計画書は、平成3年11月26日、沖縄北部地域森林計画変更計画書（変更計画始期平成3年11月26日、同終期同11年3月31日。以下「変更計画書」という）によって、急遽変更された。奥与那線はこの変更計画書をもって計画決定された。

一方、沖縄県環境保健部は、沖縄島北部地域、いわゆるやんばる地域における鳥獣保護区を拡大し、希少な特殊鳥類をはじめとする貴重な野生生物の保護増殖を図るべく、その基礎的な資料収集を目的として、「特殊鳥類等生息環境調査」を計画し、1987年度より1991年度までの5年間に亘って、調査を行っていた[17]。変更計画書が策定された平成3年は、上記調査が終了した年度にあたる。この奇妙な一致には含蓄がありそうである。この点は後述する。

変更計画書によると、奥与那線の計画内容は、次のとおりである[18]。

変更計画書と奥与那線の計画内容

開 設	自動車道　国頭村
路 線 名	奥与那線　延長 18.0km
利用区域	面積 1600ha
材 積	針葉樹 25,830 ㎥　広葉樹 182,710 ㎥

奥与那線は、計画期間を平成6年4月1日から同16年3月31日までとする計画書（以下「新計画書」という）では、次のように記述されている[19]。

新計画書と奥与那線の計画内容

路 線 名	奥与那線　延長（14.2km）
利用区域	面積 3152ha
材 積	針葉樹 66,455 ㎥　広葉樹 269,391 ㎥

新計画書によると、利用区域は3152haとされているが、その空間的な広がりは、広域基幹林道奥与那線全体計画調査報告書[20]の付属図面「利用区域図」に示されている。

これによると、奥与那線は、南端において、県道2号線と旧照首山林道の接点を起点（BP）とし、北端において、国道58号線と旧奥1号林道の接点を終点（EP）として、やんばるの山地脊梁を南北に縦断している。奥与那線は、主要な山岳地帯との位置関係でいえば、やんばるの照首山、伊部岳、尾西岳、西銘岳の4つを結ぶ線内のほぼ中央部分を南北に縦走しており、その利用区域もこの4線内の部分と重なっている。この利用区域の自然環境の詳細は後述するが、一口でいえば、や

---

[14] 森林法5条2項5号。林道計画が記載されるといっても、後述するように、記載内容は極めて簡単である。地域森林計画上は、単に、「開設・拡張の別、種類別、位置（市町村名）、路線名、延長および箇所数、利用区域（面積・材積）」などが、記入されるだけである。前掲「新版森林計画の実務」174-178頁参照。もとより計画内容の合理性までは分からない。

[15] 沖縄県には、沖縄北部、沖縄中南部、宮古・八重山の三つの森林計画区があり、それぞれの地域を対象とした地域森林計画が策定される。各地域森林計画の計画期間、包括区域などにつき、後掲「平成12年版沖縄の林業」5頁参照。これによると、沖縄県全体の民有林面積は7万2652haであるが、そのうち沖縄北部地域は4万4537haを占め、全体の約61％で最大の民有林面積を誇っている。

[16] 沖縄県「沖縄北部地域森林計画書（計画期間自平成元年4月1日至平成11年3月31日）」21頁以下の「5．林道の開設その他林産物の搬出に関する事項」欄には、奥与那線に関する記述は、見あたらない。

[17] その集大成が前掲「特殊鳥類等生息環境調査Ⅵ」である。同1枚目表「まえがき」10-13行目、参照。

[18] 変更計画書12頁「7．林道の開設、その他林産物の搬出に関する事項（1）開設又は拡張すべき林道の種類別、箇所別の数量等」の欄、参照。

[19] 沖縄県「沖縄北部地域森林計画書（計画期間自平成6年4月1日至平成16年3月31日）」16頁。

[20] 昭和50年3月31日付50-5林野庁林道課長通知「全体計画調査及び測量設計について」によると、林道事業の計画・実施に当たっては、全体計画調査報告書が作成されることになっている。これは、環境影響評価書的な側面もあるが、情報公開、市民参加、説明責任などの点で全く不十分であり、環境アセスメントに代替しうるものではない。なお、奥与那線の全体計画調査報告書は、事業主体である沖縄県北部林業事務所が作成主体となっているが、例のごとく、外部の環境コンサルに丸投げされている。なお、上記通知は、平成6年10月31日付6-11林野庁指導部基盤整備課長通知「全体計画調査及び測量設計について」をもって、廃止・改定されている。

んばるに残された最後の聖地であった。

なお、上記のように、奥与那線の計画内容は、変更計画書と新計画書で、著しく食い違っている。両者を対比すると、以下の通りである。

奥与那線の計画内容の相違点

	変更計画書	新計画書
延長距離	18.0km	14.2km
利用区域面積	1600ha	3152ha
利用区域材積		
針葉樹	25,830㎥	66,455㎥
広葉樹	182,710㎥	269,391㎥

この二つの計画内容を比較すると、利用区域面積は約2倍（= 3152 ÷ 1600）、利用区域材積は、針葉樹で約2.6倍（= 66,455 ÷ 25,830）、広葉樹で約1.5倍（= 269,391 ÷ 182,710）というように、大幅に拡大している。一方、延長距離は2割以上（= 14.2 ÷ 18.0）も短縮されている[21]。

以上をまとめると、奥与那線は、平成3年11月26日、急遽、変更計画書をもって計画決定されたが、同6年4月1日、新計画書をもって変更決定された。そうすると、この二つの時点を基準時として、計画内容の適法性が評価されることになる[22]。

2　林道台帳上の位置づけ

上記によると、利用区域の面積は3152haであるが、林道台帳には、「利用区域内の状況」として、次のような記載が見られる[23]。

林道台帳上の記載

利用区域内の状況

利用区域内の森林資源

	面積（ha）			蓄積（㎥）		
	針葉樹	広葉樹	計	針葉樹	広葉樹	計
民有林	483	932	2415	58,205	228,616	286,281
国有林	110	627	737	8250	40,775	49,025
	593	559	3152	66,455	269,391	335,846

利用区域内の森林資源のうち法令に基づく制限等の区分及び面積（ha）

水源かん養保安林	398.75
土砂流失防備保安林	64.66
特別鳥獣保護区	60.4

これによると、奥与那線の「利用区域内の森林資源」について、以下の事実が明らかである。

第一に、利用区域内の森林面積3152ha中には、米軍北部訓練場の国有林737ha[24]、水源かん養保安林398.75ha、土砂流失防備保安林64.66ha、特別鳥獣保護区60.4ha、合計1260.81haの制限林が

21　新計画書は奥与那線のルートを変更していない。とすると、延長距離が2割以上も縮小されたのに、利用区域面積が2倍ほど拡大したのは、不可解である。利用区域面積の計算方法が同じとすれば、両計画書のいずれか一方または、いずれも、誤っていることになろう。この点からも奥与那線の計画内容は杜撰であったといえよう。計算方法が変更されて一挙に2倍になったとすると、計算方法の公式自体の信憑性も問題となろう。いずれにしても、利用区域面積・材積の計算方法の根拠は通達のたぐいであり、行政サイドの恣意的な操作が可能である。その意味で科学的な裏付けに乏しく、林道建設を容易化すべく仕組まれている。法的には、それらは林道建設の要件——正確には、国庫補助要件であるが、実際上、国庫補助なくして林道建設はありえないから、機能的には、林道建設要件そのものといえる——なのだから、通達でなく法律の規定事項とされるべきである。

22　法的には、裁判所はいつの時点をもって行政庁の判断の適法性を審査すべきか、問題となる。これが司法審査の基準時の問題である。基準時までの事実・資料、基準時に予測しうる将来的事項などにもとづき、審査すべきことになる。

23　林野庁長官通達「林道規程の制定について」（昭和48年4月1日付48林野第107号）第7条によると、「林道の管理者は、別に定める林道台帳を整備し、これに林道の種類、構造、資産区分等を記載し、林道の現況を明らかにしなければならない」とされる。奥与那線の管理者は沖縄県知事であるが（同5条）、沖縄県の管理する林道台帳上、「索引番号16 路線名奥与那」の箇所で、その履歴が記録されている。

24　やんばるの国有林が成立した経緯は複雑で、いわゆる杣山（そまやま）といわれた時代の所有形態にまで遡るが、琉球処分を経て、明治32年3月「沖縄県土地整理法」の公布により、杣山はすべ国有林に編入された。その歴史的な変遷については、沖縄県「勅令貸付国有林契約更改記念誌」（平成4年3月）が詳しい。同誌は、史料を中心に編纂されており、211頁にもおよぶ膨大なものである。いずれにしても、やんばるの国有林の大部分は、ゲリラ訓練用の米軍基地に提供されているが、上記のような成立経緯の特殊性を反映して、一部は、無償貸付国有林として、沖縄県に貸借期限付きで貸与されている。これが所謂県営林で公有林となっている。なお、北部訓練場は、米軍基地に提供されたことから、結果的に開発を免れ、今なお、やんばるの原生的自然を奇跡的に留めているが、皮肉というほかはない。やんばるの国有林の林業的な利用につき、熊本営林局「第2次施業管理計画（計画期間自平成9年4月1日至平成14年3月31日）」、同「沖縄北部国有林の地域別の森林計画書（案）沖縄北部森林計画区（計画期間自平成11年4月1日至平成21年3月31日）」、上記公有林の林業的な利用状況につき、沖縄県農林水産部林務課「県営林経営計画書（無償貸付国有林）計画期間自平成4年4月1日至平成9年3月31日」、参照。

含まれている[25]。

第二に、利用区域内の森林蓄積33万5846㎡中にも、北部訓練場の国有林4万9025㎡が含まれている。

第三に、特別鳥獣保護区というのは、法律上の用語ではなく必ずしも明らかでないが、

鳥獣保護法上の特別保護地区を意味すると思われ、60.4ha存在する[26]。

なお、特別保護地区というのは、鳥獣の保護繁殖を特に図る必要のため、鳥獣保護区内に指定された区域であるが、本件林道の近辺には、西銘岳鳥獣保護区（鳥獣保護区75ha、特別保護地区30ha）、佐手鳥獣保護区（鳥獣保護区120ha、特別保護地区58ha）、伊江岳鳥獣保護区（鳥獣保護区224ha、特別保護地区224ha）が存在する。したがって、上記60.4ha中には、そのいずれかまたはいくつもの保護区が、含まれていることになる。

3　業務概要上の位置づけ

沖縄県北部林業事務所作成の平成6年度版業務概要（以下「業務概要」という）は、奥与那線について、次のように説明している[27]。

広域基幹林道奥与那線は、国頭村字佐手の県道2号線を起点として、照首山林道、我地佐手林道（一部）、楚洲林道（一部）、造林作業道、伊江林道（一部）、奥1号林道を編入して、奥の集落南側に至る総延長14.2kmの全幅5.0mの林道である。

これによると、本件林道の工事開始の時期は、平成5年とされている。

一方、各年度の事業量と事業費は、以下の通りである[28]。

すなわち、総延長14.62km、総費用20億3175万7000円、国負担分16億2540万円、県負担分4億635万7000円となっている。これを計画書や業務概要の上記数字と比べると、実際の総延長距離は362m（＝14.562－14.2km）増えている。

奥与那線と大国林道の関係であるが、業務概要は、広域基幹林道大国線について、次のように解説している[29]。

広域基幹林道大国線は、国頭村字与那の県道2号線を起点として、大宜味村字大保の国道331号線に至る全体延長35.5km、総事業費45億9600万円、利用区域面積3648haの林道である。この林道は、（中略）昭和52年度に開設事業着工以来17年の年月を要した本林道の開設事業も平成5年度に全線開通の運びとなった。

以上を総合すると、奥与那線は大国林道が完成した平成5年に着工され、いずれも県道2号線を起点として接続しており、両者は不可分一体である。

なお、奥与那線は、その後、平成10年3月31日に完了したとされている。

25　制限林は利用区域面積のほぼ4割（＝1260.81÷3152）を占めている。制限林は原則的に伐採を想定していない。これを伐採前提の利用区域面積に含めることは疑問である。利用区域面積の算出方法の恣意性を示すものといえようか。この点につき注21参照。もっとも、前掲『新版森林計画の実務』177頁によると、「利用区域とは、この林道を中軸とする林道網の完成を前提として、最終的にこの林道を利用する区域をいう」と解説されており、後掲『森林・林業・木材辞典』は、利用区域について、「林道の利用対象となる区域。山間部にあっては原則として集水区域、平坦部にあっては、地形地物により区画された地域とされている」という、定義づけがなされている。前掲『森林土木』12頁も、利用区域を「森林の管理経営に必要な交通を当該林道（今後開発計画分を含む）に依存する区域」と定義している。ここまで利用区域概念を拡張すると、森林のあるところでは、林道と一般道路の区別は困難である。

26　前掲『特殊鳥類等生息環境調査Ⅵ』156頁によると、沖縄島北部地域の鳥獣保護区は合計1551ha、特別保護地区は33haあるとされている。そうすると、利用区域内には、全体の約18％（＝60.4÷335）の特別保護地区が含まれている計算になる。

27　業務概要27頁。前記のように、沖縄県には、林業上の行政区画として、沖縄北部地域森林計画区、同中南部地域森林計画区、宮古・八重山地域森林計画区の三つがある。この北部地域を管轄するのが沖縄県北部林業事務所である。

28　那覇地裁平成8年（行ウ）第9号事件のやんばる訴訟における被告らの平成10年5月1日付および同11年4月20日付の各準備書面による。

29　業務概要26頁。なお、大国線につき、前注7参照。

第3　奥与那線と自然環境

1　特殊鳥類等生息環境調査Ⅵから

　やんばるは、東洋のガラパゴスと讃えられ、生物多様性の宝庫である。

　とりわけ、奥与那線の利用区域内の自然環境は、北部訓練場の国有林を除くと、大国林道の完成後は、やんばるに残された最後の聖域として、その核心をなしていた。

　後述するように、奥与那線の開設は、自然環境保全の観点からも、著しく不合理なものであり、その法的評価が問題となる。

　前述した平成5年3月発行の「特殊鳥類等生息環境調査Ⅵ」（以下「調査書」という）は、沖縄県環境保健部自然保護課により作成されたものだが、奥与那線の利用区域の自然環境について、次のように総括している[30]。

　　沖縄島北部地域（大宜味村の塩屋湾より東村平良湾にわたる地峡以北の地域）は、ノグチゲラ、ヤンバルクイナ等、本地域のみに生息する特殊鳥類や多くの野生生物の固有種や固有亜種、遺存種等の生息する貴重な地域として、学術的に高い評価を受けている。

　　しかし、近年の当該地域における各種開発による生息地の破壊や分断等によって、当該地域の野生動植物相が攪乱され、多くの種や個体群が危機的な状況下にある。これらの野生生物は、島嶼生態系の安定に貢献しているばかりでなく、資源や精神・文化の基盤として多くの恩恵をもたらすかけがえのない存在である。それ故に、多様で豊かな当該地域の野生生物相を保護し、その生息地とともに次代に引き継いでいくことは、我々に課された大きな責務である。

　同課は、以上のような基本認識にもとづき、奥与那線の利用区域を含む沖縄島北部地域（本稿でいうやんばるという地域区分に該当する。以下「当該地域」ともいう）における鳥獣保護区を拡大し、ノグチゲラ、ヤンバルクイナ等の特殊鳥類をはじめとする貴重な野生生物の保護増殖を図るための方策を検討する基礎的資料を得ることを目的として、1987年から91年（平成3年）までの5年間に亘って、詳細な現地調査を行った。

　調査書は、この過去5年間の調査結果を解析し、鳥獣保護区拡大等の具体的な線引きを行うなど、当該地域における野生動植物の保護策を総括したものとして、重要な意味をもつ。一言でいえば、当該地域の自然環境を明らかにし、あるべき管理方法を提言したものである[31]。

　以下検討していく。

奥与那線の事業費

年度	延長（m）	事業費（千円）	補助率	国費（千円）	県費（千円）
平5	1324	169,753	80%	35,800	33,953
6	1217	150,004	同上	120,000	30,004
7	5643	737,000	同上	589,600	147,400
8	4389	625,000	同上	500,000	125,000
9	1989	350,000	同上	280,000	70,000
計	14562	2,031,757		1,525,400	406,357

30　調査書153頁。

31　やんばるの自然と開発状況の調査にもとづき、自然保護の観点から、やんばる管理のありかたを検討するものとして、日本自然保護協会「沖縄本島北部・やんばる地域の自然保護に関する現況報告（中間報告）」（1994年9月27日公表）がある。

(1) 地形 [32]

当該地域には、沖縄本島の山地脊梁となる山系が、北から辺戸岳（248m）、尾西岳（271m）、西銘岳（420m）、伊部岳（354m）、照首山（395m）、牛首山（461m）、与那覇岳（498m）、伊湯岳（446m）、玉辻山（289m）などが連なっている。奥与那線の利用区域は、尾西岳、西銘岳、伊部岳、照首山の四点を直線で結んだ部分（以下「四角地帯」という）を、その一部として含んでいる。奥与那線は四角地帯を南北に縦断する。

この脊梁山地を源流として、無数の渓流が東西に流れる。これらの渓流を集める主要河川として、西海岸には、北から辺野喜川、佐手川、与那川、比地川、田嘉里川、大保川が、東海岸には、北から奥川、楚洲川、我地川、安田川、普久川、安波川、新川、福地川などがある。奥与那線の利用区域には、奥川、伊江川、楚洲川、我地川、辺野喜川、佐手川などが、含まれる。

これらの山地脊梁と渓流環境は、やんばるの生物多様性の母胎でもあり、その動植物種を育んでいる。奥与那線の利用区域は、上記のように、多くの脊梁山地や主要河川を含んでおり、自然環境上、いかに重要であるか明らかである。この点の詳細は後述する。

やんばる農地事件の舞台となった辺野喜土地改良区
耕作放棄され雑草が生い茂る

(2) 鳥獣保護区

当該地域には5つの鳥獣保護区が存在する。各鳥獣保護区の概要は、以下の通りである [33]。

奥与那線と鳥獣保護区

地域	鳥獣保護区(ha)	特別保護地区(ha)
西銘岳	75	30
佐手	120	58
伊部岳	224	224
与那覇岳	662	23
安波岳	470	0
計	1551	335

奥与那線の利用区域内には、前記のように、西銘岳、佐手、伊部岳の各鳥獣保護区が存在する。鳥獣の保護上も極めて重要な地域である。このことは、利用区域内には、ノグチゲラをはじめとして、数多くの特殊鳥類が生息することからも、明らかである。

調査書の付属図面「ノグチゲラの営巣木の分布状況」によると、奥与那線の利用区域は、同付属図面中の上3分の1くらいにある佐手鳥獣保護区、伊部岳鳥獣保護区、尾西岳、西銘岳鳥獣保護区の4つを結んだ地帯を含んでいる。この四角地帯にノグチゲラの営巣木は最も多く存在する。

調査結果によると、7個以上の営巣木分布数が3カ所、3〜4個の営巣木分布数が11カ所、1〜2個の営巣木分布数が25カ所もあり、他の地域を圧倒している。単純に計算しただけでも、本件林道の利用区域内には115前後の営巣木が確認されている。

また、同付属図面「繁殖期におけるノグチゲラの生息確認状況」によると、四角地帯において、営巣・育雛確認が21カ所、雌雄成長同時確認が5カ所、成長（単独）確認が17カ所、ドラミング・声の確認が10カ所も存在している。これまた他の地域を圧倒している。ノグチゲラの繁殖上も極

---

32 同上155頁。
33 同上156頁。

さらに、同付属図面「特殊鳥類生息分布図」によると、四角地帯には、ノグチゲラ 18、ヤンバルクイナ 14、ホントウアカヒゲ 66、アマミヤマシギ 1 の生息分布が確認されている。ノグチゲラ以外の貴重な特殊鳥類にとっても、重要な地域であることが分かる。

なお、調査書は、自然環境評価の指標種としてノグチゲラを用いているが、その理由を次のように説明している[34]。

　　一属一種の世界的珍鳥ノグチゲラは、沖縄島北部の山地地域にしか生息していない。ノグチゲラの絶滅を防ぐには、その生息地となっている自然環境を保護する必要がある。ノグチゲラの生息地はまた、沖縄島における特殊鳥類、絶滅危惧種、天然記念物の野生動植物の生息・生育地ともなっている。

以上を要するに、奥与那線の利用区域は、生物多様性の宝庫であり、やんばるの自然環境保全上、いかに重要な地域であるかは一目瞭然である。調査書も、当該地域の自然環境について、次のように総括している[35]。

　　今回の調査対象地域には、ノグチゲラ、ヤンバルクイナ、アカヒゲ、アマミヤマシギ、ケナガネズミ、オキナワトゲネズミ、ヤンバルテナガコガネなど、沖縄島の固有種や特殊鳥類、天然記念物、絶滅危惧種などが集中的に生息している。また、リュウキュウナガエサカキ、クニガミヒサカキ、コバノミヤマノボタン、オキナワウラジロイチゴ、ホシザキシャクジュウソウ、リュウキュウコンテリギなどの固有の植物も自生している。そればかりでなく、この地域は植物の種多様性が高く、豊かな遺伝子資源を包蔵している。

　　北部山地は、沖縄島の原生的自然の姿が比較的よく残っており、島嶼生態系の安定性に寄与しているところが大きい。また、豊かな情緒、精神文化、伝統文化を育てる基盤ともなっている。更に、自然との触れあいを通して、自然の仕組みの精妙さを学び、生命の尊さを感得する場としても貴重な存在である

(3) 自然環境

以下、当該地域の自然環境の調査結果について、調査書から該当部分を引用していく。

①保護種指定の分布

絶滅危惧種に指定されているヤンバルクイナ、アマミヤマシギ、ノグチゲラの3種の分布は、脊梁山地とその周辺地帯及び米軍演習地域の林齢の高い地域に限られている[36]。

②鳥相

本調査で、西銘岳より玉辻山に至る国頭脊梁山系及びその周辺森林地域における定点及び広域調査で確認された鳥類は、13目24科（4亜科）54種である。54種の内訳は、留鳥27種（50％）、夏鳥4種（7.4％）、冬鳥19種（35.2％）、旅鳥4種（7.4％）となっている。今回確認された鳥類のうちで、「日本の絶滅のおそれある野生生物」（環境庁　1991）に掲載されたものが11種（全国指定種数の20.3％）に及んでいる。その内訳は、ヤンバルクイナ、アマミヤマシギ、ノグチゲラが絶滅危惧種に、ミサゴ、カラスバト、ホントウアカヒゲが危急種に、チョウサギ、オシドリ、リュウキュウツミ、リュウキュウオオコノハズク、イイジマムシクイが希少種に、それぞれ指定されている[37]。

34　同上 156 頁。なお、ノグチゲラの生態につき、玉城長正・中村保『ノグチゲラ――その生態と生息地』あき書房 (1988)。
35　同上 158 頁。
36　同上 161 頁。
37　同上 162 頁。

③絶滅危惧種

絶滅危惧種の分布が集中している脊梁山系地域には、特殊鳥類、「絶滅のおそれある鳥類」、天然記念物にそれぞれ指定されている貴重な鳥類も分布し、鳥類の重要な生息地になっている。これら貴重種の重要な生息地になっている脊梁山系地帯の特徴は、一つには地形が多様でかつ海抜標高が高いこと、二つには高齢林のイタジイ林が多いということである[38]。

④貴重動物

当該地域には、下表のとおり、158種の貴重動物が存在する[39]。

⑤脊梁山系の気温

脊梁山系の森林域は、標高や地形および森林などの相互作用による微妙なバランスの上に成り立っていると考えられる。さらに、脊梁山系の森林域は、低温、高湿度による特殊な環境を形成し、動植物の生育や繁殖に重要な場所を提供しているものと思われる。したがって、脊梁山系の森林域の保全は、沖縄島北部地域の動植物の保護を考えるうえで重要な鍵を握っている[40]。

(4) 管理のありかた

調査書は、以上のような当該地域の自然環境の重要性に鑑み、当該地域における保護区設定案を提言している。以下のとおりである。

①調査書の提言と奥与那線の関係

調査書の付属図面「沖縄島北部地域における鳥獣保護区設定（案）」によると、当該地域の大部分を鳥獣保護区にすべきことが提言されている。

とりわけ、奥与那線の利用区域の全域について、特別保護地区に指定されるべきものとされた。特別保護地区内では、開発行為が厳しく規制され、水面の埋立・干拓、立木竹の伐採、工作物の設置、その他鳥獣の保護繁殖に影響を及ぼす行為は、許可制とされる[41]。かりに、この提言とおり特別保護地区に指定されていたとすると、林道建設は不可能であったであろう。当該地域は、鳥獣保護の観点からも、林道を開設すべき場所ではなかったといえる。

この提言は、前記のように、1987年から91年(平成3年）までの現地調査にもとづき、同5年3月、沖縄県環境保険部自然保護課により、調査結果が公表された。

一方、前記のように、奥与那線は、平成3年

やんばるの貴重動物

	環境庁	環境庁編	天然記念物		県教育委員会	貴重動物
	(1989)	(1991)	国	県	(1987)	(今回)
陸産貝類	*	—	—	—	25	8
サワガニ類	6	6	—	—	5	6
昆虫類	117	25	1	2	166	126
両生類	9	4	—	4	8	6
は虫類	14	4	1	1	12	6
ほ乳類	8	5	2	—	6	6
合計	154	44	4	7	222	158

38　同上162頁。
39　同上162、163頁。
40　同上164頁。
41　鳥獣保護8条の8第5項。

11月26日、沖縄北部地域森林計画変更計画書書において、それ以前の沖縄北部地域森林計画書（計画期間自平成元年4月1日至同11年3月31日）を急遽変更して計画決定され、同5年、直ちに着工された。が、同6年4月1日には計画変更決定がなされ、以前よりも利用区域面積が約2倍にも拡大された。

このように、奥与那線の計画決定と変更決定が拙速になされ、間髪入れずに着工されことに、格別の意味はないのであろうか。穿った見方をすれば、奥与那線の利用区域全体が特別保護地区に指定されると、もはや林道の開設ができなくなるので、その指定が具体化される前、つまり、1987年に開始された上記「特殊鳥類等生息環境調査」が終了した91年（平成3年）に、急遽、それまでの地域森林計画を変更して計画決定し、同調査にもとづく提言が公表される93年（平成5年）には見切り着工し、さらに翌94年4月1日には、計画変更決定して利用区域面積を2倍に拡大したのは、この提言内容を葬り去るためといえそうである。実際、奥与那線の完成により、提言内容の実現は困難——というよりも、不可能に近い——となった。

いずれにしても、奥与那線の工事実施と計画変更決定は、その利用区域全体を特別保護地区にすべしとした提言を無視するものである。この点からも、計画内容は著しく不合理なものであり、その法的評価が問題となる。この点は後述する。

①調査書の提言内容

調査書は、当該地域のほぼ全域を鳥獣保護区指定すべき理由を、次のように説明している[42]。

　沖縄島北部地域は、わが国でも例のない多くの貴重動物が生息する地域である。これらの貴重動物の生息地は、ノグチゲラの生息地と概して重複しており、地形と森林、つまり脊梁山系と水系およびイタジイの極相林と関係している。したがって、北部地域脊梁山系中心とする水系および林齢40年以上の自然林を主体とする連続的な鳥獣保護区と特別保護地区を設定することが必要である。極限すると、ノグチゲラの生息地を保護できれば他の貴重動物も同時に保護することになる

調査書は、このような基本認識から、次のように提言している。

(2) 沖縄島北部地域の北から西銘岳、照首山、与那覇岳、伊湯岳、玉辻山と連なる脊梁山系及びその周辺地域は、地形的に多様な景観を呈し、生物的にも非生物的にも沖縄島の原生的自然を表徴する貴重な地域である。この地域は、世界文化遺産・自然環境保護条約の自然遺産の候補地として、学術上、保存上顕著で普遍的な価値を有する地域の一つとみなされている。

(3) ここの脊梁山地及びその周辺地域は、単に貴重な野生生物及びその成育・生息地の保護上から重視されるべきでない。既設の宜名真ダム、辺野喜ダム、普久ダム、安波ダム、新川ダム及び福地ダムのほか、建設が計画されているダムの水源地は、ほとんどこの山系及びその周辺地域のなかに含まれている。

(4) この地域には、現在、鳥獣保護区として西銘岳、伊部岳、佐手、与那覇岳、安波などが指定されている。しかし、これらは飛び飛びに指定されている上に、開発が規制されている特別保護地区の面積が小さくかつ散在している。従来、鳥獣保護法や文化財保護法などにより、ごく一部の種または個体群が保護を受けてきたものの、種々の開発が脊梁山系にも進展されていく情勢下で、既設の鳥獣保護区だけでは多様な生物相と特殊鳥類等の保護は期待できない。

(5) 沖縄島北部地域の多様な野生生物と特殊鳥類や絶滅危惧種を保護するため、速やかに鳥獣保護区の拡大を図る必要がある。鳥獣保護区設定の基本的な考え方は、保護区は散在せず連続地帯になるように設定すること、保護区

---

[42] 調査書164頁。

は、研究や災害防止以外の立ち入りを禁止する特別保護地区と、その周辺に特別保護地区の緩衝地帯としての鳥獣保護区を設定する。

以上のように提言内容は、奥与那線の利用区域について、次の事実を明らかにした。

第一に、自然環境上、世界遺産に登録すべき世界的な価値をもつこと。

第二に、沖縄全体の水がめであり、集水域としても保全すべきこと。

第三に、利用区域全体を特別保護地区に指定すべきであり、その周囲も緩衝帯として、鳥獣保護区に設定すべきこと。

要約すると、奥与那線の利用区域は、手つかずの状態で厳格に保存すべき地域であり、森林伐採のために広域基幹林道を開設することは、説明困難である。のみならず、後述するように、やんばるには本来の「林業」はなく、かりにあったとしても、既存林道で十分に対応できたのだから、ここを大規模林道開発することは、著しく不合理なものといえそうである。この著しく不合理な計画決定について、違法評価できるかどうかは後述する。

2 自然環境の保全に関する指針から

沖縄県環境保健部自然保護課は、「自然環境の保全に関する指針」(以下「指針」という)を発表し、県内の自然保護のありかたを提示している[43]。

結論からいうと、奥与那線の利用区域の大部分は、自然保護のランクが最も厳しい「自然環境の厳正な保護を図る区域」に指定されている。奥与那線は、この「自然環境の厳正な保護を図る区域」に開設され、上記のように、当該地域の自然環境に壊滅的な影響を与えている。この指針との整合性という観点からも、奥与那線の法的評価が問題となる[44]。この点は後述する。以下では、指針が明らかにした当該地域の自然環境を紹介し、なぜ厳正な保護をはかるべき区域とされたか、検討していく。

奥与那線は、その起点から終点までが、指針中の「楚洲」図面にすべて含まれている[45]。

そのルートを示すと、同図面の①内の県道2号線と旧照首山林道を起点として、順次、①→④→①→⑤→③→①→②→③→②→⑥→⑦内を通過して、奥の終点に至っている[46]。

自然保護の重要性は、指針上、評価ランクⅠからⅤまで、次のように分類されている。

自然環境の評価ランクと保護指針

評価ランクⅠ	自然環境の厳正な保護を図る区域
同Ⅱ	自然環境の保護・保全を図る区域
同Ⅲ	自然環境の保全を図る区域
同Ⅳ	身近な自然環境の保全を図る区域
同Ⅴ	緑地環境の創造を図る区域

評価ランクⅠのエリアは、自然保護上、最も重要な地域とされ「自然環境の厳正な保護を図る区域」、つまり、開発を抑制すべき地域——平たくいえば、開発してはならない地域——に分類されている。通過区域の自然環境の詳細は、以下のとおりである。

(1) ①のエリア[47]

奥与那線のほぼ3分の1は、①内を南西から北東方向に通過しており、①エリアは最大の通過区

---

43 指針3頁は、「指針の位置づけ」として、次のように解説している。「本指針は、この管理計画(沖縄県環境管理計画)を受け、自然環境の保全を図るため、それぞれの島ごとの多様な生態系が健全に維持されるよう、本県の自然環境の現状を明らかにするとともに、地域環境の特性に応じた自然環境の保全のあり方を示し、適切な土地利用への誘導及び調整を図るものである」。

44 この点は縦割行政の問題でもある。県レベルでも、林道建設を管轄する農林水産部林務課と、自然保護を所掌する環境保健部自然保護課とで、調整がはかられていない。このような場合、行政機関内部のショー・ダウンとなるが、両者のパワー・ポリティクスを反映して、開発官庁に寄り切られるのが一般である。開発官庁には政界・財界の応援団がついている。沖縄県でも、指針の趣旨は活かされず、自然保護課が泣きをみている。総合調整のためのシステム——調整手続を法定化し、透明性、情報公開、説明責任、市民参加などを制度内在化させる——づくりが必要である。

45 指針141、142頁。

46 指針中の図面は、いくつもの地域にさらに細分化されており、この細分化された各地域を特定する番号が①などの丸数字である。

47 同エリアは楚洲図面のほぼ中央部分に位置し、同図面全体の3分の1前後を占めている。

域となっている。指針によると、①（図面番号 3 圏域区分番号 1）エリアの自然状態は、以下の通りである[48]。

このように、①エリアは生物多様性の宝庫であり、生態学的にも、最もセンシティブな場所である。奥与那線は、その中央部を南西から東北方向に縦走しており、貴重動物の生息域を分断破壊している。このエリア内に林道を開設することは、環境影響評価という観点からも、著しく不合理である。このエリアを奥与那線の利用区域とすることも同じである。

(2) ②のエリア[49]

指針によると、②（図面番号 3　圏域区分番号 2）の自然状態は、次の通りである[50]。ここも生物多様性の宝庫であり、生態学的にも、極めて重要な場所である。

(3) ③のエリア[51]

指針によると、③（図面番号 3　圏域区分番号 3）の自然状態は、次の通りである[52]。生物多様性の宝庫であり、生態学的にも、極めて重要である。

(4) ④のエリア[53]

指針によると、④（図面番号 3　圏域区分番号 4）の自然状態は、次の通りである[54]。このエリアも生物多様性の宝庫であり、生態学的にも、極めて重要な場所となっている。

(5) ⑤のエリア[55]

指針によると、⑤（図面番号 3　圏域区分番号 5）の自然状態は、次の通りである[56]。このエリアも生物多様性の宝庫であり、生態学的にも極めて重要な場所である。

(6) ⑥のエリア[57]

指針によると、⑥（図面番号 3　圏域区分番号 6）の自然状態は、次の通りである[58]。このエリアも生物多様性の宝庫であり、生態学的にも極めて重要な場所である。

(7) ⑦のエリア[59]

指針によると、⑦（図面番号 3　圏域区分番号 7）の自然状態は、次の通りである[60]。このエリアも生物多様性の宝庫であり、生態学的にも極めて重要な場所である。

48　同上 143 頁。
49　同エリアは楚洲図面の左側と中央上側の部分を占めている。面積的には全体の 6 分の 1 程度である。
50　同上 144 頁。
51　同エリアは楚洲図面の右側上方の部分を占める。面積的には全体の 10 分の 1 弱である。
52　同上 145 頁。
53　同エリアは楚洲図面の左側下方に位置する。面積的には全体の 30 分の 1 程度である。
54　同上 146 頁。
55　同エリアは楚洲図面の右側中央（やや下寄り）の部分にある。面積的には全体の 6 分の 1 程度である。
56　同上。
57　同エリアは楚洲図面の左側上方に位置する。面積的には全体の 20 分の 1 程度である。
58　同上 148 頁。
59　同エリアは楚洲図面の右側上方に位置する。面積的には全体の 20 分の 1 程度である。
60　同上。

(1)

保全性分級区分名	自然環境の厳正な保護を図る区域（評価ランクⅠ）	
自然環境	動物	

貴重な動物として、絶滅危惧種4種（うち国指定特別天然記念物1種、国指定天然記念物2種）、危急種7種（うち国指定天然記念物4種、県指定天記念物2種）、希少種16種（うち県指定天然記念物3種）が確認されている。
また、少なくとも、危急種2種（うち国指定天然記念物1種）、希少種6種（うち指定天然記念物2種）の生息推定域である。

(2)

保全性分級区分名	自然環境の保護・保全を図る区域（評価ランクⅡ）	
自然環境	動物	

貴重な動物として、絶滅危惧種4種（うち国指定特別天然記念物1種、国指定天然記念物2種）、危急種4種（うち国指定天然記念物3種、県指定天記念物1種）、希少種15種（うち県指定天然記念物4種）が確認されている。
また、少なくとも、危急種5種（うち国指定天然記念物2種、県指定天然記念物1種）、希少種4種（うち県指定天然記念物1種）、地域個体群1種の生息推定域である。

(3)

保全性分級区分名	自然環境の保護・保全を図る区域（評価ランクⅡ）	
自然環境	動物	

貴重な動物として、絶滅危惧種3種（うち国指定特別天然記念物1種、国指定天然記念物1種）、危急種2種（国指定天然記念物2種）、希少種9種（うち県指定天然記念物1種）が確認されている。
また、少なくとも、絶滅危惧種1種（国指定天然記念物1種）、危急種7種（うち国指定天然記念物3種、県指定天然記念物2種）、希少種10種（うち県指定天然記物4種）の生息推定域である。

(4)

保全性分級区分名	自然環境の保護・保全を図る区域（評価ランクⅡ）	
自然環境	動物	

貴重な動物として、絶滅危惧種2種（うち国指定特別天然記念物1種、国指定天然記念物1種）、危急種2種（国指定天然記念物2種）、希少種10（うち県指定天然記念物1種）が確認されている。
また、少なくとも、絶滅危惧種1種（国指定天然記念物1種）、危急種7種（うち指定天然記念物3種、県指定天然記念物2種）、希少種10種（うち県指定天然記物4種）の生息推定域である。

(5)

保全性分級区分名	自然環境の保護・保全を図る区域（評価ランクⅡ）	
自然環境	動物	

貴重な動物として、絶滅危惧種4種（うち国指定特別天然記念物1種、国指定天然記念物2種）、危急種6種（うち国指定天然記念物5種、県指定天然記念物1種）、希少種10種（うち県指定天然記念物2種）が確認されている。
また、少なくとも、危急種3種（うち県指定天然記念物1種）、希少種10種（うち県指定天然記念物3種）の生息推定域である。

(6)

保全性分級区分名	自然環境の保全を図る区域（評価ランクⅢ）	
自然環境	動物	

貴重な動物として、危急種2種（国指定天然記念物2種）、希少7種（うち県指定天然記念物1種）が確認されている。
また、少なくとも、絶滅危惧種3種（うち国指定特別天然記念物1種、国指定天然記念物2種）、危急種7種（うち国指定天然記念物3種、県指定天然記念物2種）、希少種13種（うち県指定天然記念物4種）の生息推定域である。

(7)

保全性分級区分名	自然環境の保全を図る区域（評価ランクⅢ）	
自然環境	動物	

貴重な動物として、絶滅危惧種2種（うち国指定特別天然記念物種、国指定天然記念物1種）、危急種2種（うち国指定天然記念物1種）、希少種1種（うち県指定天然記念物2種）が確認されている。
また、少なくとも、絶滅危惧種1種（国指定天然記念物1種）、危急種7種（うち国指定天然記念物4種、県指定天然記念物種2種）、希少種8種（うち県指定天然記念物3種）の生息推定域である。

3 自然保護法上の問題点

奥与那線の利用区域内の自然環境は、希少動物保護の観点からも、極めて重要な地域といえる。ここに林道を建設することは、自然保護法上も問題がある。

一般に、自然保護の方法には、点的なものと面的なものとがある。点的保護は、野生生物の個体に着目し、個体の殺傷などを禁じることで、個体の直接的な保護をはかる手法である。面的保護は、野生生物の生存に必要な地域、たとえば生息地などに着目して、その一定地域を保護区に指定し、そこでの野生生物に影響をおよぼす行為を禁止する手法である[61]。いずれの保護もきわめて不十分である。

(1) 点的保護の現状

まず点的保護について見よう。

たしかに、やんばるには、文化財保護法の天然記念物や、種の保存法の希少野生動植物種などが溢れている。つまり、それらの法律にもとづく指定はなされている。保護指定はなされていても、法的保護は実現されていない。

たとえば、文化財保護法は、「天然記念物の保存に影響を及ぼす行為をして、これを滅失し、き損し、又は衰亡するに至らしめた者は、五年以下の懲役若しくは禁固又は二十万円以下の罰金若しくは科料に処する」と定めている（107条の2）。同じく、種の保存法も、「希少野生動植物種の生きている個体は、捕獲、採取、殺傷又は損傷（以下「捕獲等」という）をしてはならない」とし（9条）、その違反にたいし「一年以下の懲役又は百万円以下の罰金に処する」と定めている（58条）。

しかし、林道側端に設置されたU字溝には、天然記念物や希少野生動植物種が落下死するケースが後を絶たないが[62]、文化財保護違反を理由に林道の設置・管理者が刑事処罰されたことはない[63]。逆にいえば、個々の天然記念物を殺傷すると処罰されるが、U字溝に大量落下死させても処罰されない[64]。のみならず、種の保存法は、「国の機関又は地方公共団体が行う事務又は事業については、第9条の規定は適用しない」と定める（54条1項）。つまり、同条は公共事業を適用除外している。その結果、公共事業によって希少野生動植物種が捕獲等されても、お咎めはまったくない。適用除外されたのは次の理由による。すなわち、公共事業は、すべての公益に配慮し法に適合して行われるから、公共事業について法違反を想定し、その罰則適用を考えるのは無意味とされたのである。公共事業による自然破壊はありえないことを前提としている[65]。

---

61 関根孝道「自然保護のしくみ」『環境法入門第2版』法律文化社（2002）82頁以下、参照。

62 前掲「大国林道における小動物被害現況調査業務報告書」参照。これによると、調査区域は大国林道の全域35kmに亘って、11時頃から18時頃まで調査が行われたが、総確認例数は475個体、うち死亡例数223個体で、「確認された動物は、脊椎動物が2綱3目9科14種確認されたほか、ヤスデ類、ミミズ類が確認された」という。同報告書は、調査結果をふまえ「問題点の検討」として、次のように分析している。「①確認個体数は路上で169、U字溝内で130、L字溝で1、集水升で166、法面で9、合計475個体確認された。②生死の別に着目しない場合、路上、U字溝、集水升での確認頻度が高い。生死の別での死亡では、路上及びU字溝で高い。路上での死因は、大半が轢死と考えられる。U字溝での死因は乾燥、絶食死等が考えられる。④集水升は、確認例数は多いものの死亡率が低い。これは、死亡した個体が水中に沈んだこと等により、目視では観察できなかったためと考えられる。（中略）今回の調査結果から、当該林道での小動物の主な死因は路上徘徊中の轢死とU字溝内での死亡がクローズアップされた。（中略）動物の生息環境を分断する恐れのある地域での道路建設にあたっては、表面的な轢死対策のみに捕われるのではなく、分断された生息環境を安全・自由に往来できる動物移動等の確保（既設暗渠の改良、横断トンネルの設置、オーバーブリッジの設置、橋梁化、トンネル化）などについても検討すべきである。なお、このようなU字溝の影響が考慮されて、U字溝からL字溝への切り替えが公共事業として行われているが、奥与那線にも、一部、U字溝の区間が存在する。もちろん、最大の小動物保護対策は、不必要な林道をつくらないこと、つくっても舗装しないことである。

63 1997年5月14日付琉球新報によると、天然記念物のリュウキュウヤマガメなどがU字溝内に落下して死亡したのは、大国林道を設置した際に落下防止設備などを講じなかったためで、文化財保護法違反の疑いがあるとして、県知事ら県関係者が那覇地検に刑事告発された。が、同年12月27付琉球新報によると、那覇地検は不起訴処分としたようである。

64 文化財保護法107条の2、種の保存法58条違反の罪は、故意犯である（刑法38条1項）。しかし、U字溝による落下死は広く認識されているのだから、この事実を知りながら、あえてU字溝を設置または放置する行為は、未必の故意といえそうである。少なくとも、上記刑事告発後は、未必の故意による不作為の同条違反が問題となろう。

65 これは大変な誤りである。やんばるの最大の自然破壊は公共事業である。公共事業の問題点を指摘する文献は多い。ここでは以下のものを紹介するに留める。入門書的なものとして、五十嵐敬喜・小川明雄『公共事業をどうするか』岩波新書（1997）、行政法的な観点からの研究として、山村恒年「現代行政過程の諸問題」自治研究第62巻第4号、自然保護法からの分析として、畠山武道『自然保護法講義』北海道大学図書刊行会（2001）、現地調査報告と改革提言として、日本弁護士連合会編「公共事業を国民の手に」第41回人権擁護大会基調報告書、同個別公共事業報告・調査報告編（1998）。

さらに、次のような法解釈にも、問題がある。すなわち、天然記念物や希少野生動植物種の生息地を破壊しても、必ずしも上記違反にはならないとされる。その理由は、生息地が破壊されても他に移動できるのだから、上記違反行為を構成しないとされる[66]。このような解釈のもと、個体の直接的な捕獲等がなければ違法でないとして、生息地破壊の事業が公然とおこなわれている。かくて、やんばるの森林が皆伐され、渓流が土砂で埋められても、上記規定は大規模な生息地破壊の歯止めにはならない[67]。生きものは生息地を失うと生きていけないから、生息地破壊は究極的な大量抹殺につながる。

要するに、ヤンバルの点的保護は、天然記念物や希少野生動植物種に指定されたことが、受ける保護のすべてである。つまり、直接的な捕獲等の行為が行われるのでない限り、法的な保護を受けられない。自然保護法の実効性が問われよう。

(2) 面的保護の現状

面的保護も十分でない。

面的保護としては、自然環境保全法、自然公園法、文化財保護法、種の保存法、鳥獣保護法などにより、生きものの生息地を保護地域として指定することが考えられる。このように保護制度は——内容的にはお粗末なものであるにせよ——存在するが、やんばるでは開発圧力がつよいため、せっかくの制度も宝のもち腐れとなっている。

自然環境保全法による地域指定はゼロである[68]。

やんばるには広大な国有林地域が存在するが、米軍北部演習場となっていて、原生自然環境保全地域に指定できる状況にはない。県有林、県営林（無償貸付国有林）、村有林などの公有林も存在するが、ここは土地改良（農地造成）や造林（育成天然林整備）事業などの貴重な公共事業サイトであり、補助金の受け皿となっている。米軍北部訓練場の一部が返還された場合にも[69]、自然公園法にもとづく国立公園指定の可能性が検討されるに止まる。もちろん、自然公園の制度自体、保存ではなく利用を前提とする点、大きな問題を抱えている。

自然公園法による指定についても、やんばるには、国立公園や県立自然公園の指定はなく、沖縄海岸国定公園の一部として、与那覇岳と伊湯岳周辺が国定公園に指定されているだけである。これは海域からの眺望——つまり、海から見た景観

---

[66] たとえば、前掲「亜熱帯の森やんばる」14頁には、1994年2月の写真として、伊部岳山麓の伐採現場でノグチゲラの巣穴のある営巣木が伐採されて、無惨にも転がされている状況が紹介されている。これも伐採前に避難しているという理由で処罰されない。親鳥は逃げたとしも雛は逃げられない。

[67] このような法解釈は不合理といえよう。米国の種の保存法（The Endangered Species Act of 1973）では、捕獲等の行為（"taking"）が禁止されているが（同法第1538条(a)(1)(B)）、この禁止される"taking"の意味について、次のように定義されている（同法第1532条(19)）。「The term "take" means to harass, harm, pursue, hunt, shoot, wound, kill, trap, capture, or collect, or to attempt to engage in any such conduct.」。さらに、この"harass"と"harm"の意味につき、大統領規則（50 CFR Ch.I Subpart A Introduction and General Provisions § 17.3 Definitions）は、次のように定義している。
「"Harass" in the definition of "take" in the Act means an intentional or negligent act or omission which creates the likelihood of injury to wildlife by annoying it to such an extent as to significantly disrupt normal behavioral patterns which include, but are not limited to, breeding, feeding or sheltering. "Harm in the definition of "take" in the Act means an Act which actually kills or injuries wildlife. Such act may include significant habitat modification or degradation where it actually kills or injures wildlife by significantly impairing essential behavioral patterns, including br.eeding, feeding or sheltering.」
これらの定義規定によると、一定の生息地破壊——とくに大規模なそれ——が、"taking"、すなわち捕獲等の行為を構成するとされている。比較法的観点からも、日本法の解釈には問題があるといえよう。以上を含め、日米種の保存法の比較を試みるものとして、関根孝道「似て非なるものの日米『種の保存法』の比較法的考察」『環境法学の生成と未来』（山村恒年先生古希記念論集）信山社（1999）、参照。

[68] 自然環境保全法は原生的自然の保護を目的とする（14条、22条、45条など）。やんばるには、原生的自然が残されており、そこの生物多様性を保存するには、国有林などの公有地を中心に原生自然環境保全地域とし（14条）、その周囲をバッファーゾーン的に自然環境保全地域に指定するのが、本来の管理のありかたである（22条）。しかし、原生自然環境保全地域は利用を排除するものであり（17条）、自然環境保全地域の指定に、関係地方公共団体——やんばるの場合には、国頭村や沖縄県など——の長の意見聴取が要件とされているのが（22条3項）、ネックとなっている。沖縄県をふくめ地元経済は公共事業に依存——主要産業が土建業というのは不可解であるが——しており、開発締め出しにつながる保護区の設定は、地元の同意が得られず困難である。同法上は地元同意は要件となっていないが、運用上、それがないまま保護区指定されることはない。この点は、法の文理に反した解釈運用がなされており、法律による行政の原理からは大いに問題である。このような法の解釈運用も自然保護法の実効性を失わせている。法定要件でないもの——首長意見をふくむ地元の同意——の欠如を理由に、自然保護法の適用をびびっているのは、自然保護官庁の責任逃れでしょうか。

[69] 米軍北部訓練場は、いわゆるSACO(Special Action Committee on Okinawa)最終報告をふまえ、平成11年4月27日の日米合同委員会において、その過半の約3987haを返還することが合意されている。前掲「北部訓練場ヘリコプター着陸帯移設に係る環境調査の概要」1頁、参照。この返還予定地を開発——実際には、そこで公共事業をおこなうこと——しようという地元の意向はつよいが、やんばるの自然保護上、なんらかの自然保護区を設定することが絶対に必要である。

保護——のために指定されたものと推察され、生きものの生息地保護の視点はない。指定面積も全体で5632ha、特別保護地区469ha、特別地域1543haとなっている。指定面積が不十分であるし、特別保護地区もわずかで全体の18％弱にすぎない[70]。この国定公園内ですら大規模林道が貫通している[71]。自然公園制度は、やんばるの最大の自然破壊である大規模林道建設をも、阻止できないのである。

一方、文化財保護法や種の保存法にもとづき、重要生息地を指定することもできるが[72]、天然記念物や希少野生動植物種のために指定はなされていない。たとえば、文化財保護法は、「文化庁長官は、天然記念物の保存のため必要があると認めるときは、地域を定めて一定の行為を制限し、若しくは禁止し、又は必要な施設をすることを命ずることができる」と定める（81条1項）。同条項による指定はない。同じく、種の保存法も、「環境庁長官は、国内希少野生動植物種の保存のために必要があると認めるときは、その個体の生息地又は生息地及びこれらと一体的にその保護を図る必要がある区域であって、その個体の分布状況及び生態その他その個体の生息又は生育の状況を勘案してその国内希少野生動植物種の保存のため重要と認めるものを、生息地等保護区として指定することができる」と定める（36条1項）。同条項による指定もない[73]。

以上を要するに、やんばるの天然記念物や希少動植物種の保護管理に責任のある行政庁は、保護のための生息地指定という伝家の宝刀があるのに、この宝刀を抜こうとしない。行政の怠慢というほかはない[74]。開発計画がある場合には、保護区指定しないという法運用が示すように、開発法が自然保護法に優先する結果ともいえる[75]。

鳥獣保護法による保護区の指定はなされている[76]。

しかし、鳥獣保護法は、「鳥獣保護事業ヲ実施シ及狩猟ヲ適正化スルコトニ依リ鳥獣ノ保護繁殖、有害鳥獣ノ駆除及危険ノ予防ヲ図リ以テ生活環境ノ改善及農林水産業ノ振興ニ資スルコトヲ目的トス」るものである（1条）。つまり、鳥獣保護法は野生生物を狩猟のための資源と捉えるものである。やんばるの天然記念物や希少動植物種の生息環境が、このような資源法によってしか保護されていない現実は、理念的にも方法論的にも、由々しき事態である。

のみならず、鳥獣保護法による保護区指定についても、現在、西銘岳（75ha。以下、数量単位はha）、伊部岳（224）、佐手（120）、与那覇岳（662）、安波（470）、大保（250）の6カ所で、合計1801haでしかない。そのうちの特別保護地区の合計面積は335haで、ヤンバル森林面積のわずか1.2％でしかない。保護区指定は量的にも十分でない。これらの指定地域以外にも、ヤンバルクイナ、ノグチゲラ、ホントウアカヒゲ、アマミヤマシギなど、特殊鳥類の重要生息地が存在する[77]。特殊鳥類の生息地はそれ以外の重要生息地でもある。

70　前掲「沖縄の自然」中の表5市町村別自然公園面積、沖縄県環境保健部自然保護課「自然保護行政の概要平成6年」360頁以下、参照。

71　前掲「広域基幹林道大国線　国定公園特別地域内通過区間　路線環境調査報告書」参照。

72　文化財保護法81条、種の保存法36〜39条。

73　天然記念物や希少野生動植物種などの保護種指定に比して、それらの保護区指定が開発——やんばるの場合には、とくに公共事業——に与える影響は大きい。そのために、開発計画のあるところでは保護区指定はされないし、公共事業に依存する沖縄県をふくむ地元自治体の抵抗もつよい。もとより、文化財保護法や種の保存法は、保護区指定に地元同意を要求していないが、それらの運用上、地元の理解という名目のもとに、とくに地元自治体の長の同意が要求されている。結果的に、地元自治体は保護区設定の拒否権をもつに等しく、自然保護法が実効性を欠く原因となっている。これも法律による行政の原理から問題がある。

74　このような行政の怠慢という不作為にたいし、市民サイドから履行を強制するてだてもない。一般市民には、保護区指定の申立権はないし、不作為の是正をもとめて提訴する訴権——いわゆる市民訴訟条項（citizen suit provision）もない。いずれも米国の種の保存法では認められている。詳しくは、前掲「似て非なるもの——日米種の保存法の比較法的考察」参照。

75　開発法優位というのは、先進国スタンダードからは、遅れている。開発法自体に環境配慮を要件化し、開発計画の段階から環境配慮を徹底させると共に、自然保護法と対立する場合には、自然保護法を優先させることが必要である。前者はいわゆる戦略的環境アセスメント、後者は自然保護法の実効性の問題である。

76　前掲「沖縄の自然」表4県設鳥獣保護区、同「自然保護行政の概要」346頁以下。

77　前掲「特殊鳥類等生息環境調査Ⅵ」、とくに、その付属図面「ノグチゲラの営巣木の分布状況」、同「繁殖期におけるノグチゲラの生息確認状況」、同「特殊鳥類生息分布図」参照。

このことは当然ともいえる。というのも、一般に、鳥獣保護区は、人間の利用の観点から、地元自治体、地権者や利権者の反対がなく、当面利用のアテがない地域が、恣意的に指定されるようである。逆にいえば、開発の予定のあるところは、指定されていないし、指定の拡大もできない[78]。やんばるでも、このような鳥獣保護区が点在するだけで、線的に結ばれていない。野生生物保護のためには、各地の保護区をコライドー化していくことが重要であるが、やんばるでは分断されたままである。くわえて、分断された保護区が、大規模林道の建設によって、完全に孤立化している。

やんばるの面的保護も極めて不十分である[79]。

第4　林業の地域経済上の位置づけ

奥与那線は林業上も不必要である。

すなわち、やんばるの林業実態からすると、既存林道で十分に対応可能であった[80]。このことは、森林伐採量のピークが既存林道のもとで見られることからも、自明といえる。実際にも、奥与那線の完成後も、林業は衰退の一途を辿っており、森林伐採量も減少し続けている。資料4は沖縄の林産物生産量の年次推移を示している。

のみならず、既存林道との比較でいえば、既存林道は舗装されていなかったから、野生生物は自由に行き来することができたし、その上を樹冠が覆い緑のトンネルとなっていて、野生生物に与える影響も少なかった。先人たちは、林業のために林道をつくったが、やんばるの自然は破壊しなかった。そこには先人たちの叡智があった。後述するように、やんばるでは、本来の意味の林業は行われておらず、公共事業としての造林事業が中心となっている。

結論からいうと、奥与那線は、必要性という観点からいえば、やんばるにおける「林業」のためにも、公共事業としての造林事業のためにも、不要であった。のみならず、前記のように、自然保護上も、厳正に保護すべき自然生態系の核心部分を、不可逆的かつ壊滅的に破壊するものでしかない。

以下、やんばるにおける林業と造林事業の二つに分けて、奥与那線の必要性を検証していく[81]。

ブロッコリーのような亜熱帯林

78　前記のように、平成5年3月、前掲「特殊鳥類等生息環境調査Ⅵ」は、やんばるのほぼ全域を鳥獣保護区に拡大するよう提言した。同付属図面「沖縄島北部地域における鳥獣保護区設定（案）」参照。この提言は、同年着工された奥与那線の建設により、反故にされている。

79　やんばるのケースで明らかなように、自然保護法に実効性がないのは、自然保護法自体に内在する問題点と、その解釈運用に起因するものとの二つに分析できよう。前者には、法改正が必要であり立法論になるが、後者は自然保護行政の熱意の問題である。

80　農林水産事務次官依命通達「森林保全整備事業実施要綱」（平成9年4月1日付9林野基第105号）の「第2　事業の内容　3　林道整備事業」によると、林道整備には、林道開設、林道改良、高密度林道網整備の3つが区別される。これによると、林道開設事業は「民有林における林道網の整備を図るため必要な林道施設の新設（既設林道の種類の変更を含む）又は改築を目的とする事業」、林道改良事業は「林道の機能向上を図るため、林道の構造の一部を改良する事業」と定義されている。つまり、林道施設には、さらに、林道施設の「新設」と「改築」の二つが区別されるかである。問題は奥与那線の建設がいずれであるかである。沖縄県は改築に該るというスタンスであるが、林道建設の実体からすると大いに疑問である。前記のように、奥与那線の大部分は、既存林道・造林作業道を拡幅編入したものとされるが（これを「転出」という）、一部、新たに設けられた箇所も存在する。拡幅編入されたという部分も、既存のものと規模・構造などが全く異なるし、その造られかたも新設と変わらない。なお、後述するように、開設と改良では補助割合が異なり、奥与那線が改良でなく開設とされたことと関係ありそうである。

81　沖縄の林業・林学を紹介するものとして、篠原武夫「亜熱帯地域の沖縄の森林・林業の役割と課題」林経協月報 No.355 日本林業経営者協会（1991）、松下幸司「沖縄本島北部における林業の動向とその特性」経済地理学年報第39巻第2号（1993）、中須賀常雄編「沖縄林業の変遷」ひるぎ社（1995）、同編「意訳林政八書」沖縄マングローブ協会（1997）。とくに、松下論文は、沖縄県の林業実態を詳しく紹介するものとして、極めて有意義である。なお、やんばるの林業について、沖縄県自身の将来の展望を示すものとして、沖縄県農林水産部「森林施業基本調査報告書　国頭村・大宜味村・東村　持続可能な高度森林利用を目指して」（平成9年3月）、国頭村自身の将来的展望を示すものとして、国頭村「国頭村過疎地域活性化計画（平成2年度〜平成6年度）」18、19頁、参照。

1　奥与那線とやんばるの林業

やんばるの「林業」[82] は、国頭村において行われており、その担い手は国頭村森林組合（以下「森林組合」ともいう）である。国頭村における「林業」実態は、以下の通りである。

(1) 林業関係者数

国頭村における林業関係者数は微々たるものである。

平成13年版沖縄県国頭村村勢要覧（以下「平成13年版村勢要覧」という）の「国頭村の男女別15歳以上産業別就業者数（国勢調査より）」「林業」欄をみると[83]、林業就業者数は、昭和50年49名、55年71名、60年48名、平成2年52名、平7年30名となっており、著しい減少がみられる。

平成11年度の沖縄の林業統計[84] は、同年度の「年齢階層別作業員数」を示しているが、その「国頭村森林組合」の欄によると、森林組合の作業員数は90名でしかない。同じく、「森林組合等の現況」「国頭村森林組合」欄によると、森林組合の「職員」も14名にすぎない[85]。

(2) 産業構造

国頭村の主要産業は第3次産業であり、産業構造上、林業は重要性を失っている。

村勢要覧「産業別就業者数」「卸売・小売・飲食店」によると、その就業者数は平成12年で323名であり、林業就業者数の10倍以上である[86]。就業者数の観点からも、卸売・飲食店業の方が、はるかに重要となっている。

くにがみ平成7年村勢要覧（以下平成7年版村勢要覧という）の「産業別就業者数」の上から2番目の囲いは、左から「金融保険業・不動産業・運輸通信業・電気ガス水道熱供給業・サービス業・公務・分類不能の産業」であるが、その5番目の枠のサービス業の欄をみると、昭和50年491名、同55年498名、同60年635名、平成2年736名、同7年823名で、サービス業が最大の産業となっている。

平成12年の卸売小売飲食店の323名とサービス業の823名の合計1146名は、就業者総数2675名の約43％を占めている。第3次産業の就業者数は1425名で、総就業者数2675名の53％にも達している。

以上から、第3次産業こそが国頭村の主要産業であり、今後も、この傾向はますます強まるものと考えられる。

一方、前記のように、平成7年における林業就業者は30名であり、総就業者数中の林業就業者数の割合は約0.01％（＝30÷2675）でしかない。

さらにいえば、建設業就業者数は429名で、サービス業、農業に次ぐ3番目の主要産業となっている。国頭村の建設業は民間投資ではなく、公共投資関係の仕事に従事している。つまり、土建業・公共事業に従事しており、公共事業に大きく依存している。これもムダな公共事業がおこなわれる温床である。

82　「林業」とかっこ付きであるのは、以下に紹介する実態が本来の林業といえるか、疑問符がつくからである。これまでの補助金づけ、ハコモノ中心、中央主導などの林業政策は、農業政策と同じく、第一次産業の活性化に結びつくか疑問である。林業がかかえる問題一般につき、船越昭治編著『森林・林業・山村問題研究入門』地球社（1999）、志賀和人・成田雅美編著『現代日本の森林管理問題――地域森林管理と自治体・森林組合』全国森林組合連合会（2000）。
83　平成13年版村勢要覧41頁。
84　沖縄県農林水産部林務課・みどり推進課「沖縄の林業平成12年版」（以下「平成12年版沖縄の林業」という）84頁。
85　同上78頁。
86　平成13年版村勢要覧41頁。

(3) 財政状況

平成 13 年版村勢要覧によると、国頭村の同年度一般会計予算は、以下のとおりである[87]。

歳出合計は約 56 億円であるが、歳入内訳は次のとおりである。

平成 13 年度国頭村の歳入内訳
村税（自主財源）13%
地方交付税交付金と国・県支出金（補助金）の合計 68.2% ≒ 7 割
地方交付税 39.2%
県支出金・国庫支出金の合計 29%
村債 12.3%

これによると、自主財源は 13% しかなく、歳入の約 7 割を交付金・補助金に依存している。つまり、交付金・補助金がないと村財政は破綻するので、交付金・補助金の対象事業の実施が不可欠となっている。これもまたムダな公共事業の素地となっている。村債も歳入の 12.3% を占めているが、地方交付税で手当てされる分もあるので、起債による公共事業の誘因となっている。借金による公共事業でもした方が得というしくみである。

(4) 国頭村と森林組合との関係

両者は密接な関係にある。

森林組合の理事の多くが国頭村長や議会議長のポスト経験者である。

すなわち、平成 13 年版村勢要覧には同村の歴代村長と議会議長のリストがあるが、本土復帰後だけでも、村長中 2 名、議長中 3 名が、それぞれ森林組合理事を経験している[88]。さらに、議会議員の多くが森林組合員を兼ねると考えられる。

このような人的つながりが、森林組合が国頭村を動かし、あるいは、国頭村が森林組合を動かし、両者は連繋して「林業」関係の公共事業、たとえば、林道建設、造林事業、育成天然林整備事業など、各種の補助公共事業を推進している。

国頭村自身が森林組合の出資者でもある。

(5) 林業生産

平成 13 年版村勢要覧の 43 頁「林業生産品」中、「一般用材」というのは、建築の構造的部門に使われる製材品のことである。「背材」というのは、原木の丸太から角材を取る場合にでる背板である。「製材品」というのは、製材機械によって原木から木取り（きどり）された製品のことで、「木取り」というのは、伐採原木から種々の長さに採材することである。「バーク」は樹皮のことである。

チップ生産は、現在、停止されていて、将来再開の目途もたっていない[89]。

一般的に、全国的にも、海外からの安価な輸入チップの急増のほか、製紙原料としての古紙消費量が増加していること、今後は、建設リサイクル法が建設廃材のリサイクルを義務化したので、素材（原木）からのチップ生産は一層困難となっている[90]。

生産停止となる以前には、林業生産品高に占めるチップの割合は極めて大きく、チップ生産が林業の中心であった。やんばるにおける「林業」というのは、実は、付加価値の少ないチップ生産がメインであった。その原木提供も、ダム開発、土地改良、農地転用、レジャー開発など、いわゆる開発伐採（無償払い下げ）に依存していた[91]。

平成 11 年のチップ生産品高は 4506 万円で、全体の 1 億 477 万円の 43% にも達していた[92]。甲

87　同上 39 頁。
88　平成 13 年版村勢要覧 38 頁。
89　2002 年 1 月 20 日付沖縄タイムス記事は「かつて生産の柱だったチップは安い外国産に押され出荷停止」と報じている。
90　チップ生産の統計的データと将来の展望につき、農林水産省統計情報部「平成 11 年木材需給報告書」（平成 13 年 1 月）10-22 頁、林野庁編「林業統計要覧」（2001）90 頁、参照。
91　前掲松下論文「沖縄本島北部における林業の動向とその特性」10 頁以下。
92　平成 13 年版村勢要覧 43 頁。

72号証によると、平成元年のそれは1億5287万円で、全体2億3016万円の66.4％を占めていた[93]。やんばるの林業生産はチップ生産に大きく依存していた。

一方、国頭村では、育成天然林整備事業（以下「育天事業」ともいう）が盛んに行われている[94]。しかし、工場残材、建設解体材・廃材などからもチップ生産が可能であるように、チップ生産用原木のためには、同事業は無意味である[95]。育天事業は、チップ生産主体のやんばる林業上、不要であるのみならず、自然保護上も、生物多様性を喪失せしめるなど、極めて有害なものである[96]。のみならず、森林密度を低めることにより、林内の単純化・乾燥化・立ち枯れ、表土流失・土壌崩壊・赤土汚染など、森林・山河・海洋などの環境破壊原因ともなる。

全体の林業生産品高も減少の一途である。

平成元年から11年まで、林業生産品高の減少傾向は、次の通りである[97]。

林業生産品高の推移

平成元年	2億3016万円		
同5年	1億6297万円	対平成元比	70.8％
同11年	1億477万円	対平成元比	45.5％

平成元年を基準とすると、大国林道が完成し本件林道が起工された同5年には約30％減少し、本件林道が完成した同11年には、約55％も減少している。大国林道や奥与那線ができても、林業生産品高の増加に結びついていないのみならず、むしろ減少している。奥与那線はやんばる「林業」のために不必要であったといえよう。

なお、平成12年、13年の最近の林業生産品高は明らかでないが、チップ材生産が停止されたこともあって、同11年度よりもさらに減少したと思われる。

今後とも、林業生産品高は減少し続けることは、間違いない。

なお、沖縄県全体の林産物生産量（用材）の推移については、資料4を参照されたい。大国線が完成し、かつ、奥与那線が着工された平成5年以後、急減していることが分かる。生産量のピークは、大国線着工以前の昭和40年代後半にみられるし、その完成前の同56年、60年頃の生産量も、平成5年以降のそれの3倍にちかい。つまり、やんばるの既存林道は、大国線や奥与那線がなかった頃にも、生産量のピークに対応できていた。それらの広域基幹林道は、林業生産の観点からも、必要なかったといえよう。

(6) 造林事業

平成11年の造林実績は2億2556万円、造林面積で478haとなっている[98]。造林事業の発注者は県や村であり、県有林、県営林、村有林などの公有林において、公共事業として行われている[99]。

93　沖縄県国頭村「くにがみ平成4年村勢要覧」（以下「平成4年版村勢要覧」という）の「産業　林業生産品」欄、参照。

94　育天事業というのは育成天然林施業のための整備事業で、森林・林業・木材辞典編集委員会編『森林・林業・木材辞典』日本林業調査会（1996）108頁によると、育成天然林施業は「ぼう芽更新、天然下種更新などで天然林を活用しつつ、地表搔き起こし、刈払い、植込みなどの更新補助作業や除伐、間伐などの保育作業を行うなど、積極的に人手を加えることによって森林を造成する施業」と解説されている。なお、森林・林業を考える会編『日本の森林・林業』日本林業調査会（1993）にも、分かりやすい一般的な説明がある。県自身による解説書として、沖縄県農林水産部「育成天然林整備事業の手引」（平成7年3月）がある。

95　工場残材というのは、製材工場、合単板工場、床材工場およびその他木材加工工場で製品を製造した後にできる端材のことである。前掲「木材需給報告書」6頁、参照。なお、木材チップ生産量・出荷量については、同18頁の「図8　木材チップの生産量の推移」、林野庁編『林業統計要覧（2001）』林野弘済会（2001）90頁に明らかなように、チップ生産量は、全国的にも一貫して減少しつづけている。後者のデータによると、平成2年には1664万㎥であった生産量が、同11年には1055万㎥まで落ち込んでいる。同じく、素材（丸太）からのチップ生産量も、同2年の924万㎥から同11年の436万㎥へと、半分以上も減少している。一方、建設解体材・廃材からの生産量は、同2年の26万㎥から同11年の134万㎥へと、5倍以上も増加している。このような傾向は今後も変わらないと推測される。

96　育天事業がやんばるの生物多様性に与える影響につき、伊藤嘉昭他「沖縄やんばるの天然林の種多様度とそれへの『天然林改良事業』の影響」WWF Japan Science Report Vol.4（2001）、同「沖縄やんばるの森の生物多様性――森林下生え刈り取りの悪影響」科学（Science Journal KAGAKU）、Vol.68 No.11（1998）885頁以下、参照。

97　平成4年、7年、13年版の各村勢要覧の「林業生産品」の数字による。

98　平成13年版村勢要覧43頁。

99　造林事業の実績については、沖縄県農林水産部林務課・みどり推進課「沖縄の林業平成12年版」（以下「平成12年版沖縄の林業」という）14頁以下、同41頁に、「民有林補助造林実績」「平成11年度市町村別・樹種別造林実績」「県営林造林実績」の各一覧表がある。

造林事業の受注者は森林組合で、随意契約により独占的に受注している。造林事業の決定過程も不透明で、業者選択に際し競争入札も行われておらず、政・官・財（森林組合）の癒着が懸念される。

その実質は、発注者が県・村で、造林対象を公有林とし、森林組合が独占的に受注する、公共事業そのものである。やんばるの「林業」は、いわゆる開発伐採を主体とし、チップ材生産に傾斜していた。やんばるには、亜熱帯林の宿命として、経済的な有用樹種は少ない。やんばるに造林事業は必要であろうか[100]。以下詳説する。

造林実績は次の通りである[101]。

造林実績の推移

平成元年	1億4631万円	
同 5 年	1億9656万円	対平成元年比 34.3%増
同 11	2億2556万円	対平成元年比 54.1%増

やんばるには広大な公有林が存在するが、この公有林で造林事業が行われている。

沖縄県北部地域森林計画区の対象民有林面積は 4万4555ha、その11%が県有林（約4901ha。勅令無償貸付国有林を含む）、55%が市町村有林（約2万4505ha）の公有林が存在し、「公有林が高い比率を占めている」とされる[102]。さらに、「伐採、造林等各種の施策は公有林に集中し、森林・林業の拠点となっている」とされ、やんばるの林業・造林の実態が総括されている[103]。

一方、平成11年の林業生産品高は1億477万円にすぎず、同年の造林実績の事業費は2億2556万円で、その2.15倍にも達している[104]。いかに森林組合の「林業」が造林事業に大きく依存しているか看取できよう。

奥与那線は造林事業のためにも不要といえそうである。

すなわち、造林作業の内容は、作業班員数名が手作業の道具で、下刈・蔓切・除伐などを行うもので、大型・重機械などは不要であり、既存林道で十二分に対応可能である。実際、本土復帰した昭和47年より平5年まで、かなりの造林事業が行われているが、奥与那線が着工される以前のことである[105]。

森林組合統計によると、「利用」部門中に「森林造成」（造林）の事業項目がある[106]。さらに「森林造成事業」中に「造林・保育・治山・林道・病虫害防除」の細分類がある。これによると、平成11年の事業費総額は、国頭村を含む沖縄4組合の全体で10億5758万円であるが、その最大の項目が「保育」で3億8473万円にも達している[107]。この「保育」中に、上述した育成天然林整備事業（育天事業）が含まれる。

沖縄の林業の実態からみて、これだけの費用を保育に充てることは、無意味といえよう。沖縄の林業の特徴として、経済的な有用樹種が少ないこと、台風常襲・季節風などにより、もともと低木である樹木が屈曲してしまうこと、最大の用途がチップ材であることなどがあり、いくら保育をしても森林の経済的価値は向上しない。

このように無意味と思われる造林事業が、や

---

100 このことは公共事業とはなにかを問うことでもある。たしかに、ケインズ政策的には、ムダな公共事業も地方の土建業をささえており、短期的には、地元経済になにがしかのメリットはあるかもしれない。ケインズ政策の信奉者はこの点を強調する。が、ケインズ政策的に支持できるのは、せいぜい穴を掘って埋めるまでであろう。やんばるでは、トレード・オフとして、あまりにも失うものが多い。のみならず、穴を掘って埋めさせるというのも、ギリシャ神話中のシーシュポスに科せられた天罰のように、転げては落ちる巨岩を山の頂に運び上げるという、無為の苦しみを与えるようなものではなかろうか。なお、公共事業の高率補助と採択基準緩和による地方振興政策は、長期的には、内発的発展の阻害要因にほかならず、沖縄にとっては「アメとムチ」ではなく、「ムチとムチ」の経済的自立の阻害要因でしかない。さらに、やんばるでは公共事業は最大の自然破壊であり、世界に誇る生物多様性の喪失という、一時のあぶく銭のために失う代償は大きすぎる。

101 平成7年、13年版の各村勢要覧の「造林実績」のデータによる。

102 沖縄県「沖縄北部地域森林計画書（計画期間自平成6年4月1日至平成16年3月31日）」2頁。

103 同頁。

104 平成13年版村勢要覧43頁。

105 平成12年版沖縄の林業17頁の「民有林補助造林実績」による。

106 林野庁林政部森林組合課「平成11年森林組合統計」全国森林組合連合会（平成13年3月31日）9頁。

107 同上120-122頁。沖縄県には、本島北部地域11の市町村で構成される沖縄北部森林組合、八重山地域1市2町で構成される八重山森林組合、宮古地域6市町村で構成される宮古森林組合の3広域組合と、国頭村一円を管内とする国頭村森林組合の4審森林組合がある。平成12年版沖縄の林業77頁、参照。

んばるで盛んに行われているのは、その補助率の高さによる。造林事業の補助率は、沖縄県の場合嵩上げされていて、国10分の7または3分の2、県30分の1、所有者30分の9となっている[108]。それゆえ、県有林・県営林で行う場合、国から3分の2の補助金が、村有林で行う場合、国から3分の2、県から30分の1、合計30分の21の補助金が、それぞれ支出される。このような補助金の高率性は無意味な造林事業の誘い水となる。

以上から、やんばるの造林事業の実態について、次のように総括できる。

①森林組合の事業活動は「利用」がメインであり、「利用」部門の中心は「森林造成事業」（造林事業）である。
②造林事業は、県・村が発注者となり、県有林・県営林（無償貸付国有林）・村有林の公有林を対象とし、公共事業として実施されている。
③造林事業は新植でなく保育が中心で、保育の中心は育成天然林整備事業（育天事業）であるが、やんばるの林業にとって無意味である。
④造林事業のためには、奥与那線のような広域基幹林道は不要で、既存林道で十分対応できる。
⑤造林事業は、国庫補助事業で高率の補助金がつくので、補助金目当ての造林事業が行われやすい。
⑥造林事業の実施主体は森林組合で、随意契約により独占的に受注しているので、造林事業は組合の既得権益となっている。
⑦森林組合は、造林事業に大きく依存しており、造林事業なしでは組合経営は成り立たない。
⑧やんばるの「林業」の中心は、公共事業としての造林事業であり、これが「林業」の実体である[109]。

なお、上記⑦について敷衍すると、平成12年版沖縄の林業「国頭村森林組合　部門別事業収益」によると、「販売」は総収益の23.1%にすぎず、「利用」すなわち造林事業は、実に総収益の71%を占めている[110]。一方、「事業利益」は380万円の赤字、「経常利益」は533万円の赤字で、「販売」は長期減少の傾向にあるので（累積赤字は5000万円にも達する）、「利用」すなわち造林事業を増やさないと、組合経営は破綻する運命にある[111]。公有林の自然保護区指定に自治体をふくめ地元が反対するのも、公共事業がそこで実施できなくなるからであろう。政・官・財の癒着構造を指摘できるのでなかろうか。

第5　林業構造改善事業と森林組合

やんばるの「林業」は、上記のような造林事業という、事業面における補助事業だけでなく、林業構造改善事業（以下「林構事業」という）という、ハード整備面における補助事業にも、全面的に支えられている。林構事業なくしてやんばるの「林業」は成り立たない。森林組合は補助金漬けであり、やんばるの「林業」は、補助金産業という分類があれば別であるが、もはや産業とはいえない。

1　林構事業

林構事業というのは、「林業基本法の趣旨に基づき、林業構造の改善を通じて林業経営を近代化し、林業生産性の向上と林業所得の増大を図るための事業」[112]、あるいは、「地域の自主的意向に

108　造林補助事業実施要綱（平成3年4月11日付3林野造第109号農林水産事務次官より都道府県知事宛通知）、平成12年版沖縄の林業15頁「7-2造林事業の補助体系」など、参照。

109　造林事業の「公共事業」化は沖縄に限らず、全国的な現象ではないかと推測される。つまり、造林事業が地方——とくに山村過疎地——の振興策とされ、公共事業として実施される造林事業を、本来の林業経営の不振にあえぐ森林組合などに独占的に受注させることで、公的支援が行われているようである。そこには、特殊法人の組織維持のために行われる公共事業——たとえば、水資源開発公団のためのダム建設、森林資源開発公団のための林道建設、等々——とおなじ構図がみられる。前記のように、森林組合による独占的受注は随意契約でなされるが、その決定過程は不透明であり、違法公金支出を理由とした住民訴訟も提起されている。その一例として、富山地裁平8・10・16判決（いわゆる呉羽丘陵健康とゆとりの森整備事業事件）判タNo.950・163、参照。同事件では、市と森林組合との間で締結された森林空間整備工事請負契約が、随意契約で締結されたことを理由とする損害賠償請求の当否も、争点となっている。

110　平成12年版沖縄の林業80頁。

111　同頁。

112　平成12年版沖縄の林業58頁の「林業構造改善事業の概要」、参照。

基づいて樹立された計画に従い、林業生産活動の活発化と山村地域の活性化に重点を置いた林業構造の改善に必要な事業を総合的・有機的に実施する中で、林道等林業生産基盤の整備を行うもの」[113]、などと解説されている。沖縄では、昭和53年の沖林構以来8次の林構事業が行われ、事業費総額は、68億8889万円にも達している。補助率も嵩上げされていて、国の負担分は3分の2である。国頭村の場合、村・受益者（森林組合）負担はそれぞれ6.25％といわれ、残りが県負担となる。たとえば、1億円のうち森林組合が625万円を負担すれば、残り9375万の補助金が国、県、村からでることになる。逆にいえば、森林組合が625万円の自己資金を用意すれば、合計9375万の補助金がでて、1億円の設備投資ができる。

国頭村においても、森林組合の工場・機械などのハード設備は、この林構事業によって整備されている。つまり、森林組合はその行うソフト面での事業だけでなく、その保有するハード的な諸設備も補助金で賄われている。森林組合は林構事業による補助金の受け皿である。いずれにしても、森林組合は、事業面・設備面のいずれにおいても、補助金の丸抱えとなっており、市場経済的な意味での経営主体とはいいにくい。

国頭村では、以下のように、沖林構を含め7つの林構事業が導入され、森林組合のハード面の整備が図られてきた[114]。その総額は9億9909万円にも達している。いずれにしても、林構事業は、農業構造改善事業と同じく国内補助金制度であり、ガット・ウルグアイ・ラウンドで、木材輸入関税の引き下げ、国内補助金の撤廃が議論されたように、今後は、WTO体制下で維持することが困難となっている。

国頭村の林構事業実績

沖林構	1億56万円
村落特別	4661万円
新林構	2億4445万円
山村緊急対策	5057万円
活性化林構	1億8956万円
平成10年強化林構	3億1411万円
平成11年強化林構	5323万円
合計	9億9909万円

2　森林組合の保有財産

森林組合がどれほどの財産、とくに森林伐採のための車両・機械などを保有しているかは、奥与那線の必要性判断に影響する。既存林道で十分に対応できる車両・機械しかないのであれば、わざわざ奥与那線のような広域基幹林道を整備する必要はないからである。林道は、一般道路と区別されるように、林業上の必要のために建設される。

沖縄県4森林組合の保有財産は以下のとおりである[115]。

沖縄県4森林組合の財産保有状況

フォークリフト	1組合	4台
トラクター	2組合	2台
トラック	2組合	6台
人員輸送車	2組合	4台
集材機	1組合	2台
高性能林業機械		
（フェラーバンチャ・スキッダ・プロセッサ・ハーベスタ・フォワーダー・タワーヤーダー）		0台

これからすると、国頭村森林組合は、最大でも、フォークリフト4台、トラクター1台、トラック5台以下、人員輸送車3台以下、集材機2台を保

113　前掲「民有林林道施策のあらまし」28頁。
114　平成12年版沖縄の林業61頁「市町村別　事業実績　国頭村」の欄、参照。
115　林野庁林政部森林組合課「平成11年度森林組合統計」全国森林組合連合会（平成13年3月31日）26頁の「共同利用施設」欄、参照。同欄は沖縄各森林組合——前記のように、沖縄県には、国頭村森林組合をふくめ4つの森林組合が存在する——の財産保有状況を一括掲記したものだが、国頭村森林組合プロパーの保有財産は明らかにされていないので、国頭村森林組合の保有財産はこれから推察するほかはない。なお、上記4森林組合というのは、本島北部地域の11市町村で構成される沖縄北部森林組合、八重山地域の1市2町で構成される八重山森林組合、宮古地域の6市町村で構成する宮古森林組合の3広域組合と、国頭村一円を管内とする国頭村森林組合の4つである。平成12年版沖縄の林業77頁参照。

有するにすぎない。沖縄全体でも、フェラーバンチャなど、高性能林業機械を保有している森林組合は、皆無である。その理由は、前記のように、沖縄の「林業」が公共事業としての造林事業中心で、本来の林業は実施されていないので、林業の生産性を高めるような高性能林業機械は不要であることによる。

以上から次の事実が明らかとなる。

第一に、奥与那線開設の理由として、高性能林業機械を導入するために必要ということが挙げられていたが[116]、その導入実績は未だにゼロである。逆にいえば、奥与那線は、高性能林業機械の導入のために建設されたのではなかった。

第二に、以上のような保有状況からみても、広域基幹林道の開設は無意味であった。フォークリフトとトラクターは構内専用車と考えられるから、たかだかトラック5台以下、人員輸送車3台以下、合計でも8台以下の車両のためには、既存林道でも十分すぎるほどである。この点は、既存林道の規格との関係で後述するが、要するに、既存林道は2級林道の構造をもち、かなりの大型車両が安全に通行することができた。

以上を要するに、森林組合の保有財産との関係でも、既存林道で十二分に対応であったのであり、奥与那線は不要であったといえる。

第6　既存林道の構造と奥与那線の必要性

前記のように、奥与那線は、国頭村字佐手の県道2号線を起点として、照首山林道、我地佐手林道（一部）、楚洲林道（一部）、造林作業道、伊江林道（一部）、奥1号林道を編入したものとされる。これらの既存林道は、2級林道とされていたが、すでに1級林道並みの4mの幅員があった[117]。

奥与那線は、幅員4m、路肩1mの全幅5mとされているが、左右50cmの路肩1mを追加するだけならば、「開設」ではなく「改良」で十分であったと思われる[118]。

林道の解説本によると、林道「改良」事業について、「林道改良事業は、車輌の大型化、重量化に伴い、開設当時の構造・規格では対応できなくなった既設林道について、輸送力の向上と通行の安全確保を図るため、その局部的構造の質的向上を図るほか自然環境の保全など、最近の社会的要請に対応するよう整備するものである」とされている[119]。さらに、「局部改良」というのは、「開設後5年以上を経過した林道」について、たとえば、「(c) 待避所の新設又は改築 (g) 路床・路盤の改築 (e) 幅員拡張 (i) 交通安全施設」などの工事を含むとされている[120]。

以上からも、奥与那線については、かりに林道整備の必要性があったとしても、「開設」でなく「改良」で、十分に対応可能であったことが分かる。

にも拘わらず、「改良」ではなく「開設」とされたのは、補助率の割合によるのであろう。すなわち、国の補助率は、「改良」の場合50％（幹線林道）か30％（その他の林道）にすぎないが、「開

116　全体調査報告書34頁は次のように説明している。「ことに、今後、タワーヤーダーをはじめとする様々な林業機械が利用されるようになると、集約性を高めるために事業地間でのオペレーターや機械の移動が頻繁に発生することになり、本路線はそのための運搬路としても高度な機能をもとめられるようになる。」

117　林道規程10条参照。林道には、「自動車道」と「軽車道」の2種類があり（同4条1項）、自動車道はさらに1級から3級までに区分される。自動車道1級（1級林道）の幅員は4m、自動車道2級（2級林道）のそれは3mとされるが（同10条）、いずれも後述するかなり大型の「普通自動車」が、「安全かつ円滑に通行」できるように構造設計されている（同9条）。既存林道は2級林道であったが、すでに一部区間（作業道部分のわずか1.5km）を除き、全幅4mの幅員を要していたことにつき、全体計画調査報告書5頁、76頁以下参照。同5頁は、「本路線は、前記のように全線既設道路（林道及び作業道）を改築利用する線形になっており、作業道の区間を除き、全幅4m（2級）から5m（1級）の拡幅改良、路側施設と法面改良、排水施設の改良、舗装等が主な整備内容で、線形改良は2級から1級への規格変更に伴う整備内容である」、と説明している。

118　開設と改良の区別につき、前注80参照。

119　前掲「民有林道施策のあらまし」17頁。

120　同上18、19頁。

設」の場合には80％に跳ね上がる[121]。やんばるの既設林道は、幹線林道ではなかったから、「改良」の場合30％の補助率と考えられる[122]。

林道規程は、林道の管理・構造の基本的事項を定めたものだが[123]、第9条によると、1級・2級林道は、「普通自動車」が「安全かつ円滑に通行」できる構造設計をもつ[124]。ここに「普通自動車」というのは、長さ12m、幅2.5m、高さ3.8mという、かなりの大型車両として定義されている。要するに、既存林道は2級林道であったが、1級林道と同じ4mの幅員をもち、このような「普通自動車」が「安全かつ円滑に」通行できる構造をもっていた。

かりに、既存林道ではすれ違いの危険があるとしても、利用時間帯による通行規制、小型先導車による露払い、避難帯・待避所の設置などにより、交通問題は十分対応できる。のみならず、交通量調査結果からも明らかなように、奥与那線には通行車輌は殆どなく、すれ違いの可能性もきわめて少ない。凸凹道・ぬかるみについても、事前に、地固めを行い砂利をまく方法などで、十分に対処可能であり舗装する必要はない。

いずれにしても、すれ違い・凸凹・ぬかるみなどは、林道の維持・管理の問題であって、広域基幹林道の開設には直結しない。むしろ、広域基幹林道化による路面陥没、路肩崩壊、路線崩落、法面崩壊、交通事故の多発など、林道の維持・管理上も、新たな問題が生じている[125]。自然生態系にあたえる影響は詳述したとおりである。

第7　奥与那線の計画決定と行政裁量の逸脱・濫用

前記のように、奥与那線は、平成3年11月26日に計画決定（以下「当初計画決定」という）され、同5年から工事着工、同6年4月1日に計画変更決定（以下「変更計画決定」という）がなされている（以下、当初計画決定と変更計画決定を、一括して「本計画決定」という）。

問題は本計画決定の法的評価である[126]。

この法的評価は、本計画決定の主体が沖縄県であることから、いわゆる住民訴訟における公金支出行為の原因行為の違法性評価として、問題となる[127]。この原因行為は、本計画決定、その工事完了に至るまでの工事実施、そのための工事請負契約など、本計画決定を核とした一連の行為の全体から成っている。

121　同上13、19頁の「補助率」欄、参照。

122　補助率の多寡から事業の種類が決められることは、財政難にあえぐ自治体には十分に考えられることである。ハコモノ建設による公共事業の規模の大型化はもとより、中央からより多くの補助金をひきだすことが、地方の公共事業の腕の見せ所となっている。補助金の申請や交付に際して、客観的な行政評価の必要性が痛感されるとともに、これを法定要件化する必要があろう。

123　林道規程1条。

124　同上9条。

125　実際には、広域基幹林道化による災害発生は、災害予防・復旧などの新たな公共事業を不可避なものとし、これが地元には大きな魅力である。つまり、広域基幹林道をつくると、建設中はもちろん、建設後も永久的に、自然災害が発生し、砂防工事などの治山事業、赤土対策事業、災害復旧事業などの公共事業がやれる。地元経済も土建業を通じて潤う。とくに、沖縄は亜熱帯の台風常襲地帯であるから、自然災害による公共事業は、毎年の安定収入源ですらある。沖縄の広域基幹林道は、人家もなく交通量もないような、道路として需要のない山奥につくられるので、人災のおそれも心配するほどでない。このような災害予防・復旧事業にも、後述のように高率の補助がついている。公共事業は、災害の発生しやすい場所——とくに、人災を心配しないでよく、人目にもつかない奥地——で、大規模なハコモノをつくるほど、その後の治山・災害復旧などの公共事業も期待できて、経済的効果は高いのである。奥地は、自然保護の立場からは保存すべき聖地であるが、公共事業の最適地の一つとなっている。こんなことが山奥でおこなわれている。公共事業の波及効果——公共事業の必要性という観点からは、ムダ——は図りしれない。なお、治山事業——とくに砂防ダム建設など——が自然生態系にあたえる影響は、あまり注目されていない。実際には、治山事業は、渓流環境を分断するなど、水生生物の生息地を破壊しており、自然保護上の脅威となっている。治山というと、自然保護上、問題ないように誤解されているが、そうではない。ムダな公共事業を阻止するためにも、行政評価などで必要性・有用性などをチェックすると共に、環境アセスメントを義務づけるなどして、環境配慮を徹底させることが必要である。

126　これまで詳述したように、本計画決定には、自然保護法上の問題をはじめ、その必要性・有用性など、さまざまな論点がある。これらが単なる妥当性のレベルをこえて、違法性という法的評価をなしうるかが、ここでの検討課題である。

127　この点を正面から問題とした住民訴訟が、那覇地方裁判所平成8年（行ウ）第9号事件、所謂、やんばる訴訟である。同訴訟では、辺野喜土地改良区の土地改良事業（農地造成）について、沖縄県の公金支出の違法性を問う住民訴訟事件（同裁判所同年（行ウ）第10号事件）も、併合審理されている。筆者は訴訟代理人の一人でもある。なお、土地改良事業（農地造成）は、沖縄県の各地で大規模に行われてきたが、その必要性・有用性や環境に与える影響などが、大きな問題となっている。具体的には、耕作放棄、収穫放棄、農地転用、表土流失、赤土汚染、珊瑚死滅など、諸問題を引き起こしている。土地改良も公共事業であり、高額の国庫補助事業である。沖縄の土地改良事業の調査報告として、砂川かおり・鈴木規之「『近代化論』的開発行為の分析——沖縄における農業基盤整備事業の土地改良事業を事例として」琉大アジア研究第3号（2000年12月）。

以下、本計画決定に焦点を当て、その行政裁量の逸脱・濫用について、検討していく。

結論からいうと、本計画決定は、内容的にも著しく不合理な林道計画であり、法が認めた裁量権を逸脱・濫用するものとして、違法評価を免れないであろう[128]。

1 行政裁量と違法性審査の基準

本計画決定は、行政計画の一種として、行政裁量が認められる[129]。

この場合、裁判所による法的評価、つまり、司法審査は消極的なものとされる[130]。すなわち、行政裁量の逸脱・濫用がある場合に、違法評価は限定される。最近の注目すべき判決、東京地裁平成13年10月3日小田急線高架事件判決も、計画裁量について、要旨、次のように判示している。

都市計画決定における裁量につき、都市施設の適切な規模や配置といった事項は、これを一義的に定めることができるものでなく、様々な利益を比較考量し、これらを総合して、政策的技術的な裁量によって、決定せざるをえない事項ということができる。したがって、このような判断は技術的な検討を踏まえた1つの政策として、都市計画を決定する行政庁の広範な裁量に委ねられるというべきであって、都市施設に関する都市計画決定は、行政庁がその決定について委ねられた裁量権の範囲を逸脱し、又は、これを濫用したと認められる場合にかぎり違法になると解される。

問題は、この行政裁量の逸脱・濫用の判断基準であるが、判例上、次のように公式化されている[131]。

本来最も重視すべき諸要素、諸価値を不当、安易に軽視し、その結果当然尽くすべき考慮を尽さず、または、本来考慮に容れるべきでない事項を考慮に容れ、もしくは、本来過大に評価すべきでない事項を過重に評価し、これらのことにより、（中略）、（裁量権者の）判断が左右された場合には、（中略）とりもなおさず裁量判断の方法ないしその過程に誤りがあるものとして、違法となるものと解するのが相当である。（かっこ内は筆者の追加部分）

すなわち、裁量判断にさいし、要考慮事項の非考慮や過小考慮、非考慮事項の考慮、非過大考慮事項の過大考慮などが行われ、それが判断に影響したと認められる場合には、違法評価されうることになる[132]。上記判例では、道路拡張に関する事業計画について、土地収用法20条3号にいう「土地の適正且つ合理的な利用に寄与するもの」と認められるべきかどうかという、建設大臣の裁量判

---

128 この「第8 奥与那線の計画決定と行政裁量の逸脱・濫用」の部分は、筆者の訴訟代理人としての主張とかさなる。この点をあらかじめお断りしておきたい。第三者性を装うつもりはないが、客観性に欠けるという批判は甘受してもよい。

129 行政計画一般の教科書的な説明として、塩野宏『行政法Ｉ』有斐閣（1994）176頁以下。行政計画と計画裁量につき、宮田三郎『行政計画法』（現代行政法学全集4）ぎょうせい（1984）、行政計画と違法評価につき、見上崇洋『行政計画の法的統制』信山社（1996）364頁以下、参照。

130 行政事件訴訟法30条は次のように定める。「行政庁の裁量処分については、裁量権の範囲をこえ又はその濫用があった場合に限り、裁判所は、その処分を取り消すことができる」。同条は民衆訴訟である住民訴訟にも準用されている（同法43条）。計画策定は「処分」ではないが、この審査基準は計画策定にも妥当しよう。

131 東京高裁昭和48年7月13日判決（行裁例集24巻6・7号533頁）。この判決は、いわゆる日光太郎杉事件判決として著名であり、行政裁量の司法審査に関するリーディング・ケースでもある。上記小田急線高架事件判決の判断枠組も、基本的な考え方は同じであろう。要旨、次のように判示している。「都市計画決定の適否を審査する裁判所は、行政庁が計画決定を行うに際し考慮した事実及びそれを前提した判断の過程を確定したうえ、社会通念に照らし、それらに著しい過誤欠落があると認められる場合にのみ、行政庁がその範囲を逸脱したものと言うことが許される」

132 本稿の執筆中、名古屋高裁金沢支部において、高速増殖原型炉もんじゅの原子炉設置許可処分を無効とする画期的な判決が言い渡された。マスコミに配布された控訴審判決の要旨中、行政裁量の逸脱・濫用の判断基準に関する判示部分は、次のとおりである。
「原子炉設置許可処分の無効要件
伊方最高裁判決の判示によれば、原子炉施設の安全性に関する判断の適否が争われる原子炉設置許可処分取消訴訟において、原子炉設置許可処分が違法となるのは、現在の科学技術水準に照らし、①原子力安全委員会若しくは原子炉安全専門審査会の調査審議で用いられた具体的審査基準に不合理な点があること、あるいは、②当該原子炉施設が具体的審査基準に適合するとした原子力安全委員会若しくは原子炉安全専門審査会の調査審議及び判断の過程に看過し難い過誤、欠落があることの2点である」
同判決の審査基準も参考となる。これによると、奥与那線についても、林道開設の具体的審査基準に不合理な点があるか、その調査審議及び判断の過程に看過し難い過誤・欠落があるような場合に、裁量の逸脱・濫用として違法評価されることになろう。

断の違法性が争点となった。

さらに、都市計画決定に関する次のような判例も、参考となる[133]。

都市計画法13条1項によれば、都市計画においては、必要な都市施設について、土地利用、交通等の現状及び将来の見通しを勘案して、適切な規模で必要な位置に配置することにより、円滑な都市活動を確保し、良好な都市環境を保持するように定めることを要するものとされているところ、当該都市施設が必要なものであるか否か、円滑な都市活動を確保し、良好な都市環境を保持するために、適切な規模がどの程度で、どの位置に設置するのが適切かについては、主として行政庁の専門技術的、あるいは政策的な判断に基づく裁量にゆだねられているものと解するのが相当である。しかし、行政庁の有する右裁量権にも当然一定の限界があるのであって、右の基準を満たすかどうかの判断の基礎となる事実の認定に明白かつ顕著な誤認があり、あるいは、右基準を満たすかどうかの判断の際に考慮すべき事項を考慮せず、考慮すべきでない事項を考慮し、その結果、右基準を満たすかどうかの判断が合理性をもつ判断として許容される限度を超えていると認められるときには、当該都市施設に係る都市計画決定は、裁量権の範囲の逸脱又は濫用に該当するものとして違法になるものというべきである。

同判例が示した判断基準によると、行政裁量による判断の基礎となる事実認定の明白・顕著な誤認、その判断に際して要考慮事項の非考慮、非考慮事項の考慮などにより、その判断が著しく合理性を欠くと認められる場合、裁量判断の逸脱・濫用に該るものとして違法評価されうる。

以上のような一般論を展開した後、同判例は、人口動向、需給予測、適地条件などにつき、裁量判断の評価事項を具体的に明らかにして、府中市における市民斎場建設の必要性を検討している。この検討手法は奥与那線の法的評価の参考になる[134]。

検討された事項は以下の通りである。

右認定の事実によれば、市は、平成3年度の市の人口、死亡者数、住宅事情等からみた葬儀場、火葬場の需要、今後における人口、死亡率の推移から想定される火葬場の需要の見込み、市を含む東部地域には火葬場として市に民営施設が1か所だけあるのみであるところ、同施設は、多摩地域の平成3年度の火葬件数の2分の1の約1万件を右民営施設が扱っており、府中市民だけを対象としたものではないこと、13大都市における火葬場施設の設置状況と比較して、多摩東部地域の火葬場の設置状況は一番低い水準にあること等を考慮した上で、市内に本件施設を建設する必要性があるものとの結論を出したものである。また、本件施設の建設場所に関しては、基地跡地の返還直後に市が立案した基地跡地利用計画の中において既に、基地跡地に市民斎場を建設する計画が盛り込まれていたものであり、市は、そのような歴史的経過を踏まえ、市民斎場の場所としては、①交通の便のよい所、②市の端よりは中心部に近い所、③周囲との調和が可能な所などの条件が満たされるところが適当であるとの考え方に立った上で、基地跡地は、市の中心部に近く、道路も整備され、交通の便もよいこと、また静かな環境が保たれていて、人家からの距離もあり、敷地内に植樹し、森を作り出す中で近代的な建物を建設すること等により、周囲の環境との調和は

---

133 この点を正面から問題とした住民訴訟が、那覇地方裁判所平成8年(行ウ)第9号事件、所謂、やんばる訴訟である。同訴訟では、辺野喜土地改良区の土地改良事業(農地造成)について、沖縄県の公金支出の違法性を問う住民訴訟事件(同裁判所同年(行ウ)第10号事件)も、併合審理されている。筆者は訴訟代理人の一人である。なお、土地改良事業(農地造成)は、沖縄県の各地で大規模に行われてきたが、その必要性・有用性や環境に与える影響などが、大きな問題となっている。具体的には、耕作放棄、収穫放棄、農地転用、表土流失、赤土汚染、珊瑚死滅など、諸問題を引き起こしている。土地改良も公共事業であり、高額の国庫補助事業である。沖縄の土地改良事業の調査報告として、砂川かおり・鈴木規之「『近代化論』的開発行為の分析──沖縄における農業基盤整備事業の土地改良事業を事例として」琉大アジア研究第3号(2000年12月)。

134 もとより、都市計画上の都市施設の計画決定と地域森林計画上の林道計画決定は、異なる。が、後者の違法性が問われたケースは見あたらないようなので、前者に関する判例の一般理論を類推するほかない。どのようなハコモノを公金でどこにつくるかという点では両者共通であり、つくる対象地が都市か山奥かの場所的な違いがあるにすぎないともいえよう。

十分可能であるとの認識のもとに本件敷地をその建設場所として選定したことが認められる。そして、市は、本件敷地に本件施設を建設した場合の環境調査を行い、本件施設を建設しても、交通渋滞等の交通上の問題が起きるおそれは少ない、また、火葬炉4基を備えた本件施設を建設しても、厚生省がガイドラインとして定めている斎場の環境保全目標値は十分クリアーできるとの確認が得られたことから、本件敷地に本件施設を建設することを決定し、本件施設に係る都市計画決定、都市事業計画の認可を得るという手続を経たことが認められる[135]。

亜熱帯林の内部の様子

2 奥与那線の法的評価

本計画決定の適否についても、以上のような判断枠組にもとづいて、適正かつ合理的に決定されたかどうか、違法性という観点からも司法審査の対象となりうる。

問題は、林道計画について、林道につき定める森林法の体系が、いかなる裁量基準を定めているかである[136]。

森林法は、「林道の開設・改良」を地域森林計画の決定事項と定めるが[137]、同法の上位法である林業基本法は、林道の開設・改良を含む林業施策が「国土の保全その他森林の有する公益的機能の確保及び地域の自然的経済的社会的諸条件を考慮して講ずるものとする」と規定している[138]。森林法自体も、「地域森林計画は、良好な自然環境の保全及び形成その他森林の有する公益的機能の維持増進に適切な考慮が払われたものでなければならない」と定めている[139]。これらが林道計画の裁量基準となる。この裁量基準は、国土の保全、良好な自然環境の保全その他森林の有する公益規定機能の確保、地域の自然的・経済的・社会的諸条件の考慮、の二つに整理することができる。

さらに、地方財政法は、「地方公共団体の経費は、その目的を達成するための必要且つ最小の限度をこえて、これを支出してはならない」と定め[140]、地方自治法は、「地方公共団体は、その事務を処理するに当っては、最小の経費で最大の効果を挙げるようにしなければならない」と定めてい

---

[135] 判例は、以上のような検討を踏まえ、結論として、都市計画事業決定に違法はないとした。以下のとおりである。
「右によれば、本件施設が必要なものであるか否か、円滑な都市活動を確保し、良好な都市環境を保持するために、その施設の適切な規模がどの程度で、どの位置に設置するのが適切かについて、市長が行った判断の過程に、その判断の基礎となる事実の認定に明白かつ顕著な誤認があるとか、又はその判断の際に考慮すべき事項を考慮せず、考慮すべきでない事項を考慮した過誤があるということはできず、本件敷地に本件施設を建設するとの本件都市計画事業決定はそれなりの合理性を有するものというべきであって、右決定が裁量権の範囲の逸脱又は濫用に該当するものとして違法になるものということはできない」

[136] 林道計画決定の裁量統制基準が法定されておらず、行政庁の専権的・最終的な判断に委ねられているとすると、全くの自由裁量行為として司法審査もおよばない。それゆえ、林道計画について、森林法の体系上、いかなる裁量統制基準、つまり、法的審査基準が読みとれるか問題となる。森林法は、「林道の開設・改良」を地域森林計画の決定事項と定めるだけで、その具体的要件については沈黙しているので、厄介である。立法論的には、環境配慮要件をふくめて、林道の開設・改良の具体的要件が法定される必要がある。土地改良法は、不完全であるにせよ、土地改良事業計画において、土地改良事業につき事業費に関する事項や効果に関する事項など、一定事項を定めるべきものとしている(7条3項、87条2項、96条の2第5項)。なお、米国行政手続法 (Administrative Procedure Act, 5 U.S.C.A., Chapter 7) 上も、連邦行政機関の全くの自由裁量行為については、司法審査が排除される (5 U.S.C.sec.70 (a))。判例は、この理由により司法審査が否定されるのは、当該個別行政法規上、司法審査を排除する趣旨が明確である場合にかぎるとして、厳格に解釈した。その結果、判例上、司法審査が否定されるケースは考えにくい。詳しくは、関根孝道「だれが法廷に立てるのか──環境原告適格の比較法的な一考察」The Journal of Policy Studies, No. 12 March 2002, p33.

[137] 森林法5条5号。
[138] 林業基本法3条2項、5条。
[139] 森林法5条3項による4条3項の準用。
[140] 地方財政法4条1項。

る[141]。これらは、経済的な必要性・有効性・効率性という、一般的な公金支出の裁量基準といえよう。本計画決定についても、経済的な必要性・有効性・効率性（以下「経済的な必要性等」という）という観点から、計画裁量の逸脱・濫用がチェックされる[142]。

それゆえ、上記のような裁量統制ルールをこれらの裁量基準にあてはめると、本計画決定について、国土の保全、良好な自然環境の保全その他森林の有する公益的機能の確保、地域の自然的・経済的・社会的な諸条件の考慮、経済的な必要性・有効性・効率性など、これらの裁量基準の判断において、その判断の基礎となる事実の認定に明白かつ顕著な誤認があり、あるいは、その基準該当性の判断にさいし、考慮すべき事項を考慮せず、考慮すべきでない事項を考慮し、その結果、これらの裁量基準を満たすかどうかの判断が、一般的な合理性をもつ判断として許容される限度を超えていると認められるときには、本計画決定は、裁量権の範囲の逸脱または濫用に該るものとして、違法評価となる。この原因行為の違法はこれに伴う公金支出行為の違法事由となる。

3　本計画決定と裁量の逸脱・濫用
その1　考慮事項

上記のように、本計画決定の裁量基準は、①国土の保全、良好な自然環境の保全その他森林の有する公益的機能の確保、②地域の自然的・経済的・社会的な諸条件の考慮、③経済的な必要性・有効性・効率性、などである。これらの裁量基準は一般的・抽象的であるので、各裁量基準ごとに、奥与那線の開設について具体的に考慮すべき事項（以下「考慮事項」という）はなにか、明らかにする必要がある。以下、①②の各考慮事項について検討していく[143]。

141　地方自治法2条14項。

142　林道については、経済的な必要性等に関係する評価基準として、いわゆる林業効果指数がある。林業効果指数の法令上の根拠はやや複雑である。森林法193条は、「地域森林計画に定める林道の開設又は拡張」について国庫補助を定めているが、これを受けた森林法施行令12条2項は、「森林法第193条の規定による林道の開設又は拡張に要する費用に関する国の補助は次に掲げる額について行う」といい、同条1項は、「都道府県が行う林道の開設又は拡張にあっては、当該費用の額に、別表第3に掲げる費用の区分に応じ同表の補助の割合の欄に掲げる割合を乗じて得た額に相当する額」と定める。この別表第3の「費用の区分」「林道の開設に要する費用」欄の1（1）は、「農林水産大臣が当該林道に係る森林の利用区域面積（以下「利用区域面積」という）、当該森林の蓄積等考慮して定める基準に該当する林道に係るもの」の補助割合を定めている。さらに、「森林法施行令第11条第6号、第12条第1項、別表第3及び別表第4の規定に基づき農林水産大臣が定める事項及び基準について」と題する通達（昭和52年4月15日51林野政第1109号農林事務次官依命通達）第3の1は、次のように定めている。
「森林施行令別表第3及び第4の林道の開設に要する費用の項第1号（1）の農林水産大臣が定める基準は次のとおりとする。
（1）当該林道に係る森林の利用区域面積が1000ha以上であること（中略）（2）次のア又はイに該当するものであること
ア　次の算式により算出される数値が1.2以上であること。

$$\frac{V}{100F_1+30F_2}+\frac{F_3+F_4}{F_1+F_2}$$

ただし、沖縄県にあっては、次の算式によるものとする。

$$\frac{V}{50F_1+15F_2}+\frac{F_3+F_4}{F_1+F_2}$$

これらの式において、V、F_1、F_2、F_3及びF_4は、それぞれ次の数値を表すものとする。
V：当該林道に係る森林（国有林を除く）の蓄積（単位㎥）
F_1：当該林道に係る針葉樹の森林（国有林を除く）の利用区域面積（単位 ha）
F_2：当該林道に係る広葉樹の森林（国有林を除く）の利用区域面積（単位 ha）
F_3：当該林道に係る人工植栽に係る森林以外の森林（人工造林予定森林（国有林を除く）に限る）の利用区域面積（単位 ha）
F_4：当該林道に係る林齢が15年以下の人工植栽に係る森林（国有林を除く）の利用区域面積（単位 ha）
イ　林野庁長官が定める基準に該当する林道であること」。
このアの算式が林業効果指数である。林道の必要性等に関係するようにも見えるが、次のような問題点がある。第一、単に、補助金交付との関係で定められたにすぎない。第二に、行政内部的な通達レベルのものにすぎない。第三に、そもそも算式の科学的根拠が不明である。いずれにしても操作可能なものであり、林道開設を奨励——実際の適用においては、必要値以上になるような数値がインプットされる——するものでしかない。なお、上記の算式に明らかなように、沖縄では分母が小さくなるように仕組まれている。F_1F_2の前の乗数が本土の半分となっている。このように、公共事業の補助事業の採択基準を裾下げすることは、地方——とくに山村・離島・半島などの過疎地——の振興政策の手段とされている。地方における公共事業の誘発要因として、ムダな公共事業の奨励策ともなっている。さらにいえば、採択基準は裾下げしても、建設されるハコモノには本土基準がそのまま適用されるので、本土と同じ規格のものがつくられる。これも公共事業の病理の一つ——大きいことはいいものだという神話が、公共事業の世界ではいまだに信じられている——であるが、理論として一貫しないだけでなく、自然破壊という観点からも、キャパシティの小さい地方には致命的ともなる。同じ10gの肉片を切り取ることであっても、ゾウとネズミとでは影響がまったく異なるという、後述の喩えを想起されたい。いずれにしても、行政機関によって作出された採択基準などの算式には、警戒が必要である。あの諌早干拓でさえ、費用対効果は1以上と計算されている。

143　③の評価事項は後日の研究課題としたい。今後は、経済的な必要性等という評価基準は、政策評価法との関係でも問題となるのであって、重要な研究テーマである。

(1) 国土の保全、良好な自然環境の保全その他森林の有する公益的機能の確保

この裁量基準には次のような考慮事項が含まれる。

まず、「国土の保全」という森林の公益的機能については、林道開設による土砂流失、法面崩壊、林道の陥没・決壊・崩落など、災害の危険性を考慮すべきことになる。とくに、沖縄は台風常襲地帯であり、わけても当該地域は集中豪雨地帯であるから、災害や治山の観点からも、国土の保全に配慮する必要がある。この点で、土砂流失防備・土砂崩壊防備の各保安林は、国土保全という森林の公益的機能から指定されるのであるから、その指定の有無・範囲・大小などは、重要な考慮事項の一つである。

次に、「良好な自然環境の保全」という裁量基準については、生物多様性や学術的価値という観点からは、地質・地形、自然植生、動植物相、とくに絶滅のおそれのある種・天然記念物などの希少・貴重な動植物の有無・種数・個数、保護種・保護区指定の有無などが、重要な考慮事項となる。開発による自然環境への影響、たとえば、生息域の分断・縮小・破壊などの劣化、立ち枯れ・乾燥化など森林に及ぼす影響、移入・侵入種や捨てネコ・密猟等の固有種への影響、交通による騒音・排ガス等の動植物の影響、沢筋や渓流環境の分断なども、重要な考慮事項である。

さらに、沖縄の自然環境の特徴として、閉ざされた島嶼環境ということに注意を要する。すなわち、周囲を海に囲まれ面積的にも狭隘で、生態系としても脆弱であるので、環境的な改変への抵抗力・復元力が弱い。それゆえ、開発が島嶼環境に及ぼす影響ということも、「良好な自然環境の保全」という裁量基準の重要な考慮事項である。

最後に、「その他森林の公益的機能」の評価事項は、多種多様であるが、当該地域についていえば、沖縄の唯一無二の水ガメとされていることからも明らかなように、森林の水源涵養機能が重要である。したがって、水源涵養保安林の指定の有無・範囲・大小などは、重要な考慮事項の一つである。赤土流失による河川・海洋の汚染、それによる珊瑚や漁業への影響なども、その他森林の公益的機能の考慮事項となる。

以上の考慮事項の主なものは、これを箇条書きにすると、次のようになろう。

① 台風襲来の頻度・影響
② 自然災害の危険性
③ 治山・災害復旧事業の不可避性・頻度、事業費
④ 保安林、とくに土砂流失防備・土砂崩壊防備の各保安林指定の有無・範囲・大小
⑤ 地質・地形、自然植生、動植物相
⑥ 天然記念物、希少野生動植物種の有無、個体数
⑦ 保護種・保護区の指定の有無・指定状況
⑧ 開発が自然環境に及ぼす一般的影響の有無・程度
⑨ 開発による生息域の劣化
⑩ 立ち枯れ・乾燥化など森林に及ぼす影響
⑪ マングースなど移入種・侵入種の林道づたいの北上の可能性
⑫ 捨てイヌ・ネコなど林道がペットの捨て場となる可能性[144]
⑬ 道路交通による騒音・排ガス・振動などの影響
⑭ 林道による沢筋・渓流の分断や赤土流失の影響
⑮ 本土規格による舗装整備された広域基幹林道が脆弱な島嶼環境に及ぼす影響
⑯ 森林の水源涵養機能に及ぼす影響、水源保安林指定の有無・範囲・大小
⑰ 赤土流失による河川・海洋汚染、珊瑚礁・漁業に及ぼす影響
⑱ 林道建設が天然記念物・希少野生動植物種などの保護種、その生息地に及ぼす影響、

---

[144] 2003年1月21日付日経新聞は、「猫に食べられる被害が相次ぐ国の天然記念物ヤンバルクイナ」という写真付きで、次のように報じている。「やんばる地区ではここ数年、飛べない鳥ヤンバルクイナのほかノグチゲラ、オキナワトゲネズミなど絶滅の恐れがある沖縄固有の生き物が、猫に食べられる例が相次いでいる。『子猫が増えすぎた』などと捨てていく人がいるためで、沖縄県によると、昨年5月から12月までの間に68匹を捕獲したという」。

文化財保護法や種の保存法違反の有無・程度
　⑲林道と鳥獣保護法上の特別保護地区などの保護区との位置関係、林道建設が保護区に及ぼす影の有無・程度
　⑳林道建設とくに既存林道の舗装化による自然環境の不可逆的な影響の有無・程度、既存林道と奥与那線を比較して、それぞれが自然環境に及ぼす影響の有無・程度、など

(2) 地域の自然的・経済的・社会的な諸条件の考慮

　ここでは、自然的・経済的・社会的な諸条件という、各裁量基準が明示されている。

　各諸条件を分説すれば、以下の通りである。

　まず、地域の自然的条件という評価基準であるが、ここでは、やんばるという地域の自然環境を前提として、当該地域に本件林道を建設することの合理性が、検討されることになる。やんばる地域の自然的条件の特徴は、亜熱帯地域に属し、また、台風常襲地帯ということである。

　亜熱帯地域であることから、経済的な有用樹種である杉・檜などの針葉樹の植林に適さず、また、自然植生が多様性に富み、単一樹種の場合に比して採算ベースに乗りにくい。さらに、台風常襲地帯であることから、真っ直ぐな高木が育たず、屈曲した低木にしかならず、商品価値の高い樹木は生育しない。

　このような自然的条件を所与のものとして、当該地域において、奥与那線を開設することの合理性が審査される。具体的には、当該地域において、経済的な有用樹種が生育するかどうか、育天事業のような造林事業が必要かどうか、それらのために、奥与那線の開設が必要か、既存林道で対応することはできないか、といったことなどが考慮事項になる。

　次に、やんばる地域の経済的条件については、県内外および国内外における産業構造、経済動向、木材受給、木材取引などの各種経済指標を前提として、当該地域において、奥与那線を開設することの経済的な合理性が検討されることになる。具体的には、やんばる林業の採算性・競争上の優位性、そのために奥与那線が必要かどうか、すでに存在する既存林道で対応できないかなどが、地域の経済的条件という裁量基準について、その考慮事項となる。

　最後に、やんばる地域の社会的条件については、その地理的・交通状況だけでなく、人口総数・構成、産業別就業者数などの各種社会指標を前提として、当該地域に本件林道を開設する社会的な合理性が検討される。具体的には、当該地域の地理的・交通上の状況に照らし本件林道が必要かどうか、台風などの非常災害時に本件林道が役立つか、実際に本件林道が利用されているか、産業別就業者数・やんばる林業の実態からみて、本件林道がやんばる林業のために必要か、既存林道で対応しえないかどうか、といったことなどが、その評価事項になる。

　以上の考慮事項のうち、主要なものを列挙すれば、以下のようになろう。

　以下の諸事項をも考慮して、既存林道で対応可能かどうか、奥与那線の建設が必要かどうか検討することになる。

　①亜熱帯地域に生育する樹種の種類・種数・特徴・用途
　②台風常襲地帯であることから樹木の屈曲・低木化など樹木に及ぼす影響
　③海外からの輸入材、本土からの移入材の数量・傾向、それらと比較した県産材の比較優位性・競争力、一般的な木材の需給動向、外材・移入材・県産材の需給動向
　④県産材の用途・販路・商品価値、本土への販売ルート・販売力
　⑤国頭村の人口総数、産業構造、年齢構成、それらの将来動向
　⑥国頭村の就業者数・就業構造、林業の内容・実態、林業構造改善事業への依存度、林業の採算性、それらの将来動向
　⑦森林組合の事業内容、所有する車輌・林業機械の種類・台数、開発伐採、造林事業のための本件林道の有用性、それらの将来動向
　⑧水源涵養・土砂流失・土砂崩壊保安林、鳥

獣保護区、北部訓練場など各種制限林の存在、位置関係、利用区域面積に占める割合、これら制限林の機能・割合からみた本件林道の有用性
⑨やんばる地域の交通量、交通の流れ・ルート、集落の位置関係、各集落間の交通ルート、交通の時間・便宜・安全性、奥与那線による地域交流の可能性・利用の可能性
⑩既存交通網と奥与那線の規格・構造の違い、災害時における既存の交通網と奥与那線の各利用可能性、実際の災害時において奥与那線が使用された実績
⑪既存の交通網と本件林道の各交通量の予測、その実績数値、将来動向、など

4 本計画決定と裁量の逸脱・濫用 その2 評価判断の誤り

以上のような、裁量基準および裁量事項を前提として、以下、その評価判断の誤りがなかったかどうか、検討していく。

上記のように、この評価判断に際し、①その判断の基礎となる事実の認定に明白かつ顕著な誤認があり、あるいは、その基準を満たすかどうかの判断の際に、②考慮すべき事項を考慮せず、また、③考慮すべきでない事項を考慮したり、過大に評価すべきでない事項を過大に評価した場合には、本計画決定は、裁量の逸脱・濫用によるものとして、違法評価されうる。

なお、本計画決定について、その裁量の逸脱・濫用を判断する基準時も問題となる。

前記のように、本計画決定は、平成3年11月26日の変更計画書による当初計画決定と、同6年4月1日の新計画書による変更計画決定、この2つの計画決定から成り立っている。したがって、その基準時も、この二つの時点、すなわち同3年11月26日と同6年4月1日の前後であるが、大幅に変更されたうえ最終決定されたのは、同6年4月1日であるから、この日の前後を中心に判断することになろう[145]。

以下、上に列挙した各考慮事項について、上記②③の司法審査基準を中心に、その評価判断の誤りをみていく[146]。

---

[145] この基準時は、いつの時点までの事実・資料などにもとづき、裁量判断の逸脱・濫用を評価判断するかの問題である。もっとも、基準時後に明らかになった事実や資料であっても、この評価判断の合理性を判定する参考となる。

[146] 上記①の審査基準による裁量の逸脱・濫用のチェック、すなわち、判断の基礎となる事実認定の明白かつ顕著な誤認については、以下の諸点を指摘するに止める。
 (1) 森林法26条〜33条の保安林解除の手続不要と判断した誤認
 奥与那線工事に伴い、水源涵養保安林、土砂流失防備保安林および土砂崩壊防備保安林について、合計7〜8kmにも亘って、相当量の立木伐採、立木損傷、下草等採取、土地質質の原状変更がなされた。
 このような原状変更をおこなうには、保安林解除が必要であったと思われるが、その手続は履践されていない。これは、当該原状変更が保安林解除の必要な事実には当たらないという、事実誤認によるものと考えられよう。かりに、解除手続が必要な事実と判断されたとすれば、保安林の解除要件が充足されないなどの理由により、本計画決定もなされえなかったと考えられる。そうすると、解除手続不要と判断した事実認定の誤りは、本計画決定の評価判断の基礎となる事実誤認として、その違法事由となりえよう。
 (2) 同法34条1項の伐採許可の手続不要と判断した誤認
 上記原状変更行為について、保安林解除手続を行わないのであれば、奥与那線工事が少なくとも林道の本体部分とその周辺部分において、相当量の保安林内の立木を伐採するものである以上、最低限、同条項による伐採許可を得る必要があったと思われる。
 しかるに、この原状変更行為について、伐採許可が必要な事実とは認定されず、伐採許可手続が践まれていない。かりに、伐採許可手続が必要な事実と認定されたとすれば、その伐採許可要件が充足されないなどの理由により、本計画決定もなされなかったと考えられよう。そうすると、伐採許可の手続不要と判断した事実認定の誤りは、本計画決定の評価判断の基礎となる事実誤認として、その違法事由にもなりえよう。
 (3) 同法34条2項の作業許可で足りると判断した誤認
 上記原状変更行為について、同法34条2項の作業許可、すなわち土地の形質変更許可（以下「作業許可」という）が必要な事実と認定する一方、上記のように同条1項の伐採許可は不要と判断された。
 しかし、本件作業許可で原状変更を行いうるという事実認定は、保安林伐採の規模・態様などからみても、大いに疑問である。のみならず、奥与那線工事の根拠とされた作業許可は、「測量及び土質調査」のためのものである。この作業許可では、奥与那線開設のための原状変更行為、すなわち、合計7〜8kmにも亘る相当量の立木伐採、立木損傷、下草等採取、土地形質等の工事はできないと思われる。かりに、この作業許可では、当該原状変更はなしえないと正しく事実認定されたとすれば、結局、保安林伐採の要件がクリアーできず、本計画決定もなかったと思われる。そうすると、同法34条2項の作業許可で、しかも、「測量及び土質調査」のそれで、奥与那線の開設工事ができるという事実認定の誤りは、本計画決定の評価判断の基礎となる事実誤認として、その違法事由にもなりえよう。なお、森林法の条文解釈につき、やや古いが、日出英輔『森林法特別法コンメンタール』第一法規（昭和48年2月15日）が有用である。

(1) 考慮すべき事項を考慮しなっかた誤り

①当該地域の自然環境の価値が考慮されたか

本計画決定にさいし、奥与那線の利用区域の自然環境を考慮すべきこと、つまり、その価値評価が本計画決定の裁量基準となることは、上述した。

やんばるの自然的価値はもはや多言を要しない。

一言でいえば、生物多様性の宝庫であり、東洋のガラパゴスと讃えられるように、世界自然遺産クラスの価値がある[147]。

上記のように、奥与那線の通過区域は、やんばるの中でも、最後に残された聖域であった。だからこそ、上記のように、その利用区域の全域を、最も開発規制が厳格な鳥獣保護区の特別保護地区に指定すべきことが提言され、将来的には、世界自然遺産登録をめざすべきことが示唆されていた[148]。

しかるに、本計画決定においては、このような本件地域の世界的な自然の価値が考慮されていない。捨てイヌ・ネコなどのペットによる希少動物の捕食、マングースなどの林道づたいによる北上とそれら侵入種による生態系の破壊、交通騒音・振動・排ガスなどによる動植物への影響、舗装された林道が風の通り道となることによるイタジイ林の立ち枯れ・乾燥化などが動植物へおよぼす影響、造林事業として行われる育天事業が生態系に及ぼす影響なども、考慮されていない。

さらにいえば、奥与那線の利用区域内には、すでに60.4haもの特別鳥獣保護区が設定されており、鳥獣保護のために厳格な開発規制がかけられていたのに、この事実も考慮されていない。逆に、将来的には、保護区解除がなされるかのごとくに、伐採を前提として利用区域内に含められている。

②奥与那線による自然災害発生が考慮されたか

当該地域の物理的な自然環境を前提とすると、ここに奥与那線のような広域基幹林道を開設することは、法面の土砂流失・崩壊、林道の陥没・決壊・崩落、その他もろもろの自然災害が発生することは、容易に予見可能な事実である。

実際、本計画決定前に着工された広域基幹林道である大国線では、工事中のみならず工事後も、林道建設に伴う自然災害が頻発しており、そのための災害復旧事業費も膨大な額に達していた[149]。この復旧事業にも高率の国庫補助金がつくので(補助率は後述するようにかなり高い)、林道建設という公共事業をやると、更に、その災害復旧事業という公共事業を永遠に行えるので、不必要な

---

[147] 実際、日本で、これから世界自然遺産登録の可能性があるのは、知床半島、小笠原諸島、やんばるの3つといわれる。やんばるは抜きんでいる。

[148] 特殊鳥類等生息環境調査Ⅵ 165頁以下、同付属図面「沖縄島北部地域における鳥獣保護区設定(案)」。

[149] 平成12年版沖縄の林業57頁には、平成2年度から同11年度までの「林道施設災害復旧事業実績」の一覧表がある。これは沖縄県全体のものであるが、大規模林道、つまり広域基幹林道は大国線と奥与那線の二つしかないので、この二つの工事中・工事後の災害復旧事業費が大部分を占めるものと推測される。これによると、平成2年度1億8731万円、3年度1億2928万円、4年度1億1060万円、5年度3042万円、6年度7億2910万円、7年度4億8825万円、8年度1億590万円、9年度1億7260万円、10年度5億4827万円、11年度1億3574万円で、過去10年間だけでも合計26億3747億円にも達する。

前記のように、約17年の歳月をかけて完成した大国線の総事業費45億9600万円の約57％、約5年の歳月を要した奥与那線の総事業費20億175万円を優に上回る。言うなれば、大国線と奥与那線の中間クラスの広域基幹林道が、10年の歳月をかけてもう一本開設されたのと同じである。もともとの林道が不必要なものであれば、この26億3747万円という天文学的支出もムダなものである。もっとも、沖縄県をふくむ地元には、自然災害復旧事業は天の恵みともいうべき、ありがたい公共事業である。台風常襲地帯である沖縄では、広域基幹林道を一本開設すると、その後も半永久的に、公共事業で「飯が食える」わけである。これもムダな公共事業をうむ温床となっている。

なお、平成6年度に7億2910万円、翌7年度に4億8825万円というように、災害復旧事業費が跳ね上がっているのは、平成5年の大国線の開通に伴う自然災害による。平成5年3月31日付琉球新報は、「大国林道開通はしたけれど……数庁で土砂崩れ」という見出しで、次のように報じている。「昭和52年度の着工から17年の歳月をかけて完成した国頭村と大宜味村を結ぶ大国林道の開通式が30日午後、現地で行われた。しかし、同日午前からの大雨で林道の数カ所で土砂崩れが発生しており、県は新たな対応を迫られそうだ。同道は当初、昨年5月に開通式を予定していたが、土砂崩れなどを理由に延期されていた」。上記26億3747万円のうち、国庫補助額は23億2392万円で、約88％以上が国庫の丸抱えである。つまり、沖縄県は3億円を用意すれば、国庫補助の23億円と合わせて、26億円の公共事業を実施できる。その3億円も起債で調達すれば、地方交付金で面倒をみてもらえる。これは「ただ飯、ただ酒」のシステムであり、「公共事業、やらなきゃ、損、損」のお囃子が聞こえるようである。ここにもムダな公共事業を誘発する仕掛けがある。なお、林道整備費に関する地方交付税の算定につき、前掲「民有林林道施策のあらまし」98頁参照。

林道建設が行われる温床となっている[150]。

いずれにしても、本計画決定に際し、大国林道の経験からも、自然災害発生のおそれのみならず、その復旧工事による公費負担など、諸般の事情を考慮すべきであったのに、考慮された形跡はない。とりわけ、奥与那線は、土砂流失防備、土砂崩壊防備の各保安林地域の保安林を、かなりの量伐採したのであるから、この点の考慮は絶対に必要であった。

実際、奥与那線において、自然災害による法面の土砂流失・崩壊、路肩・路床の決壊・崩落などの自然災害が多発してることは、公表された林道施設災害復旧事業実績からも明らかである[151]。

③当該地域が沖縄全体の水ガメであることが考慮されたか

当該地域のかなりの部分が水源涵養保安林に指定されている。

具体的には、奥与那線の利用区域面積 3152ha、水源涵養保安林 398.75ha であるから、実に利用区域の約 13％は水源涵養保安林である。水不足に悩む沖縄にとって、いかに当該地域が水源として重要な地域であるかは、一目瞭然であろう。

しかるに、本計画決定は、当該地域が唯一無二の水源地帯であり、その大部分が水源涵養保安林に指定されている事実を、考慮していない。この水源涵養保安林部分についても、将来的には伐採することを前提として、奥与那線の利用区域に含めるというのは、不合理であろう[152]。

④やんばるにおける林業の状態、その他の経済的・社会的条件が考慮されたか

やんばる林業の実態は前述した通りである。

前記のように、やんばる林業の中心は国頭村であるが、同村におけ産業構造・就業者数などの各種指標について、その現状や将来予測の数値などは、当然、本計画決定に際し、考慮すべき重要な要素である。さらに、本件計画決定に際し、やんばる林業の担い手である国頭村森林組合の実態も、考慮すべきことになる[153]。

繰り返して言えば、以下の通りである[154]。

前記のように、本計画決定時、国頭村においては、林業従事者は減少の一途をたどっており、産業構造・就業者数などは、大幅に第 3 次産業にシフトしていたこと、森林組合の生産活動の中心は、以前には、ダム建設や土地改良事業など、林地転用に伴う開発伐採（無償払い下げ）によるチップ生産が圧倒的であったが、安価な海外品に押されて生産量は減少の一途であり、ついには生産停止に追い込まれたこと、集成材などの加工品も、県産品の優先調達など販路が限定されており、海外からの輸入品や本土からの移入品に対抗できないことなどから、その生産量は微々たるものであること、一方、これらのチップ・加工品生産の行き詰まりから同組合財政が悪化したが、これを公的にサポートするために造林事業が盛んに行われるようになったこと、この造林事業の実体は、公有林（県有林・県営林・村有林）を対象として、県・

---

150 山奥に林道をつくると、大規模であるほど災害が発生し、山が荒れる。山が荒れると、今度は、治山事業という別の公共事業ができる。このようなことが全国的におこなわれており、事業費も膨大な額に達している。前掲林業統計要覧 117 頁によると、平成 10 年度の「民有林治山事業合計」は、2868 億 922 万円（内、治山事業費補助 2204 億 3989 万円）、同 11 年度のそれは、2863 億 5789 万円（内、同補助 2216 億 7362 万円）にも及ぶ。同 124 頁によると「治山施設災害復旧事業」費は、平成 5 年から 11 年までの 7 年間で 337 億 2126 万円、同 125 頁によると、「災害関連緊急治山等事業」費は、同期間中の 7 年間で 1246 億 5149 万円、「林地崩壊防止事業」費も、同期間中の 7 年間で 91 億 283 万円となっている。これらの天文学的事業費のうち、真に必要なものはどれだけであろうか。ムダな林道を造らなければ大半の支出は回避できたのではなかろうか。なお、今後、治山事業と共に期待できるのは、「森林と人の共生」ために実施される、「自然にやさしい」自然共生施設整備事業（林道改良事業の拡充）という公共事業である。補助率は既存事業と同じで、幹線林道 100 分の 50、その他 100 分の 30 となっている。前掲「民有林道施策のあらまし」123 頁参照。今後は、新しく制定された自然再生法にもとづき、自然再生を錦の御旗とした公共事業がおこなわれるのであろう。林道と治山のような関係が一般化され、法的根拠をもつわけである。なお、2002 年 1 月 22 日付日本経済新聞は、森林整備と治山事業について、次のように伝えている。「森林整備と治山はともに 03 年度で終わる 7 カ年の長計（長期計画）。森林は間伐や林道づくりなどからなり、事業費（現長計、国直轄と補助計）2 兆 8500 億円。治山は土留めや治山ダム建設などが柱で、同 2 兆円ある」。長計によるこれらの事業費の算出根拠は全く不明であり、その決定過程はブラックボックスである。

151 前注 149 参照。

152 より根本的には沖縄の水利用のありかたが問題となる。沖縄の水問題はリゾート観光客などによる大量の水使用とも関係する。水需要からダム建設へと飛躍するのではなく、水需要そのもののチェック、観光のありかたの見直しなど、ソフト面での解決こそ重要である。

153 やんばる林業の担い手が国頭村森林組合であることにつき、前掲松下論文 9 頁以下参照。

154 やんばるの林業が抱える一般的問題についても、前掲松下論文に鋭い分析がある。なお、全体計画調査報告書「第 2 章 林業をめぐる環境」の 7-34 頁、参照。

国頭村を発注者、同組合を受注者として随意契約により行われる公共事業であること、造林事業は少人数の者が手道具を用いて行われる手作業であること、造林事業の中心は育天事業であるが、やんばるの植生が多種多様で経済的有用樹種に恵まれないのだから、育天事業は無意味であるだけでなく、生物多様性に悪影響を及ぼしていること、同組合の保有車輌が僅かであり、林業の実態からみて、高性能林業機械を導入する必要もなかったし、実際上も、奥与那線の完成後も導入実績はないこと、森林伐採のピークは広域基幹林道大国線の着工以前にみられ、大国線や奥与那線が完成後には森林伐採量はむしろ減少していること（ピーク時の昭和47年の3分の1前後しかない）、その他やんばる林業をめぐる諸般の事情を考慮すべきであった。

以上のような諸事情を考慮すれば、やんばる林業のためには、既存林道で十分に対応可能であったことが、容易に判断できたはずである。

さらに、やんばる地域の経済的・社会的な諸条件についても、前述したような国頭村における人口構成・産業構造・就業者数などの各種指標に示された、それらの諸条件が考慮されていない。

⑤既存林道で対応可能か代替案が考慮されたか

一般的にいっても、裁量的判断は合理的な意思決定でなければならず、そのためには代替案の検討が必要不可欠である。

この点は、行政上の意思決定について、とくに要請される。むしろ、前記のように、地方財政法4条1項は、「地方公共団体の経費は、その目的を達成するための必要且つ最小の限度をこえて、これを支出してはならない」と定め、地方自治法2条14項は、「地方公共団体は、その事務を処理するに当っては、最小の経費で最大の効果を挙げるようにしなければならない」と定めているのだから、公金支出を伴う場合には、合理的な意思決定、つまり、同じ目的をより少ない費用で達成し

うる代替案の検討は、法律上の要件でもあるといえよう。

本計画決定においては、奥与那線の代替案、つまり、既存林道で対応可能かどうか、林道開設でなく局部改良でも目的を達しえないかどうかが、考慮されていない。この代替案が検討されたならば、奥与那線利用区域の自然的価値、やんばる林業の実態などに照らし、既存林道で十分に対応できるし、自然環境保全の見地からも望ましいことは、明らかになったであろう。

のみならず、前記のように、既存林道は2級林道として、長さ12m、幅2.5mの「普通自動車」が「安全かつ円滑に」通行できる構造をもっていた。かりに、既存林道ではすれ違いの危険があるとしても、利用時間帯による通行規制、小型先導車による露払い、避難帯・待避所の設置などにより、交通上の危険にも十分対応できたであろう。実際には、奥与那線には通行車輌は殆どなく、すれ違いの可能性も乏しい。既存林道には、凸凹道・ぬかるみの問題があるとしても、事前に、地固めを行い砂利をまくなどすれば十分に対処可能であり、あえて舗装する必要もない[155]。

一方、広域基幹林道化により、路面陥没、路肩崩壊、路線崩落、法面崩壊、交通事故の多発など、林道の維持・管理上も、新たな問題が生じる。これらの弊害も既存林道のままであれば生じない。

そうすると、既存林道による対応可能性、つまり既存林道のままという代替案を検討しなかったことは、本来、考慮すべきことを考慮しなかった誤りといえそうである。

(2) 考慮すべきでない事項を考慮し、過大評価すべきでない事項を過大評価した誤り

①災害時の迂回路としての利用可能性、平常時の一般道路としての交通需要の考慮、過大評価

本計画決定にさいし、非常災害時に迂回路として利用することが、奥与那線開設の理由の一つと

---

[155] 平成12年版沖縄の林業52頁によると、すでに沖縄の林道の舗装率は81％に達しており、全国平均の36％に比して、著しく高い数字となっている。曰く、「林道舗装率(林道延長に占める舗装された林道部分の率)は、全国平均が36％であるのに対し、本県は81％で、全国でもっとも高い水準にある」という。このような舗装率の全国平均に照らしても、凸凹・ぬかるみなどの問題は、沖縄では舗装の根拠にならないといえよう。なお、小動物にとっては、舗装は路面を灼熱地獄とするもので、自然生態系に与える影響は甚大である。小動物は移動を制限され生息域も分断される。移動できても焼死や轢死がまち受けている。林道を建設しても舗装しなければ、自然破壊は最小限に抑えることができる。林道の舗装は元凶である。

して挙げられている[156]。

しかし、台風襲来時の非常災害時において、奥与那線が迂回路として利用できるというのは、本計画決定の判断の基礎となる事実認定の誤りであるか、少なくもと、考慮すべきでない事項を考慮したか、過大評価すべきでない事項を過大評価するものである。やんばる地域の海岸沿いの国道・県道（以下「一般道」という）が通行不能となったような災害時には、奥与那線は、より大きなダメージを受けていて、森林倒木、法面崩壊、林道の決壊・崩落などにより、ズタズタになっているであろう。この点は、一般道と奥与那線の構造基準や設置場所の自然環境の著しい違い、大国林道や奥与那線の台風襲来時の閉鎖回数、修復工事回数、そのための莫大な工事費用など過去の実績などからも、明々白々である。災害時には林道が真っ先に通行不能となって閉鎖されている。

さらに、平常時、一般道路としての利用可能性についても、考慮してはならない事項を考慮し、過大評価してはならない事項を過大評価したきらいがある。やんばる地域の集落は、海岸沿いに発達していて、その往来には、時間的にも安全面からも、一般道で十分すぎるほどであるから、起伏やカーブなどが多くスピードも出せない奥与那線を、わざわざ一般交通道路として、山越え谷越え利用するはずはない。のみならず、当該地域の自然環境を保全するためには、むしろ奥与那線においては、一般車両による平時の通行はこれを規制するのが、正しい管理のあり方といえる。

②レクリエーション目的のための利用の考慮、過大評価

全体計画調査報告書は、奥与那線整備の目的の一つにレクリエーションを挙げて、次のように解説している[157]。

> 国頭村では、県内随一の森林地帯というユニークな環境を求めて、外部からの入り込み者が増加しており、辺野喜ダム周辺に森林レクリエーション施設整備の計画をもっている。村ではさらにこの周辺エリアや調査区域内の豊かな自然に多くの人々がふれあえる機会を増やそうと考えており、本路線はそのような森林レクリエーションのためのアクセス道路としても機能することが期待されている。

前述したように、当該地域の自然生態系が極めて脆弱であること、本件地域の自然環境の価値からすれば、管理方法としては、利用を前提としない厳格な保存を考えるべきであろう[158]。仮に、レクリエーション目的を考えるとしても、そのためには既存林道で十分対応できたのであり、自然

156　全体計画調査報告書25頁は、「すべての道路が完全に機能している場合と、幹線道路の一部の区間が通行止めになった場合の最短経路」について、奥与那線の利用可能性のシュミレーションを行っており、非常災害時における迂回路としての機能を重視していることが分かる。ここに「幹線道路の一部の区間が通行止めになった場合」というのは、「沿岸を走行している国道58号線、県道名護国頭線、県道2号線等の一部が通行止めになった場合」が想定されている。結論として、「本路線（奥与那線）は林内路網の枢軸としての機能の他に、沿岸各集落と行政・経済の中心である辺戸名との連絡道路としても機能することがわかる。これらは、いずれも本路線が常時30km/h程度でスムーズに走行できる場合に機能するものであり、メンテナンスの不備のために一部区間が走行できなかったり、災害に弱い道路構造の区間が多い場合には、十分な機能を発揮することができない」と総括している。

しかし、災害対策上、十分な規格・構造をもつ国道58号線などの幹線道路が非常災害でやられた場合には、はるかに規格・構造で劣り立地条件も悪い奥地林道が大丈夫なはずがない。実際にも、台風襲来時には、真っ先に林道がやられている。自然災害復旧事業費も膨大な額にのぼっていることは、注149で明らかにしたとおりである。

さらに、全体計画調査報告書は、「本事業の推進に合わせて、接続道路（支線の林道）の整備が進むと、ネットワーク全体の機能がレベルアップするため、災害や通行止め時の迂回路的な利用ではなく、本路線は村の連絡道路網のロータリーとして日常的に利用されることになるであろう」と希望的観測を述べているが、接続道路完成後も、この期待は見事に裏切られている。

なお、シュミレーションの前提として、30km/h程度の走行が想定されているが、これは山道のレーシング走行であり危険ですらある。山道は勾配がきつくカーブも多く見通しも悪い。山道の暴走行為を前提とするのは無理である。のみならず、奥地林道のメンテナンス不備は当たり前──そのようなことにカネをかけること自体、ムダといえる──であるし、奥与那線は全線が災害に弱い道路構造区間であるから、上記シュミレーション自体が成り立たないといえる。頻繁な林道交通が自然環境に与える影響──実際には、交通需要がないのでその必要もないが、林道の存在自体による影響は重要である──などは、当初から考慮されていない。

157　全体計画調査報告書34頁。

158　自然保護という場合、「保護」には「保全」と「保存」の二つの意味がある。「保全」は、利用を前提とし人手を加えながらの管理を意味するのに対し、「保存」は利用を排除し人為的干渉を排除することに主眼がある。語源的にも、「保全」は「conservation」の訳語で、「徹底的に（人のために）サービスさせる（仕えさせる）」というニュアンスがあり、「保存」は「preservation」に由来し、「サービスさせない（仕えさせない）」状態におくことに主眼がある。詳しくは、前掲「自然保護のしくみ」『環境法入門』84頁参照。

環境保全上、むしろ望ましい選択であったといえる。そうすると、レクリエーション目的というのは、本来、考慮すべきでない事項の考慮、あるいは、過大評価すべきでない事項の過大評価といえよう。

③補助金交付・補助率割合の考慮、過大評価

以上から明らかなように、いかなる目的であるにせよ、奥与那線開設の必要性を合理的に説明することは困難であり、それらの目的のためには既存林道で対応できたと考えられる。かりに、既存林道では十分に対応できないとしても、林道の開設でなく改良、それも局部改良で、目的を達成することができたと思われる[159]。

開設の場合、国庫補助率は80％、改良の場合には、30または50％（本件の場合、幹線林道ではないので、補助率は30％と考えられる）である[160]。かりに、既存林道のままでは補助金が貰えず、また、改良の場合、開設と比して少ない補助金しかでないことを理由に、あえて開設工事を行ったとすれば、補助金割合の多寡という、本来、考慮してはならない事項を考慮したことになろう。のみならず、奥与那線完成後は、台風常襲による自然災害により、頻繁な災害復旧工事が永久的に必要不可欠となり、しかも、復旧工事には高率の国庫補助（前記のように88％以上と考えられる）がつくことから、これらの事情をも考慮して本計画決定を行った場合にも、同様である。いずれも、本来、考慮すべきでない事項を考慮し、過大評価すべきでない事項を過大評価したものといえよう[161]。

5 まとめ

以上を総合すると、奥与那線の開設は、裁量の逸脱・濫用という審査基準に照らしても、裁量判断の前提となる事実の認定に誤認があり、本来、考慮すべき事項を考慮せず、考慮してはならない事項を考慮または過大評価しており、このような誤りにもとづき本計画決定がなされたものとして、違法評価されうるであろう。そうすると、本計画決定を原因行為としてなされた支出は、違法公金支出と評価することができ、住民訴訟でその是正を求めうるであろう[162]。

第8 結びにかえて
日本のバーミヤン遺跡問題として

本稿は、沖縄やんばるの奥与那線を素材として、公共事業の問題点を明らかにし、司法審査の可能性を検討するものである。

もとより沖縄の公共事業は奥与那線だけではない。

やんばるに限ってみても、現在、建設中の大保ダム、計画中の奥間ダム、育天事業などの造林事業、砂防ダムなどの治山事業、農地造成などの土地改良事業、ヘリパット基地建設など、まさに公共事業のオン・パレードである。公共事業の見本市が行われているともいえる。広域基幹林道大国線や奥与那線の影響も依然深刻である。今後も、やんばるが生き残れるのか、正直にいって分からない。すでに失われた自然は元には戻らない。

沖縄の公共事業には開発規模とテンポの問題も

159　開設と改良の区別、局部改良などの意味につき、前注80参照。

160　前注121参照。

161　補助金改革が声高に叫ばれて久しい。しかし、新聞報道によると、国の補助金は5年連続で最高を更新したという。2003年1月25日付朝日新聞は次のように伝えている。『財務省は24日、2003年度一般会計予算案のうち、地方自治体や特殊法人などに対する補助金の概要を発表した。総額は前年度比1.1％増の22兆3234億円となり、5年連続で過去最高を更新した。(中略)03年度予算案の一般歳出は前年度比0.1％増の47兆5922億円で、補助金の伸びがこれを上回ったため、一般歳出に占める補助金の割合は80年度以降では最高の46.9％になった。経費別の内訳では、(中略)公共事業関係費は3.8％減の3兆5745億円と削減した。(中略)補助金の8割近くは地方自治体向けで、0.6％増の17兆4515億円』。同日付の日経新聞によると、補助金全体の件数は2411件であるが、補助金の多い省庁では農水省が578件で首位だという。奥与那線で問題となる補助金も農水省関係のものである。

162　もっとも、住民訴訟による責任追及は、それほど簡単なものではない。原因行為の特定の程度、原因行為と公金支出間の違法性の承継など、クリアーすべきハードルは多い。本稿は原因行為の違法性に焦点を合わせて論じたものである。

ある。

次の文章はこの点を喝破する[163]。

　島は面積が小さいから、島の生態系の同一性を確保しようとする力にも限度がある。日本本土における20haの開発と、沖縄の島における20haの開発とでは、その自然環境に及ぼす影響の度合は、くらべものにならないくらい島の方が深刻なものとなる。ゾウが体から10gの肉片を切りとられる場合と、ネズミが同量のものを切りとられる場合とでは、ネズミの方がはるかに影響が大きいはずである。というよりも、ネズミにとってはそのことが致命的なものになりかねない。いま沖縄における自然保護の問題は、島面積の割りには大きすぎる開発が、急テンポで進められているところから起こってくるように思われる。そして、その開発が島の自然の特異性への配慮が不十分で、日本本土と同じ内容・規模・方法で進められているからではなかろうか。

　もちろん、沖縄開発問題の本質は、開発の規模やテンポだけではなく、真に必要な開発が公共事業——それは沖縄の内発的発展に資するものでなければならない——として行われているかどうかである。公共事業は沖縄の発展に貢献しているのか。沖縄の公共事業は大規模な自然破壊事業でしかないのか。沖縄が世界に誇る宝ものを壊してはいないか。いずれにしても公共事業をチェックする法的しくみが必要である。最終的には、公共事業の決定過程は司法審査に服し、その違法性が判断されなければならない[164]。行政に誤りはないという誤った前提のもとに、公共事業がノーチェックのままでよいはずはない。

　やんばるは世界遺産的な価値がある。この世界的遺産が公共事業で破壊される。世界文化遺産バーミヤン遺跡は暴力的に破壊された[165]。世界的自然遺産やんばるを破壊するのは公共事業である。その意味で奥与那線開設は日本のバーミヤン遺跡問題でもある。このような問題はやんばるに限らず日本全国にみられる。諫早湾は、「魚湧く海」「有明海の子宮」と形容されるように、宝の海である。ここが干拓事業という不可解な公共事業で失われようとしている。

　バーミヤン遺跡を破壊したのは寛容のない宗教的信念であった。やんばるの破壊が公共事業によって合法的になされるところに、日本の開発システムの病理があるといえよう。見直しはようやく始まったばかりである。夜明けまでは日暮れて遠い。

大宜味村喜如嘉集落にある七滝

163　池原貞雄『ニライ・カナイの島々』池原貞雄・加藤祐三編、築地書館（1988）9頁以下。

164　司法審査は最後の担保手段である。それ以前の段階でも、行政上の意思決定そのもの合理性を担保するしくみを、行政過程そのものの中にインプットしていく必要がある。その意味で公共事業の見直しは行政過程そのものの変革でもある。これは透明性・情報公開・説明責任・市民参加などの手続を、行政過程に制度内在化させるものでなければならない。

165　2001年3月27日付朝日新聞は、「現世から消えた至宝　大仏破壊」という見出しで、バーミヤン遺跡の破壊を伝えている。

第6章 沖縄やんばる訴訟控訴審判決と住民訴訟における損害について

いわゆる4号請求における損益相殺で違法な行為による利得を控除できるか

第1 はじめに

2004年10月、通称、沖縄やんばる訴訟[1]の控訴審判決が言い渡された。

控訴審判決は、原告住民（被控訴人。以下「住民ら」という）の請求をほぼ全面的に認容した第一審判決を破棄し、その請求をすべて棄却するものであった[2]。この控訴審判決は、住民訴訟が適法に提起されても当該事業がすでに完成してしまった以上、たとえ事業が違法であって原状回復が問題となる場合であっても、住民訴訟による責任追求はできないとした。言い換えれば、住民訴訟による違法な公金支出の責任追及がなされても、事業を強行して完成させれば免責されうることになる。住民訴訟には時間を要することを考えると、この判決が投げかけた波紋は大きい。今後、公共事業の中止を求める住民訴訟が提起された場合、事業完成という逃げ道に救いをもとめて、事業の完成が急がれるかも知れない。これは違法な行為を奨励するものでしかない。

控訴審判決によると、地方自治法242条の2第1項1号の差止請求が提起されても、差止請求に係る事業を強行して完成させれば、その完成を理由に、一方で、同項1号の請求（以下、「1号請求」という）を訴えの利益の欠如を理由に、他方で、同号4号の請求（以下、「4号請求」という）は損害がないという理由で、いずれも住民の請求を斥けうるがごとくである。住民訴訟制度が骨抜きにされたともいえる。住民訴訟制度が憲法92条で保障された地方自治の本旨にもとづく住民参政権、同32条で保障された裁判を受ける権利に根拠をもつものだとすると、これらの憲法規定との関係も問題となろう。

以下、林道事件に関する控訴審判決中、4号請求の損害について判示した部分をとりあげ、その結論と理由の当否を検討していく[3]。最初に、同判決の当該判示部分を引用し、いかなる理由にもとづき、いかなる結論が下されたか紹介していく。つぎに、その結論と理由づけが憲法の解釈として問題はないか、住民訴訟制度と憲法92条・32条の関係という観点から検討する。さらに、同判決の損害論と損益相殺の関係について、損益相殺に関する最高裁判例を分析しつつ、控訴審判決の損害論が最高裁判例に反しないか分析していく。

---

1 沖縄やんばる訴訟というのは、広域基幹林道奥与那線事業（以下、「本件事業」という）に関する違法公金支出差止等をもとめた住民訴訟事件（以下、「林道事件」という）と、辺野喜地区団体営農地開発事業に関する違法公金支出差止等をもとめた住民訴訟事件（以下、「農地事件」という）の総称である。第一審判決については、林道事件につき判例地方自治250号46頁以下に、農地事件につき同67頁以下に、それぞれ判決全文が掲載されている。筆者は両事件の訴訟代理人でもあることをお断りしておく。

2 林道事件につき、福岡高等裁判所那覇支部平成14年10月14日判決（平成15年（行コ）第2号違法公金支出差止等請求控訴事件）、農地事件につき、同支部同日判決（平成15年（行コ）第3号違法公金支出差止等請求控訴事件）。

3 林道事件が提起した法的論点は多岐に亘る。主要なものを大別すると、(1) 本稿でとりあげる損害以外の住民訴訟上の論点として、公金支出時期と提訴期間遵守との関係で、地方自治法242条2項の「当該行為のあった日又は終わった日から1年」の起算点と同項但書の「正当事由」の解釈、1号請求から4号請求への訴え変更との関係で、同条242条1項の監査請求前置と同242条の2第2項の提訴期間の各要件の解釈、原因行為の違法と財務会計行為の関係性（違法性の承継）、専決処理の場合における注意義務と過失内容、(2) 自然保護法上の論点として、文化財保護法80条1項と種の保存法9条・54条2項の解釈、(3) 森林関係法上の論点として、「森林の有する公益的機能の確保及び自然的経済的社会的諸条件考慮」の要件を定めた旧林業基本法3条2項、森林法上の林地開発許可に関する10条の2、保安林解除に関する26条以下、保安林伐採に関する34条の各解釈、(4) 環境アセスメント上の論点として、沖縄県環境影響評価規程中の林道に関する規定の解釈、(5) 行政法および財政法上の論点として、本件事業の合理性との関係で、広域基幹林道奥与那線に関する地域森林計画に係る計画決定の違法性、(6) 訴訟法上の論点として、専決に関する自白の撤回などがある。

最後に、森林法違反と損害との関係や損害発生の有無など、控訴審判決が損害を否定する論拠として挙げたいくつかの論点をとりあげてみたい。

第2 控訴審判決について[4]

1 事案の概要

最初に林道事件の概要をみておこう。控訴審判決の損害論を理解するに必要な限度で事案の概要を紹介する。同判決によると、林道事件とは、要旨、次のようなものであった[5]。

本件は、沖縄県の住民である被控訴人らが、県が実施した広域基幹林道奥与那線事業（以下「本件事業」という）につき、本件事業が森林法等の法令に違反し、自然環境を破壊する違法な事業であって、本件事業の一環として県知事が業者との間で工事請負契約を締結して工事代金を支出したことが違法な公金支出に当たると主張して、①地方自治法242条の2第1項1号に基づき、控訴人沖縄県知事稲嶺惠一（以下「控訴人知事」という）に対し、本件事業に関する公金支出等の差止めを求め、②同条項4号に基づき、県に代位して、平成7年度から平成9年度にかけて、当時の県知事であった控訴人大田昌秀（以下「控訴人大田」という）が本件事業の工事費等として合計金3億4240万円を支出したことが違法な公金支出であり、県に同額の損害を与えたと主張して、控訴人大田に対し、上記支出相当額の損害賠償及びこれに対する支出の後から各支払済みまで民法所定の年5分の割合による遅延損害金を県に支払うことを求め、③上記①差止請求の予備的請求として、同条項3号に基づき、控訴人知事に対し、県が控訴人大田に対する上記㈪の損害賠償請求権を有しているにもかかわらず、その各行使を怠っていることが違法であることの確認を求めた事案である。

すなわち、林道事件における訴訟物は、1号請求および4号請求のほか、4号請求にもとづく損害賠償請求権を行使しないことの違法確認を求める地方自治法242条の2第1項3号の請求（以下「3号請求」という）の三つにも及んでいるが、後に詳述するように、当初の1号請求を無視して工事が強行され完成していったので、順次、この完成した部分につき4号請求の追加的訴えの変更をおこない、さらに、4号請求にもとづく損害賠償請求権を対象として、3号請求の追加的訴えの変更がなされた。3号請求の追加は、訴訟当事者として県知事を最後まで引き留めておく上でも、不可欠な選択といえよう[6]。

2 訴訟経過

上記のような林道事件は監査請求の部分をふくめ次のような経過をたどった。

住民らは、平成8年9月26日、県の監査委員に対し、「平成8年度以降の工事の中止、工事請負契約の解約、平成7年度支出の1億4300万円の返還、既工事部分の原状回復等を知事に勧告」することを求めて本件監査請求を行い、さらに、同8年11月25日、控訴人知事に対し、「本件事業に関する公金支出等の差止め」を、控訴人大田に対し、県に代位して、「平成7年度支出分（1

---

[4] 控訴審判決と第一審判決の関係について一言すると、控訴審は、第一審の事実認定はそのまま踏襲したが、4号請求における「損害」の解釈につき異なる理解を示して、第一審判決を覆した。なお、第一審と控訴審は、保安林伐採との関係で森林法34条1項、2項の射程についても正反対の解釈を示しているが、いずれも本件事業を違法評価したので、同条項の解釈いかんは第一審判決の破棄理由にはなっていない。

[5] 同判決3-4頁。　林道事件の事実認定は第一審と控訴審で異ならない。控訴審は、第一審の事実認定はそのまま踏襲したが、4号請求における「損害」の解釈につき異なる理解を示して、第一審判決を覆したものである。なお、第一審と控訴審は、保安林伐採との関係で森林法34条1項、2項の射程についても正反対の解釈を示しているが、いずれも本件事業を違法評価したので、同条項の解釈いかんは第一審判決の破棄理由にはなっていない。

[6] 1号請求は事業完成に至ると訴えの利益の欠如を理由に却下されてしまうので、4号請求だけの追加的訴えの変更によると、控訴人知事（第一審「被告知事」）に対する請求は維持できなくなる。このような事態を避け、訴訟の終局的確定まで控訴人知事を当事者として繋留しておき、県のもつ資料・情報を法廷に顕出させるためにも、3号請求の追加は有益である。

（傍点は筆者による強調）。

すなわち、住民訴訟を提起する権利は、(1)「地方自治の本旨に基づく住民参政の一環として、住民に対しその予防又は是正を裁判所に請求する権能」であり、(2)「住民の有する右訴権は、地方公共団体の構成員である住民全体の利益を保障するために法律によって特別に認められた参政権の一種」とされている[14]。とすると、この権利は、憲法第8章及び第92条で保障された住民参政権の一つであり（(1)の判示部分）、かつ、「訴権」と性格づけされたように、憲法32条で保障された裁判を受ける権利の一つであるといえよう（(2)の判示部分）。

さらに注目すべきは、住民訴訟制度の趣旨として、「地方公共団体の判断と住民の判断とが相反し対立する場合に、住民が自らの手により違法の防止又は是正をはかる」ものとされ、この違法の防止・是正が「権利の帰属主体たる地方公共団体と同じ立場においてではなく、住民としての固有の立場」でなされることが明言された点である。つまり、住民訴訟の制度は、地方公共団体と住民が敵対的に公金支出の違法性を争うために、住民に与えられた武器だということである。だからこそ、住民「訴訟は民法423条に基づく訴訟等とは異質のもの」とされたのであろう[15]。

2 控訴審判決と憲法92条、32条

上記のように、控訴審は、住民らの1号請求について、差止請求に係る工事と公金支出の完了を理由に訴えの利益がないとし、4号請求についても、工事結果の受領とその使用を理由に損害がないとして、いずれも斥けた。

これは住民訴訟制度を有名無実とし、その憲法的評価としては、92条で保障された住民参政権や32条で保障された裁判を受ける権利との関係で、同制度の憲法的な基礎を侵蝕するといえよう[16]。とくに、上述した訴訟経過に照らすと、控訴審が上記の理由で1号請求のみならず4号請求──したがってまた3号請求──をも排斥したのは、1号請求と4号請求の関係を考えると、これらの憲法規定の趣旨を没却するといえそうである。

(1) 1号請求と4号請求の関係

地方自治法242条の2の住民訴訟の制度は、住民に対し、一方で、事前の救済措置として、同条第1項1号の「当該執行機関又は職員に対する当該行為の全部又は一部の差止めの請求」権を認め、事後の救済措置として、同号に基づく差止請求にも拘わらず「当該行為の全部又は一部」が実施された場合にも、同項4号の「当該職員に損害賠償の請求」権を与えて、差止請求に係る行為の完了による責任逃れの脱法対策を講じている。つまり、同項1号の差止請求をした住民には、執行停止の申立権を認めない代わりに[17]、同項4号の損害賠

---

[14] 住民訴訟は「法律に定める場合において、法律に定める者に限り」提起できる客観訴訟の一つとされるが、(行政事件訴訟法42条) 本文中の(2)の判示部分はこの点を明らかにしたものである。

[15] 以上の通りとすると、住民訴訟制度の趣旨について、本来的に債権者代位訴訟と同じものであり、ただ、代位権者が債権者に限定されず住民一般に拡大されている点だけが同訴訟と異なると説くのは、本最高裁判決の判示とは整合的でなく誤解をまねくともいえる。棟居快行「住民訴訟における『損害』の概念──4号請求を中心として」神戸法学年報1号1頁は、「4号請求においては、あくまでそれ自体は主観的利益に係わる自治体の実体的請求権を、一定の手続を経た住民であれば誰でも裁判上代位しうる、という意味において原告適格が客観化されているに過ぎず、本体をなす紛争は主観的利益をめぐるものだ、ということである。この意味で4号請求は、『客観訴訟』とは言っても、代位関係のみが客観化されていることによって、形式上客観訴訟となってはいるが、主観訴訟で争われうる主観的実体的請求権を訴訟物とするものである」と解説しているが、本最高裁判例との関係は必ずしも明らかでない。

[16] 最大判昭和34年7月20日民集13巻8号1103頁によると、納税者訴訟制度を設けるか否かは立法政策上の問題であり、そのような制度を設けなくとも地方自治の本旨に反しないと判示している。判旨は、憲法の「司法」概念とも関係するが、納税者訴訟のしくみを受け継いだ住民訴訟制度にも妥当する。とすると、控訴審判決が住民訴訟制度を骨抜きにしたとしても、憲法解釈論レベルでの問題は生じないともいえそうである。しかし、一旦、住民訴訟制度が憲法規定の趣旨を受けて立法化された以上は、これを画餅にするような法律解釈は、当該憲法規定との関係で憲法的な評価を免れないというべきである。

[17] 行政事件訴訟法43条3項、41条、参照。

償請求権を認めて、1号差止請求を提起された「当該執行機関又は職員」が「当該行為の全部又は一部」を完了させた場合には、4号の損害賠償責任を追及させることにしたと考えられる。

このような1号請求と4号請求の関係は、上記最高裁判例が判示するように、住民訴訟制度が、「執行機関又は職員の右財務会計上の行為又は怠る事実の適否ないしその是正の要否について地方公共団体の判断と住民の判断とが相反し対立する場合に、住民が自らの手により違法の防止又は是正をはかることができる点に、制度の本来の意義がある」以上、当然の仕組みといえる。なぜなら、1号差止請求が提起された場合に、「当該行為の全部又は一部」の完了を理由に不適法却下されるだけだとすると、差止請求を提起された「当該執行機関又は職員」は、「当該行為の全部又は一部」を完了させれば完全に免責されてしまい、住民自身による違法の防止・是正ができなくなるからである。

その結果、差止請求を提起された場合には、事業の完成を急ぐことで責任逃れができ、住民訴訟の終結まで長時間を要し、その間、事業の執行停止を命じるなどの仮の救済制度もないことを考えると、上記のような住民訴訟制度の趣旨が没却されてしまう。逆にいえば、違法な行為を強行して完了させれば住民訴訟に勝てる結果となり、違法な行為を中止すれば責任追及されるのに完了させれば免責されて、違法な行為が助長されてしまう。これでは、違法行為を中止した場合と完了させた場合とでバランスを失するし、何よりも違法行為を強行完了したことに褒美を与えるものである。以上のような事態を避けるのが4号請求の趣旨であろう。

(2) 控訴審判決の憲法的評価

以上のように1号請求と4号請求の関係を理解し、かつ、それらの請求権が、憲法第92条で保障された住民参政権の一つであると共に、同第32条で保障された裁判を受ける権利の一つであって、窮極的には憲法規定に本籍をもつとすると、1号の差止請求を「当該行為の全部又は一部」の完了を理由に不適法却下する場合に、その「完了」を理由に4号の損害賠償請求をも否定することは、上述した違法行為の強行完了による責任逃れを許さないという、1号請求と4号請求の関係の法解釈を誤るのみならず、憲法第92条及び第32条で保障された住民参政権や裁判を受ける権利との関係でも、憲法上の疑義があるといえよう。

すなわち、控訴審判決の上記判示は、一方で、「当該行為の全部又は一部」の完了を理由に1号請求を、他方で、県が「工事結果を受領」し「本件林道を使用」していること、すなわち、「当該行為の全部又は一部」の完了を理由に4号請求を、「いずれも理由がない」として棄却したのであって、憲法第92条及び第32条の趣旨に反するであろう。なぜなら、「当該行為の全部又は一部」が完了すれば、その完了した工事結果すなわち本件林道を「受領」し「使用」するのは当然で、このことは「当該行為の全部又は一部の完了」と同義だからである。換言すれば、県が「工事結果を受領」せず、また、受領した「工事結果を使用」しないこと自体が違法であるから[18]、工事結果を「受領」して「使用」することは当然であり、「当該行為の全部又は一部の完了」と同じことを言っているにすぎない。

以上の通りとすると、控訴審判決は、憲法92条、32条との関係において、憲法的な非難を免れないであろう。

---

[18] 地方自治法234条の2第1項は、普通地方公共団体が工事請負契約を締結した場合において、当該契約の適正な履行を確保し、その受ける給付の完了の確認をするため必要な監督・検査をすべきことを定める。

第4　4号請求における損害と損益相殺

1　損害について

4号請求が成立するためには当該地方公共団体に損害の発生したことが要件となる[19]。

上記のように、控訴審判決は、「本件支出行為等の結果として県に損害が発生したことを認めることはできない」と判示して、住民らの同号に基づく損害賠償請求を棄却したが、その理由づけが最高裁判例に反しないか問題となる。

以下、主要な最高裁判例を紹介しながら、検討していく。

2　最高裁判例

4号請求における主要な最高裁判例は以下の通りである。

2.1　最判昭和55年2月22日集民129号209頁

(1) 判決内容

同判決は次のように判示している。

　国立町は本件土地の購入代金支払のため会計年度を越える長期資金の借入れを必要としていたところ、国立町が地方債を起こし資金を調達したとしても利息等の費用の負担を余儀なくされるのであるから、本件利息額の全額を国立町が受けた損害と解すべきではなく、地方債の発行に伴い国立町が通常負担するであろう利息等の費用に相当する額は、損害にあたらないものと解するのが相当である。

同事件の事案概要と判決内容について、「公共用地の購入代金の支払のため長期資金の借入れを必要とする町が、地方債を起こす方法によらずに金融機関から資金を借入れ、右支払に充てたため、右借入れに対する支払利息相当額の損害を被ったとしてされた町長個人らに対する損害賠償請求につき、右借入れに基づく利息の支払いは違法であるが、町が地方債発行の方法により資金を調達したとしても、利息等の費用の負担を余儀なくされるから、前記借入れに基づく利息額の全額を町が受けた損害と解すべきではなく、地方債の発行に伴い町が通常負担するであろう利息等の費用に相当する額は損害に当たらないとしたもの」と解説されている[20]。

建設中の謝敷林道

---

[19] 後述するように、4号請求における損害賠償請求権は、判例上、民法その他の他の私法上の損害賠償請求権と異ならないとされているので、4号請求における「損害」概念についても、民法などの損害理論が妥当する。この点につき、篠原弘志「注釈民法 (19) 債権 (10) 不法行為§§709～724」加藤一郎編（有斐閣）43頁によると、財産的損害とは、「ドイツの通説と同様、財産的損害とは、加害行為から生じた不利益、すなわち、加害行為がなかったならばかくあるはずの財産状態と現状との差額 (Unterschied) であり、それは、既存財産の減少（積極的損害 damnum emergens）であると、得べかりし利益の喪失（消極的損害 lucrum cessans）であるとを問わないといわれている。こうした差額説(Differenztheorie)による損害概念は、機能的には二つの意味をもっている。その一は、賠償を要する損害範囲を、侵害された権利の価値から解放し、より広くなる可能性をもたせることであり、他は、その極限を差額においたこと、換言すれば、被害者がどのように理由づけて損害金の請求をしようと、差額を超ええないとしたことである」と解説されている。差額説につき、四宮和夫『事務管理・不当利得・不法行為中巻』現代法律学全集10（青林書院新社）434-447頁が、詳しい。差額説に対する批判として、平井宜雄『債権各論2 不法行為』法律学講座双書（弘文堂）74頁以下、参照。なお、4号請求と損害一般につき、関哲夫『住民訴訟論（新版）』勁草書房119頁以下、長尾文裕「四号請求と損害」大藤敏編・現代裁判法大系28 住民訴訟（新日本法規）166頁、平成14年の地方自治法改正後の住民訴訟一般につき、碓井光明『要説住民訴訟と自治体財務（改訂版）』学陽書房、園部逸夫編『住民訴訟』最新地方自治法講座4（ぎょうせい）、参照。

[20] 最高裁判所事務総局行政局監修『主要行政事件裁判例概観3（改訂版）——地方自治関係編』法曹会（平成11年）410頁14行目～411頁3行目。

すなわち、同事件においては、当該「土地の購入代金支払のため会計年度を越える長期資金の借入れが必要」であり、それゆえ「地方債を起こし資金を調達」すべきことが、本来なすべき適法な行為であった。同判決は、この本来なすべきであった適法な行為、つまり、「地方債の発行に伴い国立町が通常負担するであろう利息等の費用に相当する額は、損害にあたらない」と判示したのである。要するに、同判決は、本来なすべきであった「適法」な行為がなされたとすれば当然支出を免れなかった費用を、4号請求における損害から控除すべきものとしたのである。

思うに、4号請求における「損害」から控除すべき費用の範囲につき、本来なすべきであった「適法」な行為がなされた場合に当然支出を免れなかった費用に限定するのは、違法な行為を抑止しようとする法の趣旨からも当然であり[21]、何よりも「違法」な行為から得られる利益の控除を認めると、「違法」な行為が助長されてしまう。とすると、控除費用の範囲につき、なされるべきであった「適法」な行為に当然随伴するもの——その費用支出がなければ当該行為をなしえなかったもの——に限定するのは当然であろう。

(2) 控訴審判決の評価

同判決は、本件事業が違法であったとして、次のように判示した[22]。

> 本件事業の実施に際し、保安林区域内に本件林道を設置するに当たっては、立木の伐採及び土地の形質の変更について県知事による作業許可等を得る必要があったところ、これを得ないまま本件林道設置工事が行われたこと、これが森林法34条1項及び2項に違反する違法な行為であることは、上記3に認定判断したとおりである。

すなわち、同判決は、一方で、このように本件林道設置工事が「違法」であることを認定しつつ、他方で、上記のように、「違法」な工事結果である本件林道の存在を利得として、県の損害を否定したのである。これは、本来なすべきであった「適法」な行為がなされたとすれば、当然支出を免れなかった費用額を損害から控除した上記最高裁判決に反するであろう。このように「違法」な行為による利益を控除するのは、違法な行為を奨励する結果となろう。

2.2　最判昭和58年7月15日民集37巻6号849頁

(1) 判決内容

同判決の事案概要を含め「判決要旨」は次の通りであった[23]。

> 森林組合の組合長理事を兼ねる町長が、専ら森林組合の事務に従事させることを予定して町職員に採用したうえ森林組合に出向させた者に対し、7年余にわたって町予算から総額796万余円の給与を支払ったが、同人は、その間、町長の指揮監督を受けることなく、森林組合の事務所で専ら森林組合の事務に従事し、町の事務を行ったことはないなど、判示の事実関係のもとにおいては、同町長は、右給与を支払うことにより違法に町の公金を支出したものというべきである。

以上を前提として、最高裁は、損益相殺について、次のように判示している[24]。

> 論旨は、大谷が右の期間森林組合において従事した事務の一部は町の行政事務であると主

21　個別の条文としては、民法90条、509条、708条などを援用できるであろう。不法行為による損害賠償請求権を受動債権とする相殺禁止を定めた民法509条との関係性は、やんばる訴訟弁護団の山尾哲也弁護士の教示による。
22　原判決64頁。
23　民集37巻6号849-850頁。
24　同上852-853頁。

張するが、仮に森林組合が行っていた事務の中に本来町の行政事務に属すべきものがあったとしても、それは委託等によって森林組合の事務に属することになったものと解すべきであるから、本件給与の支払いを違法な公金の支出にあたると解すべきことに変わりはなく、また、仮に森林組合が町に代行してその行政事務を行っていてこれにより町がその分の費用の支出を免れたものとみることができるとしても、このような利益と大谷に対する給与の支払との間に直接の因果関係はないから、損益相殺の余地はなく、したがって、論旨は、原判決の結論に影響しない点について原判決を非難するものにすぎないというべきである。

すなわち、最高裁は、「違法な公金の支出」については、「森林組合が行っていた事務」が、①「森林組合の事務に属するもの」であれば損益相殺は問題とならず、②「町の行政事務を代行して行っていたもの」であって、「これにより町がその分の費用の支出を免れた」場合には、損益相殺が問題となりうるが、この場合にも、このような町の「利益と大谷に対する給与の支払との間に直接の因果関係はない」としたのである。

注意すべきは、「大谷」を通じて「森林組合が行っていた事務」は、①の「森林組合の事務に属するもの」であれ、②の「町の行政事務を代行して行っていたもの」であれ、それ自体はいずれも「適法」な行為であることである。最高裁判決は、このような「適法」な行為であっても、①の「森林組合の事務に属するもの」については勿論、②の「町の行政事務を代行して行っていたもの」についても、「直接の因果関係」がないとして損益相殺を否定した。

(2) 控訴審判決の評価

同判決は、上記のように、本件事業が「違法」であることを認定しつつ、「違法」な工事結果である本件林道を「受領」し「使用」していることを理由に損害を否定したが、本最高裁判例と整合しないであろう。なぜなら、最高裁は、「森林組合が行っていた事務」が「町の行政事務を代行して行っていた」もので「適法」であり、かつ、これにより町の得た利益額も「大谷」に対する給与の支払額から具体的に特定――すなわち、七年余にわたって町予算から支払われた総額796万余円――しうるとしても、「直接の因果関係」の欠如を理由に損益相殺を否定している。とすると、本件のように「違法」な行為であって、かつ、それにより利益がそもそも得られるかも不明であり、仮に得られるとしても利益額を特定しえない以上、損益相殺を適用する余地はないであろう。

2.3 最判平成6年12月20日民集48巻8号1676頁

(1) 判決内容

同判決は4号請求における「損害」につき次のように判示している[25]。

　地方自治法242条の2第1項4号に基づく住民訴訟において住民が代位行使する損害賠償請求権は、民法その他の私法上の損害賠償請求権と異なるところはないというべきであるから、損害の有無、その額については、損益相殺が問題になる場合はこれを行った上で確定すべきものである。したがって、財務会計上の行為により普通地方公共団体に損害が生じたとしても、他方、右行為の結果、その地方公共団体が利益を得、あるいは支出を免れることによって利得をしている場合、損益相殺の可否については、

25　民集48巻8号1682-1683頁。

両者の間に相当因果関係があると認められる限りは、これを行うことができる。

　本件においては、同市は、本件各土地を借り受けるに際し、土地所有者らに対し、各土地の固定資産税は非課税とする旨の見解を示し、通常の賃貸借における賃料額よりかなり低額の右報償費を支払うことを約束して貸借の合意に至っており、上告人は、これに従って本件非課税措置を採ったものである。しかし、前示のとおり、本件は固定資産税を非課税とすることができる場合ではないので、本件非課税措置は違法というべきであり、同市は、これにより右税額相当の損害を受けたものというべきである。しかしながら、同市は、同時に、本来なら支払わなければならない土地使用の対価の支払を免れたものであり、右対価の額から右報償費を差し引いた額相当の利益を得ていることも明らかである。そして、上告人が本件非課税措置を採らずに固定資産税を賦課した場合には、それでもなお本件各土地の所有者らが本件のような低額の金員を代償として土地の使用を許諾したはずであるという事情は認定されていないので、前記の原審認定事実によれば、同市があくまでも本件各土地の借受けを希望するときは、土地使用の対価として、近隣の相場に従った額又はそれに近い額の賃料を支払う必要が生じたことは、見やすいところであり、その額が固定資産税相当額に右報償費相当額を加えた額以上の金額になることは、前記の原審の認定する各金額の差から明らかである。

　したがって、上告人が本件非課税措置を採ったことによる同市の損害と、右措置を採らなかった場合に必要とされる本件各土地の使用の対価の支払をすることを免れたという同市が得た前記の差引利益とは、対価関係があり、また、相当因果関係があるというべきであるから、両者は損益相殺の対象となるものというべきである。そうであれば、後者の額は前者の額を下回るものではないから、同市においては、結局、上告人が本件非課税措置を採ったことによる損害はなかったということになる。

　すなわち、最高裁は、4号請求における損害賠償請求権は、「民法その他の私法上の損害賠償請求権と異なることはない」ので、「損益相殺が問題となる場合」にはこれを行うべきこと、したがって、「財務会計上の行為により普通地方公共団体に損害」が生じても、その「行為の結果、その地方公共団体が利益を得、あるいは支出を免れることによって利得」した場合には、損益相殺によって、右「損害」と「利得」の間に「相当因果関係」が肯定される限度で、両者間の差引控除を認めたのである。この損害と利得の差引控除の根拠が「損益相殺」の法理であることも明言されている。

　最高裁は、以上のような一般理論を踏まえ、同事件において損益相殺の対象行為は、「本件各土地を借り受ける」行為、すなわち、当該土地所有者との「貸借」行為であり、これにより、本来ならば、「近隣の相場に従った額又はそれに近い額の賃料」という「本件各土地の使用の対価の支払いをすることを免れた」ことをもって、当該の「利得」としたのである。ここでも損益相殺の対象とされたのは、「本件各土地を借り受ける」行為、すなわち、当該土地所有者との「貸借」行為であって、「適法」になされた行為である。最高裁は、一方で、「本件非課税措置は違法というべきであり、同市は、これにより右相当額の損害を受けた」と判示しつつ、他方で、上記のような「適法」になされた行為による利得について損益相殺の法理を適用し、両者間に「相当因果関係」があるとした。

(2) 控訴審判決の評価

　同判決は、本件事業が「違法」であると認定しつつ、「違法」な工事結果の「受領」と「使用」を利得として、損害を否定したが、本最高裁判例とも整合しないであろう。なぜなら、最高裁は、①適法な行為を損益相殺の対象とし、②それから具体的に得られた利益すなわち利得を特定することができ、③それが損害との間で相当因果関係の認められる場合にその限度で、損益相殺を肯定したにすぎないからである。

　さらに指摘すべきは、上記のように、最高裁は、

「本件非課税措置は違法というべきであり、同市は、これにより右相当額の損害を受けたものというべきである」と明言している点である。すなわち、最高裁は、違法な非課税措置による得べかりし利益の喪失をもって「損害」とし、損益相殺の法理を適用している。とすると、公金支出の場合は、違法な公金の支出自体が損害となり[26]、これによって得られた利得があるときは、その利得が「適法」な行為から生じた場合に、相当因果関係の認められる限度で、損益相殺の法理により差引控除されることになろう。

しかるに、控訴審は、後に詳述するように、当事者から損益相殺の主張がなされなかったにも拘わらず、上記のように、本件林道の「受領」と「使用」を利得とみて、損害と利得の差引控除を行っているので、本最高裁判例に反しないか問題となる。なぜなら、最高裁は、財務会計上の「行為の結果、その地方公共団体が利益を得、あるいは支出を免れることによって利得をしている場合」は、「損害の有無、その額」について「損益相殺が問題になる場合」としている。とすると、控訴審が行った上記のような差引控除は、最高裁判決によれば損益相殺に外ならないのに、控訴審はこれと異なる解釈をしたことになろう[27]。

2.4 最大判平成5年3月24日民集47巻4号3039頁

(1) 判決内容

同最高裁判決は、その「判示事項」によると、「不法行為と同一の原因によって被害者又はその相続人が第三者に対して取得した債権の額を加害者の賠償額から控除することの要否及びその範囲」と「地方公務員等共済組合法の規定に基づく退職年金の受給者が不法行為によって死亡した場合にその相続人が被害者の死亡を原因として受給権を取得した同法の規定に基づく遺族年金の額を加害者の賠償額から控除することの要否及びその範囲」について判示したもので、損益相殺的な調整につき、次のように判示している[28]。

不法行為に基づく損害賠償制度は、被害者に生じた現実の損害を金銭的に評価し、加害者にこれを賠償させることにより、被害者が被った不利益を補てんして、不法行為がなかったときの状態に回復させることを目的とするものである。

被害者が不法行為によって損害を被ると同時に、同一の原因によって利益を受ける場合に

---

26 この点を明言するものとして、関前掲127頁は、「公金の支出は、原則として地方公共団体に当該金額相当の損害を生ぜしめる」とする。思うに、金銭（貨幣）は価値そのものと考えられ、その帰属も占有の移転と共に変動する。それゆえ、金銭に対する物権的請求権——たとえば、所有権に基づく返還請求権——も想定されえないので、無効な原因に基づいて金銭が交付された場合にも、不当利得返還請求権が問題となりうるにすぎない。不法行為理論上、不当利得返還請求権が認められても、不法行為に基づく損害賠償請求権の発生は妨げられないと解されている。以上の通りとすると、違法な原因に基づき公金が支出された場合には、不当利得返還請求権が成立するか否かに拘わらず、損害の発生を認めることになろう。金銭に関する法理論につき、我妻栄著・有泉亨補訂『新訂物権法』民法講義2（岩波書店）37頁は、「金銭（貨幣）に至っては、全く個性がない。したがって、普通に金銭が譲渡されるときは、金銭の上の物権の変動とならずに金銭の表示する価値の変動となし、所有権移転の効果を問題とせず、もっぱら価値の変動が不当利得となるかどうかを問題とすべきものではなからうかと考える」とされ、同236頁にも、「貨幣は、抽象的な価値の化現者として存在するだけで、全く個性をもたないものであるから、貨幣については、所有権を問題とせずに、貨幣によって化現される価値は貨幣の占有とともに移転すると考え、したがって、返還請求についても、特定の貨幣の返還請求を認めることなく、もっぱら不当利得の返還請求で問題を解決すべきものであろう」とされている。不当利得返還請求権と損害賠償請求権の関係についても、四宮前掲442頁は、不当利得返還請求権の成立する可能性が与えられることは、「同時に不法行為による損害賠償請求権の成立する可能性を排除するものではない。この場合は、（中略）両請求権規範が同時に適用される場合であって、損害の有無の判断に際して他の請求権の存在を根拠にいれるべきではないから、一層、損害なしとはいえないであろう」とする。関前掲155頁も、「一般に違法な当該行為の結果として被害者が加害者に対して、不当利得返還請求権を取得した場合であっても、一般に請求権の形態をとる利益は実現不確実であるから、不当利得返還請求権が成立する限度で損害が生ぜず、被害者が損害賠償請求権を行使できないと解するのは妥当であるまい」とする。

27 控訴審判決は、その行った差引控除の法的根拠を明らかにしていないが、一方で、違法な公金支出を認定し、他方で、工事結果の「受領」と「使用」による利益を理由に、県の損害を否定しているので、損益相殺を行ったものと解される。けだし、県の公金支出による損害とその対価である工事結果による利益というのは、次に紹介する最大判平成5年3月24日民集47巻4号3039頁のいう「被害者が不法行為によって損害を被ると同時に、同一の原因によって利益を受ける場合」に外ならず、両者間の差引控除の根拠は、この最高裁判例を前提とする限り、損益相殺の法理に帰着するからである。

28 民集47巻4号3043-3044頁。

は、損害と利益との間に同質性がある限り、公平の見地から、その利益の額を被害者が加害者に対して賠償を求める損害額から控除することによって損益相殺的な調整を図る必要があり、また、被害者が不法行為によって死亡し、その損害賠償請求権を取得した相続人が不法行為と同一の原因によって利益を受ける場合にも、右の損益相殺的な調整を図ることが必要なときがあり得る。このような調整は、前記の不法行為に基づく損害賠償制度の目的から考えると、被害者又はその相続人の受ける利益によって被害者に生じた損害が現実に補てんされたということができる範囲に限られるべきである。（傍点は筆者による強調）。

上に損益相殺「的」調整というのは、当該事案では地方公務員等共済組合法に基づく給付が問題となっており、同法には社会福祉的な配慮もあるので、純然たる損益相殺において問題となる利得とは若干異なるためと思われるが、この点を別とすれば、上記判示における考え方は損益相殺一般に妥当するものである。

最高裁は、損益相殺の要件として、「損害と利益との間の同質性」と「公平の見地」を挙げ、更に、具体的に被害者又はその相続人の受ける利益によって「被害者に生じた損害が現実に補てんされた」ことを要求している。さらに、当該事案における損益相殺的な調整の範囲につき、「本件において、前記の損害額から控除すべき遺族年金の額は、被上告人が既に支給を受けた321万1151円と原審の口頭弁論終結時において支給を受けることが確定していた同年5月から7月までの3か月分37万2350円と合計額であるというべきである」とした[29]。

すなわち、上記「被害者に生じた損害が現実に補てんされた」範囲につき、①実際に支給された額と、②「原審の口頭弁論終結時において支給を受けることが確定」していた額の合計額に限定した。

(2) 控訴審判決の評価

同判決は、上記のように、「本件支出負担行為等が財務会計上違法と評価されるものであっても、本件工事請負契約自体は私法上有効であること、県としては同契約に基づき支出額に相当する価額の工事結果を受領した上（請負代金額が工事の内容に比して不相当に過大であるというような事情は何ら見当たらない）、現に本件林道を所期の目的に即して使用していること」から、「本件支出負担行為等によって県に工事費用等相当額の損害が発生したと認めることはできない」と結論づけている。

これは、上記大法廷判決が損益相殺の範囲につき、一般的に、「被害者に生じた損害が現実に補てんされた」部分に限定し、当該事案において、①実際に支給された額、及び、②「原審の口頭弁論終結時において支給を受けることが確定」していた額の合計額に限定したことに比して、少なくとも利得の認定がルーズにすぎるといえよう。

すなわち、控訴審判決のように、単なる希望的な憶測でしかない利益をも損益相殺における利得の範囲に含めると、建設請負工事が対象とされたような住民訴訟における4号請求は、その公金支出が違法であっても、およそ工事の完成を理由に損害なしとされてしまい、上記大法廷判決が、「損害と利益との間の同質性」「公平の見地」「被害者に生じた損害が現実に補てんされた」ことなどを損益相殺の要件とした趣旨が無意味となろう。控訴審判決のような上記損害の認定方法によると、最高裁が損益相殺の要件とした上記事項の検討もできないことになろう[30]。

29　同上3047頁。
30　県の損害を否定するのであれば、上記大法廷判決に従い、「口頭弁論終結時」において本件林道から受けることが「確定」していた額がいくらであったか、具体的な額をもって判示する必要があったと思われる。のみならず、上記大法廷判決は、「損害と利益との間の同質性」「公平の見地」などを損益相殺の適用要件としているが、原状に回復すべき違法な存在である本件林道をもって利益とすることは、少なくとも「公平の見地」から許されないであろう。

2.5 まとめ

以上、4号請求の損害に関する主要な最高裁判例を検討したが、次のように要約できるであろう。

第一に、最高裁判例上、損害から利得を控除して損害額を算定するのは、損益相殺の法理による[31]。

第二に、最高裁判例は、さらに利得の範囲に絞りをかけて、「相当因果関係」「直接の因果関係」「対価関係」「損害と利益との間の同質性」「公平の見地」「被害者に生じた損害が現実に補てんされた」などの各要件を課している。

第三に、上記のように、損益相殺の可否は法的ないし規範的な評価であるので[32]、最高裁判例は、損益相殺において考慮すべき利得の範囲につき、少なくとも「適法」な行為によるものに限定していると考えられる。

最後に、最高裁判例は、利得の認定上も、その特定性・具体性・確実性などを要求しており、将来的に不確かな利益は損益相殺における利得とは認めない趣旨と考えられる。

以上の通りとすると、控訴審判決が本件事業の違法を認定しつつ、その成果を利得と評価して損害から控除したのは、少なくとも上記最高裁判例に反するといえよう。

流域公益林保全（？）のための造林事業現場

第5 いくつかの問題点

1 森林法違反と損害

控訴審判決は、森林法34条1項及び2項違反による原状回復命令と県の損害の関係について、次のように判示している[33]。以下、損害論との関係において、その当否を検討していく。

本件において、同条項[34]に違反することを理由として実際に原状回復を命じられたとか、命じられることが確実であるというような事実を認めるに足りる証拠はないし、それ以外に本件支出負担行為等の結果として県に何らかの損害が発生したことを認めるに足りる証拠もないから、本件支出負担行為等によって県に損害が発生したと認めることはできない。

---

31 損益相殺につき、詳しくは、四宮前掲600頁以下、参照。とくに、同602頁によると、「損益相殺が認められるには、(a) 利益が不法行為を契機として生じたもののであることのほかに、(b) 両者の関係からして損益相殺を認めるのが衡平である、と判断されることが、必要である。そして、その判断のためには、(・) まず、当該利益発生の経緯や、当該利益（利益が出損の節約である場合は、その出損）を基礎づける規範の目的・機能から、当該利益が当該損害（損害が逸失利益の形をとる場合は、その利益）に対していかなる実質的・機能的関係にあるかを確かめ、(・) 然るのち、不法行為制度の目的・機能に照らして、当該損害から上のごとき関係にある利益を控除するのが衡平である、と考えられることが、必要である」とされている。

32 前注参照。損益相殺の要件として「衡平」性が要求されるのは、それが法規範的な評価であるからである。

33 控訴審判決67-68頁。

34 判決文中「同条項」というのは、森林法34条1項、2項を指している。

(1) 原状回復命令について

都道府県知事は、森林法38条1項によると、同34条1項の規定に違反した者に対し、「当該伐採跡地につき、期間、方法及び樹種を定めて造林に必要な行為を命ずることができる」し、同38条2項によると、同34条2項の規定に違反した者に対し、「期間を定めて復旧に必要な行為をすべき旨を命ずることができる」と定められている。このように、同34条に違反した場合に、同38条の規定により原状回復命令を発しうるのは、都道府県知事とされている点は重要である。上記引用部分は、この原状回復命令の発令の有無・確実性と損害の関係について、判示したものである[35]。

(2) 住民訴訟制度からみた評価

住民訴訟の制度は、「執行機関又は職員の右財務会計上の行為又は怠る事実の適否ないしその是正の要否について地方公共団体の判断と住民の判断とが相反し対立する場合に、住民が自らの手により違法の防止又は是正をはかる」権利を住民に付与したものである[36]。とすると、控訴審判決のように、「実際に原状回復を命じられたとか、命じられることが確実」であったかどうかにより、4号請求における損害の有無を判定することは、訴訟の相手方である被控訴人知事に対し、4号請求の成否を決定する権限を委ねることに帰着するであろう。

住民訴訟の制度が、「地方公共団体の判断と住民の判断とが相反し対立する場合に、住民が自らの手により違法の防止又は是正をはかることができる点に、制度本来の意義がある」とすると[37]、原状回復命令の有無・確実性を根拠として損害の有無を判定することは、住民訴訟制度の本質と相容れないであろう。のみならず、被控訴人知事が原状回復命令を発したとすると、控訴審判決の論理によると、被控訴人大田に対する4号請求に係る損害賠償責任が発生し、したがってまた、被控訴人知事自身に対する3号請求に係るこの損害賠償請求権の行使を怠っていることの違法確認請求も認容される結果となる。

平たくいえば、被控訴人知事が同命令を発すれば、自らに対する3号請求も認容されるのであり、このような場合に、3号請求を争っている被控訴人知事が同命令を発することはありえない。控訴審判決のように、原状回復が「命じられたとか、命じられることが確実」であったかどうかにより、4号の損害賠償請求および3号の違法確認請求の成否を判断するのは、住民訴訟制度の本来の趣旨を没却するといえよう。

2 県の損害

控訴審判決は、工事費用等相当額「それ以外に本件支出負担行為等の結果として県に何らかの損害が発生したことを認めるに足りる証拠もないから、本件支出負担行為等によって県に損害が発生したと認めることはできない」と判示しているが、この点についても問題がありそうである[38]。

すなわち、訴訟においては現場検証が行われており、控訴審判決も、事実及び理由中の「第6 本案に関する争点に対する裁判所の判断1 (7) 本件林道及び付近の状況についてウ 平成12年9月29日（検証日）の状況」のところで、「平成12年9月29日の検証実施時、本件林道及びその付近において、法面の土砂等が崩壊した箇所（検証調書図面番号2-1、同写真番号56、93、94）、路肩が崩壊している箇所（同写真番号63、65ないし72、80ないし82、84ないし87、89、92）

---

35 森林法34条1項・2項に違反することを理由として、「実際に原状回復を命じられたとか、命じられることが確実」であったかどうかについても、当事者の主張整理欄にはその点の主張摘示もなく、争点外であったと思われる。したがって当事者による主張立証の機会も与えられておらず、訴訟法的には、ここでも弁論主義違反の違法が問題となろう。

36 前掲最判昭和53年3月30日民集32巻2号487頁、参照。

37 同上。

38 訴訟の争点は、違法な公金支出、すなわち工事費用等相当額の損害性であり、この点について当事者の主張が展開されている。それゆえ、工事費用等相当額以外の損害の有無を判決理由に援用するのは、訴訟法上、釈明義務違反、審理不尽の違法を指摘できるであろう。

土捨て場が残っている箇所（同図面番号6-1、6-2、6-3）、路面に亀裂が生じている箇所（同写真番号18、96）があり」と判示されており[39]、これらの「法面の土砂等の崩壊」「路肩の崩壊」「路面の亀裂」等は、裁判所が自ら検証によって認識した事実であって、「工事費用相当額それ以外」で県に発生した損害を認めるに足りる十分な証拠であろう。

以上の通りとすると、何らの理由を示すことなく、工事費用等相当額「それ以外に本件支出負担行為等の結果として県に何らかの損害が発生したことを認めるに足りる証拠もない」と判示したのは不可解といえるであろう[40]。

追記

沖縄やんばる訴訟控訴審判決に対し上告及び上告受理の申立てがなされた。最高裁は、上告を棄却し、かつ上告審として受理しない旨の決定を言い渡した（最高裁判所第二小法廷・平成18年6月9日決定・平成17年（行ツ）第9号・同年（行ヒ）第11号決定）。その理由全文は以下のようなお決まりの「ヒナ型」による愛想のないものであった。

「1　上告について
民事事件について最高裁判所に上告をすることが許されるのは、民訴法312条1項又は2項所定の場合に限られるところ、本件上告理由は、理由の不備・食違いをいうが、その実質は事実誤認又は単なる法令違反を主張するものであって、明らかに上記各項に規定する事由に該当しない。
2　上告受理申立てについて
本件申立ての理由によれば、本件は、民訴法318条1項により受理すべきものとは認められない」

この決定文からも明らかなように、最高裁は、控訴審判決を支持した訳ではなく、上告理由・上告受理申立ての理由にあたらないとして、上告審としての判断を示さなかった。それゆえ、本稿で論じた控訴審判決の問題点は解決されないまま、将来の最高裁判所の判断にもちこされることになった。

流域循環資源林整備事業という意味不明の造林事業によって皆伐された河畔林（遠くに佇むのが筆者）。写真中央に小さく見えるのが植栽林

39　控訴審判決53頁。
40　訴訟法的には理由不備・齟齬の違法が問題となろう。

第7章 地域森林計画策定と林道事業をめぐる諸問題
沖縄北部地域森林計画事例から見たやんばる破壊と今後の課題について

第1 はじめに
今、なお、やんばるの危機

　宝の森、沖縄やんばるの保全がいわれて久しいが、開発の嵐は今も吹き荒れている。

　やんばるの自然的な価値は世界的な認知——常識といってもいい——をえている[1]。やんばるの保全をアピールする国際決議がたびたび採択されているのも、やんばるの自然が世界的に貴重であり、その保全が国際社会の重大な関心事であることによる[2]。この世界的な自然遺産を21世紀に残せるのだろうか。やんばる保全のために、今、なすべき課題があるとすれば、一体、なにか。

　やんばるの「開発」は、1972年の沖縄の「復帰」以降、本格化した[3]。

　林道事業についていえば、1977年に始まる広域基幹林道大国線（以下、「大国線」「大国林道」などという）の建設がやんばる破壊の嚆矢であった[4]。爾来、1993年には、大国林道の北進線として、広域基幹林道奥与那線（以下、「奥与那線」「奥与那林道」などという）の建設が着工された[5]。これらは、やんばるの心臓部ともいえる山地脊梁部分を南北に縦貫するもので、やんばるの中枢を南北にわたって破壊するものだった。これらの広域基幹林道の建設はやんばる破壊の序章でもあった。

　奥与那線が完成したとき、林道建設によるやんばるの破壊が終焉するというのは、甘い幻想でしかなかった。今、なお、やんばるでは、新たな林道事業が進行中であり、将来的な林道計画も目白押しである。南北縦断道路が完成した現在、やんばるでは、山地脊梁から東西に走る林道を建設し、この東西間の林道どうしを結び、あるいは、上述した南北縦断道路に東西の林道を接続する工事の槌音が鳴り響いている。のみならず、この南北縦断道路に併走するような南北間の林道建設もおこなわれ、あるいは、おこなわれようとしている。

　本稿は、やんばるの林道事業をとりあげ、その根拠となる地域森林計画との関連において、その問題点を指摘するものである[6]。最初に、沖縄に

1　やんばるの自然的な価値を紹介した資料・文献につき、拙稿「広域基幹林道奥与那線と法的諸問題について——世界的遺産が壊されるしくみと沖縄やんばるへのレクイエム」関西学院大学・総合政策研究（2003年3月）14号30頁注2、3、参照。

2　たとえば、権威ある国際的な自然保護団体の決議をとりあげても、2000年にヨルダン・アンマンで開催されたIUCN（世界自然保護連合）の第2回世界自然保護会議の勧告決議は、前文で「沖縄島北部のやんばるの亜熱帯林は、ノグチゲラ（近絶滅種CR、IUCN2000）、ヤンバルクイナ（絶滅危惧種EN、IUCN2000）をはじめとする国際的に注目されている多くの固有種・固有亜種が生息し、それゆえ生物多様性の保全のためにとりわけ重要な地域であることに注目し、やんばるにおけるこれらの固有種・固有亜種の多くが、ダム建設、林道建設、森林伐採、移入種の侵入などがもたらす生息環境の悪化のために、その生存が脅かされている」という懸念が表明され、日本国政府に対し、「やんばるの生物多様性と、絶滅を危惧されている種（中略）を保全する計画を可能な限り早急に作成し、これらの種とその生息地の詳細な調査を行うこと、やんばるを世界遺産候補地として指定することを考慮すること」が勧告されているし（訳は、IUCN勧告決議の履行を！　沖縄のジュゴン保護のためにシンポジウム実行委員会編「SAVE THE LAST DUGONG OF OKINAWA」(2001) 48頁に所収のものを一部改変)、2004年タイ・バンコクでの第3回IUCNの第3回世界自然保護会議においても、同じような勧告決議がくりかえし採択されている。

3　ここで「復帰」と括弧つきであるのは、その表現自体が「ヤマト」中心的であり、沖縄の歴史認識としてもバイアスがかかっているからである。いうまでもなく、沖縄はもともと琉球王国として独立国家であったのであり、それが日本に「復帰」したというのは、歴史的な事実の歪曲——少なくともヤマト中心の史観——でしかない。沖縄統治と沖縄の反戦の心を伝える必読文献として、阿波根昌鴻「米軍と農民——沖縄県伊江島」岩波新書（1973）、同「命こそ宝・沖縄反戦の心」同（1992）。

4　大国線の事業概要につき、前掲拙稿31頁注7、参照。

5　奥与那線の事業詳細につき、同上32-36頁、参照。

6　森林の保護法制一般につき、畠山武道『自然保護法講義（第2版）』北海道大学図書刊行会（2004）59頁以下、とくに林道建設と自然破壊につき、同106頁以下、林道開設の法手続一般につき、西島羽和明「林道の開設法制」『山村恒年先生古稀記念論集・環境法学の生成と未来』信山社（1999）270頁以下、森林政策一般につき、遠藤日雄「第4章　日本における森林政策の推移」堺正紘編『森林政策学』J-FIC（2004）47頁以下、参照。

おける森林と林業をめぐる状況を概観する。林道は、本来、林業の振興を目的とするから、林道事業の必要性を判断するためにも、森林や林業の実態を知ることが重要であろう。次に、奥与那線完成後の林道計画を概観し、現在、すでに実施され、あるいは、実施予定の林道事業の概要を検討する。この過程で、ポスト奥与那線ともいうべき、現在、建設中および建設予定の東西を繋ぎ、あるいは、南北に伸びる各林道事業について、地域森林計画に焦点をあてつつ、いくつかの問題点を指摘していく。最後に、以上を踏まえ、地域森林計画による林道事業について、今後の課題を展望してみたい。本稿の主眼は、やんばるにおける林道事業の問題点を明らかにすることにあるが、同時に、この作業は、今後の林道事業のありかた一般に一石を投じることにもなろう。

造林事業として行われている森林皆伐現場

第2　沖縄の森林と林業

1　森林をめぐる状況

沖縄県全体の面積は 22 万 7130ha であるが、そのうち、後述する沖縄北部地域森林計画が対象とする北部地[7]の面積は 8 万 2380ha、同地域内の国頭村のそれは 1 万 9480ha となっている[8]。面積的な割合でいうと、北部地域は県全体の 36.26％、国頭村は、県全体の 8.57％、北部地域の 23.64％ をそれぞれ占めている。森林面積は、沖縄県全体で 10 万 4371ha、北部地域が 5 万 2009ha、国頭村が 1 万 6147ha となっていて[9]、北部地域は県全体の 49.83％、国頭村は、県全体の 15.47％、北部地域の 31.04％ の森林面積をそれぞれ占めている。

このように、沖縄県の森林は、北部地域とくに国頭村に集中している。森林率も、県全体では 46％ にすぎないが、北部地域では 63％、国頭村では 83％ に跳ね上がっている[10]。これを全国平均の森林率 67％ と較べると、県全体では全国平均を大きく下まわるが、北部地域は全国平均並みで、国頭村はそれを上まわっている。県全体についてみると、上記の森林面積 10 万 4371ha の内訳は、民有林 7 万 3118ha、国有林 3 万 1253ha で、民有林の森林資源量は 791 万 3000㎥ とされるが、この民有林の森林資源量について、天然林・人工林別にみると、天然林の蓄積が 87％ で人工林よりもかなり高く、所有形態別にみると、市町村有林 62％、私有林 29％、県有林 9％ となっていて、市町村有林の比率が高い[11]。民有林の森林資源量の全国平均と比較しても、天然林蓄積の全国平均が 35％、所有形態別の全国平均では、市町村有林 8.53％、私有林 85.52％、都道府県有林 5.76％ であるから[12]、沖縄では天然林と市町村有林の割合がかなり高いことになる。森林全体に占める天然

7　北部地域というのは、国頭郡一円の 2 町 7 村、名護市、島尻郡の伊平屋村と伊是名村を指しているが、具体的には、名護市、国頭村、大宜味村、東村、今帰仁村、本部町、恩納村、宜野座村、金武町、伊江村、伊平屋村、伊是名村がこれに属している。

8　沖縄県農林水産部林務課・みどり推進課「沖縄の森林・林業（平成 15 年版）」（以下「沖縄の森林・林業」として引用）5 頁、119 頁。

9　同上 119 頁。

10　同頁。

11　同上 1 頁。

12　林野庁編「森林・林業統計要覧 2005 年版」林野弘済会 7 頁「4　森林資源の現況」によると、民有林について、全国の森林蓄積は 30 億 2883 万 2000ha、そのうち、天然林のそれは 10 億 5877 万 1000ha とされているので、天然林蓄積の割合は 34.95（= 1,058,771 ÷ 3,028,832）％ となり、所有形態別では、都道府県有林 1 億 7449 万 8000ha、市町村有林（財産区有林をふくむ）2 億 5850 万 7000ha、私有林 25 億 9034 万 9000ha とされているので、割合的には、都道府県有林 5.76（= 174,498 ÷ 3,028,832）％、市町村有林 8.53（= 258,507 ÷ 3,028,832）％、私有林 85.52（= 2,590,349 ÷ 3,028,832）％ となろう。

沖縄県の面積・森林面積・森林率（ha）

	面積	森林面積	(内訳　国有林	民有林	（内　県有林	市町村有林	私有林）	森林率
県全体	227,130	104,371	31,253	73,118	5,485	42,248	25,386	46%
北部地域	82,380	52,009	7,472	44,537	5,118	24,293	15,126	63%
国頭村	19,480	16,147	3,930	12,217	3,331	5,621	3,262	83%

出典：沖縄の森林・林業119頁より抜粋改変

　林の割合を面積で示すと、全国の森林面積の総数は2512万1000ha、沖縄のそれは10万4000ha、全国の天然林面積の総数は1334万9000ha、沖縄のそれは8万4000haで、全国の森林面積全体に占める天然林の割合が53.13（＝13,349÷25,121）％であるに対し、沖縄のそれは80.76（＝84÷104）％で、面積的にも、沖縄では天然林の割合がかなり高いことが分かる[13]。

　沖縄県について、地域森林計画対象の民有林の構成を人工林・天然林と針葉樹・広葉樹別に詳しく面積ベースでみると、次のようになっている。すなわち、県全体の立木地の合計面積は6万3544ha（内訳　針葉樹1万6800ha、広葉樹4万6743ha）で、そのうち、人工林1万0040ha（内訳　針葉樹6130ha、広葉樹3910ha）、天然林5万3504ha（内訳　針葉樹1万0670ha、広葉樹4万2834ha）で、人工林率は13.8％となっている[14]。北部地域では、立木地の合計面積は4万0984ha（内訳　針葉樹1万1263ha、広葉樹2万9720ha）、そのうち、人工林6202ha（内訳　針葉樹4330ha、広葉樹1871ha）、天然林3万4782ha（内訳　針葉樹6933ha、広葉樹2万7849ha）で、人工林率は、県全体とほとんど同じ13.9％となっている[15]。国頭村では、立木地の合計面積は1万1836ha（内訳　針葉樹2812ha、広葉樹9024ha）、そのうち、人工林2636ha（内訳　針葉樹1649ha、広葉樹987ha）、天然林9200ha（内訳　針葉樹1163ha、広葉樹8037ha）で、人工林率は21％と高くなっている[16]。

　日本全体の民有林の人工林率は46％とされるから[17]、沖縄では、人工林が少なく天然林が多いのだから、自然保護上、保全すべき森林の割合が高いことになる[18]。優先樹種についても、沖縄が亜熱帯に属することから、針葉樹よりもイタジイを主体とする広葉樹が豊富なのは当然で、この点も、沖縄には、経済的には商品価値の高い有用樹種が少ない反面、自然保護の観点からは、生物多様性を支える貴重な広葉樹林が多く遺存していることを意味する。上記のように、国頭村において、とくに人工林率が高いのは、やんばるの核心部分を占める同村で人工造林が盛んに行われていることを意味し、自然保護上も大きな問題をかかえている。

　いずれにしても、沖縄の森林構成上、イタジイを主体とする広葉樹の天然林に恵まれ、かつ、公有林とくに市町村有林が多いということは、生物多様性の観点からも、自然保護上、保全すべき重要な森林が多く存在し、面積的にも公有林の割合が高く、経済的にも有用樹種に乏しいのだから、比較的容易に保護手段を講じうるのである。

13　全国と沖縄の森林面積・天然林面積の数字は、同頁の「4　森林資源の現況」、同13頁「7　森林面積、蓄積」からのものである。
14　沖縄の森林・林業2頁。人工林率は、立木地における人工林面積（1万0040ha）を地域森林計画対象の民有林面積7万2908haで除したものである。
15　同頁、人工林率の計算方法につき、前注参照。北部地域の地域森林計画対象の民有林面積は4万4537haである。
16　沖縄北部地域森林計画書51頁、人工林率につき、前注14参照。国頭村の地域森林計画対象の民有林面積は1万2442haである。
17　沖縄の森林と林業1頁。
18　実際には、沖縄の人工林率が全国平均よりも低いことが逆手にとられ、積極的な人工造林の必要性の根拠とされている。しかし、亜熱帯に属し、島嶼環境にある沖縄の自然条件は内地のそれと異なり、森林をめぐる諸条件もまったく異なるのだから、人工林率の比較は意味がない。むしろ、森林政策上、両者のちがいを無視して内地の基準をそのまま沖縄にもちこみ、沖縄の自然的・社会的・経済的な諸条件を無視し、補助金を餌にした霞ヶ関主導の林業施策をそのまま展開している点にこそ、問題の根源がある。中央集権システムによる限り、沖縄の森林は整備されるどころか、破壊される一方である。森林行政においても地方分権が急務であり、真に地方の自立発展に貢献する政策展開が必要である。

沖縄県の地域森林計画対象民有林の森林状況 (ha)

	立木地面積	内訳 人工林	（内 針葉樹	広葉樹）	天然林	（内 針葉樹	広葉樹）	人口林率
県全体	63,544	10,040	6,130	3,910	53,504	10,670	42,834	13.8%
北部地域	40,984	6,202	4,330	1,871	34,782	6,933	27,849	13.9%
国頭村	11,836	2,636	1,649	987	9,200	1,163	8,037	21.1%

出典：沖縄の森林・林業2頁、沖縄北部地域森林計画書51頁より抜粋改変

2 林業をめぐる状況

ここでは、沖縄の林業をめぐる状況について、木材需給と素材生産を中心にみていく。

平成14年度における沖縄県の木材需給量は8万8200㎥で、その内訳は、外国からの輸入材3万0500㎥、内地からの移入材4万3400㎥、沖縄の県産材1万4300㎥で、各シェアはそれぞれ35%、49%、16%となっている[19]。移入材と県産材を比較しても県産材の比率が低く、県産材が沖縄の需要にこたえ切れていない。上記のように、沖縄の森林はイタジイを中心とする広葉樹が主体で、商業的な価値の高いスギ・ヒノキなどの針葉樹の生育に適していないことによるのであろう。

県産材の用途をみると、上記1万4300㎥の内訳は、製材用2800㎥、チップ用7500㎥、木炭原木としいたけ原木用のその他4100㎥で、利用価値の高い製材用は全体の約2割、利用価値の低いチップ用その他が全体の約8割を占めている[20]。県産材の今後の需給については、「平成14年度における供給量は、1万4300㎥で、チップ用材が増加し、対前年比168%となっている。これは、オガ粉の需要増に伴うもので、用途の拡大とともに今後の需給量の増大が期待される」として、将来的な県産材の主要用途がチップ用材であることが示唆されている[21]。さらに、チップ用の原木についても、「オガ粉の需要増に伴い増加しており、用途の拡大とともに、今後の需給量の増大が期待される」としている[22]。内地からの移入材は、九州産杉材を中心とした製材品で、製材用のものはないようである[23]。

以上を要するに、沖縄県における県産材は、従来から主に、チップ用原木、公共事業による矢板・型枠等の土木用仮設資材、薪炭材・しいたけ原木等として用いられるのが一般的な用途であり*[24]、県による積極的な奨励やPR策にもかかわらず、より付加価値の高い製品用途への利用は低迷している。今後も、県産材の用途として期待できるのはチップ用原木であり、県自身も、「チップ用原木については、オガ粉の需要増に伴い増加しており、用途の拡大とともに、今後の需給量の増大が期待される」と総括していることは、上述したとおりである[25]。いずれにしても、沖縄の県産材の主要用途が商品価値の低いチップ用材であり、将来的にも、この傾向は強まりこそすれ改善は期待できない。この点は、沖縄における林業、林道、造林政策のありかたを考える上でも重要である。簡単にいえば、本来の林業は商業的には成りたたず、したがって造林や林道事業も、この本来の林業のため——これは大義名分でしかない——というよりも、公有林を中心に公共事業——さらにいえば、森林組合を助成するために——として行われることを示唆している。

19　沖縄の森林・林業72頁。
20　同上73頁。
21　同上72頁。
22　同上70頁。
23　同上72頁。
24　同上70頁。
25　同頁。

沖縄県における木材需給の状況（百㎥）

	合計	輸入材 計	輸入材 製材用	輸入材 製材品	移入材 計	移入材 製材用	移入材 製材品	県産材 計	県産材 製材用	県産材 チップ用	県産材 その他
昭和53	3,527	2,912	1,432	−	518	−	518	97	66	31	−
54	4,351	3,578	2,125	−	605	−	605	168	84	84	−
55	3,375	2,589	1,466	125	595	−	595	191	69	122	−
56	3,056	2,226	1,287	47	510	−	510	320	142	178	−
57	3,039	2,296	1,085	101	588	−	588	155	37	118	−
58	3,118	2,171	952	174	780	−	780	167	36	131	−
59	2,876	1,903	614	149	766	−	766	207	58	115	34
60	3,096	2,060	665	291	717	−	717	319	63	178	78
61	2,270	1,519	237	249	546	−	546	205	46	108	51
62	2,330	1,734	217	397	407	−	407	189	49	82	58
63	2,488	1,837	245	466	427	−	427	224	61	102	61
平成元	2,425	1,747	184	496	411	−	411	267	51	154	62
2	2,778	1,932	287	508	589	−	589	257	53	138	66
3	2,486	1,548	212	288	741	−	741	197	20	111	66
4	2,003	1,113	170	285	678	−	678	212	26	132	54
5	1,858	962	136	372	779	−	779	117	24	34	59
6	1,276	397	140	257	759	−	759	120	27	32	61
7	1,152	420	96	324	613	−	613	119	30	26	63
8	779	191	54	137	472	−	472	116	38	37	41
9	884	353	67	286	406	−	406	125	36	47	42
10	578	156	55	101	311	−	311	111	22	36	53
11	604	218	60	158	272	−	272	114	15	57	42
12	668	213	66	147	363	−	363	92	33	12	47
13	859	310	65	131	464	−	464	85	28	11	46
14	882	305	60	245	434	−	434	143	28	75	41

注　製材品は素材に換算した材積量、その他は木炭原木としいたけ原木である。
出典：沖縄の森林・林業73頁より抜粋改変（一部改変により各数字とその計が一致しない場合がある）

3　林道をめぐる状況

ここでは林道の現況と事業実績をみていく[26]。

沖縄県の林道延長は、平成14年現在において、合計で280kmにも及んでいる[27]。

そのうち、北部地域の林道延長は230kmで、国頭村におけるそれは117kmとなっている。

これを割合でみると、北部地域には県全体の82%もの林道が集中し、国頭村には県全体の42%、北部地域の51%もの林道が密集していることになる。沖縄の「林道密度は3.9m/haとなっ

26　林道政策一般につき、岡田秀二「第11章　林道対策」前掲森林政策学131頁以下、参照。
27　同上56頁。

ており、全国平均5.0m/haの78%である」とされ[28]、沖縄の林道整備率が低い——したがって、さらなる林道建設が必要である——かのような口吻であるが、注意が必要である。

そもそも沖縄の森林率は46%で、全国平均67%の68.65%（＝46÷67）でしかない。それゆえ、この森林率で補正した上での比較が必要であろう。単純に計算しても、森林率67%の林道密度が5.0m/haとすると、森林率46%の場合の林道密度は3.4m/haとなる。一方、上記沖縄の林道密度3.9は、この数字を上回っており、沖縄の森林密度はすでに全国平均よりも高いといえそうである。のみならず、上記のように、沖縄の林道は、北部地域とくに国頭村に偏在している。北部地域の林道密度は5.2、国頭村のそれは9.6となり、全国平均を著しく上回っている。要するに、林道密度の全国平均との比較からも、沖縄、とくに北部地域や国頭村の林道は過剰ともいえる[29]。

一方、林道の舗装率——林道延長に占める舗装された林道部分の割合——は88%にも達し、全国平均の39%を大きく上回っており、全国で最も高い水準にある[30]。

以上は、自然の宝庫であるやんばるの至るところが舗装されたアスファルト・コンクリートの林道でガチガチに固め尽くされていることを意味し、自然保護上も大きな問題となっている。その原因も、後述するように、沖縄の林道事業の補助率が高いことから、林道が必要以上に開設されるとともに、同一路線についても開設・改良・舗装の各事業がくりかえし実施されたことによると思われる。

林道整備の事業費は、昭和47年から平成14年度までの合計で319億1834万円にも及んでいるが、その事業内容の内訳は、開設事業の総延長距離334km、改良事業のそれは189km、舗装事業のそれは94kmで総合計617kmにも達している[31]。

上記のように、県全体の林道延長は280kmであるから、林道整備事業の事業量が617kmにも及ぶことは、同一の路線について開設・改良・舗装の各事業がなんども行われたことを意味し、各事業の必要性・有効性・相当性には疑問符がつく。端的にいえば、不必要な事業や重複投資が繰り返されて、ムダな公金支出がなされた可能性を示唆している。もっとも、林道事業なるものが公共事業として行われる以上、当然のことなのかも知れない。

さらに、開設、改良、舗装の各事業の路線数合計は595になるが、平成14年現在における県全体の路線数合計は75とされているから、その8倍ちかくにも達する。路線数の計算方法もはっきりしないが、おそらく、上記延長距離の場合と同

沖縄の林道現況

	①路線数	②延長距離（km）	③民有林面積（ha）	④林道密度（＝②÷③ m/ha）
県全体	75	279.6	73,118	3.8
北部地域	59	230.4	44.537	5.2
国頭村	29.5	116.7	12,217	9.6

注　国頭村の路線端数は同村と大宜味村に係る大国林道が0.5と計算されたことによる。
出典：沖縄の森林・林業57、11頁から抜粋加工

28　同頁。なお、林道密度というのは、森林の単位面積当たりの林道延長で、ha当たりの林道延長（m/ha）で表されるとされるが（森林・林業・木材辞典編集委員会編・林野庁編集協力『森林・林業・木材辞典』林業調査会（1996）185頁）、ここに「沖縄の林道密度3.9m/ha」というのは、林道延長280kmにたいし、県全体の森林面積（10万4371ha）ではなく、地域森林計画対象の民有林面積（7万2908ha）で除した数字のようである。もっとも、そうすると、正確には、林道密度は3.840m/ha（＝280,000m÷72,908）となり、四捨五入しても上記3.9m/haとはならず、その算出方法ははっきりしない。

29　もっとも、より正確には、北部地域や国頭村の林道密度を全国平均のそれと比較する場合にも、森林率による補正が必要かもしれない。上記のように、北部地域、国頭村、全国平均の森林率は、それぞれ63%、83%、67%であるから、全国平均の森林率に換算し直したとしても、北部地域や国頭村の林道密度、とくに国頭村のそれは全国平均を大きく上まわっている。

30　同頁。

31　同上58頁。

じく、同一路線につき開設・改良・舗装の各事業がなんども行われたのであろう[32]。この点からもムダな林道事業が反復継続して実施されたといえそうである。

一方、台風常襲地帯である沖縄の場合、林道事業の実施は必然的に林道災害をもたらす[33]。

沖縄の林道事業実績（延長距離 m　経費千円）

		開設事業		改良事業		舗装事業	
	経費	路線数	延長距離	路線数	延長距離	路線数	延長距離
昭和47	90,793	5	5,707	3	3,330	−	−
48	97,720	6	4,962	−	−	−	−
49	119,046	6	4,694	−	−	−	−
50	157,972	6	5,101	−	−	−	−
51	197,698	6	5,347	1	1,150	−	−
52	271,875	8	6,697	1	1,252	−	−
53	526,251	9	12,936	1	1,060	−	−
54	642,547	12	15,166	3	2,900	−	−
55	651,716	15	11,581	3	1,405	−	−
56	698,367	17	11,865	3	1,667	1	960
57	728,814	17	11,402	4	1,685	1	1,439
58	734,166	15	11,870	4	1,446	2	1,788
59	729,453	13	11,694	4	2,014	2	2,223
60	720,010	13	11,564	3	2,082	3	2,287
61	785,667	12	11,539	4	2,133	3	2,700
62	924,751	12	12,202	3	2,331	5	2,952
63	1,051,668	14	13,536	3	2,823	5	5,084
平成元	1,131,834	12	12,406	4	4,596	5	5,218
2	1,150,960	10	7,268	3	1,432	7	4,283
3	1,111,420	12	7,639	2	443	8	6,471
4	1,582,892	13	9,493	8	4,481	8	6,822
5	1,807,807	16	15,370	10	6,004	9	7,019
6	1,565,021	16	18,738	5	708	6	6,569
7	2,018,710	15	16,775	6	1,230	7	8,712
8	1,912,367	13	10,030	6	36,083	7	10,020
9	1,940,550	15	12,658	8	24,619	5	6,430
10	2,109,625	15	15,451	8	26,514	5	6,584
11	1,863,760	17	8,347	8	42,951	3	4,473
12	1,925,699	15	12,891	6	9,002	1	2,329
13	1,318,026	12	10,657	3	2,559	−	−
14	1,351,157	16	7,953	2	919	−	−
合計	31,918,342	383	333,538	119	188,819	93	94,362

出典：沖縄の森林・林業 58 頁より抜粋改変

32　あるいは、本文で述べたことと同時に、同一の路線を各工区に細分化して事業を行い、この各工区ごとに一路線として数えているのかもしれない。このように、同一路線を各工区に細分化するのは、環境アセスメントの適用を免れるための脱法手段としてよく行われる手口であること、後述するとおりである。

33　さらにいえば、沖縄はキャパシティの小さい島嶼環境でもあるので、林道災害は土砂崩壊・流失などの原因となって赤土汚染をひきおこし、河川・海洋などの生態系を破壊する自然災害をも惹起する。この点の注意も必要である。

沖縄の林道施設災害復旧事業実績

	路線数	箇所数	被害延長（m）	経費（千円）	国庫補助（千円）
平成5	3	7	161	30,425	26,360
6	19	56	2,403	729,103	628,800
7	7	30	944	488,253	453,539
8	7	12	342	105,905	90,255
9	7	12	410	172,607	156,701
10	15	46	1,415	548,277	514,630
11	9	17	475	135,749	117,909
12	23	53	1,736	421,353	380,097
13	14	35	1,600	402,842	377,0123
14	19	53	2,136	281,230	248,634
合計	123	321	11,526	3,315,744	2,993,937

出典：沖縄の森林・林業60頁より抜粋改変

　この林道災害の経済的な損失のトータルは広汎におよび計り知れないが、林道施設災害復旧事業費だけをみても、平成5年から14年までの10年間で、合計33億1574万円もの公金が支出されている[34]。林業関係の県の災害復旧予算をみると、平成15年度当初予算額として、林業災害復旧費6億4900万円、治山災害復旧費1億9400万円の合計8億4300万円が計上されていて、同年度の林業関係予算総額51億2412万円の16.45%をも占めている[35]。同年度の林道費予算が11億7137万円とされているから、これと遜色ない額――割合的には、林道被予算の72%相当――の災害復旧費が計上されていることになる。

　いずれにしても、林道がつくられると、山が荒れ果てて自然災害をひきおこし、林道や法面などが崩壊・崩落して、さらに、こんどは林業・治山災害復旧の公共事業がおこなわれる構図となっている。とすると、林道の事業評価にさいしても、林道事業の結果として不可避的に発生する自然災害費――すくなくとも、そのうちの予算手当がされる林業・治山災害復旧費をその補助額分――もふくめて、費用効果分析する必要があろう[36]。

崩落した林道法面（工事中）

34　沖縄の森林・林業60頁。なお、災害復旧事業費33億1574万円のうち、国庫補助額は29億9393万円とされているので、沖縄の場合には特例措置として、中央政府から9割以上の国庫補助の大盤ぶるまいがなされている。沖縄振興政策の一環としての甘い汁であり、災害復旧事業をあてこんだムダな林道事業――いいかえると、災害目当ての林道建設――がなされる温床にもなっている。

35　同上112頁。なお、平成14年度の林業関係の災害復旧予算も、林業災害復旧費が6億4900万円、治山災害復旧費が1億9400万円で、同15年度のそれとぴたりと一致している。この点も不可解である。このような災害復旧事業が毎年の恒例行事となり、予算の不動枠となって既得権化しているのであろうか。

36　林野公共事業関係の事業評価に係る通達類につき、「林野公共事業の事業評価実施要領」（平成12年3月13日12林野計第73号）、「『林野公共事業の事業評価実施要領』の民有林森林整備事業に係る運用について」参照。

4 造林をめぐる状況

　造林（森林整備事業）事業には各種のものがあるが[37]、その意義について、次のような説明がなされている。すなわち、「森林は、木材生産を供給するとともに、土砂流失防止や水資源のかん養等の多面的機能を有しており、これらの諸機能を高度に発揮するためには、森林を適切に管理することが必要である。このため、森林整備事業（造林）では、健全な森林造成を行うとともに、森林資源の充実、山村地域の経済振興等を推進する」ためのものとされる[38]。これは建前論であって、実際の造林がいかなるものかは、別途、検証が必要である。造林（森林整備）という名目であっても、森林の人為的な攪乱要因でしかない場合、森林本来の健全性はむしろ損われ、森林資源の破壊につながる。山村地域の経済振興の点についても、補助金による安易なばらまき型の地域活性策は、これまでの失敗例が教えるように、山村の真の自立を妨げ内発的発展の阻害要因となる。とくに、沖縄の場合には、内地よりも高率の国庫補助がつくために、造林事業も補助金を獲得するための公共事業化し、真に必要かつ有益な造林がなされているか疑わしい。造林事業の実施主体も、森林組合が独占的に受注していて、地域振興というよりも森林組合にたいする間接的な財政支援策となっており[39]、既得権益化している。

　昭和47年から平成14年までの造林面積の合計は3万8601ha、補助金の合計は91億0332万円となっており、多額の補助金が投じられている（次

人災といえる林道法面崩壊現場

頁の「沖縄の民有林補助造林実績」の一覧表参照）。一般に、造林の国庫補助率は10分の7とされているので[40]、県その他の負担分を合算した造林事業費の総額は130億0474万円前後に達するであろう。上記のように、亜熱帯広葉樹を主体とした天然性林が大半を占める沖縄において、県産材の大部分がチップ材の用途にしか供されていないことを考えると、これだけの公金を投じて造林事業をおこなう合理性があるか疑わしい。実際には、造林本来の目的に反した補助金目当ての事業がおこなわれ、安定していた森林環境を破壊して、山——したがって、自然の連鎖により、川、海——を荒れさせる要因ともなっている。やんばるのように自然に恵まれた森林地帯であれば、生物多様性の破壊原因ともなる。

　上記のように、造林には各種の事業があるが、今後は、その事業内容が造林目的に合致しているか、特定の場所で実施される具体的な事業がそこの森林整備に貢献するものか、造林事業の目的と

---

[37] 造林（森林整備）事業の補助体系は複雑であるが、まず、森林環境保全整備事業と森林居住環境整備事業の二つに分かれ、さらに、前者には、水土保全林整備事業（流域公益保全林整備事業）、共生林整備事業（森林空間総合整備事業・絆の森整備事業）、資源循環林整備事業（流域循環資源林整備事業）、機能回復整備事業（保全松林緊急保護整備事業・特定森林造成事業・被害地等森林整備事業）、後者には、フォレスト・コミュニティ総合整備事業などがある。これらの各事業内容のメニュー中には、育成単層林整備や育成複層林整備などがある。前者は、人工造林、保育（下刈り・施肥、除間伐）、作業路設置、後者は、受光伐、樹下植栽、改良、保育（下刈り・施肥、除間伐）などを行うものである。
沖縄の森林・林業50頁、「森林環境保全整備事業実施要綱」（平成14年3月29日13林整整第882号農林水産事務次官依命通知）、「森林環境保全整備事業実施要領」（平成14年3月29日13林整整第885号林野庁長官通知）、「森林居住環境整備事業実施要綱」（平成14年3月29日13林整整第883号農林水産事務次官依命通知）、「森林居住環境整備事業実施要領」（平成14年3月29日13林整整第887号林野庁長官通知）、これらの通達類の解説につき、日本林道協会「民有林森林整備施策のあらまし・林道施策編」（平成16年11月）35頁以下、造林政策一般につき、井口隆史「第10章　民有林造林政策」前掲森林政策学117頁以下、参照。

[38] 沖縄の森林・林業49頁。

[39] たとえば、国頭村森林組合の場合、平成14年度事業部門別実績（収益）について、造林を中心とする利用事業実績額は3億7369万円で収益全体の実績額合計4億4402万円の約84％にも達していて、この利用事業がなければ財政的に破綻している。県内5つの森林組合全体の利用実績額合計も17億7940万円で、収益全体の実績額合計21億247万円の約85％となっている。

[40] たとえば、人工造林地や作業路開設等予定地で行われる不発弾等事前探査にかかる造林事業の場合、補助率は10分の10とされていて、すべての補助率が10分の7というわけではない。

手段を具体的な事業箇所に即して、厳密に検証する必要がある。この作業がないと、森林整備という大義名分はあっても、実際には、安定した森林環境を破壊して山地を荒廃させることになる。かくて、ムダな造林事業はさらに治山事業の口実となり、さらにムダな公共事業がつづくことになる。今後は、造林事業についても、事業の必要性・有効性・相当性などを、経済学、生態学、政策学的な観点から検証するとともに、林道事業をおこなう場合には、それによる森林破壊が造林・治山事業の根拠とされるのだから、林道の事業評価においても、これにより必要とされる造林・治山事業のコストなども一体的に評価対象とすべきであろう。

沖縄の民有林補助造林実績

	育成単層林整備					育成復層林整備					その他		合計	
	人口造林（拡大）		保育		樹下植栽等		保育		改良						
	面積	補助額	面積	補助額	面積	補助額	面積	補助額	面積	補助額	面積	補助額	面積	補助額
昭和47	355	36,542	261	9,547	0	0	0	0	33	1,021	13	2,203	662	49,313
48	289	42,392	285	8,477	0	0	0	0	31	1,628	22	4,781	627	57,278
49	134	26,719	379	19,666	0	0	0	0	37	2,220	16	4,705	566	53,310
50	157	38,590	242	15,052	0	0	0	0	105	7,006	18	5,611	522	66,259
51	224	58,892	231	17,435	0	0	0	0	97	7,211	20	6,834	572	90,372
52	164	49,667	243	19,627	0	0	0	0	214	17,614	19	7,227	640	94,135
53	167	60,172	275	24,878	0	0	0	0	518	50,503	20	8,030	980	143,583
54	167	87,145	465	52,392	0	0	0	0	705	90,923	13	7,281	1,350	237,741
55	137	83,220	694	90,788	0	0	0	0	462	62,649	0	0	1,293	236,657
56	172	93,128	599	80,361	0	0	0	0	381	54,275	0	0	1,152	227,764
57	144	87,380	728	99,256	0	0	0	0	383	50,956	0	0	1,255	237,592
58	129	78,592	749	99,879	0	0	0	0	432	60,028	0	0	1,310	238,499
59	131	89,977	671	96,706	0	0	0	0	368	52,196	0	0	1,170	238,879
60	109	80,892	759	109,197	0	0	0	0	353	50,302	0	0	1,221	240,391
61	92	68,140	873	125,987	2	2,518	0	0	405	57,989	0	0	1,372	254,634
62	95	72,644	899	136,663	12	1,160	0	0	454	65,473	0	0	1,460	275,940
63	101	77,752	889	132,024	19	11,687	2	192	493	70,986	0	0	1,504	292,641
平成元	84	63,253	941	140,062	39	32,228	17	2,146	549	79,852	0	0	1,631	317,541
2	57	42,409	842	129,353	79	52,332	59	8,142	635	95,489	0	0	1,672	327,725
3	35	30,869	734	118,297	104	70,001	122	18,050	600	96,519	0	0	1,595	333,736
4	21	21,478	685	118,139	93	66,499	243	37,737	618	105,720	2	0	1,662	364,641
5	17	19,604	570	112,713	78	63,629	361	63,046	543	105,781	2	32,523	1,571	397,296
6	14	15,429	482	105,473	67	59,267	430	83,608	501	107,994	5	48,490	1,499	420,195
7	12	17,410	485	118,277	65	62,105	602	129,963	470	110,339	2	50,560	1,636	488,652
8	17	24,069	464	126,627	72	84,835	541	130,077	263	71,731	3	63,362	1,360	500,699
9	21	31,935	328	94,502	43	48,639	625	167,587	275	84,148	146	95,224	1,420	522,035
10	32	54,568	356	104,688	64	76,662	906	241,990	318	99,671	93	78,024	1,770	655,603
11	33	80,671	288	81,458	45	25,379	807	215,060	254	77,862	69	56,050	1,496	536,498
12	15	49,532	329	95,481	43	24,168	828	220,827	148	44,131	50	31,509	1,413	465,648
13	17	59,592	314	88,504	32	19,294	654	171,163	130	40,260	40	17,027	1,187	395,840
14	22	58,052	282	75,179	22	12,705	549	113,066	119	43,367	39	39,856	1,033	342,225
合計	3,164	1,700,715	16,342	2,646,688	879	713,126	6,746	1,602,654	10,764	1,865,844	592	574,299	38,601	9,103,322

出典：沖縄の森林・林業51頁より抜粋・改変

第3　やんばるにおける林道事業計画

1　計画概要

1.1　はじめに

　一般に、林道事業は、地域森林計画に基づいて実施される[41]。

　地域森林計画には、その記載項目の一つとして、「林道の開設及び改良に関する計画」事項があり、ここに今後の林道事業計画が記載される[42]。もっとも、記載事項は極めて不完全であり、林道の情報公開という観点からも、多くの問題点を抱えている。この点は後述する。地域森林計画は、国が策定する全国森林計画に準拠して、都道府県知事が策定する[43]。計画期間は10年である[44]。

　やんばるは、沖縄島の最北部に位置し、森林計画区域としては沖縄県の北部地域森林計画区にふくまれる[45]。この計画区域を対象として沖縄北部地域森林計画が策定されている。この計画書はたびたび改定されているが、現行のものは平成15年12月に策定された計画期間を同16年4月1日から26年3月31日までのものである（以下、適宜、「北部地域森林計画」「北部地域森林計画書」とい

---

[41] 正確には、すべての林道事業が地域森林計画にもとづくわけではなく、林道事業の体系はきわめて複雑で分かりにくい。平成14年に、林道と造林の各関係事業が目的に応じて一本化事業に大くくりされる以前の林道事業体系につき、林野庁『民有林林道施策のあらまし』（平成13年6月）6頁以下、参照。これによると、林道は、大きく民有林道・国有林道に分けられ、民有林道も、国庫補助事業と非国庫補助事業に大別され、国庫補助事業も、公共事業と非公共事業の別があり、それぞれについて、さらに細かい事業類型がある。根拠法令も、林業基本法、森林法、緑資源公団法、山村振興法、過疎地域自立促進特別措置法、農林漁業金融公庫法、国有林野事業特別会計法などがあり、主管省も、林野庁整備課・経営課・企画課・業務課、農村振興局地域振興課、総務省財務調査課などにまたがり、事業主体も、都道府県・市町村、緑資源公団、森林組合等があって、これらの組み合わせのバリエーションにより錯綜した事業体系となっている。平成14年の林道・造林の各事業の一本化後も、林道事業体系の分かりにくさが解消されたとはいいがたい。この林道事業体系の分かりにくさ、その各策定過程の透明性のなさが、林道事業にたいする外部からのチェックを困難にしている。

[42] 森林法5条2項5号、参照。なお、地域森林計画の計画事項をまとめると、①対象とする森林の区域、②森林の有する機能別の森林の所在と面積、その整備と保全の目標その他森林の整備と保全に関する基本的な事項、③伐採立木材積その他伐採に関する事項、④造林面積その他造林に関する事項、⑤間伐立木材積その他間伐と保育に関する事項、⑥公益的機能別施業森林区域の基準、その他公益的機能別施業森林の整備に関する事項、⑦林道の開設と改良に関する計画、その他林産物の搬出に関する事項、⑧森林施業の合理化に関する事項、⑨森林の土地の保全に関する事項、⑩保安施設に関する事項、⑪その他の必要な事項、などである。森林計画関係の法令・通達類を編集したものとして、J-FIC編・林野庁計画課監修『森林計画業務必携平成16年版』がある。

[43] 同条1項。法文上は、都道府県知事は「全国森林計画に即して」地域森林計画をたてなければならない、とされている。全国森林計画は、森林・林業基本法11条1項の森林・林業基本計画（平成13年10月26日閣議決定）に「即し」て、農林水産大臣が策定すべきものとされている（森林法4条1項）。森林・林業基本計画は、路網密度（林道・作業道等）につき、「育成単層林施業及び育成複層林施業の対象地にあっては、おおむね50m/ha」であるとし、「おおむね40年後における林道の整備目標」につき、平成11年度末現在における現状12万7000kmを27万kmと倍増以上にする整備目標をたてているが、その根拠は不明でありムダな公共事業のお墨付きでしかない。これを受けて、全国森林計画は、全国レベルで4万6700km、沖縄で200kmの林道開設量を計画しているが、その根拠も理解不能でムダな公共事業が既得権益化されている。公共事業の長期計画制度を根本的に見直さない——端的にいえば、廃止しない——かぎり、少子高齢化をむかえる日本の将来に明日はない。
　なお、農林水産大臣は、「全国森林計画の策定と併せて、5年ごとに」、森林整備保全事業計画を策定すべきものとされ、この計画は、全国森林計画の計画期間のうち最初の5年間になすべき林道の開設・改良などの森林整備保全事業の実施目標と事業量を定めるものとされている（森林法4条5、6項）。全国森林計画が長期計画だとすれば、この森林整備保全事業計画は中期の財政計画でもあり、具体的な数値目標が示されるわけであるが、上記のような数値目標と一体となって、いちど決められた事業量はそれ自体が正当化根拠となって一人歩きし、その達成が行政の至上命令となって、ムダな公共事業が止まらない要因となっている。さらにいえば、将来の数値化された事業量なるものも、行政の仕事量とその予算枠を事前に確保し、その縦割組織——省庁・局課、その外郭団体等——を維持するためのものでしかなく、そこには官益はあっても国益の視点はない。ちなみに、平成16年度における森林整備に係る公共事業関係予算は1824億6900万円、これに、同年度の治山に係る公共事業関係予算1347億2500万円を合算した林野庁の公共事業関係予算総額3171億9400万円となっている（前掲民有林森林整備施策のあらまし107、108頁）。これは国の一般会計分であるが、特別会計・財政投融資・地方財政分その他を加えた公共事業総額は知る由もない。国家財政が破綻するのも当然であろう。農林水産省所管の公共事業予算のムダには批判が強いが、同年度における林野庁分を含めた同省の公共事業関係予算は1兆3519億9200万円、これに災害復旧等の192億2500万円を含めた公共事業費計は1兆3712億1700万円に達している（同上108頁）。そのうち、どれだけが真に必要・有益な支出であるかは疑問であるが、かりに必要・有益だとしても、この国の将来を考えた場合には、プライオリティのはるかに高い歳出分野、たとえば教育や少子・高齢化対策の予算はいくらでも存在する。同年度における公共事業関係予算は全体で7兆8159億3400万円にも及ぶが、上記のように農水省関係のそれは1兆3712億1700万円で全体の約18%を占めている。これは同省の既得権予算枠化しているが、この霞ヶ関の牙城を落とせるかどうかに日本の浮沈がかかっている。なお、平成9年12月19日に閣議決定された森林整備事業の実施の目標として、「平成9年度以降の7カ年間に総額5兆3800億円に相当する事業を実施するものとする」とし、森林整備事業の事業量として、これを「(1)　国が行い又は補助する事業2兆8500億円、(2)　地方単独事業等8700億円、(3)　調整費1兆6600億円」に充当し、合計5兆3800億円の使途を事業量で示している。財政再建などはどこ吹く風であり、国民大増税の前になすべきことは沢山ありそうである。

[44] 同条項によると、都道府県知事は「5年ごとに」「10年を一期とする」地域森林計画を策定しなければならない。なお、地域森林計画の上位計画である全国森林計画は「5年ごとに」「15年を一期」として策定されるが（森林法4条1項）、この全国森林計画の上位計画である森林・林業基本計画には、計画期間の定めはなく、「5年ごとに」変更すべきものとされているだけである（森林・林業基本法11条）。

[45] 沖縄県の森林計画区は、沖縄北部、沖縄中南部、宮古八重山の3つのブロックがある。やんばるは、沖縄北部地域森林計画区にふくまれ、前記のように、国頭村は、そのうちの約24%を占めやんばるの大半をなしている。沖縄の森林・林業5頁、参照。本稿が国頭村における林道事業計画をとりあげるのは、同村がやんばるの大半を占めその核心部分を構成しており、そこでの林道事業の実施がやんばるの自然破壊につながるからである。

う）。表1-1、表1-2は、北部地域森林計画書に記載された林道計画のうち、国頭村[46]で実施予定の林道事業を抜粋したものである。林道事業のうち、表1-1は開設、表1-2は改良についてのものである。各表の記載事項に固有の問題点は後述する。ここでは共通の問題点を検討する。

1.2　事業箇所

まず、「路線名」の表記であるが、各林道の通称（俗称）が表示されているだけで、工事予定箇所の起点（BP）と終点（EP）が示されていないので、各表記載の林道事業（工事）がどこで実施されるか特定されていない。つぎに、各林道の通称自体——たとえば、浜Ⅱ号、奥支線、伊楚支線、

表1-1　国頭村内の開設予定林道
（計画期間　平成16.4.1～同26.3.31）

路線名	延長(km)	利用区域面積(ha)	備考
浜Ⅱ号	3.3	154	新設
奥支線（1）	1.8	45	同上
奥支線（2）	1.8	37	同上
奥支線（3）	2.0	50	同上
宇嘉支線（1）	3.8	92	同上
宇嘉支線（2）	2.7	75	同上
宇嘉支線（3）	1.5	55	同上
伊江Ⅰ号支線（1）	3.0	120	同上
伊江Ⅱ号支線（1）	2.2	95	同上
伊地	5.7	352	同上
宇良	2.2	120	同上
伊楚支線	2.0	120	同上
奥・チヌフク	1.5	34	同上
大国支線（1）	1.7	66	同上
大国支線（5）	2.8	102	同上
佐手	(1.9)	210	改築
伊楚	(7.1)	400	同上
謝敷	6.3	402	新設
宜名真	5.8	354	同上
我地・辺野喜	2.0	48	同上
合計	52.1 (9.0)	2,931	

出典：沖縄北部地域森林計画書23頁より抜粋改変

表1-2　国頭村内の改良予定林道
（計画期間平成16.4.1～同26.3.31）

路線名	箇所数	利用区域面積(ha)	備考
大国（大宜味村を含む）	70	3648	局部・法面
奥与那	28	3152	同上
辺野喜	6	186	同上
佐手	4	210	同上
楚	14	400	同上
楚洲Ⅰ号	2	61	同上
奥Ⅱ号	8	163	同上
佐手与那	10	272	同上
佐手辺野喜	5	64	同上
伊地	9	142	同上
我地佐手Ⅰ号	7	340	同上
我地佐手Ⅱ号	5	184	同上
我地佐手Ⅲ号	3	34	同上
伊江Ⅰ号	10	276	同上
伊江Ⅱ号	12	507	同上
謝敷	8	320	同上
チヌフク	14	328	同上
尾西	2	56	同上
宜名真	2	54	同上
奥間	4	189	同上
与那	8	146	同上
浜Ⅰ号	4	75	同上
浜Ⅱ号	6	154	同上
安波	6	61	同上
長尾	1	34	同上
辺野喜Ⅰ号	3	8	同上
辺野喜Ⅱ号	2	52	同上
辺土名	2	27	同上
合計	255	11,443	

注　備考欄の「局部・法面」というのは、「局部改良・法面改良」の略称である。
出典：北部地域森林計画24頁より抜粋改変

[46]　国頭村については、同村総務課発行の「国頭村村政要覧」、とくにその資料編に同村の概要的なデータの紹介がある。

奥・チヌフク、等々——も、行政サイドが便宜上勝手に付けたもので、具体的に、どの林道を指すのかは行政内部と関係者にしか分からない。さらに、林道位置図も示されていないので、各林道の具体的な位置関係も不明である。

のみならず、同じ路線名でも、たとえば、奥支線には（1）から（3）、宇嘉支線にも（1）から（3）、伊江林道にもⅠ号とⅡ号、我地佐手林道にもⅠ号からⅢ号、浜林道にもⅠ号とⅡ号、辺野喜林道にもⅠ号とⅡ号がそれぞれあって、これらの林道がいかなる観点から区分されて、その起点と終点がどこかも不明である[47]。二つの林道が並列表記されて一つの路線名とされているもの、たとえば、奥・チヌフク、我地・辺野喜、佐手与那、佐手辺野喜、我地佐手のような各林道の表記方法もあるが、その範囲がどこからどこまでかも——その起点、連結点、終点などが明らかにされてないので——分からない。

いずれにしても、事業箇所の特定が不可欠であり、各路線の起点・終点と主要な通過地点を示し、これを林道位置図に落とすなどして、事業箇所が分かるようにする必要がある。

林道側溝U字溝に落下した天然記念物・絶滅のおそれのあるリュウキュウヤマガメ

1.3　事業内容

表1-1および表1-2からは、だれが・いつ・どこで・どのような事業を、いくらで、いかなる国・県・村の負担割合にもとづいて実施するのかも知りえず、林道に関する事業計画の基本的な事項ですら情報提供されていない[48]。事業内容として知りうるのは、「開設」「改良」の別と、個別林道の「延長（km）」「箇所数」による事業量・事業数ぐらいである。後述するように、開設事業には新設と改築の種類があり、改良事業にも、橋りょう改良、局部改良、雪害対策、ずい道改良、幅員拡張、法面保全、山火事防止、ふれあい施設、交通安全施設、災害避難施設、林道情報伝達施設および自然共生施設の工事に係るものなどの種類がある。が、表1-1の佐手林道および伊楚林道——この二つの林道については、開設のうちの「改築」と明記されている——以外の林道の事業内容が、そのいずれに該当するのかも不明である。おそらく、「改築」と特記されたもの以外は「新築」を意味するのであろうが、それならば、その旨を注記すべきである。事業量・事業数といっても、工事の延長距離と箇所数を示すだけでは、何の意味もない。

のみならず、事業評価[49]のためには、事業の

47　この点は後述する同一路線の意図的な分割と環境アセスメントの脱法と関係するのかも知れない。

48　ここでは情報提供と情報公開を意識的に区別している。前者は行政側の判断にもとづき一定の情報——それは得てして行政に都合のよいものであったり、籠絡の材料であったりして警戒が必要であるが——を公表するもの、後者は住民などからの請求にもとづき開示請求された情報を公開するものである。前者が行政サービスの一環とされるのに対し、後者は国民の知る権利に由来するもので、両者は本質的に異なる。

49　林野公共事業の事業評価に係る通達類につき前注36、参照。

目的・必要性・有効性・経済性・社会的・文化的・環境的な影響、地元林業や森林組合の実態[50]、県内外の木材需給の動向、やんばるの森林の果たすべき機能などの情報も必要であるが、これらは知る由もない[51]。後述するように、開設の総事業量は延長合計61.1km、改良の総事業量の箇所数合計255であるが[52]、なぜ、これだけの事業が、平成16年から26年までの計画期間内に必要なのか、その算出の根拠と過程は闇の中である。この10年の計画期間に予想される国頭村の動向、具体的には、人口増減・構成、産業別・業種別の人口、森林・林業・林産品、森林組合の構成・事業などの各動向の客観的な予測をおこない、この予測結果との相対的な関係において、林道事業の事業量・事業数をはじき出すのでない限り、「初めに結論──すなわち、事業量、事業数──ありき」になってしまう[53]。これでは、到底、合理的な計画策定とはいえない。

1.4 利用区域

表1-1および表1-2には利用区域の記載欄があり、面積と材積が示されている[54]。この利用区域の記載は、各林道事業の要否・適否を明らかにする趣旨だとすると、事業評価上も、利用区域の大小・多寡により事業の合理性が左右され、その算出の根拠や方法いかんは非常に重要な意味をもつ。とすると、地域森林計画書において、単に利用区域の面積と材積の数字を示すだけでなく、その算出根拠や方法を一般に理解できる形で説明する必要がある。この点が不明なままでは客観的な事業評価は望むべくもない。

後述するように、アセス逃れなどのために、林道事業の工区や工期の意図的な分割、すなわち、環境アセスメントの対象事業の規模以下となるように工区を細分化し、各部分を複数年度に亘って細切れに実施することが、公然とおこなわれている。米国では、「segmentation」（以下、「セグメンテーション」という）といわれ、アセス脱法の

---

[50] やんばるの林業・森林組合の状況を知るには、沖縄の森林・林業、北部地域森林計画書、上記国頭村村政要覧、国頭村森林組合の業務報告書──これは同組合の通常総会資料に綴じられたもので、一般には入手できない──などから関連データを読みひろりしかない。やんばるの林業の実態につき、前掲拙稿48頁以下、林業構造改善事業と森林組合につき、同54頁、沖縄の林業に関する文献紹介につき、同49頁注81、参照。

[51] 逆説的にいうと、林業事業の実体は山村過疎地域における振興政策として行われる「公共事業」であるので、事業の必要性・有効性・経済性といったことを考えなくてよいし、むしろ──事業が実施できなくなるか、数字の操作が必要となるので──考えてはならないのである。一般に、林道事業の国庫補助率は本土では50％であるが、沖縄ではこれが嵩上げされて80％以上に跳ね上がる。地元自治体の負担割合は20％以下であるが、地方交付金による補填もなされるので、わずかな地元負担と中央からの補助金・交付金によって、巨額の公共事業が行えるしくみとなっている。このわずかな地元負担分も地方債等の借金で手当することが認められており、たとえば、一般公共事業債の場合、その充当率は地方負担額のおおむね90％で、償還期限も10年とされており、その返済のための地方交付税措置として、財源対策債分の元利償還金の50％の地方交付税の算入率が各年度の地方債許可方針で定められている。これでは地元負担といっても国の丸抱えに近いものであり、財政難に悩む地方にはこたえられない撒き餌のようなものである。これもムダな公共事業が地方で実施される温床であり、国家財政破綻の原因でもあるが、公共事業にたいする地元──より具体的には、公共事業の受け皿となる土建業界──の要望は根強く、政官財着の原因ともなっている。このような公共事業による地域振興政策によるかぎり、地方の内発的発展はありえないし、沖縄では、かけがえのない貴重な自然の破壊原因になっている。換言すると、世界に誇るべき自然を犠牲にして、現世代が将来世代の犠牲において、うたかたの「繁栄」──それは虚栄という以上に、沖縄の存続基盤である自然を破壊するので、自滅的なものである──を謳歌するものでしかない。林業関連の平成16年度における地方債の充当率・地方交付税の算入率などにつき、前掲民有林整備施策のあらまし91頁以下、補助金関係の法令・通達類につき、日本林道協会「平成15年版林道必携・法令通達編」717頁以下、林業と財政一般の詳しい解説として、石崎涼子「第19章 森林政策の財政支出」前掲森林政策学223頁以下、参照。

[52] 後述するように、拡張の場合の延長距離と箇所数の総数は推測でしかなく、正確な数字は確認のしようがない。

[53] 同じことは、地域森林計画の上位計画である森林・林業基本計画、全国森林計画、森林整備保全事業計画の数値目標についても妥当する。

[54] 地域森林計画書には、利用区域の「面積」だけでなく「材積」についても、針葉樹と広葉樹に分けて記載されているが、表1-2および表1-2では割愛した。このように、利用区域の面積と材積が針葉樹・広葉樹別に地域森林計画書に記載されるのは、これにより開設・改良の各事業の合理性を各路線ごとに利用区域の面積・材積の側面から歯止めをかける趣旨であろう。実際、各林道事業の採択要件である後記林業効果指数などでは、当該林道に係る森林の蓄積（材積）、針葉・広葉樹の森林の各利用区域面積などから、当該林道の必要性・有用性を判断する指標としている。上記のように、亜熱帯に属する沖縄では、当然のことながら、針葉樹よりも広葉樹が圧倒的に多い。表1-1の開設事業の利用区域の材積を例にとると、材積合計は272,366㎥、そのうち、針葉樹の材積合計が49,990㎥であるのに対し、広葉樹のそれは222,376㎥となっていて、約4.45倍の開きがある。表1-2の改良事業についても、針葉樹と広葉樹の材積合計が1,132,094㎥、針葉樹のそれは175,698㎥、広葉樹のそれは956,396㎥で、約5.44倍の開差がある。いずれにしても、沖縄では、商業的価値の高い針葉樹は育たず、採算性のある本来の林業が成り立たないことを意味している。なお、北部地域全体の立木地における材積合計は501万7000㎥（沖縄の森林・林業2頁による）、国頭村のそれは145万8000㎥（北部地域森林計画書51頁による）とされている。一方、国頭村における開設と改良の上記利用区域の材積合計だけでも140万4460（＝272,366＋1,132,094）㎥に達し、ほぼ国頭村全体の材積合計に匹敵する。この点も不可解であるが、地域森林計画書に記載される開設・改良の各事業の利用区域の材積が、各路線ごとになんども重複してカウントされるためだと思われる。同じことは、利用区域の面積の計算方法についても、当てはまるであろう。そうだとすると、地域森林計画書に記載された利用区域の面積や材積なるものは、青天井に何回でもダブル・カウントできるのだから、林道事業の合理性を担保するものではなく、正当化するためのものでしかない。

典型とされる[55]。このようなセグメンテーションがなされた場合にも、利用区域は、同一路線であっても各セグメンテーション部分ごとに、そのセグメンテーションされた数を乗じてカウントされるのであろう。これでは、セグメンテーションすればするほど、事業評価上、事業効果の高いものとされてしまう。それゆえ、このような場合には、セグメンテーションされた全体を一つの事業とみなして、利用区域のカウントを全体で一回しか許さない——逆にいうと、セグメンテーションされた場合には、その細分化された範囲でしか利用区域の計算を認めない——ことが必要である。

一方、利用区域は、同一路線の同一事業であっても計画年度が変わるたびごとに、あるいは、同一路線でも開設と改良のように異なる事業であるごとに、何回でもカウントされるようである[56]。このような計算方法が許されると、利用区域は、単に林道事業の実施にお墨付きを与え、正当化するだけのものとなろう。もともと、利用区域というのは、林道事業の無制限な実施に歯止めをかけるべく、林道事業による受益の範囲を明らかにし、この範囲との相対的な関係において、当該林道事業の実施が合理性——たとえば、地元林業との関係からみた必要性・経済性・採算性など——をもつか判断する指標であったはずである。とすると、同一路線について、過去の事業評価における使用分は、過去の事業と新規の事業とが、目的・内容などの点で重なる場合には、その重なる部分を差し引く必要があろう。そのさい、同じ事業、たとえば、開設と開設、改良と改良のような場合だけでなく、異なる事業、たとえば、開設と改良、同じ改良であっても局部改良と法面保全のように事業目的が実質的に同じような場合には、利用区域の計算上、その重複する限度においてダブル・カウントを許してはならないであろう。

1.5　策定手続

事業計画の策定手続においても、少なくとも事業内容の情報公開を徹底し、説明会・公聴会を開催したうえ、一般市民の意見を計画内容に反映させるなどして、計画策定手続に実質的な市民参加の機会を保障する必要がある[57]。とくに、林道事業は一般に必要性・経済性・相当性などが疑わしく、また、脆弱な島嶼環境にあって生物多様性の宝庫であるやんばるでは、環境に与える影響も甚大なのだから、事前に事業評価や環境評価を行って結果を公表し、説明会・公聴会を開催するなどして、説明責任を果たす必要がある。とりわけ、やんばるには絶滅の危機に瀕した固有種が多く、その保全は全国的・世界的な関心事項なのだから、たとえ法的義務として環境影響評価が要求されない場合——実際には、意図的なアセス逃れが半ば公然と行われているのだが——であっても、これに代替しうる自主的な環境影響評価の措置を講じる必要がある[58]。

一方、前期の地域森林計画における林道事業の事後評価も実施し、その結果を踏まえて、当期林道事業の合理性——もちろん、あればの話であって、こじつけた、あるいは、数合わせの合理性ではない——を説明しなければならない。やんばるは、台風常襲地帯で雨量も多く、渓流が縦横無尽に走り、地表も起伏に富み、山地から海岸までの距離がわずかで、急勾配・急傾斜となっているので、林道事業の実施は必然的に自然災害をもたら

55　米国におけるセグメンテーションをめぐる諸問題につき、William H. Rodgers, Jr., "Environmental Law" West Publishing Co. (1977) pp. 787-792. 参照。

56　前注54参照。

57　森林法によると、地域森林計画を策定・変更しようとするときはその旨を公告し、計画案を公告の日から30日間公衆の縦覧に供すべきものとし、一方、当該計画案に意見のある者は、上記縦覧期間満了の日までに、理由を付した文書をもって意見提出できるものとし、この意見の要旨と意見処理の結果を、地域森林計画とともに公表するものとされている（6条）。上記のように、地域森林計画の内容はスカスカで一般には評価不能であり、このような鵺（ぬえ）のような計画案にたいし、公告の日から最大でも30日内の短期間に、有意義な意見をだせるはずもない。意見を提出しても、その要旨と処理の結果が決定ずみの計画とともに公表されるだけでは意味がない。地域森林計画の策定についても、情報公開・説明責任・市民参加・不服申立などの適正手続保障が必要である。

58　林道事業と環境保全に係る行政通達として、「林道事業に係る自然環境保全対策について」（昭和51年2月26日50林野道第465号林野庁長官通知）、「全体計画調査及び測量設計について」（平成6年10月31日林野庁指導部基盤整備課長発）、参照。なお、全体計画調査につき、日本林道協会「森林整備事業Q&A（林道編）」（平成16年）12頁以下、参照。

し、新たな災害復旧事業を不可避とする。これには厖大な公金支出を伴う[59]。それゆえ、林道事業実施によって惹起された災害復旧事業費を、以前におこなわれた事業計画の事後評価によって明らかにし、その結果を新たに実施される事業評価に反映させる必要がある。同様に、やんばる山中での林道事業の実施は赤土汚染の最大原因で、沖縄の河川・海洋を汚染しその生態系を壊滅させるので、この点も事後評価によって明らかにし、その経済的損失や赤土対策費用なども考慮して、事業評価する必要があろう。

2 林道開設事業

2.1 はじめに

表1-1は、「開設[60]すべき林道の種類別および箇所別の数量等」を示したもので、今後——正確には、10年の計画期間中に——開設される林道の「種類」「位置」「路線名」「延長（km）」「利用区域[61]（ha）」「備考」などの各欄がある[62]。「利用区域」の欄は「面積」と「材積」の二つに分かれ、「材積」の小欄はさらに「針葉樹」と「広葉樹」の二つに分けられている。

「種類」の欄には「自動車道」の記載しかなく、これが何を意味するのかは一般の人には分かりにくい[63]。少なくとも注記による解説が必要であろう。「備考」欄を見ると、佐手林道と伊楚林道のところに「改築」の記載があるだけで、それ以外の林道の工事内容いかんは分からない。開設には「新設」と「改築」の二つの類別しかないので、仮に、「改築」の記載があるもの以外は「新設」を意味する趣旨だとしても、その旨を注記すべきであろう。以下、開設事業の問題点を中心に検討していく[64]。

---

[59] 自然災害復旧事業が公共事業として行われ、沖縄での国庫補助率も90％以上で地元自治体の負担も少なく、逆に、この事業のうま味が林道事業実施の誘因となっていることにつき、前注51、森林災害復旧事業の概要につき、前掲民有林森林整備施策のあらまし74頁以下、林道施設災害復旧事業の概要につき、同79頁、参照。林道事業を実施すると、その後、不可避にも自然災害が発生し、半永久的に——地元土建業界のための毎年の新規事業として——災害復旧事業が実施できるので、実際には、この災害事業のために林道事業が実施されるきらいがある。その結果、過疎地であればあるほど土建事業に対する依存度が高く、土建業界が一大勢力となって地元の政財官の世界を牛耳り、「地元」自治体の「意向」として——その微々たる地元負担分を奇貨としつつ——公共事業を要請・採択することができ、中央政府からの巨額の補助金をえて公共事業が実施される。一方、公共事業・補助金の許認可権限をもつ中央政府も、自らの権益と組織維持のために公共事業・補助金制度を「活用」するので、地方の公共事業・補助金のムダをみて見ぬふりをしてくれる。これがムダな公共事業を支えるメカニズムであり、国家財政の破綻をもたらした元凶でもある。公共事業による地方とくに過疎地振興政策の見直しが必要とされるゆえんである。

[60] 開設事業の概要については、前掲「民有林林道施策のあらまし」11頁以下、前掲森林整備事業Q＆A43頁以下、参照。

[61] 利用区域の概念につき、前掲森林・林業・木材辞典184頁は、「林道の利用対象となる区域。山間部にあっては原則として集水区域、平坦部にあっては、地形地物により区画された地域とされている」、林野弘済会発行・林野庁監修「森林土木」（平成9年3月）は、「森林の管理経営に必要な交通を当該林道（今後開発計画分を含む）に依存する区域とする」と説明しているが、いずれも客観的な基準とはいいがたく操作可能なものである。林道事業評価のさいのダブル・カウントをめぐる問題につき、前注54参照。

[62] 逆にいうと、開設予定林道の内容はこの程度のことしか地域森林計画書からは知りえない。少なくとも、工期、工事目的・方法・内容、予算額、環境影響評価の要否などの概略記載がないと、お話にならない。これでは、情報提供というよりも情報秘匿といわれても、仕方ないであろう。

[63] 林道規程4条によると、林道には、自動車道、軽車道、単線軌道の3つの種類があるとされ、さらに、自動車道には1級から3級までの区分が定められているが、地域森林計画に記載された自動車道というのはこれを指しているのであろう。同条の解説につき、日本林道協会「林道規程——運用と解説」（平成15年6月）16頁以下、参照。

[64] 開設事業が沖縄において補助事業として実施される場合の負担区分、採択基準などにつき、沖縄の森林・林業59頁、参照。すなわち、沖縄での採択基準は、森林基幹道につき利用区域面積が1000ha以上、森林管理道につき30ha以上であることに加えて、この利用区域面積・森林資源内容をもとに、以下の算式で計算される林業効果指数が、森林基幹道につき1.2以上、森林管理道につき0.9以上であることが必要とされている。

$$\text{林業効果指数} = \frac{V}{50F1+15F2} + \frac{F3+F4}{F1+F2}$$

V ：当該林道に係る森林（国有林を除く）の蓄積（単位はm³）
F1 ：当該林道に係る針葉樹の森林（国有林を除く）の利用区域面積（単位はha）
F2 ：当該林道に係る広葉樹の森林（国有林を除く）の利用区域面積（単位はha）
F3 ：当該林道に係る人工植栽に係る森林以外の森林（人工造林予定森林（国有林を除く）に限る）の利用区域面積（単位はha）
F4 ：当該林道に係る林齢が15年以下の人口植栽に係る森林（国有林を除く）の利用区域面積（単位はha）

　この林業効果指数によると針葉樹よりも広葉樹の多いほうが林業効果指数は高くなる。これは、針葉樹のほうが広葉樹よりも商業的価値がたかく、広葉樹から針葉樹への樹種転換を促進すべきだという、拡大造林政策を前提とした針葉樹優先の考え方によると思われるが、現在の森林政策に合致しているか疑問である。森林・林業基本法が改正され、森林の有する多面的機能の持続的発揮が森林・林業の基本理念とされたのだから（2条）、今後のあるべき森林の姿からいえば見直しが必要である。さらに、上記算式によると、林業効果指数は人工造林予定森林や15齢級以下の人工林が多いほど高くなるが、人工造林政策が見直された現在、その合理性も疑問である。これら以外の林業効果指数の問題点については、前掲拙稿61頁注142、後注83、参照されたい。森林・林業基本法につき、森林・林業基本政策研究会編著「逐条解説・森林・林業基本法解説」大成出版社（2002）参照。

2.2 延長距離および利用区域について

　開設予定の延長距離をすべて合算すると61.1km[65]、その利用区域面積を合算すると2931haにもなる。国頭村全体の森林面積は1万6147ha、民有林面積は1万2217haとされているので、単純に計算しても、この利用区域面積は国頭村全体の森林面積の約18%、民有林面積の約24%をも占めることになる。後述するように、改良予定の利用区域面積の合計は1万1443haとなるので[66]、これに上記開設予定の利用区域面積2931haを合算した利用区域面積合計は1万4374haとなり、ほぼ国頭村全体の森林面積がカバーされ、また、民有林面積を上まわってしまう。開設・改良の利用区域面積の合計が国頭村全体の森林面積を上まわるということは、上述したように、地域森林計画における利用区域面積の計算方法に問題があることを意味するであろう[67]。いずれにしても、この開設予定の総延長距離数の事業量が決定された根拠・過程は、まったく分からない。さらに、「利用」区域面積といっても、その利用のしかた——たとえば、伐採、造林、それ以外の事業など——により利用範囲も当然に異なるはずだが、この点の考慮もなされていない。上記のように、利用面積の定義自体あいまいなものであるが、この算出根拠・過程は検証可能なように示す必要がある。

　一方、前記のように、国頭村の林道密度は9.6で、全国平均の5.0を大幅に上まわっており、すでに林道過密の状態にある[68]。加えて、一般に、日本の林業は、安価な外材に圧倒されて経済的——これ以外にも、後継者難など第一次産業に共通の問題もある——にも成り立っていないが[69]、上記のように、沖縄は亜熱帯に属し、スギ・ヒノキなど商業的価値のある有用樹種が育ちにくく、育ったとしても県外産のものに対抗できず市場的な商品力にも乏しく、大半が利用価値の低いチップ用材などに供されている[70]。とすると、すでに林道密度が全国平均の2倍近くもあるやんばるで、上記事業量の林道開設事業の必要性は見だしがたい。のみならず、やんばるの「林業」の大半は公共事業として実施される造林事業であり[71]、この造林事業のためには、既存林道で十分に対応することができ、新たな林道の開設は不要である。産業別生産額・就業者数という観点からみても、国頭村の総生産額は111億7700万円で、そのうちの林業の生産額は4200万円で全体の0.37%にすぎず[72]、同村の就業者総数は2395名で、そのうちの林業就業者数は55名で全体の2.29%にすぎない[73]。林業の産業的な規模がこの程度のものだとすると、上記のような林道開設事業量の必要性・有効性などは疑わしい。

65　上記のように、佐手林道および伊楚林道の二つが改築でそれ以外はすべて新設とすると、開設事業の延長合計61.1kmの内訳は、改築が9km、新設が52.1kmとなる。なお、沖縄北部地域森林計画書によると、この延長合計は43.1kmと表記されているが、61.1kmの誤りと思われる。

66　正確には、改良予定の大国林道分の利用区域面積3648ha中には大宜味村のそれも含まれているので、国頭村内の改良面積の合計は1万1443haを下まわる。仮に、この大国林道分の利用区域面積3648haの半分1824haが国頭村内のものだとしても、改良予定の利用区域面積の合計は9619haとなり、これに開設予定の利用区域面積2931haを合算すると1万2550haとなり、国頭村全体の民有林面積合計1万2217haを上まわることに変わりはない。

67　開設・改良それぞれの各事業ごと、あるいは、開設・改良の事業間のダブル・カウントの問題につき、前注54参照。利用区域の材積のみならず面積についても、ダブル・カウントが許されているとすると、利用区域面積という受益範囲によっても林道事業の合理性は担保されないことになろう。

68　林道密度の計算方法と国頭村の林道密度につき、前注28, 29参照。

69　林業をとりまく統計的データにつき、農林水産省統計部編の2000年世界農林業センサス、木材需給報告書、林業経営統計調査など、参照。

70　北部地域森林計画書2頁は、林業の概要として、「伐採、造林等各種の施策は公有林に集中し、森林、林業の拠点になっている。私有林については、海岸線のいわゆる里山に偏在し、地理的には有利であるが、所有規模が零細であり、しいたけ原木、パルプ用材、木炭材の生産が一部において行われている程度である」と解説している。やんばるの林業は公有林を対象に公共事業として行われる造林事業が中心となっている。

71　やんばるにおける造林事業の実態につき、前掲拙稿52頁以下、参照。

72　北部地域森林計画書45頁。

73　同上46頁。

2.3 環境影響評価について

沖縄県環境影響評価条例[74]（以下、「県アセス条例」という）との関係で、環境アセスメントの要否という観点からいうと、北部地域森林計画の記載内容からは、個々の林道の開設事業が環境アセスメント対象事業なのかどうか分からない[75]。林道事業と環境評価は主管部局を異にするので、環境アセスメントの要否は、別途、情報提供する趣旨かも知れないが、いずれの部局も県の部局であることに変わりはなく、地域森林計画の策定主体はそもそも県なのだから、この点──すなわち、環境アセスメントの要否の点──も、計画書に併せて記載すべきだと思われる。

一方、個々の開設事業の延長距離数をみると、表1-1から明らかなように、2km未満のものが、奥支線（1）の1.8km、同（2）の1.8km、宇嘉支線（3）の1.5km、奥・チヌフクの1.5km、大国支線（1）の1.7km、佐手の1.9kmの合計6路線となる。2km丁度の路線も、奥支線（3）、伊楚支線・辺野喜の3つを数える。2kmをこえるものは、浜Ⅱ号の3.3km、宇嘉支線（1）の3.8m、同支線（2）の2.7km、伊江Ⅰ号支線（1）の3.0km、同Ⅱ号支線（1）の2.2km、大国支線（5）の2.8km、伊楚の7.1km、謝敷の6.3km、宜名真の5.8kmの9路線を数える。

上記のように、県アセス条例によると、開設事業のうち新設事業の環境アセスメント対象規模要件は、延長距離については「長さが2km以上」であるから、これらの林道事業のうち2km未満とされたものは、アセス逃れのために意図的な、いわゆる裾（スソ）切りがなされた疑いがある[76] [77]。さらに、延長距離が2km以上のものであっても、これは各路線の全体計画上の延長距離であって、実際の工事は工区ごとに分断し、このコマ切りにされたものを工事実施計画の対象として、この工事実施計画ごとに環境アセスメントの対象規模要件が判断されるので、各路線の全体計画の延長距離が2km以上であっても、環境アセスメントの対象外とされるのであろう。実際、たとえば、謝敷林道の延長距離は6.3kmにもおよぶが、事業がほぼ完成した現在においても、環境アセスメントが実施された形跡はない。

環境アセスメントの要否は、一つの事業について、全体計画にもとづき工区・工期ごとに個別の実施計画が策定される場合には、細分化された実施計画ではなく全体計画について判定すべきである。たとえば、謝敷林道の場合、地域森林計画上、当初から全体計画として延長距離6.3kmの開設事業が予定されているのだから、これを対象として環境アセスメントの要否が判定──上記のように、「長さが2km以上」なので、延長距離の点では対象規模要件を充足する──されなければならない。そうでないと、全体計画を細分化することにより、もともと環境アセスメントの対象事業であったものが対象事業でなくなり、強行法である県アセス条例が脱法されてしまうからである[78]。

74　平成12年12月27日条例第77号。これは以前の沖縄県環境影響評価規程（平成4年9月18日沖縄県告示代763号）に代わるものである。

75　県アセス条例によると、アセス対象事業の一つとして「道路の新設及び改築の事業」が挙げられており（2条2項1号）、これを受けて、同条例施行規則3条、同則表第1は、林道事業のうち「林道の新設の事業（車道幅員が4m以上であり、かつ、長さが2km以上である林道を設けるものに限る」）と「林道の改築の事業であって、改築後の車道幅員が4m以上増加し、かつ、長さが2km以上であるもの」の二つをアセスの対象事業としている。各都道府県アセス条例の対象事業・規模要件と林道事業の関係は、今後の研究課題として重要である。

76　米国では、意図的な裾切りによるアセスの脱法行為は違法評価されることにつき、前注55参照。

77　県アセス条例自体の制度の空撃き設計──たとえば、アセス対象外の事業とするために、当初から敷居（閾値）の高い規模要件を設定するなど──の問題点についても、今後の研究課題として重要である。なお、前注75、参照。開設のうちの改築の事業についても、上記のように、対象規模要件のハードルはかなり高く設定されていて、これを満たすような改築事業は相当に大がかりなものに限られよう。なお、県アセス条例では、特別配慮地域の制度をもうけ、環境の保全にとくに配慮すべき自然保護区などでアセス対象事業をおこなう場合には、たとえ対象規模要件以下の事業であっても環境アセスメントが実施されるように、本来の対象規模要件のスソ下げ──おおむねその2分の1程度──をおこなっているが（2条2項2号）、林道事業については、このようなスソ下げは特別配慮地域であってもなされていない。つまり、林道以外の「道路の新設及び改築」が特別配慮地域でおこなわれる場合には、アセス対象事業の規模要件は2分の1程度にスソ下げされているのに、林道の場合にはこのような扱いがなされない。これは環境にとくに配慮すべき特別地域内であっても、林道建設を断固として強行する意図がみえみえであって、露骨な林道促進政策にほかならない。

78　林道事業が助成事業として実施される場合には、助成を受けるための補助要件を満たす必要がある。たとえば、改築事業の場合には、補助要件の一つとして、「全体計画延長が広域基幹林道で10km以上、普通林道2km以上であること」という規模要件がある。沖縄の森林・林業59頁、参照。このような補助要件を充足するために、全体計画延長2km以上として補助を受ける以上、環境アセスメントの要否の判定においても、この全体計画延長を対象とするのは当然である。

環境アセスメントの趣旨から考えても、計画当初から延長2km以上の事業が予定されていて、最終的にも延長2km以上の林道が完成されるのだから、この延長2km以上の林道が環境に及ぼす影響の評価がなされなければ意味がない。

上記のように、県アセス条例が適用されるためには、「車道幅員が4m以上」という幅員の要件をも充足する必要がある。が、地域森林計画書にはこの幅員の記載がないために、幅員要件との関係から環境アセスメントの要否を判定することができない。たしかに、地域森林計画書には林道の種類の記載欄があり、ここに「自動車道」と記載されているが、上記のように自動車道には1級から3級までの等級があり、各等級ごとに車道幅員が決められているが[79]、地域森林計画書にはこの等級の記載がないので、車道幅員を知りえないことに変わりはない。この車道幅員いかんも重要な情報なのだから、地域森林計画書の記載事項とされるべきである。

のみならず、個々の林道については環境アセスメントの対象規模要件を満たさないとしても、林道は相互に連絡して全体で一つのネットワーク——そもそも、このネットワーク化を図ることが林道整備の目的とされている——なっていること、当初から、一つの地域森林計画において同一計画期間内における全体の事業量——上記のように、総延長距離61.1km、総利用区域面積2931㎡——が決定されているのだから、やんばるの環境保全のためには、この全体の事業量を前提とした計画アセスメントを実施すべきであろう[80]。百歩譲っても、やんばるは貴重かつ脆弱な生態系なのだから、環境アセスメント対象事業であるか否かに拘わらず、自主的な環境影響評価がなされるべきである[81]。

3 林道改良事業

3.1 はじめに

表1-2は、「改良すべき林道の種類別および箇所別の数量等」にかかる記載事項であり、開設の場合とだいたい同じく、「種類」「位置」「路線名」「箇所数」「利用区域面積(ha)」の項目がある。「種類」の欄には「改良」の記載があり、林道事業の範疇——すなわち、改良事業であること——が示されている。改良事業というのは、「車輌の大型化、重量化に伴い、開設当時の構造・規格では対応できなくなった既設林道について、輸送力の向上と通行の安全確保を図るため、その局部的構造の質的向上を図るほか、自然環境の保全など、最近の社会的要請に対応するよう整備するものである」とされている[82]。改良事業には、橋りょう改良、局部改良、雪害対策、ずい道改良、幅員拡張、法面保全、山火事防止、ふれあい施設、交通安全施設、災害避難施設、林道情報伝達施設および自然

79　林道規程10条。これによると、自動車道1級で1車線のものは車道幅員4m、2級は3m、3級は2mまたは1.8mと定められている。同条の解説につき、前掲「林道規程——運用と解説」42頁以下、参照。

80　このような計画アセスメントは、県アセス条例上、要求されていないという反論も考えられる。が、上記のように、各林道は、やんばるという限定された地域に張り巡らされネットワーク化されていて、各林道開設事業の影響は相互に関連して不可分一体のもの——すなわち、その影響の正確な評価は個別事業だけではなしえない——であり、全体の事業量もすでに確定しているのだから、県アセス条例との関係では、全体を一個の林道開設事業とみて、この全体を対象とした環境アセスメントが必要というべきであろう。そもそも、個別林道の区分は人為的なもので、自然環境に対する影響評価という点では、この区分は意味をなさない。さらに、環境アセスメントの脱法対策——上記のように、セグメンテーションといわれるもので、アセス逃れのために、事業規模を意図的に対象事業以下に切り下げる——という点からも、事業全体を対象とした計画アセスメントの必要性が痛感される。計画アセスメントないし戦略アセスメントにつき、B. サドラー、R. フェルヒーム著、原科幸彦監訳『戦略的環境アセスメント』ぎょうせい(1998)、寺田達志「戦略的環境アセスメント(SEA)の導入に向けて」ジュリスト1149号(1999)、環境アセスメント研究会編『わかりやすい戦略的環境アセスメント・戦略的環境アセスメント総合研究会報告書』中央法規(2000)、Maria Rosario Partidario, Ray Clark "Perspectives on Strategic Environmental Assessment" LEWIS (2000)、参照。

81　林道事業をめぐる自然環境保全対策と全体計画調査につき、前注58参照。

82　前掲民有林林道施策のあらまし17頁。林野弘済会発行・林野庁監修「森林土木」(平成9年3月)11頁は、改良事業について、「固定資産の価値を増加し、能率を向上し、又は耐用年数の増加する工事をいう。例えば、木橋から永久橋への架替工事、車道を自動車道に改良する等の既設林道の格上げ工事等である」と解説している。沖縄において林道補助事業として実施される改良事業の負担区分、採択基準などにつき、沖縄の森林・林業59頁、参照。

共生施設の工事に係るもの、などがある[83]。

「備考」欄を見ると、「局部・法面」と記載されているが、これは上記の局部改良および法面保全の事業を意味するのであろう。とすると、改良事業というのはこの二つの事業にすべて帰着するが、この点も不可解である。すべての改良事業がつねに局部改良と法面保全の二点セットになっているのは、いかなる理由によるのであろうか。その一つだけ、あるいは、他のものとの組み合わせによる事業実施パターンがないのは、単なる偶然でしかないのであろうか。

一方、同じ改良事業であっても、局部改良と法面保全の二つは類型的に区別されていて事業内容も異なるのだから[84]、各事業箇所ごとに、そのいずれが行われるのか明記すべきである。のみならず、各林道ごとに事業箇所の合計数を掲記するだけでは、具体的・個別的に、だれが、いつ、どこで、どのような事業が、どのような理由で、いくらの予算で実施されるのか分からない。それゆえ、各事業箇所ごとに、少なくとも事業の実施主体・期間・箇所・内容・目的・費用などを個別に明示すべきである。そうでないと事業評価も不可能である。

さらに、これらの事業は開設後の自然条件等により行われうるものであり、このことは林道事業の事後評価や事業評価のさいに欠かせない情報である以上、以前の林道事業との関係性などを注記すべきであろう。たとえば、以前に実施された林道事業の結果として、当該改良事業が必要となったのであれば、それ以前の林道事業と当該改良事業の関係性をたどれるように記載すべきであろう。そうすれば、フィードバックが可能となって、以前の林道事業の事後評価に活用できるし、新たな林道事業の計画策定のさいにも、これらの改良事業の必要性や費用額などをも織り込んで、当該事業を実施すべきかどうかの事業評価をおこなうことができる。このようなフィードバックがないと、延々と林道事業のための林道事業が、開設から改良、改良から改良、改良から開設へと、半永久的に続くことになろう[85]。改良事業の箇所数は合計98カ所となっている。

3.2　箇所数および利用区域について

改良事業の路線数は大国林道を筆頭に合計28路線あり、これらの改良事業の箇所数は合計255カ所にもおよんでいる。上記のように、改良事業には、橋りょう改良、局部改良、雪害対策、ずい道改良、幅員拡張、法面保全、山火事防止、ふれあい施設、交通安全施設、災害避難施設、林道情報伝達施設および自然共生施設の工事に係るも

---

[83] 前掲民有林林道施策のあらまし18頁以下、参照。改良事業が補助事業として採択されるためには、当該事業が本文で述べた橋りょう改良以下のいずれかに該当し、かつ、一箇所の事業費が900万円以上であることに加えて、利用区域の森林面積・資源内容をもとに、以下の算式で計算される林業効果指数が、幹線林道につき1.2以上、その他の林道につき0.9以上であることが必要とされている（同17頁）。

区分	面積	算式	林業効果指数
幹線林道	500ha 〈200〉	$\dfrac{V}{50F_1+30F_2} + \dfrac{F_3+F_4}{F_1+F_2}$ 〔25〕 〔15〕	1.2
その他の林道	50ha （30）	同上	0.9

（注）〔　〕は沖縄、（　）は過疎、〈　〉は振興山村または過疎とされている。
同表中、V、F_1、F_2、F_3、F_4の意味については、前注64参照（それぞれの意味は共通である）。この採択基準からも、沖縄や過疎地において事業実施しやすいように数字操作がなされており、林業事業が沖縄や過疎地振興の政策手段とされていることが看取できる。

[84] 前掲民有林林道施策のあらまし18頁によると、局部改良は、開設後5年以上を経過した林道について、①勾配修正、②曲線修正、③待避所の新設または改築、④排水施設の新設または改築、⑤防護施設の新設または改築、⑥路側施設の新設または改築、⑦路床・路盤の改築、⑧踏切道の改築、⑨土場施設の新設または改築などを行い、法面保全は、開設後の自然条件等により保全施設を必要とする箇所について行うものとされている。これによると、法面以外のところで行われる所定の工事が局部改良、法面で行われるすべてのものが法面保全とされるようである。

[85] 実際には、このような事業内容のてのしを変えた各林道事業のくりかえしが、地元自治体に林道事業という公共事業を恒久的に保障し、地元土建業界を支えて、公共事業依存の地方行財政システムができあがってしまっている。

のなど12の類型がある[86]。が、各路線の備考欄をみると「局部・法面」の記載しかないので、この28路線の255ヵ所でおこなわれる改良事業は、すべて局部改良と法面保全と考えるほかはないが、その工事箇所は特定されていない。具体的な工事の場所が分からなければ、事業の必要性・有効性なども判断できないであろう。それゆえ、箇所数についても、各工事箇所がどこなのかピン・ポイントで分かるように、その場所を特定する必要がある。そうすれば、どこで、どのような改良事業が必要となったかも分かり、ひいては、その場所に林道を開設したことの当否も明らかとなろう。利用区域についていえば、上記のように改良事業には12の類別があり、それぞれの事業内容はまったく異なるのだから、各事業内容ごとに算出根拠や方法も異なるのが当然である。たとえば、局部改良と法面保全とでは、また、同じ局部改良であっても、排水施設と路側施設の新設・改築とでは、それぞれ事業の内容や効果も異なるし、さらに、ふれあい施設整備[87]や自然共生施設[88]などの場合には、もっぱら人間の憩いや自己満足のためのもので、林業そのものとの関連性がないのだから、本来の林業[89]を前提とした利用区域の考え方とは無関係のはずである。以上のような点を無視し、すべての改良事業について、一律に、利用区域面積が算定されたとすれば問題である[90]。

3.3 環境影響評価について

上記のように、県アセス条例の対象事業は「道路の新設及び改築」すなわち開設の事業に限られ、改良の事業はアセス対象外となっている[91]。しかし、改良であっても、もともと狭隘な島嶼環境にあって自然的なキャパシティが小さく、また、生物多様性の宝庫でもあるやんばるで実施される場合には、環境におよぼす影響は大きい。しかも、上記のように、やんばるの核心部分を占める国頭村だけでも、合計255ヵ所もの改良事業が予定さ

---

[86] 橋りょう改良以下の各事業内容の詳細については、前掲民有林林道施策のあらまし17頁以下、局部改良と法面保全につき、前注84、参照。たとえば、幅員拡張は「開設後5年以上を経過した林道」を対象として実施される。

[87] 前掲「民有林林道施策のあらまし」18頁によると、ふれあい施設整備には、さらに「(a) 林道周辺の樹木植栽による修景 (b) 自然環境に配慮した林道施設 (c) 林道沿線遊歩道の整備 (d) 林道沿線広場 (e) 簡易な休憩舎」などの事業の別がある。

[88] 同上19頁によると、自然共生施設には、「(a) スロープ付側溝 (b) スロープ付集水桝 (c) 誘導植栽」などがある。

[89] 林業とはなにか定義することは、日本の補助金漬け林野行政のもとでは、非常に難しくなっている。本来の林業とは、前掲「森林・林業・木材辞典」143頁の説くように、「土地（林地）の上に林産物（有用樹木・竹類・きのこ類など）の蓄積をはかり、不動産としての林道、動産としての流動資産、資本財としての機械器具などの生産手段を用いて商品としての用材をはじめ竹類・きのこ類を生産する産業」であったと思われる。が、林業が山間僻地や離島の過疎振興政策の錦の御旗——より端的には、大義名分、手段・口実——とされるようになると、林業は、林産物の生産という本来の第一次産業性を失い、単なる中央政府からの補助金の受け皿に堕してしまった。その結果、林業の大半が公共事業として実施される造林事業へと軸足を移してしまったし、林道事業もまた、本来の林業の目的からかけ離れて自己目的化してしまった。いつしか、林道事業においても、本来の林業との関係からみた必要性・有効性・経済性などはどうでもよく、事業の実施それ自体が至上命題——とにかく事業を実施して現地土建業界を潤し、過疎に悩む地元経済にうたかたの活況をもたらせばよい——となってしまった。しかし、過疎地の振興策は第一次産業と第三次産業の活性化以外にはありえず、公共事業により地域の宝ものである自然を破壊することは、この過疎地対策の真の処方箋を破り捨てるものでしかない。以上を要するに、高率補助金による中央依存・支配の過疎地振興政策は、地方にとっては、地域の内発的発展の阻害——むしろ麻薬のようなもので、最終的には、人が廃人となるように地域の自滅をもたらす——要因でしかなく、国家的には財政破綻要因でしかない。やんばるのような生物多様性の宝庫においては、世界的な自然遺産の喪失という余毒をともなう。

[90] 利用区域面積の算出方法と問題点一般につき、前注61参照。いずれにしても、利用区域の算出方法が窺知しえないので、当該事業の受益範囲を明らかにし、この受益範囲の有利・広狭との関係で討議事業の必要性・有効性などを評価するという、利用区域本来の役割が果たされていない——逆にいうと、利用区域の記載が無意味となっている——点に問題がある。

[91] これは、環境影響評価法が道路につきアセス対象事業を「新設及び改築」に限定しているので（2条2項1号）、県アセス条例も右へならいをしたのであろう。しかし、林道の場合には開発による影響をうけやすいセンシティブな地域において事業がおこなわれ、とくに、沖縄では林道事業は北部地域のやんばる——前記のように、東洋のガラパゴスと讃えられ、生物多様性の宝庫である——に集中してることを考えると、立法政策的には、改良事業であってもアセス対象事業に含めるべきであった。環境影響評価法も、同法の対象事業以外の事業について、地方自治体が独自にアセス条例の対象事業とすることを妨げていないのだから（80条）、沖縄では林道については改良事業をも対象事業とすべきであった。一般に、ある事業の環境影響を考える場合には、事業自体の内容と事業実施の場所——英語ではSettingsという——の両面から相関的に判断される。すなわち、事業そのものとしては環境影響が小さいとしても、それが実施される場所いかんによっては環境にあたえる影響も大きいものとなるので、事業の内容と場所の両面から環境影響が評価されるのである。とすると、一般的には、道路の改良事業の環境影響は小さいとしても、林道については別のあつかいが必要とされよう。とくに、自然的価値の高い地域で実施される林道事業については、改良であっても環境にあたえる影響には大きいものがあるので、アセス条例の対象事業とされるべきである。地方公共団体の責務として、環境基本法7条は、当該「地方公共団体の区域の自然的社会的条件に応じた施策を策定し、及び実施する責務を有する」と定めているし、森林・林業基本法6条も、当該「地方公共団体の区域の自然的経済的社会的諸条件に応じた施策を策定し、及び実施する責務を有する」とし、さらに、森林法5条2項は、林道事業の根拠となる「地域森林計画は、良好な自然環境の保全及び形成その他の森林の有する公益的機能の維持増進に適切な考慮が払われたものでなければならない」と定めている点も、上記のような立法政策論の根拠となろう。

れているのだから、これら多数の事業がやんばるという狭い地域において集中的に実施された場合の累積的な影響は無視できない。上記のように、林道の改良も地域森林計画の必要的記載事項であり、「地域森林計画は、良好な自然環境の保全及び形成その他森林の有する公益的機能の維持増進に適切な考慮が払われたものでなければならない」と定められているが、この「適切な考慮」をするためにも環境アセスメントが必要であろう。それゆえ、少なくとも地域森林計画に記載された改良事業の全体を対象として、これらが実施された場合の環境影響評価が自主的になされるべきであろう。個々の改良事業についても、事業内容と場所の両面から判断して環境影響が著しいと判断される場合——やんばるで実施される改良事業は原則的にそのようなものであろう——には、同じく、自主的な環境影響評価がなされるべきだと思われる。

第4　結びにかえて

　以上、沖縄の森林・林業の状況を前提に、北部地域森林計画における林道事業の問題点を検討してきた。そのさい、本稿の主題がやんばるの保全にあるので、その核心部分を占める国頭村に焦点を当てて論じてきた。ここで検討結果を要約してまとめとしたい。

　第一に、やんばるにおける林道事業は北部地域森林計画を根拠として実施されるが、この計画がやんばるの特殊性を考慮して策定されていない。森林・林業基本法や森林法自体も、当該計画地域の「自然的経済的社会的諸条件」「良好な自然環境の保全および形成」に配慮したものでなければならないとされているのに、この点が無視されている。やんばるの自然環境に照らすと、この地域は保存を前提とすべきであるのに、現行計画のもとでは破壊される一方である。

　第二に、北部地域森林計画をふくめ地域森林計画一般について、その策定手続を改める必要がある。この点は、窮極的には、地域森林計画の策定手続を定めた森林法改正の立法論となってしまうが、現行法の枠内でも、情報提供・公開を徹底し、説明会・公聴会を開催するなどして説明責任を果たし、計画策定過程における市民参加を保障するなどして、透明性・民主性を高めていく努力が必要である。現行の策定手続のままでは、行政による密室での独断的な決定といわれてもしかたない。

　第三に、上記と関係するが、地域森林計画の記載内容、とくに林道事業のそれについても、根本的な見直しが必要である。この点は現行法でもできることである。現在のような記載事項——北部地域森林計画を例にとると、「開設拡張別・種類・位置・路線名・延長・利用区域・備考」の記載だけ——のままでは、事業内容を評価するのは不可能である。最低限の情報提供すらなされていない。いずれにしても、事業評価を徹底しておこない、林道事業の社会的・経済的な必要性・有効性——一言で言えば、合理性——が外部に検証可能なかたちで公表されなければならない。

　第四に、北部地域森林計画の林道事業量についていうと、国頭村内のそれだけでも開設延長62.1km、改良255カ所にもおよぶが、同村における森林・林業の実態からみて明らかに過剰である。同村の森林は広葉樹の天然林が大半を占め、林業も公共事業として実施される造林中心なのだから、現存する未舗装の林道で十分に対応可能である。林業や地域振興を口実に、ムダな公共事業として林道・造林事業が強行されるメカニズムを変える必要がある。

　最後に、やんばるの自然的価値を前提とすると、個々の林道事業についてはもちろん、北部地域森林計画に記載された事業全体を対象とした環境アセスメントが実施されなければならない。実際には、環境アセスメントの実施を免れるために、さまざまな脱法手段が講じられているが、これでは必要性・有効性のないムダな事業が実施されるだけでなく、自然そのものが破壊されてしまう。

　以上を要するに、現在の北部地域森林計画のとおりに林道事業が実施されてしまうと、やんばるは、有害・無益なコンクリート・アスファルト林道でガチガチに固められてしまい、そこの生物多様性は破壊され尽くしてしまう。その早急な見直

しが必要である。

建設中の伊江原林道
自然破壊だけでなく自然災害の発生も必定

資料編

資料編 I

やんばるの過去、現在、未来
やんばるに明日はあるのか

宝森（玉城）長正　（やんばるの自然を歩む会長）

1　やんばる位置図

　沖縄本島北部、東村、大宜味村、国頭村の三村をここで山原と呼ぶ。大宜味村塩屋から東村平良までのSTラインより北を生物学上山原と位置付けています。東西10km、南北30km、面積33,700ha。東京湾に入る程の面積です。

2　管理区分状況

　1972年復帰時の森林面積は26,000ha、30年余の公共事業による自然林の破壊によって、現在は2万ha以下に減少しました。その内7,795haは北部訓練場です。広域基幹林道・大国線と奥与那線が南北に50kmに及び森林を分断しています。東側は北部訓練場（国有林）、西側の民有林は高率補助金の受け皿となり、やんばる固有の生態系が破壊され、野生動物の種の絶滅や生態系の撹乱が起こっています。

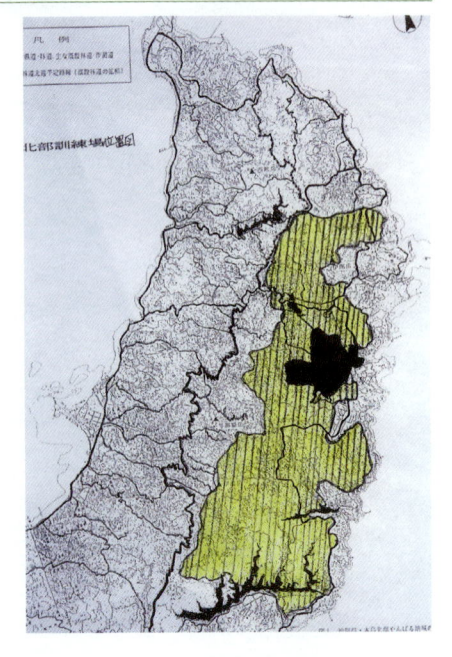

3 日の出

沖縄の先人たちは「あけもどろの花」と表現した。伊部岳（353m）の山頂に朝日が輝く。

4 朝もや

沢筋から朝もやが立ち込めます。

5 やんばるの森

やんばるの森は生物多様性の宝庫。低山性山地は沢、沢の連なりです。3,705種の動物相と、192種にも及ぶ固有種が確認されています。沖縄県の天然記念物の三分の一がやんばるからの指定です。やんばる固有の生態系は「東洋のガラパゴス」ともいわれています。

6 与那覇岳（498m）

9合目以上は104科378種の植物が記録され、天然林保護区域に指定されています。

7 伊湯岳（446m）

　東側は北部訓練場。西側は山腹から山頂まで広大な面積が皆伐されエゴノキの造林が目立つ山です。山頂には平成2年に建設された米軍の通信タワーがある。

8 西銘岳（420m）

　辺野喜川と奥川の源泉です。
　特別保護区30haが指定されている。しかし、保護区以外では下刈りや除間伐・皆伐も行われています。

9 伊部岳（353m）

　自然林の豊かな森です。

10 玉辻山（287m）

　大宜味村と東村の村境にある。
　特異で稀少な地形をした個性のある山です。私は「眠れる聖母マリア」と名付けました。

11 緑の絨毯

　イタジイの森はブロッコリーです。大地に降り注ぐ雨をスポンジのように吸収します。生き物たちを台風から守り、強い日差しを和らげ北風や潮風を遮ります。夏は涼しく冬は暖かい湿潤で安定した気温を保っています。

12 亜熱帯の照葉樹林

　大小の枝と厚い葉の重なりで、森の中は常に暗い環境を保っているのです。多種多様な亜熱帯の植生は多くの生きものたちの楽園です。

13 イタジイの老木

　樹齢およそ130年、コケやシダ類、野生ランが着生し、ケナガネズミ、トゲネズミ、テナガコガネ、ノグチゲラなどの固有生物の遺伝子を温存しています。

14 空洞木

　オキナワウラジロガシの巨大な空洞木。

15 ミヤマシキミ

　イタジイの優先する自然林の豊かな森は、四季折々の花、色とりどりの木の実が豊富です。

16 オキナワセッコク

　イタジイやウラジロガシなでの樹幹に寄生し、12月から3月にかけて開花します。
　舗装された林道は、昼夜を問わず安易に車や人間が足を踏み入れることが出来ます。乱獲により現在は、限られた場所で数少ない個体しかありません。固有種、絶滅危惧種。

17 清流

　清流は森の豊かさの象徴です。

18 清流

　樹木が川を覆い清流が走ります。
　山地渓流は生きものたちの命の源泉です。

19 イシカワガエル

　体長 10cm 黄緑色の地に金茶、金紫の斑紋が見事です。日本産のカエルの中では特異な形態をした最も美しいカエルといわれている。
　固有種、絶滅危惧種。県指定天然記念物。

20 ナミエガエル

　抱接。
　自然林の中の渓流に生息する。
　固有種、県指定天然記念物。

21 ホルストガエル

　個体数が激減している種です。山地渓流に生息します。
　固有種、県指定天然記念物。

22 ハナサキガエル

　これら大型カエル類の産卵場は渓流の上流域です。林道による渓流や沢筋の分断と、生息環境の悪化などによって個体数が減少し絶滅の危機にあります。
　希少種。

23 アカヒゲ

　美声の持ち主、やんばるの美空ひばりです。国天然記念物、絶滅危惧種。

24 ヤマガメ

　林道による生息域の分断と、車に轢かれたり、林道の側溝に落下して死亡する事が多く個体数が激減しています。国天然記念物、絶滅危惧種。

25 クロイワトカゲモドキ

　夜間に活動します。古い時代の生き残りといわれている。県天然記念物、希少種。

26 イボイモリ

　背中にワニのような肋骨があり、両生類と爬虫類の特徴を持ち生きた化石といわれています。
　近年はほとんど見ることがありません。個体数が激減しています。県天然記念物、希少種。

27 ハブ

猛毒と攻撃性などの危険度は世界でも五指内に入るといわれています。山の守り神です。

28 ノグチゲラ

世界的にも珍しい一属一種の原始的なキツツキ。やんばるのイタジイの森だけに生息します。林道建設、自然林の伐採、大規模な森林生態系を破壊するダム建設などによって、生息域と繁殖地の激減により絶滅の危機に瀕している。

特別天然記念物、絶滅危惧種。

29 ヤンバルクイナの足跡

クイナ科の鳥は世界で130種、日本の生息数は11種。ヤンバルクイナは森林性の鳥でやんばるのイタジイの森だけに生息します。止まることのない原生的自然林の皆伐、無用な林道建設、生態系の最も豊かな奥山に長い年月をかけて建造される大規模なダム建設など、やんばる固有の生態系が破壊され、今、絶滅の危機にあります。

特殊鳥類、国天然記念物。

30 森の中を駆ける親鳥のクイナ

31 番のクイナ

夜間は木の上で羽を休める。

32 舗装林道を渡るクイナ

33 側溝に落下したクイナのヒナ

34 森林伐採・辺野喜

やんばるの自然破壊の発端は、1977年から着工した辺野喜ダムの建設、同じく、1977年に着工した広域基幹林道・大国線の建設である。

35 大国林道

　大国林道は、総延長 35.5km、幅員 5m、森林利用面積 3,648ha で、大木や空洞木が最も多い自然度の高い森林が伐採された。伐採面積は 300ha 以上に及びます。

36 皆伐・辺野喜

　辺野喜ダムの集水域は 810ha、湛水面積 50ha。湛水面積の 4 倍を超える 200ha にも及ぶ広大な面積の自然林が皆伐された。多種多様な生物を育んできた貴重な生態系を誇るイタジイの森が消滅しました。水源涵養林までも皆伐するという無謀な乱伐が行われました。
　1987 年 6 月。

37 皆伐・佐手

　佐手川流域の皆伐。

38 大国林道・5 工区

　清流が走る沢や、緑に覆われた深い谷間や源頭部が残土捨て場と化し、無数の沢筋が分断されて生態系の撹乱を引き起こした。

39 大国林道・4工区

大国林道の建設によって、無残に切り倒されたノグチゲラの営巣木。

40 大国林道・1工区

沢筋が赤土で埋めつくされていく。

41 残土捨て場・沢筋や河川の源泉

やんばるは渓流性の動植物の宝庫。沢筋と源頭部は生きものの生命線であり、山地渓流の保全は最も重要である。ここが林道建設の残土捨て場とされている。

42 奥与那線

平成5年着工、総延長14.2km、全幅5m、総事業費21億5000万円。6年完成予定が4年で完成した。

過疎化防止、地域活性化などで計画されたバラ色の夢は何一つ実現していない。林道建設計画はバラ色の幻想で描いたモチであり、抽象論で現実問題が解決する訳がない。二度と取り返しのつかない自然を破壊し、一時的に土木事業だけを潤す林道建設は早急に見直すべきである。

43 変遷

前頁42と同じ地点。
前頁42以後の状況を示す。

44 変遷

写真42，43と同じ地点。
写真43以後の状況を示す。

45 変遷

奥与那線。旧楚洲林道。

46 変遷

写真45と同じ地点。
写真45以後の状況を示す。

47 法面崩壊

　自然災害復旧事業の国公補助率90％。土砂を満載したダンプカーや大型重機、生コン車が林道を頻繁に走るため、脆弱な地形は新たな林道の亀裂や陥没が生じる。雨が降ると崩壊がまた起こる、林道がある限りその繰り返しは永遠と続く。大雨や台風は新たな土木事業を生むことになる。

48 新たな林道計画

　やんばる地域の林道は、復帰以降30年余にわたってすでに200km以上も建設された。今、現在も幾つもの路線が建設中である。

　沖縄県の北部地域森林計画書によると、これから10年間（平成16年から平成26年）に新たな林道開設は65km、林道の拡張改良事業が255kmの計画である。沖縄県の計画どおりに林道事業が推進された場合、やんばるの生きものは死滅し、世界に誇る生物多様性たる宝庫は根底から破壊され、やんばる固有の自然生態系の崩壊は火を見るより明らかなことです。

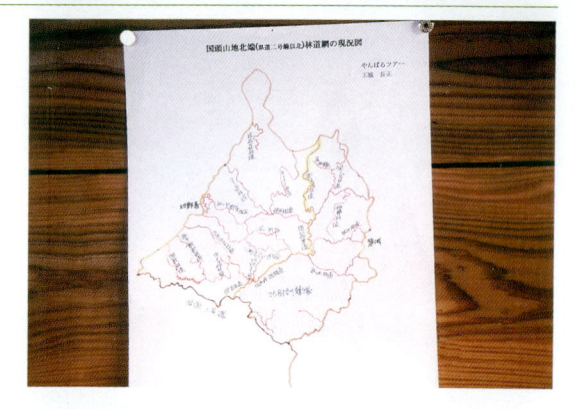

49 謝敷林道

　　総延長　6.2km
　　工期　1999年〜2005年完成
　　総事業費　9億8千万円

50 謝敷林道

　固有種、稀少種の生息地が無残にも破壊されていく。

51 与那川流域変遷

　これは林業ではありません。やんばるの森林自体商業利用できない採算の取れないものです。これは高率補助金を使った公共事業です。
　与那川流域。自然林が豊富な森林地帯。
　1983年7月。

52 与那川流域の皆伐

　この地球上で、やんばるの森だけに生息する希少生物の生息域であるイタジイの森は、補助金目的だけで貴重な森林が皆伐されている。生息環境の減少や悪化などで多くの生物が激減している現状である。
　1985年6月。

53 伊江川流域皆伐

　生物多様性を誇るイタジイの自然林。
　1988年3月、大規模な面積の皆伐が行われた。

54 照首林道沿皆伐

　生きものの生命線たる森林は食いつぶされていく。
　1984年8月。

55 佐手伐採地

2004年12月。

56 佐手伐採地

ノグチゲラ営巣木。

57 赤土流出アザカ滝

亜熱帯の自然、とくにやんばるの自然は非常に脆いといわれている。いったん表土が失われると、雨が降るたびに国頭マージと呼ばれる赤土が流れ出します。

58 辺野喜川

発生源は辺野土地改良区からの赤土流出。

59 佐手川

やんばるの川は赤土流出の排水溝と化しています。

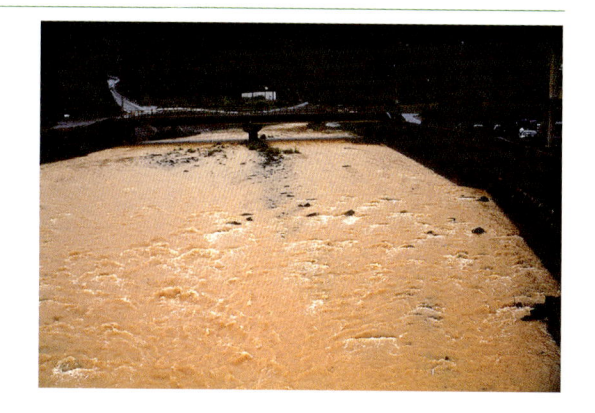

60 やんばるの海

雨が降るたびに国頭マージと呼ばれる赤土が流れ出し、川から海へ流れ出した赤土がサンゴの海に滞留してサンゴと共生する褐虫藻類の光合成を防げてついにはサンゴを死にいたらしめるのです。

61 奥間の海

比地川河口流域。
沖縄県の観光資源は青い海とサンゴの海です。サンゴの死滅は森林破壊がもたらした公共事業が原因です。

62 ヤンバルクイナ轢死

繁殖期の採餌行動に起こる交通事故とは。

63 ヤンバルクイナ・ヒナ

林道のU字側溝に落下し死亡したヤンバルクイナのヒナ。

64 ヤマガメ轢死

林道開設以降に多発する。

65 北部訓練場の返還

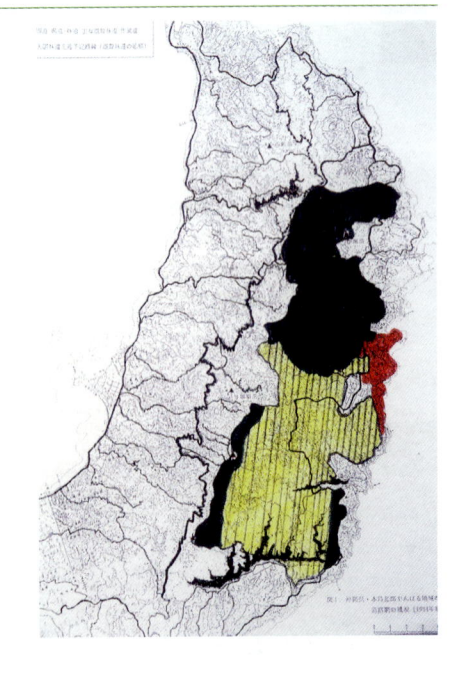

SACOの最終報告では、2003年3月末に「北部訓練場の過半（4,600ha）を返還する」となっています。

66 北部訓練場の返還

現在20個あるヘリコプター着陸帯を残余の部分（3,600ha）に移設するという条件付返還である。返還のキーワードは、次世代の海兵隊の急襲兵員輸送機MV22オスプレイ配備であるといわれています。戦略性と攻撃機能は強化され、コンパクト化とハイテク化を目指したニュー海兵隊の象徴といわれています。CH46Eの後継機として配備される計画。

2006年3機、2007年24機。

67 ヘリパット建設予定地

新たに建設されるヘリコプター着陸帯。
直径80m、7箇所。
2つが合体しているのは、MV22オスプレイの訓練場ともいわれている。

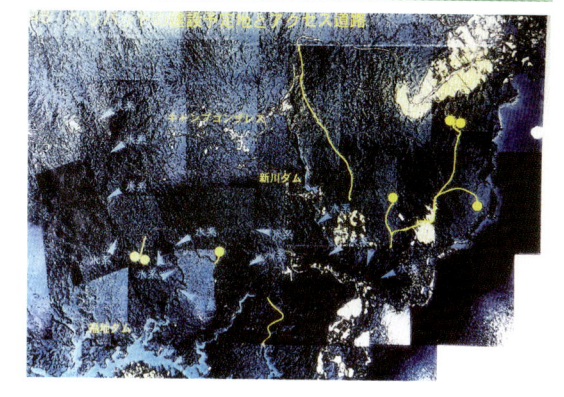

68 ヘリパット建設予定地位置図

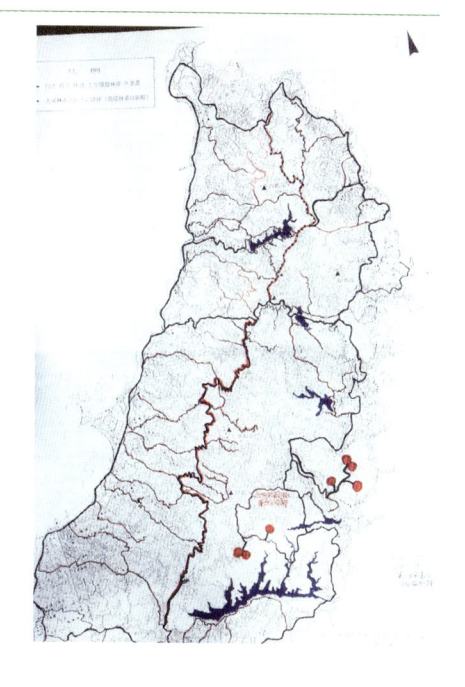

69 初日の出

やんばるの未来は……

資料編 II

やんばる現地調査レポート

平成17年2月27日　謝敷林道現地調査レポート

宝森(玉城)長正・関根孝道・藤岡慎吾*

謝敷林道とは

　謝敷林道は、国頭村の謝敷を起点とし、同村の佐手に至る総延長6,290m、車道幅員3mの林道として、現在、建設が進められています。

　この林道建設は、森林環境保全整備事業（資源循環林整備事業）という森林整備（造林）事業とされていますが、森林整備（造林）のためであるならば、未舗装の既存林道で十分に対応可能ですので、建設目的がはっきりしません。

　建設方法も、やんばるの生命の源である多くの渓流を分断して、貴重・希少な動植物に壊滅的な影響を与えているだけでなく、無理に山を削り谷を埋めてつくられたために、林道の側面に山の峻厳な斜面が高く切り立ってそびえ、また、路肩や路面に沢の流れが直撃して押し流されそうになっていて、非常に危険な状態になっています。大雨などによる斜面の土砂崩壊・崩落や、路面・路肩の陥没・陥落などの自然災害の発生は、時間の問題だと思われます。実際、平成12年に工事着工されて以来、同14年にはすでに3回もの自然災害が発生し、税金による災害復旧事業がなされています。

1　旧林道との接続箇所

　写真奥に伸びているのが自然と共生した旧林道（謝敷・与那）。
　現在、未舗装。
　近い将来に、整備、拡幅され、県道2号線に繋げられることが予想される。
　起点より3.4km地点。

*関西学院大学総合政策研究科博士課程後期課程修了

2 法面崩壊

起点より 3.7km 地点。
現在も破壊が進行している。
沖縄県の環境対策による切土の抑制で、林道工事中から完成後においても、次々と法面崩壊は起こり、赤土流出の発生源となっている。

3 旧林道と平行して建設された新林道

右手に旧林道が通っている。ジャリ敷き。自然と調和した自然共生林道である。
イタジイのブロックリーが目に付く。柵がしてある。旧林道と新林道が併走しておりムダな公共事業といえる。
起点より 3.8km 地点。

4 山の急斜面を削り建設された林道法面1

沢筋はエゴの造林地。
前方にイタジイの森に異様な光景が見られる。沖縄県の環境対策を施した広大な法面緑化の箇所。新林道建設のために山が削られ法面が人工緑化されている。
起点より 4.0km 地点。

5 山の急斜面を削り建設された林道法面2

起点より 4.1km 地点。
イタジイの繁茂するやんばるの豊かな森の姿は消滅した。
旧勾配の切土の崩落する危険がある。

6 山を削り沢筋を分断

　森林は伐採され、生命を育む営みは消えた。巨大な人工物が生態系を壊す。沢筋が分断されている。右手は残土捨て場。
　起点より4.2km地点。

7 残土捨て場とされた沢筋

　渓流、沢筋は残土捨て場と化している。
　すべての源流は、イシカワガエル、ホルストガエル、ナミエカエルなど両生類の貴重な産卵場である。
　起点より4.3km。

8 新林道で分断された沢筋

　沢筋に大量の赤土が流出している。
　前方にイタジイの森が広がる。
　希少動植物の重要な生息地である。
　新林道から沢筋の下流の状況。

9 山を削りコンクリート舗装された新林道1

　林道開設でヤンバルクイナ、ノグチゲラの生息する森は分断され、急勾配で巨大な法面が出現した。
　やんばるの森のコンクリート化は急速に進んでいる。
　起点より4.3km地点。

10 山を削りコンクリート舗装された新林道2

　沢筋が完全に分断されている。
　やんばるの雨量は、本土の2倍あるとも言われている。
　また、山の削られ方も異常である。

11 破壊された沢筋

　赤土がむき出しになっている。
　大量の赤土が沢へ流れ込んでいる。
　沢が埋まっている。
　沢筋はイタジイやウラジロガシの巨木が多い。
　固有種の遺伝子を温存している地域である。

12 山を削りコンクリート化された新林道

　法面崩壊の恐れがある。
　林道は森の奥深くまで切り刻み進行する。

13 分断され赤土で埋った沢筋

　沢筋の源頭部は、両生類の繁殖地であり、非常に重要であるが、埋め立てられている。
　沖縄県の赤土流出防止対策の柵は、まったくその効果を果たしていない。
　大量の赤土で沢は埋まっている。

14 分断された沢筋1

沢筋が分断されている。
赤土流出防止対策の柵を越えて、沢へ赤土が流れ出している。

15 分断された沢筋2

沢が埋め立てられている。
赤土防止対策の柵を乗り越え、沢の奥まで赤土の流出が起こっている。

16 コンクリート舗装

この周辺は尾根に近く、木々が低い。
イタジイの森林地帯を分断する林道。
ガードレールと小動物対策型側溝に自然との共生はない。

17 新林道の隣りにある旧林道

林道のより尾根に近いところを旧林道が通っている。
左手にイタジイの30年～40年林が見られる。
起点より5.1km地点。

18 新林道沿いの巨大な古木

　林道沿いにノグチゲラの巣穴を確認。
　イタジイやオキナワウラジロガシなどの自然林が豊かである。
　樹齢50年～60年の大木が多く、ノグチゲラの巣穴がよく観察された。
　ヤンバルクイナの鳴き声もよく聞かれた。

19 林道横の残土捨て場1

　広大な残土捨て場。イタジイの森は切り開かれた。
　左手の木々の中には、倒れているものもある。
　これは、木々の伐採により風の通り道となって風が吹き込むようになったためである。
　起点より5.3km地点。

20 林道横の残土捨て場2

　風により木々が倒されている。
　赤土がむき出しになっている。赤土流出の発生源である。
　起点より5.3km。

21 林道横の残土捨て場3

　赤土流出防止対策の柵はあるが、赤土は柵外へ流出していた。

22 残土捨て場と赤土流出

防止柵のすぐ横に溝が整備されている。
赤土流出防止柵から流れ出た赤土は排水溝を通じて、沢筋に流出する。

23 新林道沿いの巨大な古木

沢筋が分断されている。
イタジイの巨木。樹齢50〜60年のイタジイの大木はノグチゲラの営巣適木である。
近くに巣穴が確認された。
起点より5.4km地点。

24 佐手与那林道との接続点

以前に法面が崩壊した箇所。
右手に続く道は、佐手与那林道。謝敷林道は左手に続く。
以前は佐手与那林道の看板があったが、撤去されている。
起点より5.5km地点。

資料編 III

沖縄本島北部・やんばる地域の自然保護に関する現況報告（中間報告）

1994年9月27日公表
《※注：※印部分は、文章を補足するために公表当日口頭で解説したもの》

1 経過

　（財）日本自然保護協会（NACS-J）では、現在、沖縄本島北部・やんばる地域の自然保護問題に関する検討を1994年度保護・研究事業の重点課題のひとつとして取り組んでいる。

　この直接のきっかけは、地元自然保護団体《※主として、やんばるの森を守る連絡会》及び自然保護関係者からの自然保護に関する取り組みの要請である。特にやんばる地域の自然林を、当協会等が日本政府に対して強く働きかけたことによって批准された世界遺産条約（1992年発効）に基づく自然遺産に指定することによって永続的に保全する、という構想に対する可能性の検討を要請されたことにある。

　NACS-Jは、これまでもこの地域が、日本の国土の中でも多くの固有種が島しょという環境変化に弱い空間の中に集中して生息・生育している地域でもあることから、やんばる地域における望ましい環境保全体制の実現は急務であると考えてきた。このことは、一昨年に日本も批准した「生物多様性条約」に基づく健全な生態系の保全という目標や、昨年の「絶滅の危機に瀕した種の保存法」の成立という動向に照らしても、優先順位の高い重要な検討課題である。

　NACS-J事務局では、取り組みの第一段階として当該地域における自然保護上の問題点とされる主張《※及び各種資料に基づく考察》を整理し、その現状と背景を探ろうと試みた。その最大の基礎となる事実は、守る必要があると主張される自然がどこにどのように存在するかの現況である。

　今回第一回目の中間報告として公表する別紙図面《※特に図面3》は、このような視点で作成されたやんばる地域におけるよく発達したイタジイ自然林の現況と、それをとりまく状況の概要である。

2 情報収集活動

　NACS-J事務局（保護部・研究部）では、やんばる地域に関連する各種の行政資料、研究報告、現況報告等の資料を関係機関・関係者の援助を得て収集するとともに、1994年6月、7月、9月の3回計12日間の現地視察を行い、それらに基づき以下の4点の現況を図面化した。

①やんばる地域の道路網（国道、県道、林道他）の現況と計画路線（図1）
　これらは主として最新の地形図、行政資料及び現地調査によって得られた資料による。

②やんばる地域の土地管理区分の現況（図2）

これは全て公表された行政資料による区分で、特別な表記のない陸域の部分は民有地（林）、村有地（林）等となっている。

③やんばる地域の生態学的に発達したイタジイ自然林の広がり（図3）
　この図面は、1975年作成の現存植生図（環境庁）、最近の航空写真（部分）、立ち入り可能な林道等からの目視観察結果、そしてヘリコプターによって上空から観察し、写真撮影されたイタジイ自然林の樹冠の状態に関する資料を重ね合わせ、さらに1993年までに沖縄県によって調査されたやんばる地域の調査報告書類のデータと照合しながら作成したものである（境界の不明瞭な部分は、不明瞭であることを図中に明記した）。《※この図に示された林分が、これまでに各自然保護団体から、質を維持し、広がりそのものを保全したいと主張されてきた第一の環境であり、この図はそのおよその全体像をあらわしている》

④やんばる地域の野生動物の生息域・ダム建設地の分布及び大国林道との位置関係（図3・図4）
　上記①～③の現況が、どのように野生生物生息地と重なり合いを持つかを示すため、研究成果が比較的豊富で、かつ発達したイタジイ自然林に依存する度合いが高いノグチゲラの生息分布をここでは例示した。またあわせて、自然環境を大きく改変することにより生物群集への影響が極めて大きいダム建設地（計画中の西海岸側5ダムを含む）と、近年特に自然保護上の問題が多い事業とされている広域基幹林道大国線（大国林道）の位置を記入した。

3　現況

上記4点の図面から、現在のやんばる地域は、以下のような現況にあると考えられる。

　図1……やんばる地域には、外周を国道・県道等が囲むとともに米軍演習地内を除き多数の林道・作業道等が東西方向に設置されている。また、北部を横断する県道2号線を北端として西側の各林道を南北につなぐ形で、大国林道が約38kmにわたって伸びている。大国林道には北進予定線《※現在の大国林道北端地域から奥地区までの既存林道の改修拡幅、照首山の直近を通る道》があり、やんばる地域の林地を東西及び南北のブロック状に区分していく計画が沖縄島の北端地域に及んでいる。《※これらのうち民有林地を中心とした東西方向の林道・作業道は（現在の林道とは規模や作りに大きな差があるが）、ここ数年～10年程の間につくられたものだけでなく、おそらく戦前からの奥山地域からの樹木の切り出し用に設置されていたものも含まれている》

　図2……やんばる地域の主として森林に関わる土地管理区分は、大きく分けて4つの地域に区分できる。ひとつは面積的には最も広い民有地（林）及び村有地（林）、2つめは国有林に設置された米軍北部演習地（約9,000ha）、そして3つめは国有林の貸付地である県営林、そして4つめとして県有林となっており、ほとんどは林地である。米軍演習地以外は、森林管理計画、地域森林計画にもとづき、林道の観点からの森林管理がなされている。現在の鳥獣保護区《※特別保護地区》・天然記念物・自然公園《※国定公園》等の指定範囲は、面積的には極めて小さい。

　図3……今回のまとめの中心となる図面である。自然保護上注目されている環境はおよそ30年生以上の比較的発達したイタジイ自然林である。そしてこの森林が多くの森林性の固有種の生息環境を

作り出している。その広がりは南北に延びているが、広がりの内部には伐採地、若齢林、リュウキュウマツ林等の異なる植生となった部分を含み、全体としてモザイク状化が進行している。特に西側から脊梁部分の稜線部に向けては、各尾根に沿って森林施業がなされ、部分的には施業地が脊梁東側に至っているところもある《※この施業には、戦前から長期にわたってなされてきたものを含んでいる》。

　図を見る限り、一定の質を持ったイタジイ自然林は、現状ではある程度の連続性が保たれているものの、部分的には極めて幅の狭い首状につながっている状態のところもあり、仮にそこが分断《※単なる樹林のつながりではなく、ある質を持った植生環境の連続性の喪失》されるとすれば、これらの自然林は南北および東西方向に区切られた島状に存在せざるを得なくなり、他の生物群集の必要とする環境を成立させる機能の減少が危惧される。《※図中の細線は標高300m等高線たどったもので、これまでの固有種と中心とした調査研究活動で重要性が高い範囲として指摘されてきたひとつの区分条件》

　図4……図3によると、イタジイ自然林の分布は全体としては南北に広がるものの、面的まとまりは東側《※及び南東側》に偏り、脊梁を中心とした西側では脊梁から西方向に岬状にのびる形となって存在している。《※この岬状の存在は、部分的にはこれまでの民有林で施業の中で川のために意識的に保存されてきた林分を含んでいる》それは、脊梁部分に土地管理上の境界が存在するためでもある（図2）。

　ノグチゲラのこれまでの生息記録をこれらに重ねると、その生息の中心は明らかに脊梁部分を中心として南北に広がる範囲となっている。すなわち、単なる森林の広がりだけではなく、構成する樹木の大きさや若木・古木の適当な存在、そして地形との関係から生まれる空間の構造といった総合的なイタジイ自然林の質の高さがノグチゲラの生息分布に関与していることが考えられる。このことから、脊梁を中心とする自然林の実質的かつ現実的な保全の要請が生じるものといえる。《※守るべき対象はノグチゲラだけではないが、ノグチゲラの好適生息環境は、他の多くの森林性の固有種に共通する部分が多いとされているため、例示の代表とした》

　また、図3のダムの配置を見ると、これまでは辺野喜ダム以外はダムが設置されてこなかった島の西側地域にも計画中のものが5カ所あり、比地川、奥間川といった沖縄本島では極めて少なくなった渓流環境を開発する計画が立てられている。これらの渓流環境を唯一の生息地とする固有の両生類等も存在することから、これらのダム計画は発達したイタジイ自然林に対するものと同様の問題点をもつ計画と考えられる。

4　当該地域の自然保護問題を解決するために留意すべき主な条件

　やんばる地域の自然保護問題の解決のためには、少なくとも次の諸点それぞれに関して整合する方策を見い出さねばならないと考える。

①野生生物の種の保存の面からみた場合、この地域を生息・生育地にしている生物種の中には多くの固有種が含まれており、今後さらに新しい種が発見されていく可能性もある。したがって、現在注目されている生物種のみならず、その生物群集の永続的は生息・生育環境となりうる森林環境、河川環境等が質的・量的に十分保全されるべきであること。

②直接の保全対象範囲とみられている地域には、山岳地域の山頂部のような限られた部分だけでなく、民有地としての山林の割合がかなり高い地域を含んでいる。また、この地域の森林管理の方

向性を直接決定していく産業である林業が、地域の基幹産業のひとつとされている。したがって、自然環境の保全は国民共通の責務であるが、地域の産業の適切な振興と土地所有者の諸権利の尊重は十分なされなければならないこと。《※これまでの民有林における施業の中でも、何らかの形で残すべき林分を設定するという方策はとられてきている。ただしその際の目的は、必ずしも野生生物の種の保存や地域生態系の保全を念頭においたものばかりではないと思われる。将来、この適用範囲を広げたり自然保護の観点から新たな場所に対して、その環境の保全を要請していく必要が出た場合、地域産業あるいは土地所有者に対する社会的なケアの方策が実効力を持つ形でとられなければならないと思われる》

③当該地域の東側は、現在は米軍北部演習場として占有されている。この地域内は、かつては弱度の森林施業も部分的にはなされていた《※またかつては、米軍による砲射撃訓練等の計画も立てられた地域であるが、国頭村住民の反対によりこの計画はすべて中止されている》ところであるが、現在ではイタジイ自然林はもとより河川等の状態もやんばる地域本来の自然環境をかなり良好な形で保存していると考えられ、自然保護上の中核とすべき地域であること。この地域の自然環境保全上の位置づけとそれにみあった取扱いの成否が、当該地域の自然保護施策の優劣を評価する際の要点になると考えられる。

5 今後の議論の方向に関する見解

以上のような現状認識にたち、今後の当該地域に関する自然保護上の課題として考えられる点は次の4点にまとめられる。

①科学的問題点の整理
　研究資料に基づいた、固有種を中心とした野生生物の生息地（環境）たりうる必要条件、及びその環境の配置のあり方に関する分析（この点に関しては当協会としても、専門家の意見を集約し、知見をまとめ次第、そのつど公表していく予定である）。

②特に民有地（林）における新たな自然保護施策の立案
　とくに重要な林分が民有地内に含まれていた場合の方策のひとつとして、公的な土地における規制的手法による自然保護対策とは異なる手立ての検討。《※例えば重要な民有林における自然保護を目的とした長期借り入れ制度及び管理委託事業の検討等》

③公的な土地における自然保護施策の検討
　（②および③は、①に基づいた生態学的視点から、地域全体としての整合をはかれるよう検討する必要がある）

④関係者による協議機関の設置
　やんばる地域については、世界遺産の指定を検討する以前の課題として、解決すべき問題が山積している。開発か保護かという感情的対立関係におちいりがちな当事者だけでなく、関係する情報を持つ関係者（機関、団体、個人）による主張の開陳・伝達とその内容の整理の場を用意し、現在の問題点を分析し対応策の選択肢を抽出するための協議機関の設置が急務であると考える。

追記

　1996年日米両政府による「沖縄に関する特別行動委員会（SACO）」の最終報告のなかで、やんばるの広大なシイ林を占めていた米軍北部訓練場の約半分にあたる国有林（約3,400ha）が返還されることが合意され、林野庁・熊本営林局（現・九州森林管理局）に「沖縄北部国有林の取扱いに関わる検討委員会」が設置された。保護林制度である森林生態系保護地域の設定を目標にNACS-Jは、検討委員のメンバーとしての参画してきた。今後、その具体的な地域設定の検討がはじまろうとしている。NACS-Jでは、やんばるの現状を的確にとらえ、持続可能な地域社会づくりを目指した活動を展開していきたい。（2006年11月27日）

資料編Ⅲ　241

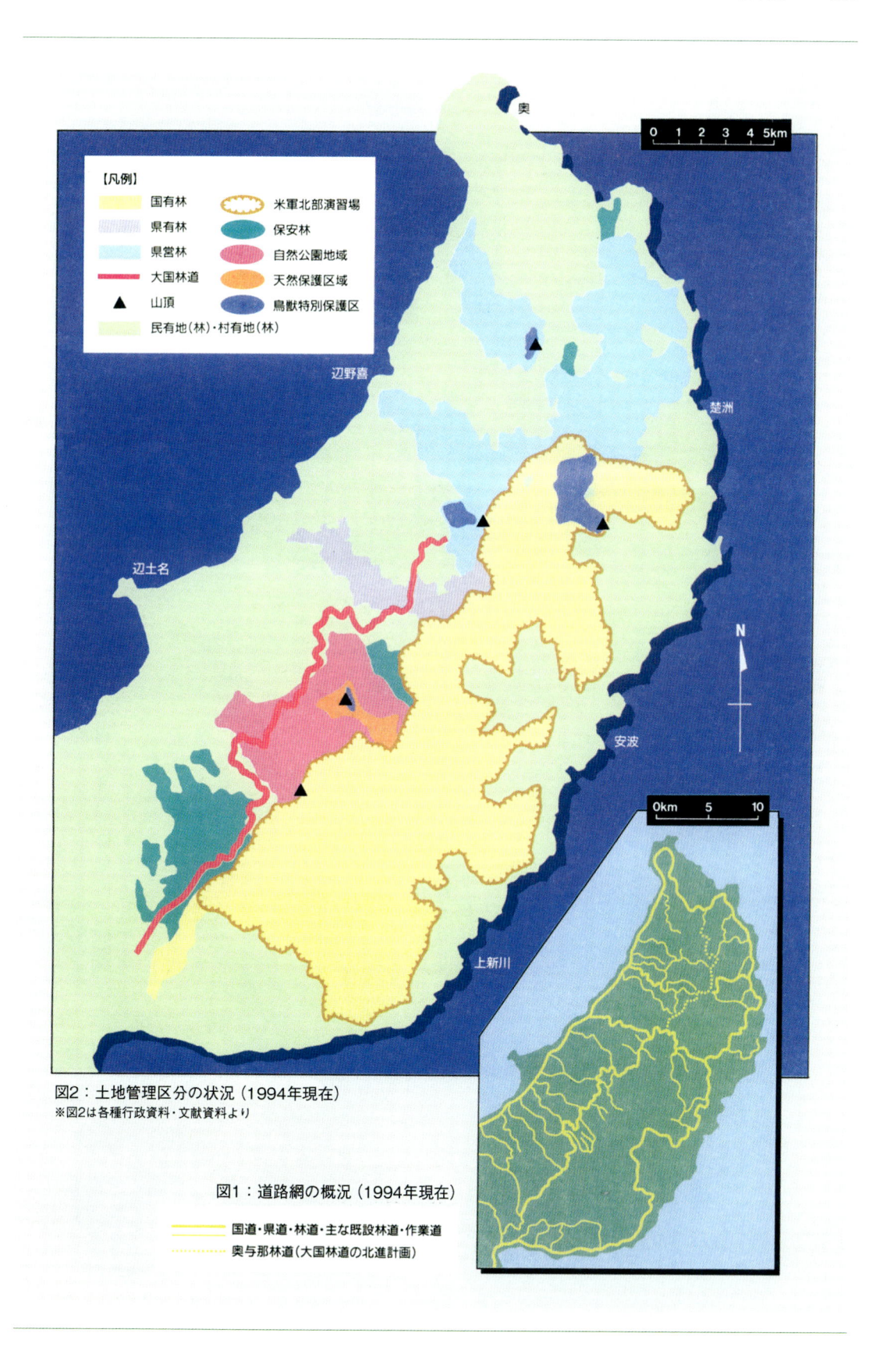

【凡例】
- 国有林
- 県有林
- 県営林
- 大国林道
- ▲ 山頂
- 民有地(林)・村有地(林)
- 米軍北部演習場
- 保安林
- 自然公園地域
- 天然保護区域
- 鳥獣特別保護区

図2：土地管理区分の状況（1994年現在）
※図2は各種行政資料・文献資料より

図1：道路網の概況（1994年現在）
　　― 国道・県道・林道・主な既設林道・作業道
　　‥‥ 奥与那林道（大国林道の北進計画）

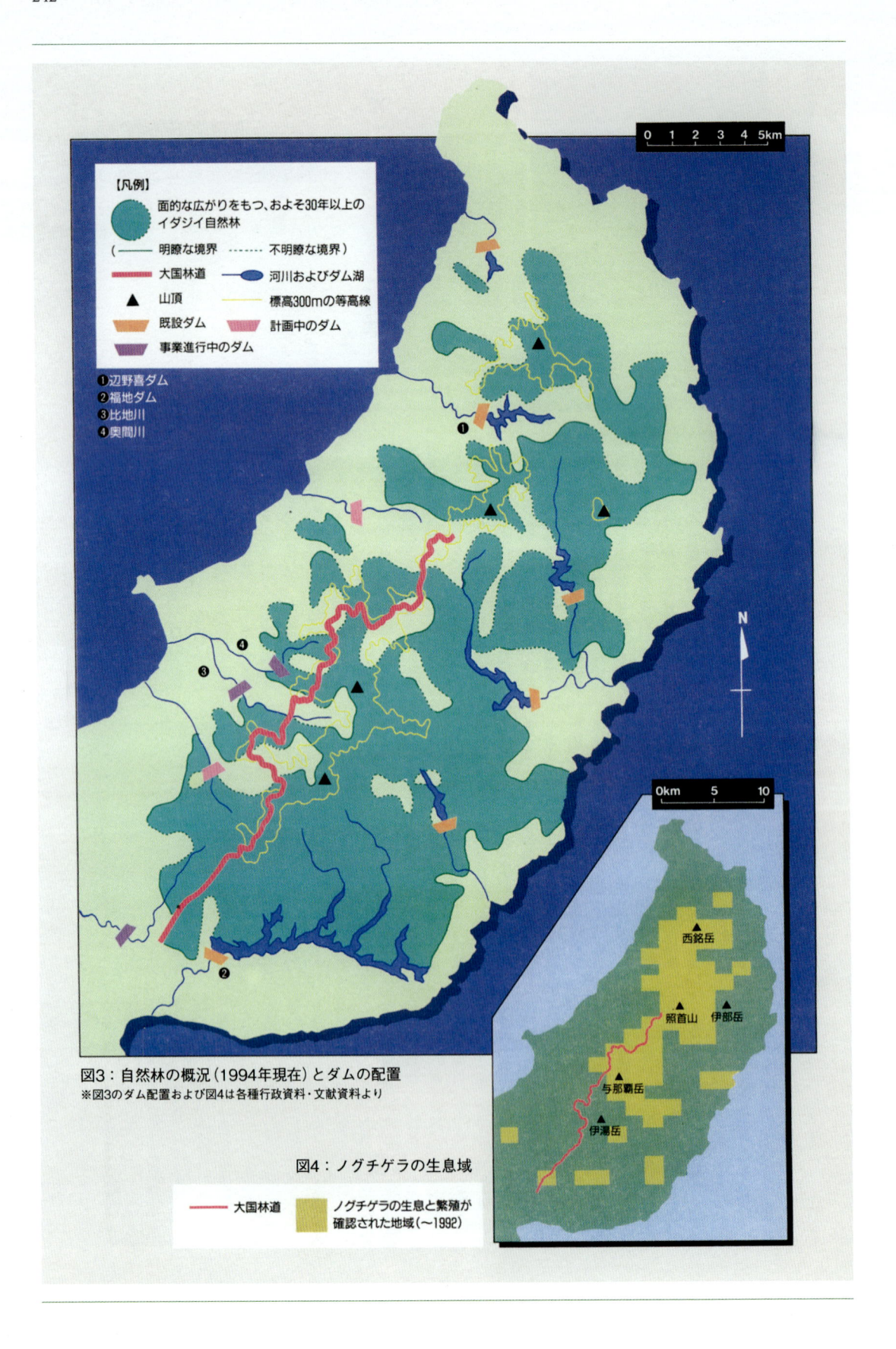

図3：自然林の概況（1994年現在）とダムの配置
※図3のダム配置および図4は各種行政資料・文献資料より

図4：ノグチゲラの生息域

索　引

C
cases and controversies　　11, 16, 82, 93

E
equivalent　　68, 85, 87, 89, 99, 105, 107, 108, 124

I
injury in fact　　11, 19-22, 24, 62, 82, 93

Z
zone of interests　　82

あ
アース・ジャスティス　　83
アスベスト学校危険防止法　　63
アップランド・コットン・プログラム　　15-17
奄美大島　　3, 21, 25, 27-32, 35, 49, 50, 52, 54
奄美「自然の権利」訴訟　　3, 4, 9, 20, 23-27, 40, 50, 51, 53, 55
　　──の第一審判決　　9
アマミノクロウサギ こと 某　　50, 52
アマミヤマシギ こと 某　　51, 52
域外適用　　4, 26, 61-69, 71, 72, 75, 77, 79-82, 85-91, 93-97, 99, 100, 103, 110, 114, 121, 122, 126
育成単層林整備　　193, 194
育成復層林整備　　194
1号請求と4号請求の関係　　171, 173, 174
伊場遺跡訴訟　　81
疑わしきは保護せよ　　39
影響考慮義務　　88
SACO合意　　4, 75, 84, 86, 94, 99, 119, 126
NHPA（National Historic Preservation Act）　　3, 4, 61, 63, 64, 68, 69, 75, 79-91, 94, 97, 99, 100, 103, 104, 106-121, 123, 124, 126
　　──訴訟　　3, 4, 61, 80-83, 85, 88, 97, 99, 100, 117
　　──第402条　　85, 88, 89
延長距離　　133, 134, 190, 191, 197, 198, 201-203
OEBGD文書　　67
大国線　　130, 134, 145, 149, 162, 164, 166, 185, 210, 218, 237
大国林道　　131, 134, 135, 143, 149, 162, 163, 165, 185, 190, 201, 204, 219, 220, 237
オオトラツグミ こと 某　　50, 52
オオヒシクイ個体群　　55, 56
オオヒシクイ判決　　55, 56
沖縄県環境影響評価規程　　169, 202
沖縄県環境影響評価条例　　202
沖縄県における木材需給の状況　　189
沖縄県の地域森林計画対象民有林の森林状況　　188
沖縄県の面積・森林面積・森林率　　187
沖縄県の林道延長　　189
沖縄ジュゴン　　3, 4, 26, 61-64, 66, 68-75, 78-83, 85, 90, 91, 93-97, 99, 100, 102, 103, 105, 107, 109-111, 113, 114, 121
　　──「自然の権利」訴訟　　61
　　──対ラムズフェルド事件　　99
　　──と日米地位協定の関係　　78
沖縄の森林と林業　　186, 187
沖縄の森林率　　190
沖縄の民有林補助造林実績　　193, 194
沖縄の林道現況　　190
沖縄の林道事業実績　　191
沖縄の林道施設災害復旧事業実績　　192
沖縄やんばる訴訟　　3, 4, 169
奥与那線　　4, 129-141, 143, 146, 147, 149-158, 160-167, 169, 170, 185, 186, 210, 220, 221
奥与那線の法的評価　　140, 156, 157
奥与那林道　　171, 185

か
海上ヘリ基地　　26, 61, 62, 69, 78, 79, 81, 82, 84-86, 89, 90, 94-97, 99, 103, 109, 126, 127
改良　　76, 130, 132, 136, 143, 144, 146, 148, 149,

153, 154, 156, 157, 163, 164, 166, 190, 191, 193-199, 201, 203-206, **222, 224**
合衆国軍事基地と沖縄　100
カリフォルニア北部地区連邦地方裁判所決定　100
環境影響評価　5, 62, 65-67, 71, 95, 97, 102, 121, 132, 141, 169, 199, 200, 202, 203, 205, 206
環境基本法　34, 41, 42, 45-47, 205
環境事件と原告適格　20
環境上の利益　24, 82
環境正義　26, 61, 103, 107, 110, 111, 113
環境的利益の非排他性　24
環境ネットワーク奄美　29, 30, 33, 35, 38, 50
環境法律家連盟　82, 83
環境保護団体　21, 29, 33, 40, 50
監査請求権者　49, 50
客観訴訟　25, 47, 58, 62, 173
行政裁量と違法性審査の基準　155
行政裁量の逸脱・濫用　154, 155
行政事件訴訟法9条　11, 23, 39, 40, 41
（米国）行政手続法　11, 12, 14-20, 22, 40, 81, 82, 100, 106, 157
（米国）行政手続法10条　18, 19, 20
　　　──と原告適格　19
（米国）行政手続法702条　11, 12, 15, 17, 22
共同原告表示　50, 54, 56, 83, 97, 100
銀行サービス会社法　13-15
近代市民法　25, 58
近代的所有権　58, 59
国頭村　129, 130, 132, 134, 144, 146-153, 160, 162-165, 186-190, 193, 195, 196, 198, 201, 205, 206, **210, 229, 239**
　　　──と森林組合　148
　　　──内の開設予定林道　196
　　　──内の改良予定林道　196
クリストファー・ストーン　9, 26, 53
原告アマミノクロウサギ　29, 32, 51
原告アマミヤマシギ　30
原告オオトラツグミ　31
原告適格　3, 4, 9-25, 29, 30, 32-45, 47-50, 52, 54-59, 62, 80, 82, 83, 93, 94, 103, 106, 157, 173
原告ルリカケス　31, 35
原状回復命令　181, 182
（米国）憲法3条　11, 16, 20, 22, 24
権利の客体　25, 58
権利の主体　25, 38, 58
広域基幹林道奥与那線　4, 129, 131, 132, 134, 169, 170, 185
公示送達　50, 51

公的訴訟（public action）　18
考慮すべきでない事項を考慮し過大評価すべきでない事項を過大評価　164, 166
国際稀少野生動植物種　61
国内法令の遵守義務　77, 78
国防省指令6050.16　67, 70
国防省指令6050.7　67
国連環境計画　102
個別的関係性　30, 36, 39-43, 52, 57-59
（米国の）国家登録簿　99, 105, 107-113, 124, 126
国家歴史保存法　4, 26, 63, 79, 99, 105, 107
国庫補助　3, 130, 133, 151, 154, 156, 158, 162, 166, 192, 193, 195, 198, 200
こと表示　30, 52-55
個別行政法規と環境利益保護　22

さ

財産（property）　25, 49, 63, 65, 68, 69, 77, 80, 85, 87-89, 95, 112, 113, 116, 125, 152, 153, 175, 186
山村地域の経済振興　193
シーラ・クラブ対モートン事件　9, 30
JEGS　68-75, 78, 86, 89, 90
事業箇所　194, 196, 197, 204
資源（resource）　18, 42, 62, 66, 68-70, 72-75, 86, 87, 92, 121, 133, 135, 137, 145, 151, 183, 186, 187, 193, 195, 200, 204, **225, 229**
事件性　11, 16, 20, 22, 24, 93
事実上の利益侵害要件　11
自然「自身の固有の価値」　38
自然が権利をもつ　26
自然環境の保全に関する指針　79, 129, 130, 140
自然環境保全法　42, 45, 46, 144
自然享有権　36, 39, 42, 44, 46, 47, 57, 58
自然的・経済的・社会的諸条件　157, 169, 205, 206
自然の権利　3, 4, 9, 18, 20, 23-27, 29, 30, 33, 35, 37-42, 44, 46, 47, 50-59, 61, 63, 79, 83, 97, 100
　　　──と自然享有権　46, 57
　　　──論　9, 25, 26, 52, 53, 58
『自然』の内在的価値　38, 58
自然物の価値　46
自然物への侵害にたいし　9, 53
自然物の名において　9, 53
自然物の利益のために　9, 53
自然保護のための環境行政訴訟　10
事物管轄権の欠如　121
司法審査可能性　16, 17

司法審査の排除　14
市民訴訟条項　13, 40, 59, 62, 82, 92, 93, 94, 145
ジュース表示事件　43
住民監査請求における住民　50
住民訴訟制度と憲法規定　172
住民訴訟における損害　169
樹下植栽　193, 194
主権免責　62, 120, 122, 123
ジュゴン（Dugong, Dugon dugon）　3, 4, 26, 61-64, 66, 68-75, 78-91, 93-97, 99, 100, 102, 103, 105, 107, 109-114, 121, 124-127, 185
　　――訴訟　61, 79-81, 85, 86, 90, 95
　　――の「遺産」性　110
（米国）種の保存法　4, 26, 34, 41, 45, 46, 61-64, 73-75, 78-80, 90-93, 102, 103, 118, 129, 143-145, 160, 169, **236**
　　――9条　34, 169
樹木は法廷に立てるか　9, 53
食料及び農業法　15, 16
処分性要件　82, 83, 106, 117
人格的利益の侵害　36
　　――と原告適格　36
人口造林　194
自然の権利訴訟の形式　40, 53, 54, 83, 97
身体的利益（生命・身体の安全）と原告適格　36
（国頭村）森林組合　130, 147, 148, 150-153, 160, 163, 176, 177, 188, 193, 195, 198
　　――の事業活動　151
　　――統計　150, 152
森林整備事業　192, 193, 195, 199, 200
森林の有する公益的機能の確保　157, 158, 159, 169
森林法10条の2第2項1号、1号の2　9, 33, 35, 37, 47-49, 57
森林法10条の2第2項3号　20, 29, 33, 36, 39, 42, 44-46, 49, 57
森林法34条1項・2項違反による原状回復命令　181
森林法違反と損害　170, 181
水利権　32, 34-37
住用村ゴルフ場　28, 30-34, 49, 50
生態的所有権　59
生物多様性条約　41, 42, 45, 46, **236**
世界遺産目録　85, 99, 105, 109, 110, 124
世界自然憲章　41, 42, 45, 46
1997年運用上の所要　101, 102, 117, 119
先住民文化　79, 81, 82, 89
争訟性　11, 16, 20, 22, 24

造林　4, 130, 131, 134, 144, 146, 148-151, 153, 158, 160, 162-164, 166, 181, 182, 186-188, 193-195, 200, 201, 205, 206, **229, 230**
　　――事業　4, 130, 131, 146, 148-151, 153, 160, 162-164, 166, 181, 186, 193, 194, 201, 205, 206
　　――（森林整備）事業の補助体系　193
　　――事業の補助体系　151
訴状却下命令　51, 52
訴状補正命令　50
訴訟要件の問題と本案審理の要件　23
損益相殺　169, 175-181
損害　4, 26, 53, 55, 56, 151, 169, 170-183

た

大統領令11752　64, 65
大統領令12114　65, 67, 71, 88, 89
ダグラス判事　9, 11, 15, 18, 40, 42
龍郷町ゴルフ場　28, 30-33, 35, 37, 49, 50
団体原告適格　29, 30, 49
地域森林計画　4, 131, 132, 134, 139, 150, 156-158, 169, 185-188, 190, 195, 196, 198-203, 205, 206, **222, 237**
地域の自然的・経済的・社会的な諸条件の考慮　157, 158, 160
地方自治法242条の2　53, 169-173, 177
鳥獣保護区　18, 19, 130, 132-136, 138-140, 145, 146, 161, 162, **237**
データ・プロセシング判決　10, 11, 13, 15, 16, 18-20, 22
点的保護　143, 144
天然記念物　4, 9, 28, 34, 54, 61, 69, 73, 88, 99, 103, 107, 109, 113, 114, 129, 137, 138, 142-145, 159, 160, 197, **211, 215-217, 237**
動物原告表示　50-56
特殊鳥類等生息環境調査Ⅵ　132, 134, 135, 145, 146, 162
土壌保全及び国内譲渡法　15, 17

な

内発的発展　150, 167, 193, 198, 205
内務省長官による連邦機関のNHPAに関する歴史的遺産保存プログラム(策定)のためのスタンダードおよびガイドライン　88
　　ガイドライン　61, 68, 75, 80, 88, 89, 90, 106, 157
長沼ナイキ基地事件　43

ナショナル・レジスター　　85, 87, 88, 89
新潟空港事件　　10, 12, 13, 43
新潟空港訴訟最高裁判決　　40
日米安保条約　　62, 63, 75, 81, 100, 118
日米地位協定　　72, 75-78, 81, 96, 118
二風谷ダム訴訟　　81
日本環境適用基準文書　　70
日本における原告適格論の問題点　　23
日本の文化財保護法と（米国の）国家登録簿との同等性　　107
人間の自然保護義務　　46

は

バーロー判決　　10, 14-16, 18-20, 22
開かれた性格　　39
プロ・ボノ環境法律事務所　　83
文化財保護法　　28, 34, 41, 61-64, 68, 69, 73-75, 78, 79, 82, 87, 89, 90, 97, 99, 103, 105, 107-109, 113, 114, 129, 139, 143-145, 159, 169
　　——80条1項　　28, 34, 169
米軍基地　　4, 61-63, 67, 68, 71, 75, 80, 81, 83, 95, 96, 100, 116, 118, 121, 126, 127, 133
米国環境法と域外適用　　63
米国国家環境政策法（NEPA）　　4, 63-65, 75, 80, 95-97, 116, 121, 122, 125
米国種の保存法　　34, 62, 80, 90-93, 103
米国絶滅のおそれのある種の保存法　　102
米国文化財保護法　　68, 69, 75, 79, 90, 97, 105
ベースライン文書　　67
辺野古海上ヘリ基地問題　　26, 61, 103, 126
辺野古基地　　61-63
保育　　149-151, 193-195
法治主義　　9, 23, 33
法律上の利益　　10, 36, 37, 39-43, 50, 52, 59
　　——を有する者　　43, 50
法律による行政の原理　　10, 23, 144, 145
捕獲禁止対象種　　62
保護鳥獣　　62
保護法益　　10, 16, 17, 19, 22, 24, 36, 37, 39, 45, 46, 49, 57, 63, 82
補助金交付・補助率割合の考慮　　166

ま

ミネラルキング峡谷　　18, 19, 20, 21
民事訴訟法45条　　55, 56
面的保護　　143, 144, 146

モートン判決　　11, 18, 20, 21, 23, 24, 30, 40
もんじゅ原子炉事件　　43
もんじゅ訴訟最高裁判決　　40

や

やんばる　　3-5, 79, 129-138, 140, 143-151, 154, 156, 159-167, 169, 171, 176, 185-187, 190, 193, 195, 198-201, 203, 205, 206, **210, 211, 214, 216-218, 220, 222-225, 228-232, 236-240**
　　——の貴重動物　　138
　　——の林業　　130, 146, 147, 149-151, 163, 198, 201

ら

利害関係者との協議義務　　89
略式裁判　　103, 104, 107, 120, 123
利用区域　　130, 132-141, 143, 158, 161-164, 196, 198-201, 203-206
良好な自然環境の保全および形成　　206
林業　　4, 23, 27, 45, 130-134, 140, 146-153, 157, 158, 160, 162-164, 169, 186-195, 198-206, **223, 239**
　　——効果指数　　158, 198, 200, 204
　　——構造改善事業　　151, 160, 198
林地開発許可制度　　9, 44-46, 48, 49
林地開発許可と原告適格　　44
林道開設事業　　146, 200, 201, 203
林道改良事業　　146, 153, 163, 203
林道規程　　133, 153, 154, 200, 203
林道施設災害復旧事業　　162, 163, 192, 200
林道整備の事業費　　190
林道台帳　　133
林道の開設及び改良に関する計画　　131, 195
林道の舗装率　　164, 190
林道密度　　189, 190, 201
ルリカケス　こと　某　　51, 52
レッドデータブック　　27, 28, 129
「連邦機関の行為」としての海兵隊普天間飛行場の移転　　114
連邦行為性の要件　　83, 86
連邦民事訴訟手続規則　　103, 104

【執筆者略歴】

関根 孝道（せきね・たかみち）

1955 年 12 月 25 日生まれ
関西学院大学総合政策学部教授・弁護士
同大学地域・まち・環境・総合政策研究センター長
http://www.yanbaru.biz/
日弁連公害対策・環境保全委員会特別委嘱委員

2004 年　Distinguished Environmental Law Graduate Award
　　　　（Lewis & Clark Law School）
2006 年　沖縄研究奨励賞

共編著　『自然の権利』信山社（1996）
翻　訳　ダニエル・ロルフ著『米国種の保存法概説──絶滅から
　　　　の保護と回復のために』信山社（1997）
論　文　「有害廃棄物の越境移動と国際環境正義──いわゆるニッ
　　　　ソー事件とバーゼル条約をめぐる法的諸問題について」
　　　　関西学院大学総合政策研究第 18 号（2004）

南の島の自然破壊と現代環境訴訟
開発とアマミノクロウサギ・沖縄ジュゴン・ヤンバルクイナの未来

2007 年 2 月 5 日初版第一刷発行

著　　者　関根孝道
発 行 者　山本栄一
発 行 所　関西学院大学出版会
所 在 地　〒662-0891　兵庫県西宮市上ケ原一番町 1-155
電　　話　0798-53-5233

印　　刷　協和印刷株式会社

©2006 Takamichi Sekine
Printed in Japan by Kwansei Gakuin University Press
ISBN 978-4-86283-006-7
乱丁・落丁本はお取り替えいたします。
本書の全部または一部を無断で複写・複製することを禁じます
http://www.kwansei.ac.jp/press